国家社科基金
后期资助项目
GUOJIA SHEKE JIJIN HOUQI ZIZHU XIANGMU

快乐意志
与现代性绽出理论

罗朝明　著

社会科学文献出版社
SOCIAL SCIENCES ACADEMIC PRESS (CHINA)

图书在版编目（CIP）数据

　　快乐意志与现代性绽出理论／罗朝明著 . --北京：
社会科学文献出版社，2025.6. --ISBN 978-7-5228
-5341-3

　　Ⅰ. B842.6

　　中国国家版本馆 CIP 数据核字第 2025L8P971 号

国家社科基金后期资助项目

快乐意志与现代性绽出理论

著　　者／罗朝明

出 版 人／冀祥德
责任编辑／李会肖　谢蕊芬
责任印制／岳　阳

出　　版／社会科学文献出版社·群学分社（010）59367002
　　　　　　地址：北京市北三环中路甲 29 号院华龙大厦　邮编：100029
　　　　　　网址：www.ssap.com.cn
发　　行／社会科学文献出版社（010）59367028
印　　装／三河市龙林印务有限公司

规　　格／开　本：787mm×1092mm　1/16
　　　　　　印　张：21.5　字　数：340 千字
版　　次／2025 年 6 月第 1 版　2025 年 6 月第 1 次印刷
书　　号／ISBN 978-7-5228-5341-3
定　　价／128.00 元

读者服务电话：4008918866

国家社科基金后期资助项目
出版说明

    后期资助项目是国家社科基金设立的一类重要项目,旨在鼓励广大社科研究者潜心治学,支持基础研究多出优秀成果。它是经过严格评审,从接近完成的科研成果中遴选立项的。为扩大后期资助项目的影响,更好地推动学术发展,促进成果转化,全国哲学社会科学工作办公室按照"统一设计、统一标识、统一版式、形成系列"的总体要求,组织出版国家社科基金后期资助项目成果。

全国哲学社会科学工作办公室

目 录

导　言

　　幸福和快乐，无疑是当今社会最广受关注的话题之一。在个人层面上，"要幸福快乐"俨然已经成为某种人生目标。我们时常这样激励自己，长辈们也经常这样勉励我们。在社会层面上，商业广告、媒体报道和社会舆论中充斥着各种各样的"快乐宣言"和"幸福宣传"，快乐和幸福俨然已经成为某种伦理义务和社会责任。在产业划分上，所谓的"幸福产业"已经成为继农业、工业和服务业之后的"第四产业"。在科学研究上，快乐或幸福，更确切地说是幸福感，已经成为研究热点。不论是"主观幸福感"（SWB）还是"至高幸福感"（EWB），以幸福感为题的研究可谓层出不穷，甚至大有蔚然成风之势。见微知著，我们不难发现，幸福和快乐在当今社会的各个领域似乎都已经成为焦点，甚或已经变成某种幸福意识形态。

　　从历史上看，虽然人类思想史上不乏有关幸福和快乐的话语，幸福甚至可谓一种历久弥新的亘古主题，快乐也被居勒尼学派和伊壁鸠鲁学派当成至善和最高目的。但是，快乐宣言铺天盖地，幸福宣传大行其道，快乐俨然已经成为人生目标和伦理义务，幸福俨然已经变成社会责任和政治承诺，却似乎是到了现当代社会才日益凸显的现象。毕竟，苦难和痛苦似乎才堪称人类历史的主旋律，节制欲望和克制享乐才称得上人生修行的主基调。古希腊德尔斐神庙的门柱上镌刻的就是"认识你自己"和"凡事勿过度"，而非"快乐自己"和"娱乐至死"。自古以来的主流价值观宣扬的也是宁做"痛苦的苏格拉底"不做"快乐的猪"，而非宁做"快乐的猪"也不做"痛苦的人"。然而，值得注意的是，这两则古老箴言似乎已经被有关快乐、娱乐和幸福的现代流行语取代，现代人在对是做"痛苦的苏格拉底"还是做"快乐的猪"的选择上似乎也没有那么不言自明了。由此，我们就不禁要追问：快乐与幸福之间到底是一种什么样的关系？古今语境下的幸福和快乐的意蕴是否有着本质差别？快乐和幸福为何会受到现代人热情追捧？快乐为什么会在现代社会拥有那么高的价值定位？幸福是如何在现代社会变成某种意识形态的？现代人在"幸福意识形态通胀"的现代社会是否真的就过得幸福和快乐呢？我们是否有必要对花样百出的快乐话语和幸福意识形态有所警醒乃至保持高度警惕呢？

在考察现代主体的起源时，福柯指出，"启蒙运动的成就如今决定着，至少部分决定着我们之所是、我们之所思和我们之所为"（Foucault，1984：32）。启蒙运动对现代人和现代社会的塑造作用甚至远不止于此，"不论愿意与否，当今的西方世界，而且不只西方世界，都可以说是启蒙运动的遗产。现代文明的诸种价值、制度和实践都根植于18世纪，启蒙运动解放了一股庞大的人类潜能，而正是这股潜能决定着当今世界的诸种形制和方向"（Garrard，2006：1）。如果启蒙运动之于现代人和现代文明的意义确如福柯等所言的那样，那么，在现当代社会盛行的有关快乐和幸福的各种话语及现象是否与启蒙运动有关系？由启蒙运动解放进而决定现代社会之诸种形制与方向的那股庞大的人类潜能是什么？启蒙运动是否有其关于现代性的方案？如果有，启蒙运动提出的现代性方案是否有其关于幸福和快乐的现代性筹划？现代社会流行的快乐话语和幸福意识形态是否有比启蒙运动更久远的历史渊源？快乐和幸福与人类和人类社会之间有着怎样的关系？人类有关幸福和快乐的话语实践对现代社会的形成乃至人之在世生存的历史起着什么作用？毫无疑问，这些问题对理解我们自身、我们的社会和我们的历史都至关重要，但令人遗憾的是，以往的研究似乎并没有那么的充分和深入，甚至就连对这些问题的恰当提法和确切表述本身都还有待进一步探究。

与幸福和快乐一样，痛苦和苦难也在人类的在世生存史上占据着同等重要的位置，而且它们往往是被对峙并举的。早在古希腊时期，亚里士多德等哲学家就指出，人类总是会选择快乐而躲避痛苦，人人都会把痛苦当作恶来躲避，把快乐当作善来追求。到了18世纪的启蒙运动时代，边沁等启蒙思想家更是直截了当宣称，快乐和痛苦是自然用来主宰人类的两位主公，我们的一切所为、所言和所思无不由它们支配，我们试图挣脱这种被支配地位的每项努力都只会昭示和确证快乐和痛苦对于人类的支配地位。在现当代社会，就像前文已经提到的那样，对幸福和快乐的追求俨然已经成为个人生活的终极目标，对最大幸福的承诺和生产再生产似乎已经变成国家治理的正当性基础，而在这种目标和基础的背后潜藏着的正是规避、减轻乃至消灭苦难和痛苦的愿望和承诺。既然幸福、快乐、苦难和痛苦从古至今都可谓深刻影响人之在世生存的重要力量，那么，我们就理应给予它们同等程度的重视与研究。然而，实际情况似乎并非如此，以往研究往往更多关注的是被人类当作恶来躲避的苦难和痛苦，对人类当成最高善的幸福，尤其是当作目的来追求的快乐却往往没有给予应有的关切。相比于苦难和痛苦被赋予的厚重与深刻，幸福和快乐似乎已经被先行地打上了轻浮或肤浅的标签。虽然或许正是人类遭受的苦难和痛苦使幸福和快乐弥足珍贵，但这样的厚此薄彼是否真的就能更好地理解和把握人之在世生存的现象却并非毋庸置疑。

　　需要指出的是，苦难和痛苦之于幸福和快乐，更确切说是之于人类对幸福和快乐的追求，既可能是原因也可能是结果。就前一种情形来说，正是因人类无论出于何种原因遭受的苦难和痛苦才促使他们不断地去追求幸福和快乐。这里遵循的是一种简单的补偿原则，就像柏拉图把快乐定义为对匮乏的补足那样，幸福和快乐是对苦难和痛苦的弥补或补偿。人类遭受的苦难和痛苦愈深重，他们对幸福和快乐的追求就愈炽烈。就后一种情形来说，则颇类似于韦伯笔下所谓的"意料之外的后果"。人类当作恶来躲避的苦难和痛苦恰恰是他们对被当作善的幸福和快乐的热切追求的"未预料之后果"，人类历史上对快乐的追逐和对幸福的承诺几乎无不是以深重的苦难和痛苦收场的。这里牵涉的是一种复杂而悖谬的吊诡逻辑，人类对幸福和快乐的不懈追求未曾想却遭致无尽的苦难和痛苦，对幸福和快乐的欲求愈烈，深陷苦难和痛苦的程度也就愈甚，人类的在世生存史仿佛就是一个由幸福、快乐、苦难和痛苦交织而成的"戈耳迪之结"。然而，不管是简单的补偿原则还是繁复的吊诡逻辑，被赋予厚重意义的苦难和痛苦显然都不能成为压制甚或抹杀幸福和快乐的缘由，对苦难和痛苦的强调也不能成为忽视乃至遮蔽对幸福和快乐的研究的理由。反倒是要想斩断甚至解开这个"戈耳迪之结"，就不得不去正视幸福和快乐对人之在世生存的巨大形塑力量。与以往研究往往重点关注的是苦难和痛苦有所不同，我们关心的正是一直都被人类当作善来追求的幸福和快乐。无论是对于理解人类社会历史进程还是对于洞察当前处境，这样一种直面人类持续不断地当作目标来追求的事物的研究无疑都是不可或缺的。

诚然，作为人类思想史和在世生存的重要主题之一，以往实际上并不乏关于幸福和快乐的科学研究。就像前文已经提到的那样，当前对快乐或幸福感的研究可谓层出不穷，甚至已大有蔚然成风之势。然而，如果说对苦难和痛苦的重视是导致对幸福和快乐的研究遭到轻视或忽视的第一重遮蔽的话，那么，当今流行的对幸福、快乐或幸福感的热切关注和科学研究则构成另一重遮蔽，而且可以说是一种更精巧的"以显而隐式"的遮蔽。就像在现代科学研究中的情感已经失去其道德、宗教和文化的意涵而转变成纯粹个人心理或生理的反应那样，在当前流行的快乐或幸福感研究中，幸福和快乐也往往只被视为"刺激-反应"模式下个人当下的和即时的脑电波动、生理心理反应或身心感受状态。如此一来，当前流行的对幸福、快乐或幸福感的关注与研究越层出不穷，幸福和快乐本身及其包含的丰富意涵遭到的遮蔽就越严重。幸福和快乐当然是一种个人的身心感受状态，但却并不只是一种纯粹个人的生理反应或心理感受状态而已，更是一种包含着丰富的道德、宗教、文化、社会和历史维度的力量。对于理解和把握人类社会的历史进程与当前处境来说，最重要的也恰恰是这些更丰富的维度或意涵。因此，如果只像当前流行的研究范式那样来看待幸福和快乐的话，那么，遭到遮蔽的就将不只是幸福和快乐的这些更丰富也更重要的维度或意涵，从幸福和快乐入手理解和把握人类的现代性境况乃至人之在世生存史的可能性也将遭到遮蔽。

与当前流行的研究进路对幸福和快乐的狭隘化理解有所不同，虽然我们并不否认幸福和快乐是一种个人的身心感受状态，但更关心的却是遭到这种研究进路遮蔽了的幸福和快乐的那些更丰富也更重要的意涵，尤其是它们之于形塑和理解人类的当前处境及其历史发生进程的本体的和方法的意义。在我们看来，幸福和快乐，更准确地说是对幸福和快乐的追求，在本体论上对人类的现代性境况乃至整个在世生存史都起着重要的形塑作用，从而也就在方法论上成为理解和把握人类的现代性境况及其历史发生进程的切入点。不惟如此，就人类自古以来就把幸福和快乐当成目的乃至最高的善而言，用近些年流行的说法来讲，"以幸福和快乐为方法"甚至可谓探究现代性境况及其历史发生进程的最适宜入口。有必要指出的是，作为一种个人当下的和即时的生理心理反应或身心感受状态的幸福和快乐当然会对人类行动产生影响，但幸福和快乐对人类的当前处境及其发生进程的历史塑造作用却更主要是通过有关幸福和快乐的话语实践，也就是通过有关幸福和快乐的含义定义、价值定位和追求方式等的话语及其效应来实现的。与此相应，这些关乎幸福和快乐的话语也就成了我们理解和把握幸福和快乐的历史塑造作用的主要媒介。由于我们致力于从情感入手讲述另一种关于现代性的历史故事，更具体地说，就是从幸福和快乐入手探究人类的现代性境况及其历史进程的故事，因此，那些关乎现代性的历史发生的幸福和快乐话语，尤其是有着更丰富且完整的谱系的西方思想史上的幸福和快乐话语，也就成了我们要去关注的重点。当然，现代性及其历史进程并不是凭空产生的，而是有其丰富的社会文化和思想观念的历史土壤，这就要求我们进一步拓展幸福和快乐的话语谱系，以更完整地理解、把握和讲述另一种关于现代性及其历史进程的故事。

在从幸福和快乐入手探索另一种现代性叙事时，我们首先要做的当然还是把在现当代社会盛行的关乎幸福和快乐的各种现象转化为明确的研究问题。因为就像前文已经提到的那样，那些关乎幸福、快乐、启蒙运动、现代社会乃至人之在世生存史等问题的恰当提法和确切表述本身都还有待澄清，而唯有提出具体明确的研究问题，才能为我们从情感入手来探究另一种现代性叙事指明方向。在提出明确的研究问题之后，我们接下来要做的就是找到适合探究这个具体问题的恰当的理论进路。与以往研究往往会直接采用已有的成熟理论视角不同，我们将尝试建构一种新的理论解释进路。从研究问题关涉的核心现象出发，通过对相关哲学概念进行社会学的改造，我们尝试构造出了一种以现代性的历史发生过程的基本节律和基本情调为主要内容的"现代性绽出理论"，以此来为理解、把握和叙述现代性及其历史发生过程提供理论基础。由于我们致力于从情感入手讲述另一种有关现代性及其历史发生的故事，因此，找到一种适切的历史分期方式无疑将是讲好这个现代性的历史发生故事的题中之义。由此，以现代性绽出理论标画的现代性绽出的基本节律为线索，参照以往有关历史分期的主流模式，我们尝试划分出了现代性的发生过程经历的主要历史阶段，以此来为进一步考察现代性的历史绽出进程搭建起适切的分析框架。既然已经划分出了现代性之历史发生进程的主要阶段，更确切地说是现代性绽出的不同历史形态，那么，接下来需要做的就是详尽地剖析现代性绽出的每一种历史形态，以此来完成我们对另一种现代性叙事的探究，同时检验我们尝试提出的现代性绽出理论的解释力。

上述步骤大体反映了我们的研究思路，同时也构成了本书的篇章结构。更具体地说，在第一章的问题提出部分，我们从现代性境况的诊断入手，将现当代社会盛行的关乎幸福和快乐的现象放入特定的思想谱系，以此来提出一个明确的研究问题。在我们看来，追求幸福和快乐在现当代社会俨然成为人生目标、伦理义务乃至意识形态与现代性筹划有着密切关系，"最大多数人的最大幸福"就是启蒙运动以降的各种现代性方案的共同目标或历史承诺。但是，现代性方案做出的最大幸福承诺似乎并未让置身现代性境况的现代人真正体验到兑现之感。这从边沁旨在实现最大多数人的最大幸福的圆形监狱方案，却在现代社会的历史发生过程中演变成一种福柯所谓作为现代政治解剖术与权力物理学的基础的"全景敞视主义"，甚而演变成一种"压迫性的总体化监控社会"式的现代性境况就可见一斑。将各种快乐幸福话语、监控社会式的现代性境况、现代性方案、全景敞视主义、圆形监狱和最大幸福原则等勾连起来，我们不难发现，它们之间存在明显的思想和历史关联。监控社会是各种现代性诊断之一，现代监控社会被福柯解释为一种"全景敞视主义"，而"全景敞视主义"的思想原型和历史实践都源自边沁的圆形监狱改革。圆形监狱改革方案是边沁旨在实现"最大幸福原则"的举措，快乐算术是最大幸福原则的有机构成，而深藏于"快乐算术"背后的则是人皆生而"趋乐避苦"的哲学人类学假设。"最大多数人的最大幸福"不仅是功利主义的道德和立法原则，更是启蒙运动时代的思想家提出的现代性方案做出的历史承诺，但这种最大幸福的历史承诺似乎并没有得到真正的兑现，反倒演变成了一种监控社会式的现代性境况。然而，尽管现代性方案播下的最大幸福"龙种"收获的却是监控社会式的现代性境况的"跳蚤"（马克思、恩格斯，1960：604），不过形形色色的快乐话语和幸福意识形态非但没有在当代社会销声匿迹，反而仍在监控社会式的现代性境况中大行其道，这不可不说是一种悖谬而吊诡的状况。为了探究这种状况，我们将做出最大幸福承诺的现代性方案却演变成监控社会的过程概念化为"现代性绽出进程"，将作为"最大幸福原则"的哲学人类学预设的人皆生而"趋乐避苦"的自然倾向概念化为"快乐意志"，由此就明确提出了"快乐意志与现代性绽出之关系"的研究问题。

为了给这个研究问题提供理论基础，我们在第二章尝试建构一种新的理论解释进路。实际上，从我们将现代性的历史发生过程概念化为"现代性绽出进程"就不难看出，"绽出"概念将是这种理论解释进路的关键，同时也是我们所理解的现代性的历史发生过程的核心。在海德格尔那里，"绽出"是被他说成"此在"的人之在世生存的基本方式，是时间性的本质所在。从海德格尔对时间性的绽出结构的存在论生存论诠释出发，通过对"绽出"（ecstasy）概念的词源含义和通俗语义进行社会学的重构，我们尝试提出一种以"出离自身-回到自身"的绽出运动为基本节律，以作为现身/处身情态的快乐情感为基本情调的"现代性绽出理论"。在现代性绽出理论的境域中，我们研究问题中的核心概念将得到更进一步明确。所谓的"快乐意志"将不仅是一种以"趋乐避苦"为内在机制的作为自然倾向的"求快乐的意愿"，更是一股有着特定情感活动韵律的激越涌动的集体情感潮流。快乐意志每每落入时间的"演历"都将会显现/现身为不同的历史形态，而快乐意志的这些不同的历史现身形态就是被我们说成关乎作为述情行为的各种幸福快乐话语、情感感受结构和情感表达规则等的"快乐体制"。在现代性绽出理论中，现代性绽出被归结于快乐意志的历史性绽出，是快乐意志在时间中历史地展开自身之"去存在"可能性的生存活动。在这种意义上，所谓的快乐体制就不仅是快乐意志之历史性绽出的历史现身形态，而且是被归结于快乐意志之历史性绽出的现代性绽出进程的不同历史阶段。由此，所谓的现代性绽出进程就可以被理解为快乐意志以"出离自身-回到自身"的绽出运动为基本节律，展开自身之"去存在"可能性的历史进程，是一种由快乐意志的"时间性演历"现身为不同快乐体制更迭交替构成的"去存在"的生存活动历程。

在尝试建构出一种新的理论解释进路之后，我们在第三章将进一步为探究这另一种现代性叙事搭建一个适宜的分析框架。进言之，就是找到恰切划分现代性的历史发生过程的不同阶段，也就是现代性绽出的不同历史形态即不同快乐体制的恰当方法和根据，继而结合主流历史分期模式的历史时间边界来具体划分构成现代性绽出进程的不同快乐体制。与对现代性绽出理论的建构一脉相承，我们在寻找划分现代性绽出的不同历史形态的方法与根据时，也在很大程度上端赖于对海德格尔有关时间性绽出样式的现象学思想的社会学改造，更确切地说是端赖于我们通过对海德格尔的现象学思想的社会学改造建构出的现代性绽出理论。因为正是现代性绽出的基本节律和基本情调为我们划分不同快乐体制提供了历时性线索和共时性截面，而不同快乐体制得以划分开来和统一起来的根据就在于海德格尔所谓的三种时间性绽出样式之间的内在关系。以这个分析框架为指引，结合通常所谓的主流的历史断代模式，基于对西方思想史上的各种幸福和快乐话语的历史追踪，我们把现代性绽出进程大致划分成这样三种快乐体制——作为现代性绽出之"观念泵"的伦理型快乐体制、作为现代性绽出之历史实践形态的技术型快乐体制和作为现代性绽出之自我超越的审美型快乐体制。正是这三种快乐体制的更迭交替构成了现代性绽出进程，而它们更迭交替的动力机制归根结底就在于作为现代性绽出之基本节律的"出离自身-回到自身"的绽出运动。由此，通过阐明所谓的主流历史分期模式并非那么不言而喻，澄清现代性并不像通常认为的那样单一，揭示现代性之历史发生的可能性形式，我们也就阐明了用以划分作为现代性绽出之历史形态的不同快乐体制的线索和根据，划分且命名了构成现代性绽出进程的三种快乐体制并揭示了它们的内在关系机制，从而为接下来具体剖析伦理型快乐体制、技术型快乐体制和审美型快乐体制奠定了坚实基础。

在前文提出明确的研究问题，建构适宜的理论解释进路，尤其是搭建适切的分析框架并划分与命名出不同的快乐体制之后，从第四章到第六章，我们将逐一对伦理型快乐体制、技术型快乐体制和审美型快乐体制进行深入细致分析。对作为现代性绽出之历史形态的这三种快乐体制的剖析，基本上都是从角色定位、发生语境、前提基础、基本构型和结构特征等方面展开的。有必要指出的是，虽然这三种快乐体制都归结于落入时间历史地展开自身之"去存在"可能性的作为"求快乐的意愿"的自然倾向的快乐意志，但它们在快乐意志的历史性绽出即现代性绽出进程中却有着不同的角色定位和结构特征。伦理型快乐体制是孕育了现代性绽出之各种可能性种子的"观念泵"，这种快乐体制的发生语境是以幸福为基本母题并强调以个人德性修养为实现幸福目标之首要途径的德性伦理传统。伦理型快乐体制中存在像作为匮乏之补足、实现活动或实现活动之实现、无痛状态和灵魂冲动等基本的快乐观念范式，这些快乐观念范式对快乐有着多样的伦理价值定位，但几乎都将个人克己自主的德性修养视为快乐治理的核心。技术型快乐体制是现代性绽出的历史实践形态或实现阶段，是通过对伦理型快乐体制的自身绽出进程遗留的社会思想和制度框架等的扬弃而开启自身的历史绽出的。中世纪基督教经院哲学的唯名论革命为技术型快乐体制的发生提供了存在论基础，这场唯名论革命否定了共相的实在性，肯定了可经验观察的个别殊相的实在性，这就为存在秩序的重构、作为个别个体的人的发现与解放、感官感觉的正名和作为改造世界的新工具的近代自然科学技术的兴起提供了可能，而正是这些构成了技术型快乐体制开启自身绽出进程的存在论基础。与伦理型快乐体制相比，技术型快乐体制的基本构型和运作逻辑都有着明显变化。在技术型快乐体制中，快乐被等同于幸福使得追求感官快乐成了在伦理道德上正当的目标，实现快乐目的的主要实践主体从个人转向国家或政府使得满足快乐变成了政治经济的核心议题之一，工业生产和市场营销使快乐商品化，从而快乐的获得不再只是贵族特权而是经历了社会大众化或民主化。审美型快乐体制被定位为现代性绽出的自我超越，是快乐意志出离技术型快乐体制以探索新的"去存在"可能性的历史形态或阶段。这种快乐体制扬弃了快乐的过度商品化、实现快乐目标的实践主体从国家或政府转向有着独特审美品味的个人、快乐治理的方式也向个人中心主义复归，这些结构特征都表现出了超越技术型快乐体制向伦理型快乐体制复归的趋势走向。

　　通过这三章对作为现代性绽出之历史形态的三种快乐体制的基本构型及其更迭交替机制的考察，我们实际上就完成了对快乐意志与现代性绽出之关系问题的全部探究，同时也检视了我们尝试建构的现代性绽出理论的解释力。因此，在作为结语的第七章，我们对本研究得出的一些基本结论进行了提炼和总结。简单来说，从快乐意志的历史性绽出入手，我们以一种新的理论视角揭示了现代性的复杂性、动态性、矛盾性和吊诡性。从现代性绽出理论的视域看来，现代性绽出进程是快乐意志历史地展开自身之"去存在"可能性的生存活动。这种生存活动源自以"趋乐避苦"为内在机制的快乐意志，作为"求快乐的意愿"的快乐意志既是一种自然倾向，也是一股集体情感潮流。作为集体情感潮流的快乐意志有着特定的情感活动韵律，这种韵律正是现代性绽出进程"出离自身－回到自身"的基本节律的根基所在。快乐意志在不同历史阶段展现为不同的现身形态，伦理型快乐体制、技术型快乐体制与审美型快乐体制就是快乐意志之历史性绽出的三种不同现身形态。快乐意志每每落入时间的"演历"都旨在实现自身，但能否实现往往并不只取决于快乐意志本身，而是受制于社会历史的偶然性的影响，由此才产生了在主要快乐形态、角色定位、基本构型和结构特征等方面都有差异的不同的快乐体制。作为快乐意志之"时间性演历"的现代性绽出进程就表现为伦理型快乐体制、技术型快乐体制和审美型快乐体制的更迭交替，而这三种快乐体制的关键维度在现代性绽出进程中都有所转变：主要快乐形态经历从伦理快乐、感官快乐到审美快乐的嬗变，快乐或快感的主要兴奋点经历了从沉思、感觉到情感的转变，快乐意志之"趋乐避苦"的内在机制则经历了从趋善避恶到趋利避害再到趋利就害的转变，快乐与幸福的关系则经历了从快乐从属于幸福到追求幸福就等同于追求快乐的转变，实现快乐或幸福目的的主体也经历了从个人到国家与政府再到个人的轮回，而获得快乐的主要方式则经历了从德性修养到工业生产与市场营销再到个人审美趣味的变化。现代性绽出"出离自身－回到自身"的基本节律正是不同快乐体制更迭交替的内在动力机制所在，这种机制的作用方式是前一种快乐体制的基本构型及其结果在相反方向塑造着下一种快乐体制的形成趋向。在伦理型快乐体制的自身绽出进程中遭到贬抑的"快乐即幸福"等学说，在技术型快乐体制中得到了改造和复兴就是这种作用方式的体现之一。当然，尽管现代性绽出进程被我们划分成不同的快乐体制，但这并不意味着在特定的快乐体制中不存在其他快乐体制的要素特征，而只是意味着特定的历史阶段或现身形态的关键要素特征造就了特定快乐体制及其基本构型。

　　总的来说，本研究既是一种从情感入手探索另一种现代性叙事的尝试，也是一种试图拓展有关现代性及其历史发生过程的理论解释进路的尝试。从当代社会盛行的快乐话语和幸福意识形态出发，通过尝试建构一种现代性绽出理论以探究快乐意志与现代性绽出的关系问题，本研究可以说在这样一些方面做出了积极的探索。首先，充实了理解和解释现代性及其历史发生过程的概念工具箱。快乐意志、快乐体制、现代性筹划、现代性绽出和历史性绽出时刻等分析性概念，为理解和解释现代性及其历史发生过程提供了新的概念工具。其次，探索了从情感入手讲述现代性之历史发生故事的可能性，并由此揭示了现代性及其历史发生的复杂性、动态性、矛盾性和吊诡性。现代性方案播下的最大幸福"龙种"收获的却是监控社会式的现代性境况的"跳蚤"（马克思、恩格斯，1960：604），但形形色色的快乐话语乃至幸福意识形态非但没有销声匿迹反而层出不穷，造成这种吊诡现象的原因固然可以到幸福和快乐本身的内在价值中寻找，但更主要的还是资本利益、国家理性与快乐意志之间的复杂交互作用。最后，作为探究现代性及其历史发生的一种理论尝试，我们建构出的现代性绽出理论丰富了以往有关现代性的理论话语。如果说韦伯从新教伦理与资本主义精神、桑巴特从奢侈与贪欲、坎贝尔从浪漫主义伦理与消费主义精神出发诠释现代性的做法有何共同点的话，那么，快乐意志（或其否定）兴许就是这样一种共同点所在。当然，现代性绽出理论只是从快乐意志的历史性绽出入手，理解和解释现代性及其历史发生的初步理论尝试，这种尝试中的未尽层面和可能关联都还有待未来更进一步探索，对作为现代性绽出之历史形态的三种快乐体制的考察在精细详尽程度上同样也还有待未来更进一步完善。

第一章　问题的提出：快乐意志与现代性绽出

在当今社会，与幸福和快乐相关的现象可谓无处不在，尤其是与追求幸福和快乐相关的宣言和宣传更是层出不穷。它们或是个人在世生活的人生目标，或是现代心理科学研究的身心感受状态，或是商业活动的市场营销话术，抑或是政府社会治理的政治承诺，如此等等，不一而足，这些无不表明幸福和快乐已经成为广受关注的社会现象。当然，幸福和快乐被广泛关注乃至热切追求本身并不成为问题，尤其是考虑到幸福和快乐自古以来就被人类当作目的乃至最高的善来追求，而与之相反的苦难和痛苦似乎才堪称人类在世生存史的主基调，对幸福和快乐的这种广泛关注就更不足为奇了。然而，如果将这些关乎幸福和快乐的社会现象放到它们盛行的现代性境况中，尤其是放到与这种现代性境况的来龙去脉相关的思想观念谱系中考察，那么，形形色色的快乐宣言和幸福宣传在现当代社会不断涌现，幸福和快乐俨然成为人生目标、伦理义务、社会责任乃至意识形态，或许就不再只是一种自然平常而不足为奇的社会现象，甚至还变成一个值得我们去严肃认真对待的重要问题。如果确实如此的话，那么，我们当前到底处在一种什么样的现代性境况中，对这种现代性境况的来龙去脉或历史渊源来说至关重要的思想观念谱系是什么样的，它们又是如何使在当今这样一种现代性境况中盛行的快乐话语和幸福意识形态成为值得深入研究的问题的，这个值得我们去认真对待的研究问题的确切提法和恰当表述又是什么呢？

一　监控社会：现代性境况的诊断

关于现代性境况的诊断众说纷纭，几乎每一位近现代的思想家都或多或少地做出过他们的诊断，而且从每一种诊断中，几乎都不难找到关乎幸福和快乐的论述。在 20 世纪 50 年代就已经有人宣告"丰裕社会"

的来临，宣称长久以来支配人类的"贫困逻辑"已经不再适合现代社会。在现当代的所谓丰裕社会中，"没有人会指望赤贫世界的成见会与普通人都已然过上幸福生活的世界有何关联，现今的普通人拥有的食物、娱乐、个人交通和卫浴设备等舒适便利是即便百年前的富人也都未必能享受得到的"（Galbraith，1998：2）。诚如加尔布雷斯所言，我们或许确实生活在一种物质丰裕的现代性境况中，在物质上已经迎来了"幸福生活"。然而，幸福和快乐就只是在物质生活上的丰裕富足和舒适便利吗？若是如此，那么，为何在普通人都已经过上了即便百年前的富人都未必能享受得到的舒适便利的"幸福生活"的丰裕社会中，幸福和快乐的形形色色的宣言、宣传乃至意识形态还层出不穷呢？与这种现代性诊断不同，福柯（Foucault，1995：217，208）将我们的现代社会诊断为"监控社会"（the surveillance society），并以"全景敞视主义"（panopticism）即"一种其目的和对象不再是君权的诸关系，而是规训的诸关系的新的'政治解剖术'的一般性原则"来把握和揭示这种监控社会式的现代性境况的运行机制。相比有关现代性诊断的其他纷纭众说，这种监控社会式的现代性境况的诊断不仅与我们所真正关心的快乐话语和幸福意识形态的生产再生产问题更相关，而且这两个论题的思想渊薮在很大程度上甚至可以追溯到同一个思想家或思想传统那里。

从根本上说，"全景敞视主义"是一个福柯自创的新词，但从这个词的词根和福柯的陈述中，我们不难发现，这个词实际上是从边沁监狱改革方案中的"圆形监狱"（panopticon）概念而来的，福柯只是在不同的论题下出于特定目的据其为己用罢了。福柯当然创造性地解释了边沁的圆形监狱，但"福柯的解释仍然有所忽视。除了他所说的那些之外，《圆形监狱》还洞察了自由与非自由、自我治理行为与群体管制行为之间的对立，同时揭示了这些对立并不只是两种理想化类型之间的一种逻辑的差异，而是由同一社会结构内部的两种决定性位置之间的互动产生的社会关系"（鲍曼，2005：4）。我们姑且不论福柯是否真像鲍曼所谓的那样，狭隘化理解了边沁圆形监狱设计的丰富内涵，仅就他对边沁圆形监狱的建筑学设计本身的使用来讲，作为一种新兴政治解剖术和权力物理学的基本原则的"全景敞视主义"，无疑具备使权力得以有效运作的诸种机制而且也发挥了权力运作的多重效应。在福柯看来，作为"一

种分解着观看与被观看的二元一体机制"的圆形监狱建筑学设计，充分
体现了在他看来由边沁确立的"权力应该可见但又不可确证的原则"。
对福柯来说，由边沁确立的权力的"可见性原则"（the principle of visi-
bility）在圆形监狱的建筑学设计中体现为"用来监视被囚禁者的中心塔
楼的高大轮廓将被持续不断地置放到被囚禁者的眼前"，中心塔楼的意象
意欲发挥的效应就是向人们宣告并使他们相信权力的无所不在。与此相
应，权力的"不可确证性原则"（the principle of unverifiability）体现为
"无论何时被囚禁者都不会知道他们是否正在被窥视着，但又必须使他们
相信，他们有可能总是正在被监视着"（Foucault，1995：201）。

　　在圆形监狱的建筑学设计中没有任何黑暗可言，那里的每一间囚室
都被设置了"两扇窗户，一扇开在内墙，与中心塔楼的窗户相对。另一
扇开在外墙，以使亮光能从囚室一端照到另一端"（Foucault，1995：
200）。"全景敞视主义"的圆形监狱建筑学设计有效地抹灭了通过遁入
黑暗来逃避被仔细观察的可能性，切断了德勒兹所谓的"块茎"疯狂生
长的"逃逸线"。不惟如此，这种建筑学设计还能促使囚犯们生活在无
时无刻不被监视着的假设中，甚而使这种有可能总是正在被监视的念头
变成习惯乃至本能，从而有效保障了权力的"不可确证性原则"——无
法确证是否正在被观看但又对有可能总是正在被观看深信不疑。有必要
指出的是，福柯所谓的圆形监狱旨在生产的效应——"在囚禁者的身上
引起一种确保权力自动运作的意识状态和永久的可见性"（Foucault，
1995：201）——并非只有借助圆形监狱的精妙建筑学设计才能实现。尽
管圆形监狱建筑设计或许是最经济而高效的权力技术学的理想建筑模型，
但权力据以实现目的和发挥效应的技术手段却不一而足。实际上，或许
正是因为早就洞察到了权力的这种流动的或非路径依赖的内在机制，福
柯才重新构造出一个更具有弥散性的"全景敞视主义"概念，而非直接
使用在边沁那里主要呈现为一种静态景观的"圆形监狱"术语。或许，
也正是因为圆形监狱并非权力经济而高效地实现目的和发挥效应的唯一
工具，边沁监狱改革方案虽未真正付诸实践但作为隐喻意象却成了探讨
监控社会时绕不开的重要路标，甚至有人认为"作为边沁刑法思想和更
一般的社会政治思想之例证的圆形监狱范例可被视为边沁留给极权主义
的遗产"（Tusseau，2012：131）的真正原因所在。

　　我们姑且不论边沁的圆形监狱改革方案是否真像部分学者指出的那样是"极权主义的先兆"（Himmelfarb，1968；Tusseau，2012），仅就社会控制和监控社会研究史来讲，圆形监狱意象的确犹如幽灵般盘旋在研究者的心头，尤其是萦绕在现当代监控研究者的心头。这里之所以强调现当代监控研究者，主要是因为"尽管作为一套实践的监控可能就像历史本身一样源远流长，但成体系的监控却是在现当代社会才成为日常生活中常见且逃脱不掉的部分的"（Lyon，2007：449）。在过去数十年，英国居民已经成为欧洲被监控最多的居民。20世纪90年代初以来，有超过上百万个摄像头已经被安装到英国的大街小巷。据估计，这个数字还在以每周近五百甚至更多的数量增长着（Goold，2003：191）。除了"公开"安装的电子监控设备在现代社会的公共空间中无所不在之外，一些政府机构和国际网络公司巨头还将监控的触角延伸到了"私人"生活交往领域。这些无不表明"西方工业社会正在冒着变成，甚至已经变成作为信息社会构成部分的监控社会的越来越大风险"（Flaherty，1989：1），现代人和现代社会正在步入甚至已经深陷监控社会式的现代性境况。有必要指出的是，虽然监控实践古已有之，现代社会也俨然变成了一个"监控社会"——"我们的社会不是景观社会而是监控社会"（Foucault，1995：217）——但是，"伴随着监控实践在西方社会的不断增长，监控现象成为理论反思的重要主题"（Haggerty & Ericson，2000：606）却是相对晚近才发生的事情，至少是直到20世纪70年代中期才发生的事情。

　　诚然，早在1786年远赴白俄罗斯的克里切夫（Crecheff）地区拜访他的胞弟萨缪尔（Samuel Bentham）时，边沁就已经被萨缪尔描述的一种环形建筑设计所深深吸引并且写下了所谓的"圆形监狱通信"（Pease-Watkin，2003：2），但这样的历史实情并不能否定前述的判断。到20世纪60年代末，还有人指出"不仅历史学家和传记作家，甚至法律和刑罚研究者，似乎都还对边沁的圆形监狱方案中的某些最重要特征不甚熟悉"（Himmelfarb，1968：33）。到了1994年，监控研究学者大卫·莱昂指出，"直到十数年前，监控一词都还没有在社会学词典中占据任何独特的位置"（Lyon，1994：6）。当然，关于监控社会的话语早在此之前就已经出现了。早在1949年，奥威尔就有提到"我并不认为我描述的那种社会必然会降临，但我相信（就这本书是一部讽刺小说而言，这当然是允许的）某些相似的事情可能将会发生"（Orwell，1968：502）。如果奥威尔的这种担忧还只是来自天才作家的敏感或理论直觉的先见之明的话，那么，深谙"内幕消息"的"大英数据保护委员会"主席林多普（Norman Lindop）在 1978 年时的说法——"我们并不担心奥威尔描述的社会就在眼前，但我们的确感受到了某些非常骇人的发展可能会相当迅速地发生，并且没有太多人会意识到正在发生的是什么"（Campbell & Connor，1986：20）——则足以表明，到 20 世纪 70 年代中后期监控现象已经成为令人担忧的社会事实。与此同时，监控现象也成为理论反思的重要论题。莱昂就曾指出"尽管鲁尔（James Rule）关于私人生活与公共监控的开创性研究早在 20 世纪 70 年代初就已经出现并迅速将自身确立为标准性文本，但直到福柯关于监控与规训的著名而富有争议的历史研究出现，主流社会理论家才开始严肃关注监控现象本身"（Lyon，1994：6-7）。正是在这部被福柯颇有深意地称为"我的第一本著作"（Miller，1993：209）的《规训与惩罚》中，他对边沁的圆形监狱做出了创造性解释并新造了一个更具弥散性的"全景敞视主义"术语，而这本著作恰恰就是在 1975 年问世继而引发了持续关注和争论的。

在监控社会研究史上，福柯的重要性是毋庸置疑的。正是经过福柯以"监狱诞生史"为载体的对我们"当前之历史"的研究，监控现象才开始成为受到主流社会学家严肃关注的重要论题。也正是福柯的创造性解释才使在一定意义上可谓监控社会研究思想谱系之滥觞的边沁圆形监狱受到社会学的关注，甚至迄今为止社会学对边沁圆形监狱的理解几乎都还停留在福柯式解释的范畴内。既然福柯的解释是边沁圆形监狱思想流变的关键节点，那么，福柯是如何将边沁的圆形监狱据为己用的？福柯是否僭夺性理解了边沁的圆形监狱思想？福柯的理解是否使边沁圆形监狱的原初构型遭到了曲解呢？从福柯对边沁的圆形监狱建筑学设计做出介绍以来，几乎所有的相关研究都会援引福柯描述的圆形监狱意象。在福柯对边沁圆形监狱思想的据用中，圆形监狱基本上只是用来阐明权力技术学或权力形态学之历史变化的载体而已。"监狱环境是否太过严酷或窒息，是否太过粗放或高效"并不是问题的关键所在，福柯真正关心的只不过是监狱"作为一种权力工具和载体的特定物质性"，是"汇集在监狱的封闭建筑内的对身体的各种政治介入"（Foucault，1995：30-

31）。对福柯来说，圆形监狱建筑学设计的价值主要体现在"发明了一种旨在解决各种监控问题的权力技术学"，圆形监狱的"光学体系只是一种权力便捷高效运作所必需的伟大创新"（Foucault，1980：148）。在对已经沦为"政治解剖术之工具与效应"和"身体之牢笼"的现代灵魂是如何遭到以监狱为载体的"知识/权力体系"的审视和规训的知识考古中，福柯主要是在一种"示例性素材"或"象征性意象"的意义上，更确切地说是在一种"理论性图式"的意义上使用边沁的圆形监狱的。在福柯那里，边沁的圆形监狱主要是"权力之眼"借以凝视身体和规训灵魂的技术图式，圆形监狱的意义主要在于使监控社会中切实存在的各种权力机制得以经济而高效地运作。正是福柯的这种独特的据用之道，促使我们提出福柯是否褫夺性理解了边沁的圆形监狱思想的疑问。

　　如果说遮蔽一种事物或思想的方式不外乎将其置于黑暗或强光下，那么，使一种事物或思想遭到误解的可能性则不计其数。若非福柯对边沁圆形监狱思想的创造性解释，边沁有可能还只被少数几个研究哲学、历史、政治或法律的学者所知悉。正是福柯才使边沁及其圆形监狱思想进入社会学视野，但问题似乎也恰恰出在福柯的据用之道给社会学理解边沁圆形监狱思想造成的根深蒂固的影响上。在福柯看来，"边沁是将圆形监狱当作一种封闭在自身之内的特定制度提出的，是那些并不鲜见的自我封闭的乌托邦"（Foucault，1995：205）。因此，在对边沁圆形监狱的使用中，福柯去历史性或去情境化地将圆形监狱据用成了"一种被还原到理想形态的权力机制示意图；其运作必须被理解成一种排除了任何阻碍、抵抗或摩擦的纯粹建筑学的和光学的系统：它实际上是一种可以并且必须脱离任何特定用途的政治技术学符号"（Foucault，1995：205）。由于"在福柯那里，由边沁倡议的作为改革模型的圆形监狱原本就只是被他拿来当作进一步阐明现代权力运作机制的典型案例"（Walker，1997：739），因此，福柯只是深描和突出边沁圆形监狱的特定面貌而没有完整呈现全貌也就情有可原了。在这种意义上，或许也就无所谓福柯是否褫夺性理解边沁圆形监狱的问题了，但由福柯的解释呈现出的圆形监狱意象是否使边沁圆形监狱的原初构型遭到了曲解仍然是值得探究的问题。福柯对监控社会式的现代性诊断话语无疑产生了巨大的影响，这从甘迪（Gandy，1993：9）的说法——"福柯对我的影响如此实质，以至于这种影响有支配我关于权力与社会控制的所有观点的危险；正是从福柯那里，我得到了一种根本性的全景敞视主义概念，也就是一种通过规训分类和全景监控实践实行的权力技术学"——就可见一斑。实际上，自福柯将圆形监狱说成一种权力技术学和政治解剖术的高效装置，一种不只监控身体而且规训灵魂的权力机制以来，在许多领域，尤其是在社会学领域中，"已经不可避免地产生了一种简洁且广泛传播的等式：边沁＝圆形监狱＝压迫性的总体化监控社会"（O'Farrell，2012：xi）。这种简单化的等式显然是对圆形监狱思想的褫夺性理解，是边沁圆形监狱思想流变过程中的重要畸变。

　　尽管福柯曾经告诫，"我说过的都应被视为'命题'，被当作邀请那些感兴趣的人加入其中的'游戏开局'，它们并不意味着要么被整体接受要么被整体抛弃的教条式断言"（Foucault，1991：74）。但不无遗憾的是，就像上文提到的那种已经广泛传播的简单化等式那样，福柯就边沁圆形监狱思想提出的"命题"或"游戏邀请"似乎已经被整体接受成教条式断言，甚至引发了有关福柯对边沁圆形监狱思想之解释的值得商榷的批判。就像前文提到在鲍曼看来福柯有狭隘化理解边沁圆形监狱思想之嫌那样，有研究者指出"福柯错误地将体现在刑法学家话语中的监狱理想型当成了历史实践，更确切地说是将 18 世纪的监狱改革者们的大多数在根本上从未被实行过的乌托邦理想呈现为好像它们就是 18 世纪和 19 世纪的实际改革一样"（Alford，2000：134），还有研究者则认为"福柯没有给予边沁严肃的研究态度，圆形监狱方案被还原成了一种符号，变成除了一个示意图之外别无其他的东西。圆形监狱在被福柯提炼成现代世界用以进行压制的理想机器原型的同时，边沁的权力和宪法章程理论也遭到了忽视或曲解"（Semple，1992：105）。就福柯自有其正当理由的据用之道来说，这些批判很显然是失之偏颇的。福柯原本就是要把边沁的圆形监狱主要当成一个"典型案例"来使用，因而只提炼和突出圆形监狱的特定维度也就无可厚非了。但是，就福柯的这种用法所产生的影响或效应来说，这些批判或许就不无道理了。因为福柯的解释确实没有将边沁的圆形监狱思想的全部面貌呈现出来，甚至可以说没有将边沁圆形监狱思想中最重要的意涵揭示出来，而且还导致边沁及其圆形监狱思想遭到了简单化理解的后果。

　　总的来说，作为监控社会式的现代性诊断话语之渊薮的边沁圆形监狱思想是通过福柯的创造性解释才进入社会学的视野的，甚至社会学对边沁圆形监狱思想的理解迄今为止仍然还主要停留在福柯式的解释呈现出的圆形监狱形态上。但有必要指出的是，就像福柯强调的"规训社会的形成是同它本就属于其中构成部分的一系列宏大历史进程——经济的、司法-政治的和科学的历史进程——联系在一起的"（Foucault，1995：218）那样，边沁的圆形监狱思想不仅也有其由以产生的社会历史情境，而且边沁圆形监狱思想的原初构型还蕴含着远比福柯的解释呈现的当前形态更丰富的思想意蕴。然而，恰如前文指出的那样，在福柯对边沁圆形监狱思想的独特据用之道中，边沁的圆形监狱思想主要被用作一种阐明"现代权力运作机制的典型案例"，只被解释成一种"被还原到了理想形态的权力机制示意图"，一种"自我封闭的乌托邦"，甚至造成了一种广泛传播的将边沁、圆形监狱与总体监控社会相等同的简单化等式。换言之，福柯的确自有其正当理由地遗失了与边沁圆形监狱思想相关的其他丰富意涵，被监控研究者奉为圭臬的作为权力技术图式的圆形监狱只是福柯选择性呈现的边沁圆形监狱的特定意象，边沁的圆形监狱思想远不止福柯的解释呈现出来的面貌。由此，我们就有必要进一步追问：被福柯正当地忽视或遗失了的关乎边沁圆形监狱的其他意蕴是什么？边沁圆形监狱思想的原初构型到底是什么样子的？尤其是有必要进一步追问：那些被遮蔽的意蕴对更深入理解边沁圆形监狱思想有何意义？那种原初构型对更准确把握我们关注到的现代社会盛行的快乐话语和幸福意识形态意味着什么？

二　最大幸福：现代性方案的历史承诺

　　圆形监狱的建筑学设计本身，不论门窗光线设置，囚室塔楼布局，还是运营管理程序，究其本质都只是一种纯粹的技术范畴。这种纯粹的技术学，不仅伦理价值无涉，而且用途也未限定。它们并不内在固有任何道德属性，善恶好坏也不由自身决定，而是取决于被用以服务的目的的性质。福柯显然是抓住了圆形监狱的这种特征，所以，才能去历史性或去情境化地将圆形监狱正当地据用为"一种残酷的、精巧的牢笼"而无须详尽说明边沁提出圆形监狱的社会历史情境、政治经济初衷和理论思想旨趣。与在福柯去历史性的用法中呈现的权力技术学和政治解剖术的非人道的面貌不同，在边沁那里，圆形监狱方案内嵌着他的政治经济学意图。就像前文已经提到的那样，边沁早在 1786 年就从其弟萨缪尔那里知道了这种原本用于节约工场监工成本的环形建筑。虽然边沁是在监狱改革方案中首次将圆形监狱构想带入公众视野的，但使边沁着迷的首先是这种环形建筑的多功能用途——"不管目的有多大差异甚或相互对立：不论是为惩戒积习难改者，看护疯癫者，改造品行不端者，监禁嫌疑人，雇佣懒汉，保护无助者，治疗病患，指导工业部门，培养凭借教育途径新兴的阶层：一言以蔽之，不论用于终身囚禁的死牢、看守所、牢房、矫治所、教养所、工厂、疯人院、医院或学校的目的"都将发现"这种建筑是适用的"（Bentham，1995：34）。在 1790 年到 1803 年的十数年时间里，边沁都在致力于促成以这种圆形建筑为范例的一系列社会改革。边沁以圆形建筑为改革范例，或许不免有福柯所谓的"它在任何应用中都有可能使权力运作变得完善"（Foucault，1995：206）的缘故，但更主要的原因或许还是在于这种圆形建筑有助于实现他秉持的"最大多数人的最大幸福"（Bentham，1843a：227）的理论原则、道义责任和社会政治愿景。

边沁的圆形监狱方案和以此为模型的一系列社会改革经常遭到批判，前文就提到有人将圆形监狱视为"极权主义的先驱"，甚至还有人将边沁以圆形监狱为模型的"济贫法改革"（Poor Law Reform）说成是一种"充斥着无所不在的毁灭灵魂的专制，对那些它致力于保障他们的（道德与身体）健康和福祉之人的公民自由和情感感受漠不关心以至于该法案的行政先进性也显得苍白无力了……对那些拒绝'僭越自由与尊严'的人来说，落在边沁手里的穷人们远比他们的实际处境糟糕得多"（Bahmueller，1981：2）。然而，即使这些批判都能站得住脚，我们仍然有必要进一步追问：这到底是圆形监狱改革方案内在的必然结果还是意外的后果？是边沁推进以圆形监狱为模型的一系列社会改革的历史初衷所在，还是在付诸实践过程中产生的有悖于边沁历史初心的意外效应？在边沁看来，圆形监狱改革方案非但没有什么不人道，反倒是恰恰契合于他所谓的"衡量正确与错误的尺度"，是有助于实现他所谓的"最大多数人的最大幸福原则”的可行方案。在 18 世纪 90 年代，边沁正致力于解决大英帝国面临的两大难题，"一是如何处置由美国独立造成的定罪囚犯海外放逐被迫中断的难题；二是如何处理济贫法改革的难题"（Schofield，2009：71）。在边沁看来，兼具多重功能的圆形建筑是解决这些难题的有效机制。因此，在《圆形监狱：或监视房……》的序言中，边沁生发出的"道德得到改善，健康得到保养，工业得到振兴，教义得到传布，公共负担得以减轻，经济可以说建立在了坚实的基础上，济贫法的'戈耳迪之结'① 不是被斩断了，而是被解开了——所有这一切都是通过建筑学上的一个简单的理念而得到了实现"（Bentham，1995：31）感慨，显然可以被视为发自一位当时正一筹莫展的社会改革家之肺腑的由衷欣喜。

从社会历史处境来看，边沁竭力促成以圆形监狱为模型的一系列社会改革是应运他所处时代的政治经济情势而生的。就时代经济形势来说，边沁圆形监狱的最初构想来自旨在节约工场监工成本的创意设计。"圆形监狱源发于处在工业革命最前沿的运动——通过降低成本以生产更大利润的工业运动……降低劳动成本是工业革命的心脉所系，圆形监狱正是一种降低劳动成本的典型工具。如同边沁为穷人设计圆形济贫所旨在雇佣穷人那样，圆形监狱也更多的是一种旨在雇佣犯人的工厂"（Blamires，2008：33）。关于圆形监狱改革方案可谓工业资本主义时代精神产物的判断，也可以在边沁的《圆形监狱通信》中找到证据。通过简单统计便可发现，"在鲍林（John Bowring）编辑的总共 28 页的 1786 年版《圆形监狱》中，'经济/节俭'（economy）和'经济的/节俭的'（economical）及其反面'不经济的/不节俭的'（uneconomical）等词语就出现了 22 次，而在 1791 年增加的专门论述圆形监狱的'管理方案和诸种原则'的附录二第二部分中，上述词语则出现了 74 次之多"（Guidi，2004：408）。这些词的含义及其出现的频次在一定意义上有力地表明了，不仅圆形监狱改革方案在建筑设计和运营管理上具备的"经济性"是边沁的关切所

---

① "戈耳迪之结"（Gordian Knot）来自古希腊神话，寓意非常复杂的死结，难解的症结、难题、难点。据说公元前 334 年，亚历山大大帝东征经过小亚细亚的佛律基亚时，也没有解开在当地神庙见到的绑在象征命运的马车上的"戈耳迪之结"，而是为了鼓舞士气以利剑斩断了那个死结，由此而来的便是"斩断戈耳迪之结"的传说。既然在边沁那里济贫法的戈耳迪之结是被解开的而不是被斩断的，那么，由此足可见边沁对以圆形监狱为模型的一系列改革及其可能带来的效果不只青睐有加并且深信不疑。

在，而且圆形监狱设计作为一种可以节约不同领域的经济成本的有效机制，更是边沁痴迷进而极力促成以圆形监狱为模型的一系列社会改革的缘由所在。这可以从边沁对"经济性"（economy），更确切地说是对"节俭性"（frugality）的关注并不止于圆形监狱方案，而是贯穿于他关于政府运作、立法工作乃至伦理道义的全部思想中得到进一步确证。

关于"经济性/节俭性"原则在边沁思想中的重要性，我们可以在福柯那里找到相应证据。虽然福柯对边沁圆形监狱思想的解释主要强调的是它作为权力机制示意图的维度，甚至由此导致"森普尔（Janet Semple）做出《圆形监狱》是福柯读过的唯一的一本边沁著作"（Brunon-Ernst，2007：1）的判断，但福柯对于边沁的熟悉程度绝不止于此。福柯深谙圆形监狱的节俭性原则，对内嵌着节俭性原则的圆形监狱在边沁思想中的重要性也不陌生。这从福柯关于"政府的节俭性问题可以说就是自由主义问题"，而"对边沁来说，全景敞视主义正是形塑一种政府类型的普遍政治公式……在他人生暮年对英国法律的总体编纂事业中，边沁倡导圆形监狱方案应是整个政府组织的运作准则，圆形监狱方案是自由主义政府的特定准则"（Foucault，2008：29，67）等论述就可见一斑。实际上，在边沁自己的著述中找到这种可谓新兴工业资本主义时代精神的原则也并非难事。在他的政治经济学中，我们不难找到诸如"所谓强制节俭（forced frugality）就是通过恰当的花费开支使国民富裕得到提升或被提升，通过使用以税收增加的资本形式的货币使（不限于特定形式的）国民财富得到或努力得到增加"（Bentham，2005：239）等的论述。在他的刑罚理论中，我们也不难找到诸如"如果一种惩罚模式倾向于比另一种模式造成多余和不必要的痛苦，那就是不节俭的模式……一种惩罚模式的完美节俭性在于，不仅没有给受惩罚一方造成多余痛苦甚至生产痛苦的相同操作还满足了其他人获得快乐的目的"（Bentham，1843a：404）这样的论述。由此，我们显然有理由认为，边沁推崇以圆形监狱为模型的一系列社会改革主要并不是因为圆形监狱像福柯揭示的那样是一种能使现代权力经济高效运作的机制，而是因为圆形监狱改革方案契合工业革命的时代精神，尤其是因为圆形监狱改革方案有助于实现边沁秉持的"最大幸福原则"。

除了工业革命时代的经济情势之外，从边沁所处时代的政治情势中，我们也并不难看出边沁推崇圆形监狱改革方案的初衷。1789年爆发的法国大革命及其进展，是边沁在推动以圆形监狱为模型的社会改革时发生的最具世界历史意义的重大政治事件。关于边沁与大革命的关系，尽管伯恩斯有过"法国大革命对边沁的重要性远比边沁对大革命的重要性更重大得多的说法太过明显而不值一提"（Burns，1966：113）的论断，但这并不能就此抹杀探究边沁卷入大革命的程度和大革命对边沁之影响的意义。1789年法国大革命的爆发及其进展，在英国引发了一场涉及市民社会之本质、不同政府形式之相对优劣性和英国宪法之正当性等根本性议题的广泛争论。"这场争论的领军人物是埃蒙德·伯克（Edmund Burke）和托马斯·潘恩（Thomas Paine）：前者拥护的是法国的旧制度和英国在光荣革命时建立起来的混合君主制度，后者拥护的则是自然权利学说和人民主权学说。"（Schofield，2011：1）对这两种针锋相对的立场，边沁在1795年时做出了这样的评论——"民主主义者的制度是荒谬和危险的，因为它使人类的那些见多识广的阶层服从于那些孤陋寡闻的阶层。伯克先生的制度虽完全相反，但也出于一种相似原因而是荒谬和有害的，因为它使那种文明成熟的时代服从于那种蒙昧初开的时代"（Schofield，2011：1）。既然边沁并不赞成前述两种政见立场，那么，边沁对法国大革命的政治立场是什么？最重要的是，从边沁政见立场的变化中，我们能捕捉到关乎圆形监狱之原初构型的什么思想意蕴呢？

虽然"边沁对法国大革命的反应同其时代的大多数思想家是相似的：1789年的最初热情因18世纪90年代的诸多事件而转向失望，1796年以后则流露出了明显敌意"（Waldron，1987：32）。但是，边沁对法国大革命的介入程度或许远比大多数同时代的思想家要深得多。据沃尔德伦（Jeremy Waldron）的说法，边沁最初的"热情，在一定程度上源于觉察到了他作为立法顾问的才能得以在新政权施展的新机遇。他向大革命当局提出了许多方案和小册子，并因为他的煞费苦心而在1792年受封为法兰西共和国的荣誉公民。但即便是在那个荣誉正式授予的期间，边沁就已经开始严苛评述法国的事件了。到1796年，边沁已经不只否定大革命理想，而且批判共和主义和当时英国的议会改革事业"（Waldron，1987：32）。不惟如此，根据伯恩斯（James Burns）的考证，"边沁的注意力似乎早在1788年夏天就已经被法国事件的进程所吸引"（Burns，1966：

96）。"从 1788 年冬天到 1789 年春天，边沁写了旨在影响法国事件之进展的各种不同作品，并试图通过兰斯多恩勋爵的老朋友莫雷莱以使法国舆论注意到那些作品。"（Blamires，2008：183）到 1789 年的秋天，边沁甚至还着手起草了一部法国宪法草案——"法国宪法法典草案"（Project of a Constitutional Code for France）。在这部草案中，边沁不只提出了诸如"不论男性还是女性，只要符合法定年龄、心智正常且能识文断字的法国公民都应享有选举权利"这样的原则性建议，而且还提出了诸如"法国应被划分为平等选区，每个选区都有一个代理人，代理人任职期间可被免职……不应存在选举的中间阶段，不应一人多次投票"（Bentham，2002：231，244-245）这样的操作性建议。姑且不论边沁有无借法国新政权以施展立法才能的用心，仅从这些史实来看，边沁对法国大革命及其进展的热心关注和积极介入是显而易见的。

关于边沁介入法国事件的政治立场，以往评述可谓莫衷一是。其中，就不乏有人基于他为法国大革命当局起草的宪法草案，主张边沁在此时转向了政治上的激进主义（Dinwiddy，1975）。但是，相比其他说法，"边沁项目"（The Bentham Project）主任斯科菲尔德（Philip Schofield）的观点或许最有可信度和权威性。在斯科菲尔德看来，边沁此时在政治上"支持的是君主政体的政府形式。尽管在给法国大革命当局的资政建议中包含民主选举的改革内容，但这些内容却不是共和主义的"。那些涉及民主选举等内容的激进建议，更多的只是作为"深谙时间与空间对立法问题之重要影响"的边沁，基于"法国人已经正式认可政治平等原则的背景而提出的"（Schofield，2004：390）。我们暂且搁置聚讼纷纭的边沁政治立场问题，仅就边沁起草的宪法草案的内容来看，的确不难从中发现法国大革命当局 1789 年 8 月颁布的那份具有宪法性质的《人权宣言》的影子。有意思的是，边沁不久后就对被作为序言收录到法国 1791 年宪法的这份宣言做了批判。当然，那已经是 1796 年前后的事情了，在此之前我们还是回到令边沁的态度从兴奋转向失望的事件上来。从 1792 年 9 月到 1793 年 3 月的法国大革命进展和英法战争爆发，"标志着边沁对法国大变革的态度发生了决定性转变"。对法国大革命当局建立的政府形式，边沁做出了"正在法国形成的共和政体是为未来世代的幸福而牺牲当前世代的幸福"（Burns，1966：110）的评论。从表面上看，这种评论或许并不能表明什么明确的态度，但从边沁秉持的"最大幸福原则"，更具体地说是不只每个人而且每个世代都有追求自身幸福之权利的主张来看，从中不难发现边沁的最初热情已经出现了消退，沃尔德伦提到的边沁对法国大革命事件的严苛评论态度也已经显而易见。

实际上，就边沁对法国大革命进展的态度变化，以往几乎已经达成这样一种共识："边沁起初为法国和英国人民的幸福而被民主政治形式吸引，但从 1792 年开始对法国渐增的混乱和暴力感到恐惧，从而不仅排斥全民政府形式，并且反对英国的宪法改革。"（Schofield，2004：383）随着法国大革命转向了混乱无序和血腥暴力，更确切地说是转向与"最大幸福原则"相违背的走向，边沁开始审慎反思大革命甚至产生了敌意也就情有可原了，而最能体现边沁的批判性反思的则莫过于他对具有宪法性质的《人权宣言》的评论。与前文提到的在沃尔德伦看来边沁是"在 1796 年流露出明显敌意"相一致，边沁对《人权宣言》的批判就是"1796 年前后写就的"。但有意思的是，这份评论"直到 1816 年才公开出版，而且不是出现在伦敦而是在日内瓦，也不是以英文而是以法文面世。直到边沁去世两年之后，在 1834 年他的著作集于伦敦出版的时候，这份评论才有了英文版"（Bedau，2000：262）。尽管对《人权宣言》的专门批判直到 1796 年前后才出现在《无政府主义的诸种谬见》（*Anarchical Fallacies*）中，但边沁的态度早在 1789 年就已经有所表露。在 1789 年 8 月写给法国政治家布里索（Jacques-Pierre Brissot）的书信中，边沁做了"我对您参与出版的一份权利宣言感到遗憾。那是一部形而上学著作——是形而上学的最高点。它可能是一种必要的恶，但终究是一种恶。政治科学还远没有先进到足以支撑起这样的一份宣言。且不论那些条款可能是什么，但在我看来它们必定归于这样三种名目——1. 莫名其妙的；2. 虚假错误的；3. 两者混合的"（转引自 Schofield，2006：59）这样的表述。

与在给布里索的信中表达的遗憾主要指向《人权宣言》的形而上学特征，也就是与边沁实证法学思想相悖的自然权利学说，而不是指向他对人类或公民享有的法定权利的承认相一致，在专门批判中，边沁也明确指出他意在攻击的"不是这个或那个国家的国民或公民的……而是所有关于人的反法律的权利，所有关于诸如此类权利的宣言；不是这样一种法案在这种或那种情形中的实际施行，而是诸如此类的法案本身"
（Bentham，1987：68）。从边沁的具体评论中，我们不难发现他对自然权
利学说的否定和从中呈现出的一种不同的权利观。与自然权利学说针锋
相对，在边沁看来，"不存在如自然权利之诸般事物——不存在先于政府
之建立的如权利之诸般事物——不存在对立于或相悖于法定权利的像自
然权利之诸般事物：自然权利的表达只是比喻性的，当用在你试图赋予
明确意义时，它将导致错误，导致那种造成伤害——极端伤害的错误"
（Bentham，1987：52）。相反，"任何人享有或可以享有的任何权利都是
通过实证法授予的权利，而实证法是通过合法的政府来制定、颁布和实
施的。所有权利都是法定的权利，当今法律授予的权利都可以在未来被
废止"（Bedau，2000：270）。更重要的是，"与由权利的缺乏造成的成
比例的幸福的缺乏，是希望有如权利之诸般事物存在的原因。但是，希
望有如权利之诸般事物存在的原因并不是权利本身……自然权利的说辞
简直就是胡说八道：自然的和不受法令约束的权利，只是修辞上的胡言
乱语——是踩在高跷上胡说八道"（Bentham，1987：53）。与此相反，
"我们的权利都是由立法者的判断决定的，而立法者进行判断的根据就在
于一个人、一群人甚或所有人是否对特定事物享有权利或是否有权利进
行某事完全取决于它是否或多或少地有利于作为整体的社会"（Bedau，
2000：272）。由此，对边沁来说，《人权宣言》的起草者和接受者是
"在未来时代种下和培养了持续叛乱的倾向；他们播下的无政府主义种
子：在合法化它们对既往权威的摧毁的同时，也破坏了所有未来权威，
当然也包括他们自身的权威"（Bentham，1987：47）。

　　从法国大革命爆发之初的热情拥抱民主政治，到后来不仅排斥全民
政府形式而且反对英国的宪法改革。边沁的这种态度变化，当然是随着
大革命进展的变化而变化的，但最根本的原因或许还是在于他秉持的
"最大幸福原则"。由于在大革命的民主政治形式中看到了实现"最大多
数人的最大幸福"的可能性，边沁在大革命之初才满怀热情且积极献策。
但是，也正因1792年之后走向混乱无序和血腥暴力的大革命进程背离了
这种原则，边沁不仅对大革命做出批判，而且对全民政府形式采取了一
种保守主义的立场。这种态度变化也反过来影响了边沁正推进的以圆形
监狱为模型的社会改革，甚至对他正投身的英国民主政治改革进程起到

了阻滞作用。如果说"法国大革命在英国引发了一种反对政治改革的反应，这种反应既体现在抑制激进的运动的意义上，也体现在对英国宪法进行强有力的智识捍卫的意义上"，那么，就边沁的情形来讲，则是"大革命的极端化使边沁放弃了正在走向激进的功利主义政治，转而捍卫英国政体的既存制度……法国大革命的进展以延迟边沁创造和传播一种功利主义政治改革的方式推迟了英国的民主政治改革进程"（Schofield，2004：401）。与作为时代政治情势的法国大革命对边沁投身的英国政治改革进程起到阻滞作用不同，法国大革命的进展对边沁的圆形监狱改革似乎起到了促进作用。随着法国大革命从 1792 年转向了无序和暴力，边沁感到了恐惧并视之为"对社会秩序的威胁"。作为对这种来自法国的威胁的反应，边沁"将 1789 年就准备好提出的议会改革措施视为危险的方案转而为帮助解决社会和经济问题设计各种举措"。随着预见到"法国入侵的威胁，边沁开始为英国社会的稳定性感到担忧"，转而致力于设计旨在"增强对抗法国威胁的举措"（Schofield，2009：10-11）。有必要指出的是，边沁在"18 世纪 90 年代提出的这套旨在捍卫安全的策略，正是由圆形监狱方案、济贫法提案和财政改革提议"等构成的。这些举措"不是从激进政治上的'战略撤退'，而是一种试图维系并真正扩大在英国宪法框架之下的国民所共享之诸种利益的审慎抉择"（Schofield，2009：92-93）。由此可见，不论是对法国大革命的介入还是以圆形监狱为模型的社会改革，边沁的态度和行动始终是以"最大幸福原则"为旨归的。

　　通过考察边沁以圆形监狱为模型的一系列社会改革的时代经济情势和政治情势，边沁圆形监狱思想的原初构型也就逐渐清晰地呈现出来了，尤其是这种原初构型源出于的"最大幸福原则"也由此显现了出来。边沁圆形监狱思想的原初构型与在福柯的解释及其影响下产生的当前现身形态有着明显的差别。通过福柯的解释，圆形监狱已经被当成了一种对身体和灵魂进行规训的"残酷的、精巧的牢笼"，一种"其使命是变成一种普遍的功能并且注定会不遗失任何性能或不会自行消失地传布整个社会机体"（Foucault：1995：207）的权力机制示意图，由此也造成了将边沁、圆形监狱与总体性监控社会画等号的僭夺性理解，甚至还催生了圆形监狱是"边沁留给极权主义的遗产"（Tusseau，2012：131）的认识。与这种流行的边沁圆形监狱的当前现身形态有所不同，虽然边沁圆形监狱的原初构型不乏成为福柯所谓的政治解剖术和权力物理学的可能性，但"权力意志在其中起到的作用或许并没有我们想象的那么大"，边沁以圆形监狱为模型的社会政治改革还"交织与表达着关乎惩罚的适当限度、体面和变革……关乎正义、隐私和财产等主题的文化规范和价值观念"（Smith，2008：98）。边沁圆形监狱的原初构型和以此为模型的社会政治改革方案的"文化逻辑"当然不乏理性主义的影子，但却"远非只受到工具理性影响"，而是"同功利主义、乌托邦和自由放任政策"（Smith，2008：99）相互交织在一起。归根结底地说，边沁圆形监狱的原初构型绝非只是一种福柯所谓的规训灵魂与身体的现代"权力-知识"装置，而首先是一种通过威慑罪恶、捍卫安全、节约成本和提高效率等来实现"最大多数人的最大幸福"的机制。对边沁来说，不论是圆形监狱本身，还是以圆形监狱为模型的社会政治改革方案，都是一种旨在使最大多数人"实现最大可能之幸福或最少可能之不幸的技艺"（Semple，1993：63）。

正是对圆形监狱本身和以圆形监狱为模型的一系列社会政治改革有着这样的价值定位，边沁才会"贡献出十数年的光阴、大量金钱和精力以试图劝服英国政府按圆形监狱方案建造监狱并尝试为那座构想中的监狱寻找合适建址，甚至还试图敦促英国国会通过法案给圆形监狱改革授权"（Schofield，2009：11）。但令人遗憾的是，这个被福柯称为"在政治领域中'一通百通'之范例"（Foucault，1995：206）的圆形监狱方案和以此为模型的一系列社会政治改革却未能付诸实践。因此，在反思圆形监狱改革事业为何屡遭挫败时，边沁发现了所谓的"邪恶利益"（sinister interests）——"一切利益，不论是什么种类的利益、快乐和痛苦，就它是在一种阴险的方向上，是在一种与功利原则的规定相反的进程上运作的倾向而言，都是邪恶的利益"（Bentham，1983：18）。而对这种"与普遍利益相对立的特殊利益"的发现，不仅标志着"边沁政治思想的关键性转折"，而且深化了边沁"对掌权者的诸种心理动机的理解"，更使边沁认识到了"在既存政治体系中引入他认为可欲求的诸种改革事业"（Schofield，2006：345）的可能性。由此，边沁对圆形监狱改革事业难以付诸历史实践做出了这样的结论："统治者们并不希望促进共同体的最大幸福，而只是关心他们自己的最大幸福。如果统治者无意于促进共同体的最大幸福的话，那么，向他们阐明如何才能最好地促进他们的人民的幸福将毫无意义。对他们的人民的幸福感兴趣的唯一的统治者，是那些通过民主投票选举而产生的人民代表大会的成员。"（Schofield，2009：11-12）从边沁得出的这种结论中并不难看出，边沁由于要帮助英国应对来自法国大革命和法国入侵的威胁而被迫推迟乃至搁置了的一种功利主义的民主政治改革的迹象。

有必要指出的是，"最大多数人的最大幸福"不只是边沁圆形监狱源出于的功利主义原则，更是启蒙运动时代的现代性方案做出的历史承诺。然而，与圆形监狱的原初构型已然在思想观念史上演变成了现代权力机制的示意图一样，许下最大幸福承诺的现代性方案似乎也已经在社会历史进程中实现成了监控社会式的现代性境况，而且这两者很显然是一种彼此交织在一起的一体两面的历史嬗变过程。不论是在思想观念史的意义上，还是在社会历史进程的意义上，这种历史嬗变活动或许都可以称为"历史性绽出"（historical ecstasy），而在启蒙运动时代做出了最大幸福历史承诺的现代性方案却实现成了监控社会式的现代性境况的历史嬗变则可以称为"现代性的历史绽出"或"现代性的绽出进程"（the ecstatic process of modernity）。更准确地说，或许应该称为现代性绽出进程的特定阶段或特定样式。因为这种现代性绽出进程严格说来并非肇始于启蒙运动时代的现代性方案，而是有着更久远的历史渊源。即使许下最大幸福承诺的现代性方案兴许是启蒙运动时代才明确提出的，但对"最大多数人的最大幸福"做出这样一种历史筹划的可能性种子却远在更古老的时代就已经被埋下了。无论如何，值得更进一步深究的是，为什么做出了最大幸福承诺的现代性方案却在现代性绽出中实现成了监控社会式的现代性境况？虽然这种现代性方案做出的最大幸福历史承诺并未在现代性绽出进程中得到真正兑现，甚至还实现成了压迫性的总体化监控社会的现代性境况，但吊诡的是，为什么形形色色的快乐话语和幸福意识形态却仍然在现代社会层出不穷？要想找到答案，显然要去探究边沁的"最大幸福原则"及其内在逻辑，更确切地说就是要去考察现代性方案乃至现代性绽出的内在理路。

三　快乐意志：现代性筹划的逻辑起点

边沁功利主义思想的基本原理，在历史上曾经有过不尽相同的表述方式。最早出现在 1776 年的《政府片论》中时，其被表述为"最大多数人的最大幸福"。在 1789 年的《道德与立法原理导论》中变成了"功利原则"，但在该书 1822 年的第二版中"最大幸福原则"替代了"功利原则"，并从此成为边沁后期著作最主要的表述方式（Harrison，1983：167–170）。尽管这种基本原理的名称几经变更，但不论是"最大多数人的最大幸福""功利原则"，还是"最大幸福原则"，主要指的无非都是"按照看来势必会增大或减小利益相关者之幸福的倾向，即促进或妨碍此种幸福的倾向来赞成或非难任何一项行动……不仅是私人的每一项行动，而且是政府的每一项措施"（边沁，2012：59）的含义。边沁用"最大幸福原则"来替代"功利原则"，据他的说法，是因为"功利（utility）一词不能像幸福（happiness）和福乐（felicity）那样，清晰地表明快乐（pleasure）和痛苦（pain）的意思，也不能引导我们去考虑受到影响的利益的数目，而这一数目作为环境对形成这里谈论的标准（赞成或非难个人与政府行为的标准）起着最大的作用"（边沁，2012：58）。边沁想要清晰地表明快乐和痛苦的概念，则是因为"自然把人类置于了两位主公——快乐和痛苦的主宰之下。只有它们才能指引我们应当做什么，决定我们将要去做什么。是非标准、因果联系，俱由其定夺。凡我们所为、所言、所思，无不由其支配：我们所能做的试图挣脱这种被支配地位的每一项努力，都只会昭示和确证快乐与痛苦对人类的支配地位"（边沁，2012：58）。由此可见，幸福与福乐，更确切地说是快乐和痛苦，在边沁功利主义思想和人类社会生活中都有着重要的地位。

根据边沁（2012：59）的说法，"这里讨论的原则（最大幸福原则）可以用来指一种心理行为，一种情感即赞许的情感"。因此，边沁所谓的幸福可以说主要关乎的是快乐与痛苦，更确切地说是快乐情感本身。因为快乐通常就被视为一种积极的或肯定性的情感，而痛苦往往被视为一种消极的或否定性的情感，是作为快乐的对立物或对立面而得到界定的。在边沁对"最大幸福原则"或幸福本身的这种解释中，我们不难发现一种将"幸福"直接等同于"快乐"的明确倾向，而这种倾向可以说是从启蒙运动以降才开始逐渐流行起来的"古老"观念。早在古希腊的居勒尼学派和伊壁鸠鲁学派那里就已经提出了"幸福即快乐"的理念，但这种理念变得流行乃至成为主流观念却是近现代以来才发生的事情。进言之，对边沁来说，幸福、快乐和痛苦都是可以进行测量和计算的，不同的快乐之间并没有质的差别而只有量的差异，而所谓幸福就是快乐与痛苦（不快乐）的算术总和，是快乐大于痛苦的量。对幸福和快乐的这种理解，不仅是边沁功利主义往往被称为量化或定量的功利主义的原因所在，也是边沁之所以想要"清晰表明快乐与痛苦的意思"进而能够进行"快乐算术"（felicific calculus）或"功利算术"（utilitarian calculus）的可能性基础所在。从根本上说，清晰表明快乐和痛苦的意思，快乐和痛苦必须能够被测量与计算，是"最大幸福原则"内在的必然要求。唯其如此，才能准确地判断"私人行动"和"政府措施"具有的"增加或减小利益相关者之幸福"的可能性，才能准确赞成或否定任何一项私人行动或政府措施是否有益于促进个人或共同体的幸福，"最大幸福原则"也才能由此得到切实贯彻实行。

在边沁乃至许多启蒙思想家看来，即使世人没有明确意识到他们的行动是由一项行动可能带来的快乐或痛苦推动的，但对可能来自行动之快乐或痛苦的感受甚至想象就足以成为他们行动的源泉。最重要的是，人人都能感受到快乐或痛苦的天赋能力是普遍的，而这种普遍能力反过来既可以成为一种政治理论的基础也可以成为一种道德理论的基础（Brunon-Ernst，2014）。因此，作为边沁确立的道德与立法的基本原理的"最大幸福原则"，"承认快乐和痛苦对人类的支配地位，并将其当作旨在依靠理性和法律建造福乐大厦之制度的基础"（边沁，2012：58）。"最大幸福原则"主张"追求快乐和避免痛苦是立法者应该考虑的目的，这就要求他们必须了解快乐与痛苦的值。快乐与痛苦是立法者必须运用的工具，因而不能不了解它的效能，从另一个角度看就是了解快乐和痛苦的值"（边沁，2012：87）。为了能够了解乃至测算快乐与痛苦的值或效能，边沁在"个体"与"群体"的层面上阐明了被他称为"情况"或"环境"（circumstance）的、影响每一项快乐或痛苦的效能大小的要素。在个体层面上，边沁（2012：87~89）首先指出在测算"一项快乐或痛苦本身的值多大多小"时要考虑的四种情况，也就是每一项快乐或痛苦的"强度"、"持续的时间"、"确定性或不确定性"和"临近或偏远"。以快乐或痛苦本身的这四种情况为基础，当"为了估计任何一项行动的造苦造乐的倾向而考虑这一苦乐的值时"，还需要考虑每一项快乐的"丰度"和"纯度"。在群体或共同体层面上，因为需要"联系其中的每个人来考虑一项快乐或痛苦的值"。因此，除了前述六种情况之外，还要考虑一项快乐或痛苦的"广度"，也就是"它波及的人数，或（换句话）说，哪些人受其影响"。① 正是这七种情况共同构成了影响每一项快乐或痛苦之效能的测算的要素，进而构成了判断每一项个人行动或政府措施是否有助于促进个人或共同体之幸福的评价尺度的要素。

对每一项快乐或痛苦之效能的测算是"快乐算术"的必要前提，而无论是在人类社会生活中还是在边沁自己的思想体系中，"快乐算术"的重要性都是不言而喻的。就人类的社会生活来讲，因果关系和是非标准皆由自然授权主宰人类的两位主公——快乐和痛苦——定夺，我们的所为、所言、所思无不由快乐和痛苦支配，而"快乐算术"可以说正是自然、快乐和痛苦展开对人类的这种定夺与支配所必不可少的工具。"快乐算术"的结果，既是个人行动和政府行为的动力源泉，也是评价个人行动和政府行为的重要依据。就边沁的思想体系而言，"快乐算术"可以说正是"最大幸福原则"的内在构件，是评判个人行动或政府措施是否符合"最大多数人的最大幸福"目标的必要工具。边沁致力于推进的圆形监狱改革方案和以此为模型的一系列社会政治改革措施，显然是通过了"快乐算术"的检验并且契合于"最大幸福原则"的内在要求的。不惟如此，快乐算术还是"边沁借以成为道德世界之牛顿的方式"（Mitchell，1918：181）。据米切尔（Wesley Mitchell）的说法，边沁曾经明确指出"我已经或将要发表的有关立法主题或道德科学领域的著作，都是一种试图将实验推理的方法从物理领域拓展到道德领域的尝试。培根对于物理世界所意味着的，正是爱尔维修对于道德世界所意味着的。

---

① 为了使人们更好地记住可谓整个道德与立法大厦之基石的这些要素，边沁曾以口诀的形式对它们做出了编排：强烈经久确定，迅速丰裕纯粹；不论大苦大乐，总有此番特征。倘若图谋私利，便应追求此乐；倘若旨在公益，泽广即是美德。凡被视为苦者，避之竭尽全力；要是苦必降临，须防殃及众人（边沁，2012：87）。

道德世界早就已经拥有它的培根，但它的牛顿却尚未降临"（Bentham，1843a；转引自 Mitchell，1918：164）。边沁想要成为的正是道德世界的牛顿，而"快乐算术则正是边沁借以成为道德世界之牛顿的途径——恰如牛顿定律处理的是物理世界中的重力那样，快乐算术要度量的正是道德世界中的快乐力量与痛苦力量"（Mitchell，1918：181）。正如牛顿定律是人类借以改造自然世界的规律那样，对边沁乃至大多数启蒙思想家来说，快乐算术则正是人类改造社会道德世界的方式，是人类实现"最大多数人的最大幸福"目标的工具。

　　在边沁那里，"最大幸福原则""快乐算术"和圆形监狱方案显然构成了一个内在逻辑一贯的有机整体。"最大幸福原则"，也就是"最大多数人的最大幸福"被边沁视为"人类行动的正确适当的目的，而且是唯一正确适当并普遍期待的目的，是所有情况下的人类行动，特别是行使政府权力的官员施政执法的唯一正确适当的目的"（边沁，2012：58）。"快乐算术"或"功利计算"则是"最大幸福原则"的贯彻实行所不可或缺的工具。"快乐算术"不仅"指明立法者、执法者和道德家应如何进行价值判断，而且指明人类在行动上如何定向"（Mitchell，1918：172）。任何个人行动或政府措施是否符合"最大幸福原则"，都需要经过"快乐算术"检验之后才能定夺。既然圆形监狱方案被边沁视为改善道德、保养健康、振兴工业、传布教义、减轻公共负担和解开济贫法"戈耳迪之结"的钥匙（Bentham，1995：31），那么，它显然是一种通过了"快乐算术"检验的源自且符合"最大幸福原则"的改革方案。简言之，这个有机整体的内在逻辑可以表述为："最大幸福原则"确立了"最大多数人的最大幸福"的目标，"快乐算术"是检验任何个人行动或政府措施是否有助于实现这个目标的必要工具，而圆形监狱方案则是通过了"快乐算术"检验的有益于实现最大幸福目标的可能性方案之一。当然，这个整体无疑是建立在一种人性论或哲学人类学预设的基础上的。那就是边沁所谓的快乐与痛苦对人类之所为、所言和所思的主宰，是"最大幸福原则"要求立法者必须要考虑的人类"追求快乐与避免痛苦"的目的。在边沁看来，"人类本性是享乐主义/快乐主义的（hedonistic）"。在人类"行动源泉的清单"中，"除了期望最终享受某种快乐或免受某种痛苦之外，没有什么能对一种动机的性质起作用"（Bentham，1843a：

215；转引自 Mitchell，1918：172-173）。对我们来说，这种"追求快乐与避免痛苦"的动机可以归结为"快乐意志"（will to pleasure），也就是一种以"趋乐避苦"倾向为内在机制的"求快乐的意愿"，一种以求快乐为旨归的激越涌动的集体情感潮流。实际上，边沁也有将快乐、行动和意志联系在一起。边沁把"快乐引发行动的心理过程"描述成"每种心灵活动及由此而来的身体活动都是'意志'（the will）或'意志官能'（volitional faculty）活动的产物"（Bentham，1843c：279；转引自 Mitchell，1918：173）。在我们看来，快乐意志是一种根本的"自然倾向"（conatus）和社会文化心理基础。一切人类行动的源泉都在于这种快乐意志，边沁的"最大幸福原则"、圆形监狱方案和以此为模型的社会政治改革方案也都源于这种快乐意志，当代社会形形色色的快乐话语和幸福意识形态同样源于这种快乐意志。

需要指出的是，不论是"最大幸福原则"、圆形监狱方案和将幸福等同于快乐，还是"快乐算术"和快乐意志都并不只是边沁独有的理论思想，而是启蒙运动时代普遍的社会观念，甚至它们都还有着更为久远的历史渊源。就"最大幸福原则"来说，虽然这种观念往往被贴上边沁功利主义思想之基本原理的标签，但"对于边沁时代的任何道德哲学家来说，忽视最大幸福原则的各种不同的表述远比谙熟这种原则要困难得多"（Baumgardt，1966：59）。边沁和"最大幸福原则"往往被自然而然地关联在一起，只是因为"没有任何人比边沁更忠实地坚持最大幸福原则，也没有任何人像边沁那样把这种原则当作一种如此重要且核心的迫切必要之物置放在有关于人类社会关系的所有分析领域中"（Goldworth，1969：316）罢了。但实际上，早在边沁明确地提出"最大幸福原则"之前，这种观念至少已经在西方思想家中间流传了不短的时间。据罗伯特·沙克尔顿（Shackleton，1972：1472）的说法，"边沁早年曾经说过他是从普利斯特莱（J. Priestley）那里借鉴到的最大幸福观念，而在他晚年时则提到贝卡利亚（C. Beccaria）和爱尔维修（C. Helvétius）对他形成最大幸福原则有着重要影响"。不惟如此，在比上述这些思想家都还更早一些的像哈奇森（Francis Hutcheson）这样的启蒙思想家那里，我们就已经不难找到这样的表述了："那种为最大多数人获得最大幸福的行动是最好的；同样的，那种造成了不幸的行动则是最坏的。"（Hutcheson，

2004：125）由此可见，在边沁所处的启蒙运动时代，"最大多数人的最大幸福"可以说早就已经不是少数人的思想观念，而是大多数人共同秉持的普遍的集体意识甚或时代精神了。边沁极力主张的诸如"行动的道德品质应该根据它对人类幸福起到的作用来判断……我们应该以最大多数人的最大幸福为目的"等的观念，可以说只不过是"那个时代有关幸福的绝大多数启蒙思想的集中体现"（Veenhoven，2010：606）而已。

就"快乐算术"或功利算术来说，恰如"最大幸福原则"、将幸福直接等同于快乐的倾向都并非边沁的首创而是启蒙运动时代的普遍观念那样，与其说对快乐与痛苦进行计算的"快乐算术"思想是边沁的匠心独运，倒不如说是启蒙运动时代"科学与理性"的时代精神的产物，甚至可谓一种相当古老的思想观念。早"在《普罗泰戈拉篇》中就已经有除了快乐和没有痛苦之外别无其他的善可以作为目的，所有其他的良善事物都是并且只是这些目的的手段。德性是一种关乎计算的事情，而计算的唯一要素是快乐与痛苦"（Mill，1978：418）这样的说法了。到了启蒙运动时代，早在边沁之前也已经存在像意大利法理学家贝卡利亚这样的思想家表述过类似"快乐算术"的思想。贝卡利亚早就"明确地把对快乐与痛苦的计算作为测量惩罚程度的手段，并由此根据犯罪程度来调整刑罚的尺度，即使他并没有将这种计算发展到任何实质的程度"（Rosen，2003：149）。有意思的是，在追溯边沁"最大幸福原则"观念的思想渊源时，我们就已经发现贝卡利亚对他的重要影响，而边沁的"快乐算术"思想实际上也深受贝卡利亚的启发。边沁曾经这样描述贝卡利亚对他的启示："我记得很清楚，我最初是从贝卡利亚论犯罪与惩罚的论文中得到这个原理（计算快乐与幸福的原理）的第一个提示的。由于这个原理，数学计算的精确性、清晰性和实证性第一次被引入道德领域。一旦弄清了道德领域的性质，它就将与物理学（包括最高部分：数学）一样无可争议地具有这些性质。"（Bentham，1843d：286-287）就像边沁说过他在立法与道德科学领域的著作都是一种试图将实验推理的方法从物理领域拓展到道德领域的尝试那样，在所谓"科学与理性"的启蒙运动时代精神影响下，将数学计算的方法拓展到伦理计算的领域绝非个别思想家的独特个性，而对快乐与痛苦的计算正是伦理计算的关键所在。在这里，我们再次看到了快乐与痛苦在人类社会中的重要性，也由此更有理由确信"快乐意志"之于认识和理解人类社会的重要意义。

既然这些观念都并非只是边沁功利主义的独有观念，而是启蒙运动时代甚至更久远时代的普遍观念，那么，就像它们在边沁思想中构成一个逻辑一贯的有机整体那样，这些观念同样构成了启蒙运动时代的一种"现代性方案"或"现代性筹划"（a project of modernity）。启蒙运动对现代人和现代社会起到的至关重要的塑造作用（Foucault，1984），或许就是通过诸如此类的方案或筹划来实现的。人类历史上是否有过这种历史筹划显然是可以质疑的，但在我们看来，启蒙运动时代不只有这种现代性方案，甚至还有过不止一种这样的现代性筹划。当然，"我们的世界未必遵循一个'方案'（programme）来展开，但我们却生活在一个由各种方案构筑的世界中，生活在一个交织着以将'实在'呈现为可合理化、透明化和程序化为目的的诸话语效应构成的世界中"（Gordon，1980：245）。哈贝马斯不是也指出"现代性是一项未竟的方案"，并告诫我们"应从现代性方案的畸变中吸取经验教训，从否弃现代性的夸大其词说法的错误中吸取经验教训，而不应简单地放弃现代性及其方案"（Habermas，1997：51）吗？由此，在一定意义上说，这些观念不只构成了"边沁的社会重建方案"（Brunon-Ernst，2014），而且构成了启蒙运动时代的一种"现代性方案"。这种现代性方案向世人做出了最大幸福的历史承诺，允诺了一幅在未来实现的"最大多数人的最大幸福"的现代性图景。作为应运工业革命时代需求而生的"圆形监狱方案"，则可谓通过了"快乐算术"的检验且有助于实现最大幸福承诺的有效工具。而被启蒙运动解放出来并且塑造了现代世界之诸种形制和方向的那股庞大的"人类潜能"（Garrard，2006），或许就是那种远比形形色色的快乐话语、幸福意识形态乃至"最大幸福原则"本身都更为根本的"快乐意志"。然而，这种现代性方案做出的最大幸福的历史承诺是否在现代性绽出进程中得到了真正的兑现？我们的现代社会是否已经实现了"最大多数人的最大幸福"呢？

实际上，从以往各种现代性诊断话语中不难看出，我们并未生活在一个真正实现了"最大多数人的最大幸福"的现代社会，"我们的社会不是景观社会而是监控社会"（Foucault，1995：217）。当福柯在《言与文：1954-1988》中指出，"尽管我需要就此说法向哲学史家致歉，但我相信，对我们的社会来说，边沁比康德或黑格尔都更重要，我们每一个社会都应向边沁致敬"（Foucault，1994：594–595）的时候，意在强调的显然是被他解释成一种现代权力机制示意图的边沁的圆形监狱方案对现代人和现代社会的重要形塑作用。诚如福柯所说的那样，"我们现如今就生活在一个由'全景敞视主义'权力支配的社会中……圆形监狱是一种基本上已经为我们当前所熟知的社会和一种权力乌托邦，一种实际上已经变成了现实的乌托邦"（Schultz & Varouxakis，2005：3）。然而，这种福柯式的圆形监狱的当前现身形态并不是边沁提出圆形监狱原初构型的初衷所在。当福柯以边沁的"由于我设计的每一种纽带，我的命运也被我与那些纽带的命运绑在一起"（Foucault，1995：204）来表明现代社会无人能幸免于"全景敞视主义"权力的凝视时，他想呈现的显然是一幅颇具悲情色彩的"圆形监狱的主人"作茧自缚的画面。但是，当边沁怀着"诚与真"道出这些话时并没有任何悲情与抱憾，反倒相当乐见他与圆形监狱等纽带共命运。边沁指出，"我的体系绝不是建立在冰冷的形式上。在身体、心灵和一切方面，如果我的病人受苦，我会感同身受……我的性情是出世隐居，但使命召唤我入世立功，我没有逃避使命，而是追随它。献身于不间断监视任务，被不间断监视，是对我的奖赏而非惩罚"（Bentham，1843b：177）。可见，边沁是出于使命的召唤，更具体地说就是出于"最大幸福原则"而设计了这些纽带。但遗憾的是，圆形监狱的实现形态显然是一种背离了边沁使命初心的"未曾筹划的历史实现"，而圆形监狱的原初构型则沦为了一种"未曾实现的历史筹划"。与此相应，由这些观念构成的启蒙运动时代的现代性方案似乎也遭遇了相同的命运，监控社会式的现代性境况可谓这种现代性方案的"未曾筹划的历史实现"，而这种方案允诺的最大幸福的现代性图景则变成了"未曾实现的历史筹划"。那么，启蒙运动时代的现代性方案许下的最大幸福承诺，为什么会在现代性绽出进程中实现成了监控社会式的现代性境况？更吊诡的是，既然现代性方案做出的最大幸福承诺并未让置身监控社会式的现代性境况的现代人真正体验到兑现之感，为什么形形色色的快乐话语和幸福意识形态却不仅没有销声匿迹反倒还在不断涌现呢？

在边沁对圆形监狱改革事业失败原因的反思中，就已经对为什么现代性方案播下的最大幸福"龙种"却收获的是监控社会式的"跳蚤"

（马克思、恩格斯，1960：604），现代性方案的最大幸福承诺虽未真正兑现但仍能经久不衰，形形色色的快乐话语和幸福意识形态虽饱受批判但仍层出不穷的蛛丝马迹有所揭示了。与边沁将圆形监狱改革受挫归于英国政府和贵族只关心自身"邪恶利益"，归于"统治者们并不希望促进共同体的最大幸福，而只是关心他们自己的最大幸福"（Schofield，2009：11-12）一样，启蒙运动时代"播下的是龙种"但"收获的却是跳蚤"（马克思、恩格斯，1960：604），现代性方案的最大幸福承诺虽未真正兑现但各种幸福意识形态却仍层出不穷，又何尝不无可能也是当权者们只考虑他们自身的"邪恶利益"而不关心"共同体的最大幸福"使然的呢？当然，与彼时的英国政府否决边沁的圆形监狱改革事业时不会承认他们是出于自身邪恶利益考虑一样，现代性绽出进程中登场的当权者们同样不会公开表露他们的真正用意，反而会对他们所作所为的真实动机讳莫如深。与祖露他们出于"邪恶利益"的考虑相反，他们宣称的往往无不是"更少的残忍、更少的痛苦、更多的仁慈、更多的尊重、更多的'人道'"这样的冠冕言辞，他们宣扬的无不是为了防止危害社会的行为，为了惩罚已经沦为社会公敌的"从内部打击社会"的罪犯以"保卫社会"（Foucault，1995：16，90）本身这样的堂皇借口。没有当权者会宣称他们的所作所为只是为了自身邪恶利益，也没有当权者不宣扬他们的所作所为是为了"最大多数人的最大幸福"。正是借助这些冠冕堂皇的辞令口号，当权者们得以遮蔽、掩盖乃至粉饰他们将圆形监狱和"最大幸福原则"等据为己用的不同策略的真实动机。就像前文已经指出的那样，虽然边沁出于"最大幸福原则"推进的圆形监狱改革方案并未能付诸历史实践，但圆形监狱图式却变身为现代权力机制的示意图没有"遗失任何性能地传遍整个社会"（Foucault，1995：207），甚至作为"晚期资本主义'组织套装'核心构成部分"的电子监控体系已经随着全球化而使整个世界社会经历了"圆形监狱化"（Wood & Webster，2009：263，260）。如果说当权者们对圆形监狱图式的据用之道是表面上否决实质上贯彻实行的话，那么，他们对"最大幸福原则"的用法则是表面上公开做出口惠性承诺，但实质上却只考虑自身的邪恶利益而不关心共同体的最大幸福。不惟如此，这些公开宣扬的口惠性的最大幸福承诺还促成了幸福意识形态的生产再生产，而这些幸福意识形态不仅粉饰了作为权力技术学的圆形监狱图式的贯彻实行，还在一定意义上造成被支配者与支配者的共谋进而使被支配者沦为了当权者促成他们的被支配状态的帮凶。与这些观念在边沁的功利主义思想和启蒙运动时代的现代性方案中构成一个彼此关联的有机整体一样，这些观念在被现代性绽出进程中的当权者们据为己用时也构成一个有机整体，一个彼此关联地服务于当权者们用以粉饰、维系和巩固他们自身的邪恶利益与最大幸福的工具箱整体。

除了当权者们出于自身"邪恶利益"对圆形监狱方案和"最大幸福原则"等的别有用心的据用策略使然之外，现代性方案许下的最大幸福承诺却实现成了监控社会式的现代性境况，尤其是最大幸福承诺虽未真正兑现但幸福意识形态却仍层出不穷，或许还有赖于这种现代性方案做出的最大幸福承诺内在的可能性。与边沁圆形监狱的原初构型兼具的多重功能用途被实现为福柯式的圆形监狱的当前现身形态提供了可能性一样，启蒙运动时代的这种现代性方案做出的最大幸福承诺本身也给幸福意识形态的生产再生产提供了可能性基础。虽然对幸福的理解千差万别，以往也不乏对幸福意识形态的深入批判，但人类似乎自古以来就把幸福当成人类欲望的最高目的，即使幸福意识形态饱受批判但人类追求幸福的热情却似乎仍丝毫不减。以幸福的这种特性为基础，启蒙运动时代的这种现代性方案做出了最大幸福的历史承诺。而把人人欲求的"幸福"设为承诺标的物的这种做法，不仅给当权者以"最大幸福"之名求自身"邪恶利益"创造了条件，也为幸福意识形态的生产再生产提供了可能性。此外，现代性方案之最大幸福承诺中的所谓"承诺"的特性，也是幸福意识形态虽饱受批判但仍能不断生产再生产的原因所在。"承诺是人类借以安排未来的独特方式，这种方式使未来在人类的能力范围之内变成可以预期和信赖的"（Arendt，1972：92）。承诺的特性就在于"使未来变成目标，变成在实现前就可以被宣称的东西"（Ahmed，2010：29）。现代性方案以承诺的形式给出的最大幸福的现代性图景或愿景，从本质上说就是"将会到来的"而非"当下即是的"，是"尚未实现的"而不是"已经实现的"。现代性方案的最大幸福承诺在时间上的这种未来导向性，不仅为当权者借以生产再生产形形色色的幸福意识形态提供了可能性，也为他们驳斥任何从当前的现代性境况出发批判最大幸福承诺并未真正兑现诺言的做法提供了逻辑合理性。

　　更重要的是，与被尼采称为"理性的巨大原罪，永恒的非理性"的"一切宗教和道德的最一般公式：做这个和那个，不要做这个和那个，你就将会得到幸福，否则就会……"（Nietzsche，1998：26）一样，幸福意识形态也往往以"若你拥有这个或那个，做这个或那个，随之而来的就将是幸福"（Ahmed，2010：29）的形式现身。这样的现身形式，不仅使幸福意识形态就像宗教和道德一样成为一种能够深刻地影响人的思想、情感和行动的"命令"（imperative），而且使最大幸福承诺成为这样的一种承诺，"我们追随的道路（现代性方案）将会引领我们到达那里（最大幸福的现代性图景），但'那里'并不是通过'这里'（当前的现代性境况）来获得价值的"（Ahmed，2010：32），而是通过最大幸福承诺在时间上的未来导向性造成的"延宕性"（postponement）来获得的。最大幸福承诺将在未来得到实现的延宕性，在制造出最大幸福承诺终将会兑现的幻象的同时，也使对最大幸福前景的不懈期待和漫长等待变成"可以忍受和欲求的事情——等待时间越长，承诺的回报就越多，对回报的期待也就越强"（Ahmed，2010：33）。即使在经历了对现代性方案承诺之最大幸福的漫长期待和等待之后，现代人等到的只是监控社会式的现代性境况而不是所谓的"戈多"（Godot），但这似乎既不会从根本上打破当权者借以生产再生产幸福意识形态的最大幸福承诺的内在逻辑，也不会削弱现代人不断地追求最大幸福的热情。在幸福意识形态炼金术的操纵下，现代人似乎早就养成了"只要我们尚未失去正在变得幸福的希望，我们就是幸福的"（Bauman，2008：15）的信念，甚至早就已经习惯了"通过想象幸福承诺终将得到兑现而与'失望'形影相吊而生"（Ahmed，2010：33）。如此一来，即使启蒙运动时代的现代性方案做出的最大幸福承诺并未让现代人真正体验到兑现之感，对幸福意识形态的批判几乎同幸福意识形态的生产再生产相伴而生且如影随形，但置身监控社会式的现代性境况的现代人却仍然热情而执着地追逐着幸福，形形色色的快乐话语和幸福意识形态也就仍能持续不断地生产再生产出来。

　　总的来说，在现代性绽出进程中，更确切地说是在更一般意义上的人之在世生存的历史性绽出进程中遭到诸如此类历史命运的观念或事物，显然不只有圆形监狱改革方案、"快乐算术"、"最大幸福原则"和现代性方案的最大幸福承诺等，任何思想观念乃至一切人类活动都有可能遭遇这种"未曾筹划的历史实现"与"未曾实现的历史筹划"之间的辩证运动。对于造成这种历史辩证运动的原因，像边沁在反思圆形监狱改革事业失败时所做的那样，将原因归结于当权者有意识地出于他们自身"邪恶利益"考虑的别有用心的据用之道，归结于当权者只"关心他们自己的最大幸福"而"无意于促进共同体的最大幸福"，当然不会犯什么根本性错误，甚至还不失为一种不乏相当解释力乃至正确性的解释进路。与边沁的做法一样，以往有关社会批判的许多研究似乎也已经形成某种共识，几乎不假思索就理所当然地将问题的症结归于当权者们的不可告人的所谓真实动机。但是，这种貌似道德正确且极具批判性的解释进路却有一个不容忽视的问题：过于高估当权者乃至一般人类行动者的主体能动性的历史作用了。这种解释进路将当权者失之偏颇地放在能左右历史性绽出进程走向的位置上，赋予被视为出于"邪恶利益"的当权者太强大的历史能动性，尤其是对当权者能在长时段的历史性绽出进程中有意识地施为的目的性和能动性都太自信了。历史上的当权者们当然实实在在地起着实实在在的历史作用，现代性绽出进程中的当权者出于邪恶利益的所作所为无疑也深刻影响历史进程。但是，与其说这种"未曾筹划的历史实现"与"未曾实现的历史筹划"之间的历史辩证运动是当权者的所作所为造成的，倒不如说是现代性绽出进程的基本节律使然，甚至那些往往被归咎的当权者也不可避免地被这种历史性绽出运动的基本节律裹挟而遭遇他们也意想不到的兴衰沉浮。在我们看来，启蒙运动时代的现代性方案做出的最大幸福承诺却成了监控社会式的现代性境况，现代性方案的最大幸福承诺虽未真正兑现但形形色色的快乐话语和幸福意识形态却仍层出不穷的根本原因，或许还要归结于现代性绽出进程的基本节律，更确切地说就是归结于更一般的历史性绽出运动的基本节律本身，而这种现代性绽出进程乃至更一般的历史性绽出运动都可谓源于"快乐意志"本身。由此，我们就不仅提炼出了具体而明确的研究问题——快乐意志与现代性绽出的关系问题——而且在一定意义上找到了探究这个具体而明确的研究问题的方向。

第二章　现代性绽出的节律与情调

　　既然已经明确提出快乐意志与现代性绽出的关系问题，那么，我们以什么样的理路来探究这个问题呢？实际上，在提出这个问题的过程中，我们的研究理路就已经有所绽露了。从当代社会的快乐话语和幸福意识形态入手，通过将福柯式圆形监狱的当前现身形态还本于边沁圆形监狱的原初构型，我们追溯了源自"最大幸福原则"的圆形监狱方案却实现成了"残酷而精巧的牢笼"、"发达资本主义的组织模式"乃至"极权主义先兆"的畸变过程。边沁圆形监狱的原初构型旨在实现"最大多数人的最大幸福"，而"最大幸福原则"不只是边沁功利主义思想的基本原理，更是启蒙运动时代的现代性方案做出的最大幸福承诺。因此，边沁圆形监狱改革方案的畸变过程也就不只是例示了"最大幸福原则"的历史命运，而且反映了做出最大幸福承诺的现代性方案的历史命运。与边沁圆形监狱的原初构型已经在思想观念史上演变成了现代权力机制的示意图一样，许下最大幸福承诺的现代性方案也已经在社会历史进程中被实现成了监控社会式的现代性境况。不论在思想观念史的意义上，还是在社会历史进程的意义上，这种"未曾筹划的历史实现"与"未曾实现的历史筹划"之间的历史辩证运动的畸变或嬗变过程都被我们称为"历史性绽出"，而启蒙运动时代做出最大幸福承诺的现代性方案却在这种历史性绽出中被实现成监控社会式的现代性境况的嬗变过程则被我们称为"现代性的历史绽出"或"现代性的绽出进程"，更准确地说是现代性绽出进程的特定样式或特定阶段。因为许下最大幸福承诺的现代性方案或许是到启蒙运动时代才明确提出的，但对"最大多数人的最大幸福"做出这样一种历史筹划的可能性种子却早在更古老的时代就已经埋下了，而且这样的历史筹划还可以被归结到一种更根本且普遍的"自然倾向"上。

　　令人讶异的是，虽然启蒙运动时代的现代性方案播下的最大幸福"龙种"在历史性绽出中收获的是监控社会式的现代性境况的"跳蚤"（马克思、恩格斯，1960：604），对幸福意识形态的批判也几乎同幸福意识形态的生产再生产相伴而生且如影随形，但置身最大幸福承诺并未真正兑现的现代性境况的现代人却仍然热情而执着地追逐着幸福，形形色色的快乐话语和幸福意识形态也非但没有销声匿迹反倒层出不穷。对于造成这样一种吊诡状况的原因，就像边沁将圆形监狱改革失败归结于英国政府只关心他们自身的"邪恶利益"而不关心"共同体的最大幸福"那样，以往研究也往往将问题症结归因于当权者出于自身邪恶利益考虑的所作所为。然而，这样的解释进路虽然不乏相当的解释力，却赋予当权者乃至一般的人类行动主体过于强大的能动性，尤其是太过高估当权者的主体能动性在长时段的历史性绽出中的历史作用了。在我们看来，人类历史上的当权者们当然在历史进程中发挥着重要的作用，但与其说是当权者的所作所为造成了做出最大幸福承诺的现代性方案却实现成监控社会式的现代性境况，导致现代性方案虽未真正兑现最大幸福承诺但形形色色的快乐话语和幸福意识形态却仍层出不穷，不如说现代性绽出乃至更一般的人类社会之历史性绽出的基本节律，才是造成这种"未曾筹划的历史实现"与"未曾实现的历史筹划"的历史辩证运动的根本性原因，就连那些往往被归咎的当权者也不可避免地被这种基本节律裹挟而遭遇兴衰沉浮，而这种现代性绽出乃至人类社会之历史性绽出的基本节律就源自"快乐意志"。

对我们来说，"最大幸福原则"、许下最大幸福承诺的现代性方案、层出不穷的快乐话语和幸福意识形态乃至当权者们的所谓"邪恶利益"，都可以说是源自这种以"趋乐避苦"为其内在倾向的快乐意志的历史产物，而现代性绽出乃至更一般的人类社会之历史性绽出的基本节律则都可谓这种快乐意志之历史性绽出的基本节律。在通过批判性反思监控社会式的现代性诊断话语来提炼具体研究问题的过程中，我们就已经在使用历史性绽出、现代性绽出、快乐意志的历史性绽出、历史性绽出的基本节律、现代性绽出的基本节律和快乐意志之历史性绽出的基本节律等概念来描述我们的研究问题。虽然这些概念的基本意蕴从根本上说都还模糊不清甚至隐而不显，这些概念何以能被用来命名我们关心的思想观念和社会历史事实也都还没有得到详细说明，但它们却都已经实实在在地指引着我们对快乐意志与现代性绽出之关系问题的理解了。因此，要想更明确地找到我们的研究理路，更详细地勾勒和阐述现代性绽出进程，更深入地探究快乐意志与现代性绽出的关系问题，我们显然有必要更进一步澄清这些概念的基本意蕴，更详细地说明能以这些概念来诠释我们关心的问题的根据。而要想澄清这些概念的基本内涵，最重要的显然就在于阐明这里所谓的"绽出"（ekstase/ecstasy）概念的含义，尤其是要阐明所谓"绽出"的基本节律到底是什么。因为不论是历史性绽出及其基本节律、现代性绽出及其基本节律，还是快乐意志的历史性绽出及其基本节律，最终似乎都落脚到绽出及其基本节律上。那么，所谓"绽出"到底是什么意思？为什么能以这些概念来理解和诠释我们的研究问题呢？

一　"绽出"概念的基本意涵

所谓的"绽出"概念有着丰富且复杂的含义，而我们用与"绽出"相关的一系列概念来理解我们的研究问题，主要是得益于海德格尔对"时间"（time），更确切地说是对"时间性"（timeliness）的生存论现象学分析。当然，若非我们的研究问题关乎的那些思想观念和社会现象，尤其是我们理解它们的方式原本就与时间或时间性有着密切关系，我们也不太可能感到海德格尔对此在之历史性的现象学分析的启示。黑格尔曾经指出"恰如自然是理念（idea）在空间中的演进一样，世界历史在本质上是精神在时间中的演进"（Hegel，1988：75）。就像黑格尔对世界历史之本质的理解那样，在我们看来，快乐意志的历史性绽出也同样可谓快乐意志在时间中的演进，更确切地说就是快乐意志的"时间性演历"，而"最大幸福原则"、许下最大幸福承诺的现代性方案乃至现代性绽出进程等则都可谓快乐意志落在时间中的演进的产物，甚至就是在时间中演进的快乐意志本身，是快乐意志之"时间性演历"显现出的不同历史形态。当然，与黑格尔那里的在时间中演进的绝对精神似乎终将实现自身不同，快乐意志的"时间性演历"并不必然能实现自身，反倒往往因为各种偶然性而背离自身，而这就涉及快乐意志之历史性绽出或现代性绽出进程的基本节律问题。作为快乐意志之历史现身形态的启蒙运动时代的现代性方案就没有真正兑现"最大多数人的最大幸福"的承诺，反倒实现成了监控社会乃至集权主义式的现代性境况。尽管如此，却没有影响快乐话语和幸福意识形态的生产再生产，更准确地说是没有影响快乐意志不断地落入时间并绽露和显现为不同的历史现身样式。恰如尼采所说的"相同者"的"永恒轮回"那样，"快乐意志"似乎也不乏自身的"永恒轮回"，也将不断落入时间中演进，生生不息地经历着"时间性演历"。对我们来说，快乐意志每每落入时间演进就会绽露或显现为不同的历史现身样式，而这些关乎形形色色的快乐话语和幸福意识形态的快乐意志的历史现身样式构成了不同的"快乐体制"（regimes of pleasure），不同快乐体制更迭的谱系则构成了有其基本节律的现代性的绽出进程乃至更一般的人类社会的历史性绽出进程。

　　对快乐意志与现代性绽出之关系问题的这种理解方式明确地将我们进一步思考的方向引向了时间或时间性问题，也正是由此我们才得以感受到海德格尔对此在之历史性的现象学分析的召唤。与海德格尔（2012：433）所谓的"对此在之历史性的阐释归根到底表明为只不过是对时间性的更具体研究"一样，对现代性绽出进程及其基本节律的探究，更确切地说是对现身为不同快乐体制之嬗变的谱系的快乐意志之历史性绽出的研究，也不可避免地要落脚到对时间或时间性的理解和解释上。只有从时间性的结构特质出发，才有可能把握历史性绽出的基本特征。对我们来说，现代性绽出进程立基于时间性的结构特征——"时间性的绽出"（the ecstasy of timeliness），"历史性绽出"的基本节律也以"时间性的绽出结构"（the ecstatic structure of timeliness）为基础。时间性的绽出结构不仅为快乐意志的历史性绽出运动标绘基本节律，而且为我们理解和把握现代性绽出的基本节律奠定基础。海德格尔把对此在之历史性的阐释归结为只不过对时间性的更具体研究，主要是因为"此在"被海德格尔（2012：432，372~373）"规定为操心"，而"操心奠基于时间性"。"时间性绽露为本真操心的意义"，而"操心之结构的源始统一就在于时间性"。海德格尔甚至还指出"此在就是时间，时间是时间性的……因此，此在不是时间而是时间性"（Heidegger，1992：20E）。正是因为此在的存在是时间性的，"在其最极致的存在可能性中被领会的此在是时间本身而非在时间中"（Heidegger，1992：13E-14E），此在才得以"为本身之故使先行决定的已经标明的本真的能整体存在成为可能"，海德格尔也才由此做出了"时间性绽露为此在之历史性"的规定，提出"将被证明为生存论存在论基础命题"的"此在是历史性的"的命题，并"在时间性的范围中找寻到一种把生存规定为历史生存的演历"（海德格尔，2012：372，379，433）的基础，也就是在时间性的绽出结构中找到了此在之历史性的基础。

既然海德格尔对此在之历史性、此在与时间的关系和时间性的绽出结构等的现象学分析，为我们深入思考快乐意志与现代性绽出的关系问题提供方向和奠定基础，那么，海德格尔到底对"时间性"，尤其是"时间性的绽出结构"做出了什么样的存在论生存论阐释？在《存在与时间》中，海德格尔（2012：372）曾经把"如此这般作为'曾在着'的有所'当前化'的'将来'统一起来的现象称作时间性"。在海德格尔（2012：374~375）看来，"时间性源始地自在自为地'出离自身'本身"，"时间性在本质上是绽出的"，而所谓"时间性的绽出"主要用来指称的就是"将来、曾在和当前等现象"。如此一来，对海德格尔规定为时间性本质的"绽出"是什么，"在本质上是绽出的时间性"与"此在的存在整体性即操心"是如何勾连起来的，作为时间性绽出的将来、曾在与当前被统一起来而构成"时间性"的"如此这般"到底是什么做出必要阐释，显然就是探究海德格尔已经在存在论生存论上澄清的时间性，尤其是时间性的绽出结构，为我们关心的现代性绽出进程标绘了什么样的基本节律，为探究快乐意志与现代性绽出的关系问题指明了什么样的研究理路的进路方向。

（一）"绽出"概念的词源含义与通俗语义

关于时间性本质的"绽出"（ekstase/ecstasy）是什么，在海德格尔看来，"时间性源始地自在自为地'出离自身'本身"。也就是说，"时间性并非先是一个存在者，而后才从自身中走出来；而是时间性的本质即是在诸种绽出的统一中'到时'（zeitigen）"（海德格尔，2012：375）。所谓的"诸种绽出"主要指的就是"被称作时间性的绽出的将来、曾在和当前等现象"，作为时间性绽出的"将来、曾在与当前显示出了'向自身'、'回到'、'让照面'的现象性质"，而分别与将来、曾在和当前等相对应的"'向……'、'到……'、'寓于……'等现象

（则）干干脆脆地把时间性公开为'绽出'"（海德格尔，2012：374～
375）。从海德格尔对时间性本质的"绽出"的这种分析而来，我们把握
到"时间性并不是一种实体、容器或材质，反倒更像是一种活动"（In-
wood，1999a：221），是一种"出离自身"与"回到自身"的活动。这
种"出离自身-回到自身"活动是从"绽出"的词源含义，更确切地说
是从海德格尔对"绽出"一词的词源含义的独特理解来的。"德语词
'Ekstase'是英语词'ecstasy'的规范词，但海德格尔却坚持要赋予这
个词语以一种来自希腊词'ekstasis'的特殊的词源含义。这个词是由前
缀'ek'和'stasis'构成的复合词，'ek'对应'ex-'，字面含义是
'出离'、'自……离开'，而'stasis'的字面含义是指'残存、持驻或
停留的过程或动作'。因此，'ekstasis'的原初含义指的就是一种'出离
自身-回到自身'的过程或运动，如果以习惯用法来说就是指'出于任
何强烈情感而放浪形骸，例如出于愤怒、欢乐或恐惧等情感而使身体放
浪形骸、忘乎所以'"（Sembera，2007：239）。既然在海德格尔看来此
在不是时间而是时间性，时间性本质上是绽出的，时间性绽露为此在的
历史性，那么，此在的历史性也就是绽出的，此在之历史性绽出的基本
节律本质上就是由这种"出离自身-回到自身"的"绽出"运动标绘的。
在这个意义上，我们所谓的"历史性绽出"同样基于这种"时间性绽
出"运动，其中的"出离自身-回到自身"不仅标绘了现代性绽出的节
律，而且标绘了快乐意志之历史性绽出的节律。

　　除了海德格尔坚持使用的"绽出"的词源含义使我们得以将现代
性绽出进程标绘为一种快乐意志"出离自身-回到自身"的"时间性
演历"之外，"绽出"的通俗语义也对我们理解现代性绽出进程富有启
发。但是，在阐释"绽出"概念的通俗语义及其启示之前，我们有必
要先行阐明海德格尔对此在之"能在"或"去存在"可能性的诠释。
因为这关乎海德格尔对此在之存在的理解，也有助于把握快乐意志的
历史性绽出。在海德格尔（2012：49～51）看来，"此在总是作为它的
可能性存在"，此在"总是从其所是的一种可能性，从它在其存在中这
样那样地领会到的一种可能性来规定自身为存在者"。因此，"在这个
存在者那里清理出来的性质都不是'看上去'如此这般的现成存在者
的现成'属性'，而是对其说来总是'去存在'（Zu-sein/existenz）的

种种可能方式"。既然此在总是作为可能性而存在，此在之存在不是"现成存在"而是朝向"能在"的"去存在"，此在的种种性质不是现成属性而是此在"去存在"的种种可能方式，那么，时间性绽出意味的"出离自身-回到自身"运动显然也是此在"去存在"的可能方式，甚至可谓此在的最基本的"去存在"生存活动。当然，时间性的绽出意味着的"出离自身-回到自身"活动不只是此在朝向能在筹划自身存在的筹划本身——"只要此在存在着，它就筹划着"（海德格尔，2012：169）——而且是在此在总已经朝向其能在所筹划的自身存在的基础上的"去存在"生存活动本身。这种以此在朝向能在筹划的可能性存在为导向的"去存在"生存活动构成此在之历史生存的演历，这也是时间性绽露为此在之历史性的基本要义所在。此在的生存是一种以时间性的绽出结构为基础的"历史生存的演历"，一种以"出离自身-回到自身"为节律的"去存在"的生存活动，我们关心的快乐意志、"最大幸福原则"、做出最大幸福承诺的现代性方案、监控社会式的现代性境况和现代性绽出进程都可以从此在之"历史生存的演历"和"去存在"的生存活动来加以理解和把握。

　　如果说海德格尔坚持使用的"绽出"的词源含义给此在之"去存在"的生存活动的可能样式标绘了"出离自身-回到自身"的基本节律，那么，"绽出"的通俗语义——出于任何强烈的情感而陷入狂喜、迷狂、入迷、出神和忘形等放浪形骸/忘乎所以的情感或精神状态——则给此在之"去存在"的生存活动的可能性样式标定了基本情调。当然，将来、曾在和当前等现象被称作"时间性之绽出"样式，主要在于"它们体现了'出离自身-回到自身'的（'去存在'的生存活动）的共同特征"，而不是"它们以任何方式引起了'狂喜/迷狂/出神/忘形/忘我'等放浪形骸/忘乎所以的情感或精神状态"（Sembera，2007：195）。海德格尔坚持使用"绽出"概念的词源含义来理解时间性及其本质，也是因为其通俗语义敉平了词源含义意指的"出离自身-回到自身"的"去存在"生存活动。但有必要指出的是，即使在海德格尔对此在之存在的存在论生存论分析中也并不难找到"绽出"概念的通俗语义。在海德格尔（2012：157，159~166）看来，此在的在世存在首先通常就是一种"现身情态/处身情态"（befindkichkeit）。正是在"现身情态"即通常所谓的情感/情绪中，"此在被带到作为

'此'的存在面前并且总已经以情感方式展开成那样一个存在者"。情绪/情感不仅是"此在的源始的存在方式",而且"总是带有情绪/情感的领会（也被）阐释成为基本的生存论环节"。在这种意义上,作为此在之"去存在"的生存活动的基本节律的"出离自身—回到自身"的"绽出"运动,首先与通常也是一种带有情绪/情感的生存活动,甚至这种"去存在"的生存活动本就是一种情绪/情感活动,至少是一种充斥着情绪/情感或被诸种情绪/情感鼓动与裹挟的生存活动,一种以任何可能的情感/情绪为基本情调的"去存在"的生存活动。

　　实际上,即使是从"绽出"概念的习惯用法或通俗语义入手,我们也并不难通达"绽出"概念的词源含义。"绽出"的通俗语义往往指向的是与宗教体验相关联的情感感受、精神状态和相应的身体活动。在像伊利亚德（M. Eliade）、巴德尔（F. Baader）、蒙沙南（J. Monchanin）和杜伊维尔（H. Dooyeweerd）等宗教哲学家理解的"绽出"概念的语义流变中,我们就能够找到诸如"ecstasy 是一种朝向我们在另一个领域的真正中心的本体论的移动。那些试图以一种纯粹内在的方式（也就是一种完全世俗的方式）来领会 ecstasy 的人们,在他们现世的沉沦中委身于人性的当下移离……在真正的持驻意义上,ecstasy 是一种在本体论上真正移向另一领域"（Friesen,2011：19）这样的论述。有意思的是,其中的蒙沙南神父还专门提到"海德格尔关于一种只是世俗的'去存在'的绽出理念",批判"海德格尔的绽出理念仍旧完全停留在时间的界域中"（Friesen,2011：34）。不论蒙沙南对海德格尔的评判是否恰切,从诸如此类的宗教哲学或神学论述中我们不难发现,在作为神秘宗教体验的"ecstasy"状态中就内在具有一种"出离"、"移离"或"移动"的含义,而在这些含义中显然不难看到海德格尔坚持强调的"绽出"概念的词源含义。

　　在韦伯关于权威支配的类型学分析中,我们发现"绽出"概念的通俗语义被韦伯说成所谓的卡里斯玛型权威人物的典型人格特征,甚至被视为"卡里斯玛型权威"（charismatic authority）的主要合法性根源（Weber,1978：1112）。在韦伯对世界诸宗教的考察中,"绽出"概念的通俗语义意指的情感状态或精神状态则被界定成一种"神秘要素"（mystical element）,这种要素"被证明为总是包含一种身处此时此地的情感体验,但在这种体验的背后则总是具有一种朝向某些物事的出离,那些物事在实在世界中被体验为是毫无用处的"（Ennis，1967：40）。在那种神秘情感体验背后的这种"出离"活动，就可谓"绽出"的词源含义意指的"去存在"的生存活动。当然，这里的这种"出离"指的是一种朝向所谓彼岸世界或另一个领域的"去存在"活动。"一切被升华了的宗教 ecstasy 的特殊的精神欣快都在心理上运作在一种相同的普遍方向上……从被'触动'和启示去感受与上帝的直接交感而来，ecstasy 总是使人倾向于（从实在世界）出离出来进入一种无目的性的、无宇宙的爱中。"（Weber，1946：330）不论作为卡里斯玛型权威的典型人格特征还是作为宗教体验的神秘要素，从韦伯文明"理性化/合理化"的理论视角来看，所谓的"ecstasy"似乎都难逃理性化/合理化的祛魅。"历史上的两股最强大的宗教理性化力量——地中海的罗马教廷和中国的道教——就在它们的领域之内持续不断地压制这种 ecstasy 类型。"（Weber，1978：537）然而，需要指出的是，面对理性化/合理化进程可能带来的现代性的"铁笼"困境，韦伯似乎将卡里斯玛型人格中的这种"ecstasy"特征或要素视为一种可能的疗救之道，一种能够使现代人"出离"工具理性的束缚"回到"深层自我的可能性出路。

　　对于韦伯寄托于"绽出"概念的通俗语义意指的特征或要素以"出离"或"疗救"现代性"铁笼"困境的希望，我们在曼海姆关于文化、教化和教育等的文化社会学考察中，更具体地说是在对现代"民主的文化理想"（the democratic cultural ideal）的探究中找到了某种可能性。与"绽出"概念的通俗语义意指的出于任何强烈的情感而陷入狂喜、迷狂、入迷、出神和忘形等放浪形骸的情感或精神状态往往是发生在神话传说、宗教生活或初民社会等情境中的神秘体验不同，曼海姆探讨了现代世俗民主社会中的一种新型的"ecstasy"和真正的"教养"（cultivation）的可能性。曼海姆用"ecstasy"术语指称的是一种文化理想，一种"时不时地切断与生活和我们的存在的偶然事件的所有联系的需要"。这不仅是一种"从我们的过去继承下来的需要"，而且被曼海姆视为人之为人根本规定。"时不时地与自己的处境和世界保持一定的距离是人作为真正的人类存在者的根本特征之一。如果一个人，对他来说，除了眼前处境之外别无他物存在，那么，这个人并不是一个完整的人。"这样一种"自我疏离"（self-distanti-ation）的需要是所谓"有教养的存在"（cultivated existence）的重要方面，这个方面往往被视为"人文主义精英的文化理想的有机构成部分",而"现代的民主的教化概念"被视为"在'自我疏离'和'出神的'(ecstatic)沉思上提供了很少的东西"。与主张人文主义文化理想更有助于实现这种自我疏离的传统观念不同,曼海姆认为在"以一种更有机的方式"来拓宽人的"存在性视野"上,现代"民主文化理想"比人文主义文化理想更优越。"如果我们考虑内在于民主进路的诸可能性,最终将表明民主文化理想有助于催生一种新型的'ecstasy'和真正的'教化'",甚至"只有在民主化的文化中",作为人之为人的规定性的"'ecstasy'才可能成为一种广泛的、普遍共享的体验"(Mannheim,1992:239-240)。

当然,要想实现这样一种新的"ecstasy"和真正的"教化",不仅要扬弃人文主义文化理想的内在缺陷,更要进一步推进现代文化的民主化/大众化以实现其全部可能性。人文主义文化理想是"寻求将自身与无产阶级或市井资产阶级大众区隔开来的精英群体"的"相对贵族气派"的文化理想,这些精英沉浸于"古代经典价值观"以寻找"最适于形成和谐、整全和多重教化的人格要素",寻找"能帮助现代人超越对日常生活之平庸且世俗的关切的'纯粹'的理念世界"。人文主义的文化理想"创造了与日常生活的'疏离'",但也"不可避免地造成了与普通人和大众的疏离"(Mannheim,1992:230-231)。因此,在这种文化理想中只有少数精英能够实现真正的"教化"和"ecstasy"。与此相对,民主的文化理想则有可能使这种"教化"和"ecstasy"状态成为大众"普遍共享的经验",但"民主化的文化"(democratized culture)要想真正实现这种可能性还"必须经过一个辩证过程",必须在"我-物关系"(the I-object relationship)、"我-你关系"(the I-Thou relationship)和"我-我自己关系"(the I-myself relationship)上实现真正的"自我-疏离"。这就要求在"我-物关系"上现代文化和现代本体论克服其内在的风险:受到对完美的控制技术的压倒性需求驱动而将人和物都简化为他们对刺激的反应模式,屈服于将操控者的特定视角当成绝对真理的诱惑。在"我-你关系"上消除"社会(等级)距离"(social distance)以使"存在性距离"(existential distance)得以可能,以使人与人的交往不是带着社会等级身份的角色面具的交往,而是作为人类存在者之间纯粹的存在性交往。在"我-我自己关系"上则要以存在性的、个人的"我-你关系"为基础形成一种作为个人的自我意象，而不是作为一种社会类别/社会范畴的样本的自我意象。如此一来，"民主的社会现实将为走向逃离世界的'偶然性'（contingency）和实现'迷狂/出神'（ecstasy）境界的古老目标开启新的道路"。在历史上"首先是通过致幻药物，然后是通过禁欲苦行，最后是通过孤独沉思来逃离世界和偶然处境"，这些方式虽"从偶然世界的暴政中获得了自由"但"没有实现与自我的纯粹存在性关系"，而只有"在现代才有可能从偶然性中获得更彻底的解放"（Mannheim，1992：241-245）。总的来说，与在宗教哲学家和韦伯的论述中揭示的一样，在曼海姆提出的这种通俗语义中同样不难发现，"绽出"的词源含义是作为"去存在"生存活动基本节律的"出离自身-回到自身"的运动或过程。

（二）"绽出"概念的适用性考察

实际上，"绽出"概念的词源含义与通俗语义原本就是内在互相关联且彼此通达的，它们的勾连方式也是随着情境的变化而变化的。我们以"绽出"的词源含义——"出离自身-回到自身"运动——标绘诸种可能的"去存在"生存活动的基本节律，以"绽出"的通俗语义——出于任何强烈的情感而陷入狂喜、迷狂、入迷、出神和忘形等放浪形骸/忘乎所以的情感或精神状态——来标定"去存在"生存活动的基本情调，并以此给现代性绽出进程确定基本节律和基本情调也只是将"绽出"的词源含义与通俗语义相勾连的可能性方式之一。有必要指出的是，将"绽出"概念的词源含义和通俗语义勾连起来给"去存在"的生存活动确立节律和情调还远非以"绽出"概念来理解现代性绽出进程的最大困难。要想令人信服地将时间性本质上所是的"绽出"概念用于理解现代性绽出进程还需要澄清一个绕不开的环节，那就是将通常用来描述个人体验的"绽出"概念正当地用于勾勒历史进程的可能性问题①。与将

---

① 一般而言，不论是"绽出"的通俗语义，还是习惯用法，往往都被用来指个人的内心体验或感受。这种情况从前文论及的宗教体验中就不难发现，在该词当前主要用于描述吸毒、冒险等导致的迷幻、高潮和快感等状态的常见用法中就更显而易见了。总之，"绽出"的通俗语义和习惯用法的这种惯常适用范围甚或也是海德格尔坚持使用"绽出"的词源含义的另一种原因所在，同时也正是我们必须对将其用于勾勒现代性绽出进程的正当性进行论证的原因所在。在我们看来，这个问题之所以绕不开主要是因为人们对"情感"（emotion）的某种习以为常的误识。

"绽出"概念的词源含义和通俗语义勾连起来或多或少有给人以反常识之感一样，把"绽出"意指的含义，特别是其通俗语义用来标绘一种社会历史进程也难免会给人以反直觉之感。但是，这样的做法并不是不可能之事，甚至前人早就已经这样做过了。

在前人那些可供我们借鉴的富有启发意义的做法中，我们耳熟能详的尝试或许莫过于弗洛伊德及其本能学说了。在他那部将本能学说用于社会文明分析的著作《文明及其缺憾》中，弗洛伊德不仅表达了"把负疚感视为文明发展的最重要问题"和"我们为文明进步付出的代价是借由负疚感的强化而造成的快乐损失"的思想主旨，更是阐明了"文明发展的进程与个体成长的路径之间的类比或许可以在一个重要方面被拓展……共同体同样形成了一个在其影响下文化发展得以前进的超我"和"在一个文明时代的超我与一个个体的超我之间有一种原初相似性"的思想方法（Freud，1961：81，88）。如果说弗洛伊德的这种思想主旨为我们例示了个体心灵成长与共同体文明进程之间的同构关系，那么，弗洛伊德的思想方法则为我们呈现了一种勾连个体层面与共同体层面的可能路径，更具体地说就是展现了一种如何将从个体层面而来的解释理路用于诠释集体现象的可能性进路。尽管《文明及其缺憾》的英译者将这本著作说成是"一部其旨趣远超出了社会学的著作"（Strachey，1961：9），但弗洛伊德应用于其中的思想方法却可谓切中了社会学的传统难题①。

---

① 这种传统难题牵涉到社会学赖以奠基的本体论和方法论，更明确地说就是所谓本体论的社会唯名论与实在论之争和方法论的个人主义与整体（集体）主义之争。尽管这种争论不论在范围界域还是在流派阵营上都泾渭分明。但就范围界域的分野而言，本体论与方法论原本就是彼此关联或相互决定的，就流派阵营的对立而言，不论是唯名论与实在论的分野还是个人主义与整体（集体）主义的分殊，都存在一个使那种分野和分殊赖以建基的共同点，就像布尔迪厄所谓的科学场域中的不同阵营都志在必争和志在必得的核心利益那样。这种不论秉持何种本体论立场和方法论主张都不免要去处理的共同点或核心利益，就是"社会科学的最基本和最重要的问题：个体与社会之间的关系问题"（Udehn，2001：1）。对此问题的不同理解和解释正是区分不同流派阵营的关键所在，方法论个人主义就"试图根据个体及其互动来解释被视为一种个体之聚合、集合或复合的社会现象"，并且认为"有意义的社会科学知识是最恰当或更恰当地来自关于个体的研究的知识"。方法论整体主义则主张"若不在本质上参照其所构成的社会整体和/或归属的集合体，要想解释社会现象是不可能的"，并且认为"有意义的社会科学知识是最恰当或更恰当地来自关于群体的诸种组织、力量、过程和/或问题的研究的知识"（Samuels，1972：249；Udehn，2001：1）。

与此相应，在尝试以"绽出"概念为现代性绽出进程标绘基本节律和基本情调时，我们绕不开的那个关键环节也同样可谓这样一种社会学传统难题，而弗洛伊德的思想方法则恰恰为我们例示了一种可资借鉴的解决之道。简单来说，这个社会学传统难题就是如何勾连或贯通所谓的个人与社会、行动与结构或微观与宏观之间关系的难题，更确切地说就是如何在个体层面与集体层面之间贯通理解进路和解释理路的难题。

对于这样一个长期困扰社会学的传统难题，社会学家们无疑早就已经给出了各种不同的解决之道，而弗洛伊德的思想方法显然就是其中之一。弗洛伊德使用的这种"类比分析"和"还原演绎"的方法，虽然具有诸多社会学家提出的各种各样不同解决之道的共同特征，但这种方法最应归属的还是以霍布斯和斯宾塞为代表的个人主义方法论传统。这种方法论传统以生物（个体）有机体为理论解释的逻辑起点，把社会生物有机体化，在生物有机体与社会有机体之间进行同构类比，把对生物有机体的解释进路用到对社会有机体的解释和理解上。这可谓一种类推/类比分析方法，"就被视为社会单位的个人具有共同特性而言，由他们构成的社会聚合体也具有共同特性；由特定人类种族共同具有的相似性质将在由他们构成的国家中产生相似的性质，最高级的人群具有的独特品质必定促成那些人组成的共同体共有的独特性格"（Spencer，1873：59）。从社会只是用来指称个体之自发聚合现象的名称而不是任何实在实体的唯名论的本体论立场出发，虽然这种思想方法同样以"有机体论"（organism）来认识、理解和分析社会，但这种类比分析方法却充满了"机械论"（mechanism）的典型特征，只是用来自个体层面的解释进路机械地解释被视为个体之聚合的社会现象而已。

与这种立基于"有机体论"但略显机械的"类比分析"方法有所不同，涂尔干给我们提供了化解这个社会学传统难题的另一种可资借鉴的解决之道。与弗洛伊德的思想主旨和思想方法对我们有所启发一样，在涂尔干那里也可以找到有助于理解现代性绽出进程的理论洞见。就他的思想方法的启示意义来说，涂尔干的"社会学方法的准则"我们早就已经耳熟能详而毋庸赘言①。有必要指出的是，这种方法论在处理解释进路贯通问题上对我们以"绽出"概念的词源含义和通俗语义来为现代性绽出进程标绘基本节律和基本情调的启发意义。与像霍布斯、斯宾塞和弗洛伊德等方法论个体主义者机械套用个体层次的分析路径来解释社会现象不同，涂尔干社会学的逻辑出发点先行地就已经定位在所谓"社会事实"（social fact）层面上——"社会不是个体简单相加的总和而是个体的结合形成的体系，这个体系是一种有其自身特性的独特实在……（于是）我们必须在社会自身的性质中寻找关于社会生活的解释"（Durkheim，1982：129，128）。与社会唯名论者将"社会"视为只是"名称"不同，社会实在论者以更为开放、包容和切实的眼光看待被视为"实在"的"个人"。涂尔干就承认"如果没有个体意识存在的话，任何集体实在无疑都不可能被生产出来"。但是，个体意识的存在对集体实在的产生只是"必要条件而不是充分条件"，人之本性的一般特性"并不生产社会生活，也不赋予社会生活独特的形态：它们只不过是使社会生活成为可能而已"。总的来说，"社会生活是从个体意识（行为）以特定方式进行的化合与结合中产生的"，因此，我们必须通过"这种特定化合与结合来解释社会生活"（Durkheim，1982：129，130），从个人之化合与结合突生出的自成一格的属性来理解社会，而不是将社会还原到个人行为或个体心理原理层面上。

通过借助所谓的"突生论"（emergentism）来说明"社会性从个体性而来的突生和从社会性到个体性的下向的因果关系"，涂尔干不仅确证了"作为突生现象的社会事实与集体表征"和"从个人化合与结合突生而来的社会体系之诸种自成一格属性"（Sawyer，2005：100，106）的本体论地位，而且规定了对这些突生现象和突生属性的解释进路："我们必

---

① 涂尔干在他的方法论著作《社会学方法的准则》中，从"社会事实"（social fact）外在于个体而且对个体有强制力的基本定义而来，总结了三种彼此关联的解释社会事实的主要准则：第一，"一种社会事实的决定性原因必须到先于其存在的诸种社会事实中寻找而不是到个体意识的诸种状态中寻找"；第二，"一种社会事实的功能必须总是到其与某种社会目的的关系中寻找"；第三，"任何重要的社会进程的基本起源必须到其内部社会环境的构成中寻找"（Durkheim，1982：134-136）。上述准则勾勒出的方法论整体主义与方法论个人主义的区别显而易见，由此，这种以社会为出发点的方法论立场显然可以为我们提供一种与以个人为出发点的方法论立场不同的理解进路和解释理路。

须通过整体的典型特性来解释那些作为整体之产物的现象，通过复合体来解释复合体，通过社会来解释社会事实，通过它们自成一格的结合方式来解释生命与心灵事实。这是一门科学可以采取的唯一路径。"（Durkheim，2009：12）虽然我们以"绽出"概念来标绘现代性绽出的基本节律和基本情调时遇到的难题更接近于方法论个体主义者面临的困难——不是如何将从社会层面得来的分析路径应用到个体现象上的困难，而是反过来——但涂尔干的进路却似乎更有助于我们挖掘"绽出"概念的意蕴。如果说"绽出"的词源含义表示的"出离自身-回到自身"的"去存在"生存活动还不那么明显地只局限于描述个人现象的话，那么，"绽出"概念的通俗语义——出于任何强烈的情感而陷入狂喜、迷狂、入迷、出神和忘形等放浪形骸/忘乎所以的情感或精神状态——则确实往往主要用于描述个人层面的宗教体验或身心感受。因此，要想恰当且合法地以"绽出"概念来给作为历史进程的现代性绽出标绘基本节律和基本情调，显然有必要找到一种能将"绽出"活动与状态理解成社会事实或集体表征的方法路径，而涂尔干的"突生论"显然可以被视为这样一种可借以深化理解和重新构造"绽出"概念之意蕴的理论进路。

对我们来说，涂尔干的"突生论"不仅是一种在认识论上认识、理解和解释社会事实的方法论视野，而且是一种在本体论上反映了社会事实之产生、演化和再生产的发生论过程。一种社会事实从个体的化合与结合突生或涌现而来的发生机制最充分地体现在涂尔干的"集体欢腾"（collective effervescence）思想中，而存在所谓"创造性欢腾"（creative effervescence）与"再创造性欢腾"（re-creative effervescence）的类型与功能之分的"欢腾集会"（Pickering，1984：385-389）正是社会事实、集体表征乃至社会本身之生产再生产的阿喀琉斯之踵，是社会现象从个人现象之化合与结合中突生涌现而来的关键机制所在。因此，澄清所谓"集体欢腾"的机理和功能显然有助于我们挖掘乃至重构"绽出"概念的意蕴，并由此得以正当地以"绽出"概念来为现代性绽出进程标绘基本节律和基本情调。有趣的是，所谓的"集体欢腾"现象本身似乎就与"绽出"概念的词源含义和通俗语义有着内在的亲和性。"集体欢腾是道德力量作用其身时参与者们所感受到的效应……道德力量生产了所有参与者共享的集体情感……需要道德力量创造其统一和使沟通成为可能的社会需要符号表征。因为没有符号表征，道德力量就不可能被呈现。"（Rawls，2004：170，181）而在涂尔干看来，"由诸意象（符号）表达的道德力量的本质，恰恰就在于除非使人类心灵出离自身并使其纵身投入一种可被称为'迷狂'［ecstatic，就其词源学意义即 εκστασιες '持驻'（stand）加'出离'（out of）使用这个词］的状态中，否则，道德力量就不可能强有力地作用于人类心灵"（Durkheim，1995：228），社会就无从维系自身，更遑论社会本身的生产再生产了。在这里，我们看到涂尔干似乎与海德格尔一样都强调"绽出"概念的词源含义，强调以"绽出"概念意指的"出离自身"运动来刻画集体欢腾对个体的影响乃至重塑，但更重要的是，也由此看到了将"绽出"概念用于理解和解释社会的生产再生产进程的恰当性。

　　从道德力量借由集体欢腾而使人类心灵出离自身投入一种迷狂状态中的作用机制来看，更确切地说是从使人类心灵出离自身并停驻于迷狂状态中的集体欢腾本身来看，我们不难发现，人类心灵在集体欢腾中投入的活动和体验到的状态与"绽出"的词源含义和通俗语义意指的"出离自身－回到自身"活动和"放浪形骸/忘乎所以"的情感和精神状态有着天然的亲和性。我们甚至可以说，"集体欢腾"之所以成为"集体欢腾"，正是因为它在本质上就是一种"绽出"活动和状态。与涂尔干所谓的"如果说宗教生产了社会的所有至关重要的方面，那是因为社会的观念就是宗教的灵魂"（Durkheim，1995：421）一样，如果说集体欢腾活动与状态生产并呈现了"绽出"活动与状态的所有最本质的方面，那是因为"绽出"概念就是"集体欢腾"概念的灵魂。既然集体欢腾是在认识论与方法论上的突生论视野和本体论上的突生发生过程的关键所在，而集体欢腾与"绽出"之间又有着天然的亲和性，甚至"绽出"活动与状态就是集体欢腾活动与状态的关键所在，那么，我们以"绽出"概念来为现代性绽出进程标绘基本节律和基本情调也就有了正当性基础。"绽出"的通俗语义经常被用于描述个人现象或许与海德格尔坚持使用"绽出"的词源含义的缘故如出一辙，都是由于流俗意见对于"绽出"概念的僭夺性理解。也就是说，与"绽出"的语义学流变枚平了其词源含义意指的"出离自身－回到自身"的"去存在"生存活动含义一样，"绽出"的语用学流变也遗失了其原本具有的描述社会历史进程的用法，而我们要做的只是从历史的尘埃中重拾那些被流俗理解遗落了的语义和用法。由此，从涂尔干对体现了"突生论"视野的"集体欢腾"的论述来看，我们也就不仅论证了将"绽出"概念用于理解现代性绽出的适用性，而且为更进一步标绘现代性绽出进程的基本节律和基本情调做好了必要准备。

二　"出离自身-回到自身"：现代性绽出的基本节律

从"绽出"概念意指的活动和状态与"集体欢腾"的亲和性来看，虽然已经没有必要再去证成"绽出"是否可用于标绘社会历史进程之基本节律和基本情调的合法性，但在"集体欢腾"思想中，更一般地说是在涂尔干的社会学思想中仍能把捉到可用于重构"绽出"概念之意蕴的其他见解。这类见解不胜枚举，而与本研究最切近的莫过于集体欢腾生产的"集体情感"（collective emotion）对道德力量、宗教力量即"社会力量"之生产再生产起到的重要作用了。希林和梅勒就曾经指出，"涂尔干关于集体欢腾的说明之所以有价值，是因为这种说明抓住了在诞生时的社会'力量'观念。""当身体性的人类感受到其自身并通过一种对其感觉和感官的情感结构化而被转变时，正是这种将人们凝聚到他们的社会群体所珍视的诸种理想周围，并且在精神和身体上都被体验到的力量在集体欢腾中诞生之时。"（Shilling & Mellor, 1998：196）由此，我们就不禁要追问这种在集体欢腾中诞生的"社会力量"（social force）究其本质到底是什么，社会力量与同样也由集体欢腾生产再生产的集体情感之间是什么关系？所谓的"社会力量"，顾名思义就是社会施加的力量，因此，问题的提法或许就应该变成究竟什么是社会？长期以来，涂尔干主张社会学的研究对象是"社会事实"，一种社会事实只能以另一种社会事实解释。因此，人们不仅往往似是而非地将社会理解为社会事实的总体，社会力量也就因此变成了社会事实具有或施加的力量，而且关于涂尔干的社会学归因解释的分析也往往墨守这样一条"终止原则"——"社会即上帝"，凡触及"社会的"（the social）也就到达涂尔干社会学解释的终点了。在涂尔干那里的社会事实就如笛卡尔的"我思"和斯宾诺莎的"实体"一样，往往都处在一种类似布尔迪厄所谓的"以显而隐"

的"因显而隐"处境中。

（一）集体情感的力量与韵律

尽管什么是社会或社会事实貌似毋庸赘言，但实际上还晦暗莫名，社会力量是由什么产生或施加的也仍然有待澄清。诚然，任何归因解释的"终止原则"似乎都不可避免要遵循某种"适宜性准则"，这种准则标定的正是一种理论解释成其自身的自成一格的特性所在。笛卡尔的"我思"和斯宾诺莎的"实体"或许正是他们的理论解释端赖的不可再分的适宜终极因，但在涂尔干那里以"能向个体施加一种外在约束"（Durkheim，1982：59）为特征的"社会事实"是否就是他的社会学解释不可再深究的终点了呢？涂尔干指出，"由于那时（初民社会）的社会灵魂只由少数观念与情感构成，所以，整个社会灵魂很容易体现在每个个体的意识中"。所谓的"宗教力量实际上只不过是变形的集体力量即道德力量，是由社会景象在我们心中唤起的观念和情感构成而不是由我们对物质世界的感知构成"。"人们别无选择唯有以作为群体图腾之事物的方式构念集体力量，构念他们感到的集体力量的作用……这种力量本质上是人类的，因为它是由人类观念和情感构成的。"（Durkheim，1995：226，327，238）由此，我们似乎可以推定社会力量未必是涂尔干社会学解释的终极因，因为社会力量能更进一步分解为人类的"观念"（ideas）和"情感"（feelings）这样的更小单位。然而，在相同论题中，涂尔干却又指出"宗教观念是特定社会原因的产物。因为氏族部落没有名称和象征便不能存在……所以，社会在其成员心中唤起的情感被指向那种象征和其所肖似的事物"。就像"集体观念和集体情感也唯有通过那些象征它们的外显活动才可能产生那样，行动之所以能主导宗教生活，正因为社会是其根源"。"那些（神圣/宗教）情感的根源完全与它们最终附着于的对象（图腾动物）的性质无关，真正构成那些情感的是社会在意识中创造的诸种安心可靠的印象。"（Durkheim，1995：238，421，328）这些似乎又表明了社会或社会事实就是涂尔干社会学解释的终点，集体观念和集体情感都是社会的产物。

如此一来，我们就陷入了一种德里达所谓"不可决断性"（un-decidability）的处境：集体观念与集体情感构成了社会灵魂，宗教力量、道德力量和集体力量即社会力量由集体情感和集体观念构成，而集体观念与集体情感又是特定的社会原因的产物，是社会唤起与创造了集体情感和集体观念。那么，社会力量与集体情感在涂尔干社会学解释链条中到底是一种什么样的关系呢？所幸的是，所谓的"不可决断性"绝不是犹豫不决和畏葸不前，反倒"总是一种在诸种可能性（如意义和行动）之间的确定性震颤，这些可能性本就已经在诸种严格界定的情境中被讲究实际地高度确定下来了"（Derrida，1988：148）。对我们来说，作为一种必不可少的认识论警醒的"不可决断性"的真谛，在于"将我们自行委身于那种'不可能之决定'观念的体验"（Bates，2005：6），并借这种"不可能之决定"的顾虑更审慎地做出真正的乃至更正义的决断。抱持"不可决断性"的认识论警醒，基于在某种意义上已经得到了严格界定的涂尔干的社会学思想情境，我们对社会学归因解释问题上的这种"涂尔干难题"做出的决断是："社会的"就是涂尔干社会学归因解释的终极因，但"社会事实"只在一定意义上是社会学解释的基本单位。因为社会事实的"能指"不一而足，社会事实"所指"的具体对象涉及尚未确定的次级概念。就我们的研究来讲，集体情感与集体观念就是有其特定社会原因的社会事实，而在集体欢腾中诞生的社会力量就是作为社会事实的集体情感和集体观念产生或发挥的力量，集体情感和集体观念完全可以被视为社会力量甚至正是社会力量的本质所在。从表面上看来，我们的结论似乎与传统认识并无二致，因而难免使上述讨论显得多余。但实际上，唯有经过这种细致的分析和审慎的决断，我们才能更深刻地理解"情感"，更确切地说是理解"集体情感"在涂尔干社会学思想及其概念工具箱中的重要地位。

　　从社会力量与集体情感、集体观念的关系而来，我们不难发现社会的生产再生产和社会团结的维系不外乎就是集体情感与集体观念的生产再生产。虽然"社会生活只有借助庞大的符号体系才得以可能"（Durkheim，1995：233），但那种符号体系即集体表象只不过是表征集体情感和集体观念的特定载体而已，至关重要的还是这些符号和表象所承载的集体情感和集体观念本身。尽管集体情感与集体观念往往被相提并论，但集体观念本质上也不过是集体情感罢了。"宗教力量的观念根本不是由事物在我们的感官和心灵中直接造成的诸种印象构成，宗教力量不是别的什么而正是集体在其成员中激起的情感，只是这种情感被投射到了体验它们的心灵之外并且被对象化了而已。"（Durkheim，1995：230）集体情感的重要性还远不止于此，更在于它是一种"使动力量"，而作为使动力量的集体情感显著体现在所谓的"自杀潮流"（suicidogenetic current）概念中。不论是悲观主义与乐观主义潮流，还是利己、利他和失范潮流，这些"在特定时刻和特定环境中发现的导致受到影响的足够数量的个人自杀"的社会潮流，在根本上都可以说是一种散布于整个社会机体的、实在的、活生生的集体情感潮流（Durkheim，2002：287）。唯有确证了集体情感对社会的生产再生产起到的重要作用，我们才能理解诸如"集体情感是既定的客观表象，不是作为社会统一体的图腾而是作为包括经院哲学、新教改革、文艺复兴、启蒙运动和19世纪的共产主义剧变在内的现代文明端赖的伟大理想"（Fisher & Chon，1989：3-4）这样的论断的意义。最重要的是，通过阐明集体情感对社会的生产再生产起到的作用，认识到集体情感是有"使动力量"的激越涌动的"社会潮流"（social current），将为我们以"绽出"的词源含义来标绘现代性绽出的基本节律，尤其是以"绽出"的通俗语义来给现代性绽出标绘基本情调奠定更坚实的基础。因为不论是"绽出"的通俗语义意指的出于任何强烈的情感而陷入狂喜、迷狂、入迷、出神和忘形等放浪形骸/忘乎所以的情感或精神状态，还是"绽出"的词源含义意指的在一定意义上就是出于某种强烈情感的使动性而"出离自身-回到自身"的"去存在"生存活动，似乎都可以归结于作为一种具有使动作用的社会力量的集体情感，更确切地说就是归结于作为一股激越涌动的集体情感潮流的"快乐意志"。

除了能使我们认识到作为社会力量的集体情感的历史作用之外，涂尔干关于集体欢腾的思想还能使我们把握到集体情感的韵律，而这些都将有助于阐明我们何以能和如何以"绽出"概念的意蕴为现代性绽出标绘基本节律和基本情调。对涂尔干来说，"集体欢腾的最重要特征就在于它是公共的和集体的，集体欢腾的公共性引发了诸种强烈的激情和情感……集体欢腾的特定特征就在于它在根本上是一种'情感现象'（affective phenomenon）：它涉及诸种强烈的情感状态和兴奋状态"。虽然"集体欢腾是一种实在的情感现象，却不能以永恒的或持久的形式存在……在本质上可以说是朝生暮死或转瞬即逝的集体欢腾必须要被'再充填'(recharged)，社会存在端赖的集体表象也必须在集体欢腾（集体情感）的烈焰中'再回火'"(Olaveson，2001：100，102)。集体欢腾之所以不能以持久的形式存在而"只能持续一段有限的时间"，是因为"一种特别激烈的社会生活总是对个体的身体和心灵的一种暴行并且扰乱了它们的正常功能"，而在集体欢腾时的社会个体就经历着这种充满集体情感的激烈的社会生活。集体欢腾之所以要"再充填"和集体表象之所以要"再回火"，则是因为"如果社会想要意识到自身并将其关于自身的知觉保持在必要的强度上就必须聚集和集中起来"，也就是需要不时地组织和开展集体欢腾以生产和维系集体情感。"任何社会无不感到定期维护与强化集体情感和集体观念的必要性，因为正是这些集体情感和集体观念为社会提供了统一性和独特个性，而这种道德的重铸唯有通过聚会、集会和聚集即集体欢腾活动才能实现，只有在这些场合中个体才能够彼此紧密地联系起来重申他们共享的情感。"(Durkheim，1995：228，424，429)

在这里，我们看到了社会本身的内在张力和社会生活的运行节律。社会是由集体观念和集体情感构成的，集体情感的生产和维系有赖于集体欢腾，集体欢腾正是集体情感之生产再生产的契机与场所。然而，社会生活不可能总是处在集体欢腾状态中，但任何社会又都需要定期进入集体欢腾状态中以生产、维系和强化集体情感与集体观念并由此意识到自身和进行自身的生产再生产。这就使得社会生活自身有其运行的节律，社会生活的运行节律就体现在"集体欢腾状态"与"非集体欢腾状态"的更迭交替中，而这两种状态的根本性特征归根结底就在于集体情感潮流的高潮与低谷，集体欢腾状态充满了昂扬的集体情感而非集体欢腾状态则是集体情感陷入了平缓乃至沉寂的状态。因此，社会生活的运行节律可以说就落脚在集体情感潮流之涨落的韵律上，社会本身的生产再生产也就是在集体情感潮流之高潮与低谷、亢奋与沉寂的韵律中实现的。这些事实反过来将为我们从集体情感的韵律来理解社会生活乃至社会历史进程的节律提供坚实的基础，更具体地说就是从作为集体情感潮流的快乐意志的历史性绽出节律来理解和解释现代性绽出进程的基本节律提供坚实的基础。当然，要想使这种事实的基础更加充分地显现出来，尤其是使社会生活的节律和集体情感的韵律本身更具体直观地显现出来，我们还有必要更进一步探究和阐明集体情感、集体欢腾与社会生活乃至社会历史进程之间的内在关系。

（二）社会生活的周期性更替

由于集体欢腾对社会"创造与再创造自身的过程"不可或缺，但社会生活又不可能总是停驻在集体欢腾状态中，这种矛盾性就使得集体欢腾不只是区分而且是沟通所谓的"凡俗世界"（the profane world）与"神圣世界"（the world of sacred things）的契机与桥梁。在凡俗世界里"社会在松散状态中发现自身使社会生活变得单调、萎靡和乏味"，社会成员在其中"无精打采地忍受着他们的日常生活"。然而，"一旦集体欢腾发生，一切就都发生了改变"，一旦人们"突然进入同那些使他们兴奋到发狂的异常力量的各种关系中"，他们就"仿佛是被实在地传送到了一个同他们的日常生活世界迥异的特殊世界，传送到了一个由充满着各种侵袭他们的身体并且使其发生质变的异常强烈的力量构成的特殊世界中"（Durkheim，1995：217，220），也就是经由集体欢腾从"凡俗世界"进入到一个"神圣世界"。通过这种任何社会都感到有必要定期将其成员召唤和聚集起来，共同重申与生产再生产由全社会共享的集体情感和集体观念的"集体欢腾"，不仅社会世界被分成"凡俗世界"和"神圣世界"，而且社会生活也由此被分割成了"可能是最鲜明地对照的两个阶段"。其中的一个阶段是凡俗的、情感强度相当平淡而温和的、例行化的日常生活时期，另一个阶段则是神圣的、情感强度亢奋的、放浪形骸的集体欢腾或仪式庆典时期。

在我们看来，不仅社会生活本身，甚至人类社会的历史进程本身，也不外乎就是在这样的"两种阶段/周期之间更迭交替"（Durkheim，1995：216）。日常生活阶段与集体欢腾阶段之间的这种更迭交替可以说就是人类社会历史进程的基本节律，而这种节律也就是我们以"绽出"的词源含义"出离自身-回到自身"的生存活动来标绘的现代性绽出进程的基本节律。与情感强度激烈的集体欢腾阶段只是定期组织且只能持续一段有限时间相比，社会生活的主要部分是由情感强度温和、"经济活动占主导"的日常生活阶段构成的，社会历史进程的多数时期也几乎都处在日常生活阶段、"社会松散状态"或"道德平庸的过渡时期"中。从这个意义上说，在"绽出"的词源含义指的以"出离自身-回到自身"为节律的"去存在"生存活动中的所谓"自身"，在涂尔干的语境中或许就是作为社会生活乃至社会历史进程之通常形态的、由世俗事务和经济活动占主导的日常生活阶段。在海德格尔（2012：147）那里，这个"自身"或许就是他所谓的"平均状态"。这种状态不仅是"指定着日常生活之存在方式"的"常人的一种生存论性质"，而且是"不是任何确定的个人"的"常人"的"去存在方式"之一。在科西克那里则或许是他所谓的"平日"（everyday），一个被描述为"具有一种常规节律的世界，人们在这个平日世界中遵循机械的本能和熟悉的情感进行常规的操劳活动"（Kosik，1976：47）。除这些之外，这个"去存在"的生存活动出离与返回的所谓"自身"到底是什么，当然还有各种可能的不同回答，而在我们对快乐意志与现代性绽出之关系问题的研究中，这个"自身"主要指的还是"快乐意志"本身。对我们来说，现代性绽出进程乃至人类社会的历史进程都被归结为快乐意志的历史性绽出本身，都被归结为作为一股激越涌动的集体情感潮流的快乐意志的"出离自身-回到自身"的时间性演历。

集体情感的强度不仅是区分日常生活阶段与集体欢腾阶段的重要标志，也是促成这两个阶段更迭交替的关键力量。在集体欢腾期间"释放出的各种势不可挡的狂暴激情"往往使"人大大偏离社会生活的通常状态……以至于他们感到需要使自身超越和出离通常的道德"。但是，"只要集会结束，社会情感就只能以记忆形式存在，一旦放任自流，社会情感就会日渐消逝……一旦群体解散，那些能够在群体集会中释放自身的狂野激情就会冷却消亡"。这时"个体就会惊讶地扪心自问，他们何以能使自身被弄得那么出格"（Durkheim，1995：218，232）。毫无疑问，不论集体欢腾时偏离的通常状态和出离的通常道德，还是集体欢腾结束后个体的反躬自问指向的出格，都是占据社会生活乃至社会历史进程大部分时间的日常阶段，都是作为"去存在"生存活动的基本节律的"绽出"运动出离与返回的社会生活乃至社会历史进程的所谓"自身"。集体情感的势不可当与冷却消亡转变可谓社会生活和社会历史进程在不同阶段或状态之间变轨的关键，至少不同的集体情感状态呈报了社会生活乃至社会历史进程的不同阶段或状态。集体情感强度的变化或集体情感潮流的韵律，可以说就是反映社会生活的松散与团结乃至社会历史进程不同阶段之嬗变的"晴雨表"。这样一来，我们就不仅阐明了集体情感潮流的使动力量地位，而且澄清了集体情感潮流的韵律与社会生活乃至社会历史进程的更迭节律之间的密切关系。由此，我们从特定情感（快乐）类型的韵律入手理解现代性绽出，以本就与情感密切相关的"绽出"概念来为现代性绽出标绘基本节律和基本情调也变得更易理解了，甚至我们将社会生活乃至社会历史进程的不同阶段领会为不同的集体情感状态，并以不同集体情感状态来刻画社会生活乃至社会历史进程的不同阶段或状态也变得更合理可行了。

有必要指出的是，虽然社会生活乃至社会历史进程的大部分时间处在日常生活阶段中，而集体欢腾阶段往往只能持续"从数日到数月之久"的"有限时间"，但这并不意味着集体欢腾对社会生活和社会历史进程不重要。虽然所谓原始人的"宗教生活相继经历的两个鲜明对照的阶段——'索然无味'与'极度兴奋'，他们的社会生活循以震颤更迭的相同节律"，由于"在所谓开化民族那里这两个阶段之间的相对连续性已经部分地变得模糊，我们甚至可能质疑，对神圣体验在前一种形式中的释放而言，这种鲜明对照是否（在开化民族或现代社会那里）还是必不可少的"（Durkheim，1995：221），也就是质疑社会生活交替度过的两个鲜明对照的阶段，质疑社会历史进程的不同阶段更迭交替的基本节律是否已经失效。但无论如何，可以肯定的是，这些都无法抹杀集体欢腾对社会生活和社会历史进程的重要性，也不意味着集体欢腾阶段与日常生活阶段的更迭交替对于标绘社会生活和社会历史进程的基本节律变得无关紧要了。恰恰相反，不论是对个人存在的确证、社会的生产再生产，还是新的社会形态的生产创造来说，在一定意义上可谓社会生活和社会历史进程之"历史性绽出时刻"的集体欢腾及其唤起的集体情感都是必不可少的。集体欢腾可谓"一种异常强烈的兴奋剂"，集体情感的"欢腾状态改变着心理活动的诸种条件"。当身处集体欢腾的人们"感受到被某种外在力量支配和引导，使他们的所思所为都迥异于通常的所思所为"时，他们将"不再认识自身，他们将感受到某种转变并且改变着周遭环境"。于是，他们就会"觉得不再是自身，感到似乎变成了一种新的存在"。更重要的是，集体欢腾时"我们置身在与一种更高能量源泉的接触中，短暂地度过了一段不太紧迫的、更自由自在的生活，从而恢复了能力。由此，我们得以带着更强大的能量和热情回到凡俗生活中"，这些能量和热情"促使我们去行动并帮助我们生活下去"（Durkheim，1995：220，386，419，424），以等待下一次欢腾集会的到来重新加载我们去行动和"去存在"的热情与勇气。

对社会的生产再生产来说，虽然"集体欢腾内在的'正反维度并存性'（the ambivalence）——既能产生团结，也会导致野蛮"（Olaveson，2001：102）——使其对既有社会秩序和社会结构有着潜在的威胁，集体欢腾生产的集体情感使人出离社会生活的通常状态，超越和出离通常的道德，冲破日常秩序规范，做出出格甚或狂暴的行为，这体现的就是集体欢腾的野蛮维度。但是，除了这种会导致野蛮的可能性之外，集体欢腾也对社会的生产再生产起着不可或缺的作用，集体欢腾生产的集体情感对社会团结有着必不可少的重要功能和效用。实际上，这种野蛮和团结原本就是一体两面的，都是集体欢腾及其生产的集体情感的产物。据涂尔干的说法，集体欢腾本质上是社会"借以周期性地重新巩固自身的重要手段"，集体欢腾的"全部仪典的唯一目的就在于唤起特定的集体情感和集体观念，将现在融入过去，将个体融入集体中……以复兴集体意识和集体良知的最为本质的要素"。在集体欢腾中，人们"部分地是通过血缘的纽带，但更多地还是通过共同的利益和共同的传统而感到团结，聚集起来，并逐渐地意识到了他们的道德统一性"。通过"将个体们聚集起来以共同的行动去表达共同的情感"，社会将能"周期性更新有关它自身及其统一性的意识，作为社会存在者的个体的本性也得到强化"（Durkheim，1995：390-391，382，353，379）。由于集体欢腾往往只能持续一段有限的时间，而集体欢腾及其生产的集体情感又对社会的生产再生产必不可少，因此，任何社会都不无感到需要定期通过集体欢腾强化与重申共享的集体情感和集体观念，社会也将借此重新获得统一性和独特个性，甚至新的社会形态和新的个人存在形态也借助新的集体情感而被生产出来。社会、社会存在者乃至社会历史进程就在这种集体欢腾状态与非集体欢腾状态更迭交替的基本节律中展开，并在这种展开过程中实现着自身的复兴、巩固乃至更新。

在皮克林（Pickering，1984）对集体欢腾之类型与功能的划分中，除了对社会秩序和社会团结发挥维系与巩固功能的所谓"再创造性欢腾"（the re-creative effervescence）之外，还有一种能产生新的社会观念和社会理想的所谓"创造性欢腾"（the creative effervescence）。在充满集体情感的集体欢腾时期，"社会比在凡俗时期更有活力，更活跃，也更真实。当人们在集体欢腾中感受到某种外在于他们的东西重获新生，各种力量重获生机，一种生命重新苏醒时，他们并没有被欺骗。这种更新/复兴绝不是虚构想象……"（Durkheim，1995：352–353），而正是社会、社会力量、社会生活乃至社会历史进程的再生与更新。当投身于集体情感充盈亢奋的集体欢腾中时，人们将会"在凡俗生活中度过的现实世界之上叠置另一个世界。在某种意义上，这另一个世界存在于人们的思想中，但人们却赋予它一种比现实世界更崇高的尊严。从这两方面来讲，这个另外的世界是一个理想世界"（Durkheim，1995：424）。当然，"这个理想社会并不在现实社会之外，而是现实社会的构成部分"，而叠置或创造了这个理想社会的行动也并非"社会的一种选择性的额外工作"，而是"社会周期性地制造与再造它自身的行为本身"。需要指出的是，由"一整套作为表达了集体欢腾造成的道德生活升华之产物的理想概念"筹划的这个理想社会显然意味着一种新社会生活，一个与它叠置其上或从中而来的那个现实世界有别甚或冲突的理想世界。但是，这种区别或冲突"不是理想与现实之间的冲突，而是不同的理想之间的冲突，是昨日理想与今日理想之间的冲突，是有传统权威的理想与代表未来希望的理想之间的冲突"（Durkheim，1995：424–425）。这些理想或理想社会是现实社会本身的延续或再生产，是现实社会通过集体欢腾及其集体情感潮流的推动"出离"自身而创造出来的产物并反过来借着这些理想而复兴、更新和"回到"自身。

长期以来，我们最熟悉的对社会历史进程的叙事莫过于从生产力与生产关系的作用与反作用机制而来的故事。在这种历史叙事策略中，社会不是以整体性和统一性来描述的，而是被刻画为等级分化和阶级对立。因此，社会历史进程也被理解为不同"生产关系体制"之间的更迭，是代表不同生产力水平的不同阶级的斗争史。与这种我们熟悉的叙事策略有别，涂尔干的叙事进路以社会的整体性和统一性为理论逻辑的出发点，讲述的社会历史进程不是阶级之间的斗争史，而是社会整体自我创造与再造的不同状态或阶段之间更迭交替的故事。涂尔干立基于集体欢腾或集体情感潮流的视角，似乎与我们从快乐意志的历史性绽出入手理解现代性绽出乃至人类社会历史性绽出进程的旨趣更亲近，从而也对我们探究快乐意志与现代性绽出的关系问题更有启发意义。从涂尔干对集体欢腾、集体情感和社会本身之生产再生产的论述中，我们发现集体情感潮流是一种对社会的生产再生产起着重要使动作用的社会力量，社会生活乃至社会历史进程往往是以集体欢腾状态与日常生活状态之间的更迭交替为基本节律展开的，而能促使社会乃至社会历史进程在这两种状态或阶段之间交替转换的使动力量，就在于能使人冲破日常秩序、出离通常状态和超越通常道德的激越涌动的集体情感潮流。在涂尔干看来，"社会并不只由组成它的大量个体、他们占据的土地、使用的东西或发起的活动构成，最重要的是由它关于自身的观念构成"（Durkheim，1995：425），而就像前文已经指出的那样，社会关于自身的观念正是在以强烈的集体情感为根本性特征的集体欢腾中得到强化、再生乃至更新的。正是通过集体欢腾及其集体情感，社会实现着自身的生产再生产乃至超越突破。在集体欢腾中，社会不只是通过集体观念的强化而生产再生产自身，更是通过所谓的"理想化能力"（the faculty of idealization）筹划的"去存在"的理想社会形态而超越突破自身。集体欢腾可谓对社会生活乃至社会历史进程都至关重要的"历史性绽出时刻"，这样的历史性绽出时刻不仅促进着社会自身的生产再生产与超越突破，更标示着社会生活乃至社会历史进程之"出离自身-回到自身"的基本节律。

有必要指出的是，虽然集体欢腾与日常生活（非集体欢腾）两个阶段的鲜明对照在现代社会或所谓开化民族那里已经变得模糊了，但并不能就此说明现身为这样两种状态或阶段之间的更迭交替的社会生活乃至社会历史进程的基本节律消失不在了。据涂尔干自己的说法，集体欢腾与日常生活两个阶段之间的"这种交替（原本就）因为不同的社会而有所差异"。在"分散时期长或分散程度高的社会中，集体欢腾的时期也会被相应地拖长，并产生名副其实的集体生活与宗教生活的恣肆放纵……而在其他社会中的情况则恰恰相反，社会生活乃至社会历史进程的这两个阶段之间更紧密地彼此交替，继而它们之间的对照关系也就变得不再那么鲜明了。社会越是发展，就越是不太能够承受太过显著的中断"。但无论如何，归根结底来讲，"群体生活本质上就是断断续续的"，"社会生活的这些'间歇/中断'（intermittences）是不可避免的，即使那些最具观念论色彩的宗教也不可能逃脱这种影响"（Durkheim，1995：353-354，349）。不论在初民社会中显得对照鲜明，还是在现代社会变得不太鲜明，社会生活和社会历史进程似乎都在以诸如此类的状态或阶段的更迭交替为基本节律展开着，以强烈的集体情感为根本特征的集体欢腾正是区分并标志着这样两个阶段的更迭交替的历史性绽出时刻。由此而来，我们也就在涂尔干那里更进一步找到了以"绽出"的词源含义——"出离自身-回到自身"——来为现代性绽出进程乃至人类社会的历史性绽出进程标绘基本节律的坚实的社会学基础。

　　当然，与涂尔干理论中使用的特定概念和定义有所区别，在我们对快乐意志与现代性绽出之关系问题的探究中，我们对社会生产再生产过程交替经历的那些具体阶段或状态，社会生活乃至社会历史进程的基本节律"出离"与"回到"的所谓"自身"等都有着更明确的限定。对我们来说，作为一种"去存在"的生存活动的现代性绽出同样是在不同状态或阶段的更迭交替中展开的，但这些状态或阶段不是涂尔干所谓的"日常生活"和"集体欢腾"两个阶段，而是以有关快乐的话语实践为内容且有着特定的情感规则和感受结构的不同"快乐体制"。在现代性绽出进程中也有着类似于集体欢腾那样的"历史性绽出时刻"，在这种历史时刻"突生/涌现"出的像涂尔干（Durkheim，1982）所谓的"单环节社会"、"多环节社会"或"分工/组织社会"那样的新"社会种/社会类型"正是不同的快乐体制，而这些不同快乐体制都是"快乐意志"在时间中演进的不同历史现身形态。因此，在我们这里，现代性绽出进程乃至人类社会的历史性绽出进程都可谓快乐意志本身的时间性演历，是由快乐意志历史性绽出而来的不同快乐体制的更迭交替构成的"去存在"的生存活动。现代性绽出进程"出离"与"回到"的所谓"自身"当然是指不同的快乐体制，但归根结底地说还是作为"求快乐的意愿"和激越涌动的集体情感潮流的快乐意志本身。

三　快乐情感：现代性绽出的基本情调

在阐明涂尔干关于集体欢腾的思想对以"绽出"的意蕴来为现代性绽出进程标绘基本节律的启发意义之后，我们也就走到将涂尔干的理论思想对标定现代性绽出进程的基本情调的启示呈报出来的时候了。但是，在将这种启示意义应用于充实"绽出"的意蕴并借以给现代性绽出进程标定基本情调之前，我们还有必要先行回答一些前提性问题，那就是所谓的基本情调到底是什么？现代性绽出进程有其基本情调吗？而要想回答这些问题，则要求我们更进一步地阐明现代性绽出进程是什么，因为如何理解现代性绽出进程将不仅决定着这些问题的答案，而且决定着我们探究这些问题的答案的进路方向。恰如上文已经指出的那样，在我们看来，现代性绽出进程乃至人类社会的历史性绽出进程都可以被理解为快乐意志的时间性演历，是快乐意志以"出离自身-回到自身"的绽出运动为其基本节律的"去存在"生存活动。快乐意志每每落入时间的演进都会以"出离自身"生成不同快乐体制的方式来意欲实现自身，但不论快乐意志是否能在特定快乐体制中实现自身，它都会不断"出离"作为其不同历史现身形态或样式的特定快乐体制重新"回到自身"。在这种意义上，现代性绽出乃至人类社会的历史性绽出进程都可以说成是由不同快乐体制的更迭交替构成的"去存在"生存活动。作为"去存在"生存活动的现代性绽出进程"出离"与"回到"的"自身"，当然可以被理解成作为快乐意志之历史现身样式的快乐体制，但从根本上说还是应该被理解成作为这些快乐体制之源泉的快乐意志。有必要指出的是，就像在提出快乐意志与现代性绽出的关系问题时，我们将启蒙运动时代许下了最大幸福承诺的现代性方案却实现为监控社会式的现代性境况，归结于现代性绽出的基本节律而非当权者集团出于自身"邪恶利益"考虑的强大主体能动性那样，虽然我们倾向于将现代性绽出进程主要理解为快乐意志之"出离自身-回到自身"的"去存在"生存活动，但这种生存活动当然也可以理解成作为快乐意志之载体的人类主体的"去存在"生存活动，而且这种理解方式还在一定意义上为我们指明了去探究所谓的基本情调是什么和现代性绽出进程是否有其基本情调等问题的进路方向。

（一）情感何以成为基本情调

虽然我们将现代性绽出进程理解为快乐意志"出离自身－回到自身"的"去存在"生存活动，但这样一种"去存在"生存活动显然也可以被理解为一种人之在世生存的时间性演历，一种人在世界中历史性地展开自身之"去存在"可能性的生存活动，而且这种理解方式还为我们指明了进一步研究的方向。据海德格尔对此在之存在存在论生存论分析，在世存在，首先与通常意味着一种"现身情态/处身情态"（befindlich-keit），而"我们在存在论上用现身情态这个名称所指的东西，在存在者的层次上就是最熟知和最日常的东西：情绪；有情绪"（海德格尔，2012：156）。现身情态/处身情态，不仅借着"情感/情绪将此在带到它的世界面前"（Sembera，2007：83），而且使"此在与诸种物事相牵连并以特定方式牵连于诸种物事"，更是使"此在借情感/情绪将世界领会为一种它在其中遭遇到其他的人和事的完整而开放的界域"（Inwood，1999a：132）。不惟如此"一种现身情态/处身情态并不是一种现象本身，而是存在于/现身于诸种现象（尤其是一种情感/情绪）中"，也就是现身情态/处身情态"显现在使我们感受到的诸种特定的情感中"（King，2009：16）。换言之，作为"此情此景之切身感受状态"的现身情态/处身情态，不仅将此在之在世存在的基本方式和结构整体标绘为一种情感状态，而且现身情态/处身情态本身就是一种由特定的情感类型主导和呈报出来的状态。总之，在海德格尔（2012：157，159）看来，"情绪是此在的源始存在方式……情绪可能变得无精打采，情绪可能变来变去，（但）这只是说，此在总已经是有情绪的……此在总已经作为那样一个以情绪方式展开了的存在者"，而不是说此在之在世存在是情感阙如的，即使是所谓的"无情无绪"实际上同样是一种情感状态。由此，现代性绽出进程或许就可以被理解为一种有情感/情绪或在情感/情绪中展开自身"去存在"可能性的生存活动，而我们要做的就是标定这种"去存在"生存活动的基本情调或基本情感，因为作为"去存在"生存活动的现代性绽出乃至人类社会的历史性绽出进程显然牵连到各种情感/

情绪①，甚至就是在特定的基本情调或基本情感中展开自身"去存在"的可能性的。

在海德格尔对尼采"强力意志"（the will to power）的诠释中，我们发现他对情感和情调的界定存在亲和性乃至一致性。所谓的"情调"（stimmung）"绝不只是在某个自为的内心中的一种单纯心情，而首先是一种调谐方式，即在情调中让我们自己以这样那样的方式得到调谐的方式。情调，恰恰就是我们在我们本身之外存在的基本方式，我们本质上始终以这种方式存在"。与此相应，"情感并不是某种仅仅在我们的'内心'中发生的东西，而毋宁说情感是我们此在的一种基本方式，凭借着这种方式且依照这种方式，我们总是已经脱离我们自己，进入到了这样那样地与我们相关涉的或者不与我们相关涉的存在者整体中了"（海德格尔，2004：109）。情调与情感的这种亲和性乃至一致性，一方面，使我们在为现代性绽出进程标定基本情调时，幸免于纠缠在情调与情感之间的细枝末节差异不得所归，转而得以将基本情调正当地等量齐观为基本情感。另一方面，使前述的所谓现身情态/处身情态往往存在于/呈现于情感中，并由特定情感类型主导的意蕴变得更澄明。首先，一种现身情态/处身情态存在于并且由以被主导的特定情感类型就是它的基本情调。由于现身情态/处身情态呈报的是此在之在世存在的基本样式，因此，那种特定的情感类型也就可谓此在在世存在之基本样式的基本情调。其次，

---

① 对这里并用的"情感"与"情绪"，甚至诸如情操、情调、感情、激情和心情等词语，我们并不想对其含义做出专门区分。在文中的其他地方涉及的诸如 pathos、passion、sentiment、feeling、affection、mood 和 emotion 等外文词语，我们也笼统地汉译为"情感"。但有必要指出的是，这种笼统待之的做法不仅涉及外译汉的翻译问题，更涉及意指"情感"的上述词语的历史流变问题。以一种"观念学"（ideology）的视角来看，pathos、passion、sentiment、feeling、affection 和 mood 等词语都可视为现在通用的"emotion"一词出现之前表示情感的历史观念形态。托马斯·迪克森（Dxion，2003）就在其《从激情到情感：一个世俗心理学范畴的创生》（*From Passions to Emotions: The Creation of a Secular Psychological Category*）中，对"直到两个世纪前还不曾存在的'emotion'一词如何在 19 世纪产生并取代以往诸如 appetite、passion、sentiment 和 affection 等概念而成为一个独特心理学范畴"的过程进行了详尽历史溯源。在我们看来，表达情感的不同词语之间的含义差别，自然是一个有待澄清的研究问题。但在这些词语从 passion 甚至更古老的 pathos 转变成为现在囊括一切的 emotion 过程背后，实际上暗藏的是现代认识论剃刀或现代性逻辑的深意，或者说什么样的现代性旨趣为 emotion 在不同概念范畴的斗争中取得最终的胜利提供了社会历史条件则更是值得深究的主题。因此，我们在这里并没有太着意于对这些概念含义的区辨，而是将它们都视为情感。

现身情态/处身情态的三项本质规定性——"被抛境况的开展"、"整个'在世界中'的当下开展"和"先已展开的世界让世界内的东西来照面"（海德格尔，2012：160），在很大程度上正是通过主导着现身情态/处身情态的基本情调即基本情感而得到规定的。因为"一种感情/情感乃是我们得以适应我们与存在者的关系，从而得以适应我们与我们自身的关系的方式。情感是我们得以既与非我们所是的存在者相调谐，也与我们本身所是的存在者相调谐的方式。情感开启和保持一种状态，而我们一向就在这种状态中同时与事物、与我们自己以及与我们的同类相互调谐"（海德格尔，2004：54）。情感正是我们与我们自身、与我们操劳所及的上手事物、与操持所及的共在他人，归根结底地说，就是与操心所及的在世存在之世界整体发生关系的"指引"乃至"路标"所在。

　　除了情调与情感之间的这种亲和性乃至一致性之外，在海德格尔对基本情调的现象学分析中，我们还发现情调、情感原本就与"绽出"概念的含义有着密切的关系。不论情调意味着的"我们在我们本身之外存在的基本方式"，还是凭借作为"我们此在的一种基本方式"的情感，"我们总是已经脱离我们自己进入到存在者整体中了"（海德格尔，2004：109），都与"绽出"概念的词源含义意味着的"出离自身－回到自身"的"去存在"生存活动有着内在关联，而"绽出"的通俗语义原本就是出于任何强烈的情感而陷入狂喜、迷狂、入迷、出神和忘形等放浪形骸的情感或精神状态。虽然"绽出"在海德格尔那里主要用于描述"源始地、自在自为地'出离自身'本身"的"时间性"（海德格尔，2012：375），但前述这些密切关系、亲和性乃至一致性，显然也为我们以"绽出"的通俗语义来给现代性绽出进程标定基本情调奠定了正当基础。不论如何，从把现代性绽出理解为快乐意志"出离自身－回到自身"的"去存在"生存活动，到借鉴海德格尔的思想将这种生存活动视为一种现身情态/处身情态，而主导着这种现身情态的特定情感类型就是其基本情调，我们可以说现代性绽出进程不仅有其基本情调，而且正是这种基本情调将人之在世存在的结构整体呈报出来。我们正是在这种基本情调即基本情感开启与保持的境域中与我们自身、与上手事物、与共在他人，也就是与整个世界发生关系的。"一切本质性的思想都要求其思想内容和命题像青铜一样常新地从基本情调中被雕刻出来。如果基本情调悬缺未至，那么，一切都只是对概念和空洞词语的一种被迫无奈的喋喋不休而已"（海德格尔，2012a：23）。

既然作为一种"出离自身-回到自身"的"去存在"生存活动的现代性绽出进程有其基本情调，那么，作为现代性绽出进程之基本情调的情感类型到底会是什么呢？这个问题的答案显然是不一而足的，但从以往论及社会存在和社会历史发生中的情感要素的研究那里并不难找到相应的启示。在海德格尔对此在之在世存在的分析中，"作为此在之别具一格的展开状态"的"畏"（Angst）就被说成是此在之在世存在的一种基本现身情态。在海德格尔（2012：215，217）看来，"畏之所畏不是任何世内的存在者……畏之所畏者就是在世本身……畏所为而畏者不是此在的一种确定的存在方式与可能性……畏所为而畏者就是在世本身"。而在一定意义上可以说是为欧洲人，同时是为人之在世存在"再开源"的"从本有而来"中，海德格尔（2012a：24，25）则将"惊奇"（Er-staunen）视为西方文化的所谓第一开端的基本情调。至于另一开端的基本情调，海德格尔指出"另一开端的基本情调几乎不能仅仅用一个名称加以命名，尤其是正在向这另一开端的过渡中"。但"必定是多名称的"另一开端的基本情调却"并不与它的单一性相冲突，反倒证明了它的丰富性和令人诧异性"。这种基本情调的单一性使海德格尔将"猜度"（Er-ahnen）标定为另一开端的基本情调，而它的"丰富性和令人诧异性"则使"这种基本情调召唤我们：惊恐、抑制、畏惧、预感"。

与海德格尔将"畏"标定为此在之在世存在的一种基本情调相似，霍布斯在探究国家的成因和发生等问题时也提到了"恐惧"（fear）情感的作用。但是，与海德格尔强调畏之所畏者是在世本身而非任何世内的存在者不同，霍布斯强调的恐惧指向的是具体而明确的对象。在霍布斯看来，"在大多数人的大多数时间中最强有力的不是理性而是激情"，而"在所有的激情中，最强有力的是对死亡的恐惧，更具体地说，是对由他人之手造成的暴死的恐惧"（Strauss，1953：180）。对霍布斯来说，"所有伟大的持久的社会的根源不在于人们对彼此的相互善意，而在于他们对彼此的相互恐惧"（Hobbes，1983：44）。"当人们生活在缺乏一种共同的权力使他们都处在敬畏中时，他们就会陷入那种被称为战争的境况中，这种战争是一切人反对一切人的战争"（Hobbes，1998：84）。在霍布斯那里，"战争的首要原因与和平的首要工具都是恐惧，恐惧是人类的最紧迫的困境及其唯一可能出路的共同根基所在"（Blits，1989：417）。除了海德格尔的"畏"和霍布斯的"恐惧"之外，在我们前文就已经提到的弗洛伊德对人类文明及其缺憾的论述中，最基本的情感或许就是"愧疚"或"快乐"了。而对涂尔干来讲，最重要的情感则莫过于"崇敬"（respect）。崇敬正是社会借以使社会成员服从的情感，当"我们遵从社会命令时，不仅仅是因为社会足以镇压我们的抵抗，更是因为社会是我们真正崇敬的对象"（Durkheim，1995：209）。在基督教的思想传统中，无论对任何社会来说，最基本的情感显然就是"爱"（love）了。然而，尼采对基督教的爱的观念似乎并不以为然，甚至还将之视为"最精致的怨恨之花"。针对尼采对基督教的爱的观念的诟病和批判，舍勒则指出"现代社会运动而非基督教的爱的观念才是'怨恨'（resentment）的历史性累积的源泉……从这种特定事实即这种社会-历史情感（怨恨）绝非基于对积极价值的自发而原初的确证，而是基于对持有积极价值的少数人的抵抗、反动-冲动（仇恨、嫉妒和报复等）来看，现代人道主义运动在本质上是一种怨恨现象"（Scheler，1994：63，98）。

有必要指出的是，虽然我们只是提到了少数几个思想家及其强调的几种基本情感，而且不同思想家往往从不同视角出发强调不同情感的重要性，但我们从中至少能发现这样两个基本事实。首先，情感不仅在人类社会及其历史中发挥重要作用，而且也在我们对人类社会生活及其历史的理解和解释中起着重要作用。其次，现代性绽出进程乃至人类社会的历史性绽出进程的确有其作为基本情调的基本情感，但对于这种基本情调到底是什么情感类型往往有着不尽相同的认识和理解，任何情感类型都有可能因为理解视角差异而被视为人类社会之历史发生过程的基本情调。实际上，在我们指出以"绽出"的通俗语义来标绘现代性绽出进程的基本情调时，这种可能性就已经或多或少地显现出来了。"绽出"的通俗语义原本就没有明确限定是出于哪一种特定的情感类型，甚至作为任何情感类型之限定性特征的"强烈的"也都并非关键所在。最重要的是，这种情感能使人"出离自身"进入某种有别于日常道德的情感状态或精神状态中，而且进入的这种情感状态或精神状态也都是没有限定的甚至可以是对立相反的。不论进入迷狂和狂喜状态还是相反的出神和入定状态，关键在于进入放浪形骸或忘乎所以的忘形忘我状态。由此，不论是什么样的情感类型，只要强烈到足以使人类心灵出离自身进入狂喜、出神、忘形或迷狂等情感状态和精神状态中，足以使社会生活乃至社会历史进程出离日常的状态和道德，就都有可能成为现代性绽出乃至人类社会之历史性绽出进程的基本情调。从根本上说，现代性绽出进程或许本就是一种内含多种可能性的"去存在"生存活动，这种"出离自身-回到自身"的"去存在"生存活动关乎的情感类型本就不一而足。因此，与前述的那些思想家都能从他们对人类社会及其历史的独特理解入手将特定的情感类型正当地标定为基本情调一样，我们也有正当理由从"快乐意志"入手理解和领会现代性，并将"快乐"（pleasure）标定为现代性绽出乃至人类历史性绽出的基本情调，进而讲述一个关于快乐意志"出离自身-回到自身"的时间性演历，关于在快乐意志现身为的不同快乐体制中更迭的"去存在"生存活动的现代性故事。

（二）快乐情感作为基本情调

虽然我们已经表明现代性绽出乃至人类社会的历史性绽出进程不仅有基本情调，而且这种基本情调并不局限于任何特定的情感类型，甚至还表明了我们将快乐情感标定现代性绽出进程之基本情调的合理正当性，但快乐情感何以能成为现代性绽出进程的基本情调显然还有必要更进一步论证，甚至不论何种情感类型都有可能成为基本情调的论断也还需要找到更坚实的社会学基础，而这里正是涂尔干有关集体欢腾的思想能够再次为我们提供启发意义的地方所在。在涂尔干看来，似乎不论任何事情乃至不论任何情感都有可能引发集体欢腾。"任何重要的事情都能直接使人出离自身。如果他们收到令人快乐的消息，就会放逐于狂欢。如果是相反的事情发生了，他们就会像个疯子一样四处狂奔，放浪于所有狂暴的活动：呼喊、尖叫、播撒尘土、撕咬自己、疯狂挥舞着自己的武器，如此等等。"（Durkheim，1995：217）不论是出于快乐的消息而放逐于狂欢，还是因为不快乐的事情放浪于狂暴活动，人们所投身的活动和体验到的状态无疑都是所谓的集体欢腾活动与状态，也就是出于任何强烈情感而超越与出离通常的状态和通常的道德的活动。实际上，涂尔干在论述宗教生活基本形式的主要仪式态度时，就已经关注到了将不同情感作为基本情调的不同仪式。"各种'积极仪式'（the positive rite）都具有一种共同特征：它们都是在充满信心、欢乐和热情的情境中举行的……那些仪典都是令人欢乐的。但也有令人悲伤的仪典，其目的要么是为应对一场灾难要么就是为了纪念和悼念灾难"，所谓的"禳解仪式"（the piacular rite）就是"那些在不安的或悲伤的情境中举行的仪式"（Durkheim，1995：392-393）。由此可见，在涂尔干那里，作为集体欢腾之基本情调的情感类型也是不一而足的，甚至有可能是完全对立或相反的情感类型，而前文早就已经证明集体欢腾活动的灵魂所在正是"绽出"活动本身。于是，涂尔干的集体欢腾思想的启发意义之一就在于"出离自身－回到自身"的"绽出"活动源于的情感类型不一而足，任何情感类型都有可能激发和强化人们"去存在"的热情与勇气，一切情感都有可能使社会生活和社会历史进程出离日常生活的通常状态，历史性地绽出社会生活和社会历史进程的崭新形态，并由此得以成为现代性绽出进程的基本情调。

　　集体欢腾唤起的情感或充斥于集体欢腾中的情感都是未限定的，甚至可能是彼此相反或相互对立的，但在集体欢腾中的它们都能产生一种共同效果，而这种共同才正是关键之所在。"一种共同的不幸与一件快乐事情的发生具有相同的效果。它们都能振奋集体情感，促使个体团结在一起……就如同欢乐那样，悲伤也会因其从一个心灵到另一个心灵的回响而被升华和放大，继而逐渐将自身公开表现为放纵的和癫狂的活动。但是，这已经不再是我们先前看到的那种令人快乐的场面，而是痛苦的呼号和尖叫。"（Durkheim，1995：403）但无论欢乐或悲伤，也无论"采取什么样的形式"，只要人们聚集到一起，投身到集体欢腾中，"群体就将感到力量逐渐恢复过来，重新获得希望和生机"。此时"社会的活力也得到了增强"，"社会将比以往任何时候都更有活力，更有生机"（Durkheim，1995：405），个人也将在这种社会的复兴中重获新生。总之，集体欢腾的"这种兴奋状态是否来自一件悲伤的事件无关紧要，因为与在欢乐节日中观察到的状态并没有什么真正和特别的差异"。只要"情感如此这般生动活泼，即便它们是令人痛苦的，也不会令人沮丧。恰恰相反，它们都指向一种欢腾状态，这种欢腾状态导致我们自己的所有活力能量被调动起来，甚至导致一种外在于我们自身的能量向我们的进一步灌注"（Durkheim，1995：410-411）。在这里，我们似乎遭遇到了一种反常识的论断。因为悲伤、痛苦和忧郁等所谓的"被动情感"（the passive emotion），一般都被视为抑制人"去行动"的热情和力量。按希波克拉底和盖伦的说法，这些情感或性情都是由"黑胆汁"（black bile）主导的，不仅使人感到"困惑和沮丧，不相信任何事物，不愿与人交往，只想要独处"，而且能使"身体像土壤一样变得干冷，使心灵和思想害怕那些根本无须恐惧的事物"，继而降低人们去活动的意愿，最终使人变得"慵懒、怯懦、羸弱、迟疑和胆怯"（Jouanna，2012：246，249，344）。不惟如此，关于情感的"传统观点甚至都基于这样的前提假设——情感是'无意识的/非志愿的'（involuntary），受一种'被动方式'（a passive mode）影响，而非自主选择一种'主动方式'（an active mode）行动"（Elster，1999：306）。涂尔干的观点似乎违背了这些普通常识、古代医学和传统观点对情感机理的论断，主张像痛苦、悲伤和忧郁等所谓"消极/被动情感"也能使人陷入疯狂和极度兴奋的状态，出离和超越日常生活的通常状态与通常道德。

　　从表面上看，涂尔干关于集体欢腾状态的论述与有关情感的一般常识和传统观点的确存在分歧甚至相互对立。但实际上，这里涉及的不仅是情感分类问题，而且是不同情感类型的活动机理问题。不论一般常识、古希腊罗马医学哲学，还是传统情感观点，它们关于情感机理的认识往往来自个人日常感受和切身体验，即便是观察或实验的结果也都基本上以解读个人身体反应和心脑电波为知识基础。它们考察的主要是所谓的"个人情感"（the personal emotion），把捉到的主要是个人情感的活动机理。而在涂尔干那里，恰如前文就已经提到的那样，他主要关注和描述的是"集体情感"，揭示的是集体情感的活动机理和功能。即使是以个体生理和心理为基础的个人情感，当人们在集体欢腾中集中和聚集在一起而彼此相互感染时，这些个人情感也会突生成有着新性质的自成一格的集体情感。这也正是涂尔干的情感思想而非一般的情感理论，对于我们将快乐情感标定为现代性绽出乃至人类社会之历史性绽出进程的基本情调更有启发性的原因所在。在我们看来，对情感的一般性认识最集中地体现在"詹姆斯-朗格学说"（James-Lange theory）的情感论述中。不论是詹姆斯所谓的"身体的变化直接伴随着对刺激性事实的感知而来，而我们对如是发生的身体变化的感觉就是情感"（James，1884：189-190），还是朗格指出的"我们将心灵生活的所有情感的方面，我们的欢乐与忧伤，快乐与不快乐都归因于我们的血管舒缩系统……外部世界的所有印象都只会丰富我们的经验，增长我们的知识，却不会引起我们的欢乐或愤怒，也不会造成我们的担忧或恐惧"（转引自 Cannon，1927：107），都是将个人的身体性反应和生理性机能作为情感生发的前提条件和根本基础。可以确定的是，以实验、观察和比较等方法为基础的"詹姆斯-朗格学说"当然捕捉到了情感活动的生理心理机理，也揭示了情感活动的生理和心理等特定维度。

　　与"达尔文（关于人类表情和情感）的自然选择学说不同"，詹姆斯-朗格的情感学说是"那么强有力地被证据强化，如此反复地被经验所确证，以至于俨然已经成了实质真理"（Perry，1950：295），甚至就连致力于探索集体情感活动机理的涂尔干也并不否认个人的身体与生理机能对于情感活动的重要影响。在本质上是一种强烈情感现象的集体欢腾只能"持续一段有限时间"的原因之一，就在于"激烈的社会生活总是对个体的身体和心灵的暴行，并且扰乱了它们的正常功能"（Durkheim，1995：228）。不惟如此，西方心理学情感研究的基本范式可以说就奠定在这种情感学说的基础上，20 世纪 80 年代在美国兴起的情感社会学也深受这种强调生理机能与认知反应的研究范式的影响。情感的产生显然有其个人身体生理的基础，但身体生理维度对情感活动的影响基本上也就止于这种基础性层面上。一旦人们聚集在一起，沉浸在集体欢腾的特定情感基调中，以身体生理机能为动力中心的"个人情感"，也就会质变成以社会力量为能量中心的"集体情感"。于是，就会出现诸如悲伤、痛苦和绝望等通常被认为会抑制人们"去行动"或"去存在"之热情与勇气的情感，也能使人陷入极度兴奋和疯狂的状态的情况。实际上，这里并没有任何违背常理的事情发生，"詹姆斯-朗格学说"发现的情感活动机理也并未被推翻。在这里发生的只是个人情感由于集体欢腾中密集的身体接触、心灵共鸣和精神感染"突生"成了集体情感，个人情感因为在集体欢腾中独特的化合与结合方式而"突生"成了有自成一格的活动机理的集体情感罢了。由此，涂尔干的"突生论"及其集体欢腾思想对我们标绘现代性绽出进程之基本情调的另一种启示意义也呈报了出来。

如果说涂尔干给我们提供的第一种启发是任何情感都可能成为现代性绽出进程的基本情调的话，那么，涂尔干提供的另一种启发则是任何情感都可能成为基本情调的关键在于作为"异常强烈的兴奋剂"的集体欢腾的催化作用。在经过集体欢腾催化而成为现代性绽出进程的基本情调之后，不论这种情感原来可能是什么类型都已经在集体欢腾的独特化合与结合中"突生"成了有其自成一格活动机理的集体情感。需要指出的是，基于前文已经表明的集体欢腾与"绽出"之间的亲和性乃至一致性，结合涂尔干提供的这另一种启发意义，我们发现现代性绽出进程的不同"历史性绽出时刻"，不仅是社会生活乃至社会历史进程之生产再生产的契机，而且也是作为一种使动的社会力量的集体情感潮流之生产再生产的契机。现代性绽出进程的基本情调是某种激越涌动的集体情感，而这样的集体情感潮流往往是在集体欢腾中生产再生产出来的。既然不论原来可能是什么类型的情感，但凡成为现代性绽出进程的基本情调，就表明这种情感已经借由特殊的化合与结合"突生"成了集体情感，那么，也就意味着我们只能根据集体情感的自成一格活动机理来认识、理解和解释现代性绽出进程的基本情调，而不能将其还原到适用于解释个人情感之活动机理的生理心理机能上。虽然我们并不否认"詹姆斯－朗格学说"发现的情感的生理和心理基础，也不否认这种理论发现的个人情感活动机理，但在标定、理解和阐释现代性绽出进程的基本情调时，我们主要指向的是作为集体情感的特定情感类型，因而也就应该以集体情感的自成一格的活动机理来把捉、理解和解释这种基本情调。

既然任何一种个人情感都有可能经过集体欢腾催化而变成集体情感并成为现代性绽出进程的基本情调，那么，我们何以将快乐而非别的情感标定为现代性绽出的基本情调呢？在阐明划分与命名快乐意志历史性地绽出而成的不同快乐体制的基础之前，我们显然还有必要先行说明将"快乐"情感标定为现代性绽出进程之基本情调的理据何在。因为快乐情感不仅没有出现在前文提到的那些思想家确定的基本情调之列，甚至在弗洛伊德那里的所谓"快乐原则"（the pleasure principle）也被界定为破坏性本能，是必须要以"现实原则"（the reality principle）加以抑制的有碍于个人健康和社会发展的负面力量。因此，我们要将快乐情感标定为现代性绽出的基本情调，将现代性绽出进程视为快乐意志"出离自身-回到自身"的时间性演历，视为在不同快乐体制之间"进出"的"去存在"的生存活动，就更有必要阐明快乐情感得以成为现代性绽出进程之基本情调的正当理据了。在我们看来，快乐情感之所以能够脱颖而出成为现代性绽出进程的基本情调至少是基于这样几个方面的理据。

首先，是基于我们对现代性境况由以生发演化而来的现代性方案或现代性筹划的理解，更确切地说是对许下最大幸福承诺的启蒙运动时代的现代性方案虽未真正兑现诺言，但现代人却仍持续不断地追逐快乐和幸福的吊诡状况的理解。边沁（2012：58）所谓的"自然把人类置于两位主公——快乐和痛苦的主宰之下。只有它们才能指引我们应当做什么，决定我们将要做什么。是非标准，因果联系，俱由其定夺"，在一定意义上被我们视为这种许下了最大幸福承诺的现代性方案或现代性筹划的哲学人类学预设。快乐情感在这种现代性筹划中的重要性是不言而喻的，而人类对快乐的追求显然有着远比边沁等启蒙思想家做出的这种哲学人类学预设更久远的历史。对快乐和幸福的追求甚至可谓人类的自然倾向，我们也正由此提出了作为"求快乐的意愿"的"快乐意志"概念，进而提出了快乐意志与现代性绽出之关系的研究问题。正是在对这个问题进行深描时，快乐作为现代性绽出之基本情调的理据绽露了出来。

有必要指出的是，基于这种哲学人类学预设而将快乐情感标定为现代性绽出进程的基本节律不免会引发这样的疑问——既然同样都是自然借以主宰人类的主公，为什么"痛苦"却没有成为现代性绽出进程的基本情调呢？从根本上说，我们当然不会否认以"痛苦"为基本情调同样能够讲述有关现代性的故事，甚至现代乃至人类历史的大部分时间往往都是由痛苦占据着的，以往研究也更多讲述的是人类苦难的故事。但是，从情感的机理来讲，痛苦往往可以被视为快乐的反面即"不快乐"，痛苦的活动机理往往被视为可以通过探索快乐而得到理解和解释，甚至就连涂尔干都认为"对欢乐仪式的解释也适用于说明悲伤仪式，只要转换其术语就行了"（Durkheim，1995：403）。此外，就我们对现代社会之历史发生进程的理解来说，现代性绽出进程也被我们理解为人类在世界中历史地展开自身之"去存在"可能性的生存活动。一般来说，"每个人都在运用他最喜爱的能力在他最喜爱的对象上积极地活动着"，而"人总是选择快乐躲避痛苦",自古以来"我们显然都在把痛苦当作一种恶来躲避,把快乐当作一种善来追求"(亚里士多德,2003)。因此,对于作为一种"去存在"的生存活动的现代性绽出进程来讲,将"快乐"而非"痛苦"标定为基本情调似乎更适宜和更妥当一些,即便我们并不否认以痛苦为基本情调同样可以书写出有关现代性的历史故事的可能性。更重要的是,虽然我们从快乐情感入手叙述现代性绽出进程,但讲述的似乎也恰恰是人类追求快乐和幸福却往往求而不得的痛苦故事。人类自古就以快乐和幸福为目的,但从快乐入手讲述的人类历史故事却寥寥可数。这显然是一件值得深思的事情,而我们想做的正是从快乐意志入手讲述以快乐情感为基本情调的现代性绽出乃至人类历史绽出进程的故事。

其次,是基于作为一种情感类型的快乐本身与我们用以理解现代性绽出进程的理论进路的亲和性。恰如前文已经指出的那样,我们以"绽出"概念的意蕴来理解和解释现代性绽出进程,更具体地说是以"绽出"的词源含义意指的"出离自身-回到自身"的运动来标绘现代性绽出的基本节律,以"绽出"的通俗语义意指的出于任何强烈情感而陷入放浪形骸的情感或精神状态标定基本情调。既然我们主张是快乐情感具有的与这种研究理路的亲和性使其从各种各样的情感中脱颖而出成为现代性绽出进程的基本情调的,那么,这就意味着我们必须要证明快乐情感与"绽出"概念的意蕴之间的亲和性。需要指出的是,恰恰就是在作为我们之所以关注到"绽出"概念的灵感之源的海德格尔思想中,我们首先找到了快乐情感与"绽出"概念的语义含义的亲和性。在对尼采的"强力意志"思想进行解读时,海德格尔(2004:56)就将尼采所说的"感觉到更加强大——或换一种说法,即快乐——总是以某种比较作为前提……",创造性地解读为"尼采把'快乐'(通常是一种情绪/情感)把握为一种'更加强大的感觉/感觉到更加强大',一种关于超出自身的存在和超出自身的能力的感情/情感"。由此,海德格尔进一步指出"快乐不是以一种无意识的比较为前提的,而不如说它本身就是一种'把我们带向我们自身',并不是通过知识的方式而是通过情感的方式,以一种'超脱我们'的方式……"(海德格尔,2004:57)使我们回到自身。显然,作为一种以"超脱我们"的方式将我们"带向我们自身"的情感,"快乐"(pleasure)不仅与"绽出"的词源含义意指的"出离自身-回到自身"的"去存在"生存活动有亲和性，甚至可以说就是"绽出"概念的通俗语义意指的出于任何强烈的情感而陷入像狂喜、迷狂、出神或忘形等放浪形骸/忘乎所以的情感状态或精神状态中的那种强烈的情感本身。快乐情感能让人感觉到更加强大，我们借此出离和超越我们自身，并以这种出离或超脱自身的方式将我们"带向"和"回到"自身。

最后，是基于涂尔干的"集体欢腾"思想深化认识和重构"绽出"概念的意蕴时，在一定意义上发现的快乐情感与"绽出"概念的意蕴的亲和性。虽然前文已经表明在涂尔干那里主导集体欢腾的基本情调并不限于特定的情感，只要人们投身集会中彼此感染，不论悲伤还是快乐就都有可能成为集体欢腾的主导情调，柯林斯也指出"虽然集体欢腾具有一种欢乐与兴奋的含义，但集体欢腾的更一般性条件是一种高程度地沉浸于情感的裹挟中，不论可能是什么情感都无关紧要"（Collins，2004：108）。然而，在我们看来，如果说就一种情感具有的使人们投身于"去存在"的生存活动，体验到放浪形骸/忘乎所以的情感状态或精神状态的可能性的大小来说，像快乐、欢乐和愉快等所谓的"积极情感"往往远比痛苦、悲伤和忧郁等所谓的"消极情感"具有更大的可能性能激起人们"去行动"和"去存在"的勇气与热情，也就是具有使人们陷入狂喜、迷狂、入迷、出神和忘形等放浪形骸/忘乎所以的情感或精神状态的更大可能性。不惟如此，如果说我们进一步深究的话，似乎也不难发现即便是在以痛苦或悲伤等情感为基本情调的集体欢腾中，人们体验到的并促使他们出离与超越日常生活之通常状态和通常道德的那种极度的"兴奋"、"激动"和"亢奋"，也似乎更像是由快乐或欢乐等情感引发的状态，而不像由痛苦或悲伤等情感唤起的状态。至少这种欢腾状态是振奋人心的，是让人们放浪形骸和忘乎所以的。归根结底地说，由痛苦或悲伤等情感为基本情调的集体欢腾，或许也已经在集体欢腾集会的密集身体接触和心灵共鸣的化合与结合作用下不知不觉地发生了改变，"突生/涌现"成了另一种具有完全不同的性质的新的情感类型。在集体欢腾行进的过程中，人们已经逐渐遗忘让他们痛苦或悲伤的事情，甚至忘了痛苦和悲伤的情感本身，转而越来越多体验到的是令他们倍感快乐的更强大的"去存在"的热情和勇气。

总的来说，快乐情感得以成为现代性绽出进程之基本情调的根据当然不限于这样三个方面，但从我们对快乐意志与现代性绽出进程之关系问题的理解和把握来看，这些根据在一定意义上就已经足以表明我们完全有正当的理由将快乐情感标定为现代性绽出进程的基本情调。有必要指出的是，作为现代性绽出进程之基本情调的快乐情感，虽不失作为一种"个人情感"的活动机理，但已经"突生/涌现"成一种有着自成一格情感活动韵律的"集体情感潮流"。这种作为集体情感潮流的快乐情感的活动韵律在很大程度上就是现代性绽出进程"出离自身-回到自身"的基本节律，也可以说，就是作为现代性绽出进程之源泉的快乐意志的活动韵律。作为以"趋乐避苦"为内在机制的"求快乐的意愿"的快乐意志，在微观层面上当然是一种自然倾向，而在宏观层面上则是激越涌动的集体情感潮流。就像涂尔干所谓的"社会潮流"那样，快乐意志在现代性绽出进程中可谓一股有其活动韵律的激越涌动的集体情感潮流。这种活动韵律与作为现代性绽出进程之基本情调的快乐情感的自成一格的活动韵律，与现代性绽出进程"出离自身-回到自身"的基本节律并无二致。与快乐意志一样，作为基本情调的快乐情感也始终贯穿在现代性绽出进程中并与现代性紧密地交织在一起。由此，我们就不仅澄清了用以理解现代性之历史发生过程的"绽出"概念的基本意涵，而且阐明了以"绽出"的词源含义标绘的现代性绽出进程的"出离自身-回到自身"的基本节律，基于"绽出"的通俗语义为现代性绽出进程标定的快乐情感的基本情调，从而也就为更进一步探究快乐意志与现代性绽出进程的关系问题奠定了扎实的研究基础。

第三章　现代性绽出的历史形态

　　从对"绽出"概念的语义学辨析出发，到借鉴涂尔干的"突生论"和"集体欢腾"理论为"绽出"概念的意蕴奠定社会学的基础，我们不仅以"绽出"的词源含义意指的"出离自身－回到自身"的"去存在"生存活动为现代性绽出进程标绘了基本节律，而且通过将"绽出"概念的通俗语义意指的像狂喜、迷狂、入迷、出神和忘形等放浪形骸/忘乎所以的情感或精神状态所由出的任何强烈情感聚焦于"快乐"情感而为现代性绽出进程标定了基本情调。由此，我们也就为更进一步理解和诠释现代性绽出进程初步构建了一种绽出理论。在这种绽出理论那里，现代性绽出进程被理解成一种历史地展开自身"去存在"可能性的生存活动，而这种生存活动源于以"趋乐避苦"为内在机制的"快乐意志"。不惟如此，我们甚至可以说所谓的现代性绽出进程就是快乐意志本身的时间性演历，是在时间中演进的快乐意志的历史性绽出活动本身。所谓的快乐意志首先指的当然是作为一种自然倾向的"求快乐的意愿"，但同样可谓一股激越涌动的集体情感潮流。作为现代性绽出进程之基本情调的快乐情感，虽不失其作为个人情感的活动机制，但已经"突生"成了有其自成一格活动机理的集体情感。作为现代性绽出之基本节律的"出离自身－回到自身"的绽出运动，首先当然是快乐意志落在时间中演进的"去存在"生存活动的基本节律，但同样可谓作为基本情调的已经突生成激越涌动的集体情感潮流的快乐情感的自成一格的活动韵律。

　　对于这种绽出理论来说，现代性绽出进程将在由其基本情调和基本节律构成的经纬格局中展开自身。这种经纬格局不仅呈现了现代性在本体论上的发生演化进程，而且提供了借以在认识论上理解与诠释现代性绽出进程的基本框架。作为一种历史地展开自身"去存在"可能性的生存活动，现代性绽出进程落在时间中展开自身"去存在"的可能性。现代性绽出进程在本质上就是快乐意志的时间性演历，而时间性"源始地、自在自为地'出离自身'"（海德格尔，2012）。正是因此，我们才将

"绽出"的词源含义意指的"出离自身-回到自身"的绽出运动标绘成现代性绽出的基本节律。这种基本节律构成了现代性由以在其中历史性绽出的经纬格局的经线，正是这条经线为我们勾勒现代性绽出进程"进-出"的不同"快乐体制"提供了历时性线索。与此相应，作为基本情调的快乐情感开启的现身情态则构成了现代性绽出进程现身其中的经纬格局的纬线界域，正是这种界域为我们提供了借以剖析不同快乐体制之基本构型的共时性截面。因为现代性绽出进程"出离"与"回到"的不同快乐体制，正是在作为基本情调的快乐情感开启的现身情态中显现出自身的基本构型的，现代性绽出进程也正因此才被我们视为不同快乐体制之更迭交替的谱系。所谓的快乐体制就是关乎特定的情感感受结构和表达规则的不同的快乐话语实践体系，而这些快乐体制正可谓现代性绽出的不同历史形态，归根结底地说是快乐意志之历史性绽出的不同历史样式。

既然我们已经初步建构出一种绽出理论或现代性绽出理论，而这种理论标绘的基本节律和基本情调构成了现代性绽出进程由以现身的经纬格局，那么，我们接下来要做的就是以"出离自身-回到自身"的基本节律为线索廓清现代性绽出进程曾经和正在"出离"与"回到"的诸种快乐体制，以作为基本情调的快乐情感开启的界域为共时截面刻画现代性绽出历经的不同快乐体制的基本构型。在这种绽出理论中，现代性绽出进程在不同历史性绽出时刻"出离"与"回到"的不同快乐体制同样可谓人类社会的不同历史阶段或社会世界，而那些历史阶段或社会世界在我们看来正是由不同快乐体制标画出来，并借着不同快乐体制开启的现身情态而绽露与呈报出基本构型的。因此，以往有关人类社会历史阶段划分的思想当然也对勾勒现代性绽出历经的不同快乐体制有所启示，而我们对不同快乐体制及其基本构型的探究反过来也将有助于更深入理解人类社会历史进程。不惟如此，对现代性绽出进程"进-出"的不同快乐体制及其基本构型的探究，实际上也是对已经初步建构的绽出理论或现代性绽出理论的进一步充实。当然，这些都有赖于我们对作为现代性绽出之历史形态，也就是作为快乐意志之历史性绽出样式的不同快乐体制的划分，而在对不同快乐体制及其基本构型做出具体划分和刻画之前，我们显然有必要先行阐明现代性绽出的基本节律和基本情调得以成为勾勒不同快乐体制之历时性线索与共时性截面的根据所在。

一 快乐体制的划分根据

现代性绽出进程的基本节律为划分不同快乐体制提供了历时性线索，而这种基本节律源自"绽出"概念的词源含义，这种词源含义又来自海德格尔对时间性的理解，这些都将我们对划分不同快乐体制之根据的探索引向对时间现象的理解问题。在一定意义上，对不同快乐体制的划分也就是对现代性绽出进程乃至人类社会历史进程之不同历史阶段的划分，而历史时代划分往往就被视为时间断代或分期的问题。因此，对时间现象的理解显然就变成了一个我们在探究快乐体制的划分根据时绕不开的问题。就对时间现象的理解来说，尽管我们有日历、钟表和计时器等各种器物来表征与指示时间，但对时间本身我们却似乎难有切实而明确的把握，甚至对最有智慧的人来说，时间也是一个棘手的问题。奥古斯丁就指出"时间究竟是什么？若没人问我，我知道它是什么；要有人问我，我想向他解说，却茫然不解了。但我敢斗胆说，如果没有已经逝去的事物，就没有过去的时间；没有即将到来的事物，就没有将来的时间，没有现成存在的事物，就没有当前的时间"（Augustine，1991：275）。由此可见，时间虽然是一个让即便最有智慧的人也都感到费解的问题，但却并不意味着时间在本质上是无法被理解的，实际的情况反倒是人类往往已经对时间有所领会了。

（一）时间、集体情感与社会节律

一般来讲，不论是就普通人对时间的流俗理解而言，还是"就绝大部分西方哲学史而言，亚里士多德对作为运动之测量的时间概念的描述已经被视为自明的公理了"（Sherover，1971：242）。在亚里士多德（1991a：116~117，119~125）对时间的描述中，"时间既不是运动，又不能没有运动……时间不是运动，而是运动得以被计量的数目……时间乃是就先与后而言的运动的数目"。时间，不仅是"不会穷尽的，因为它总是处在起始之中"，而且是"连续的（因为运动属于连续性的东西）"。时间还可以被划分，因为"时间既依靠现在得以连续，又通过现在得以划分……现在是时间的枢纽——它连结着过去和将来的时间——它也是时间的限界，因为现在是一时间段的起点，另一时间段的终点"。既然时间是就先与后而言的运动的数目，是"被计数的而非用以计数的数目"，那么，在这种理解中的时间就是可以被计算的。亚里士多德对时间的描述可谓"迄今为止对时间现象进行的最广泛和真正主题化的考察"。这种考察不仅已经提出了"构成传统时间观念之内容的基本要素"，而且深刻影响着西方哲学的时间探究，"奥古斯丁在一系列决定性要素上赞同亚里士多德的观点……经院哲学家托马斯·阿奎那和苏亚雷斯对时间概念的处理与亚里士多德联系密切……在莱布尼茨、康德、黑格尔和海德格尔那里产生的现代哲学对于时间的最重要考察中，也到处都可以见到亚里士多德式的时间解释的印记"（Heidegger，1982：231）。

在传统概念中的时间意象，就是"时间往往被切分为持续不断地流逝的独立片段。'过去'（the past）是永远消亡和逝去了的，'将来'（the future）则是尚未存在和悬而未决的，而'现在'（the present）看上去就像是一把分割着这两种非实在的存在之利刃"（Lovejoy，1961：75）。与亚里士多德所谓的"现在是时间的枢纽"一样，在传统时间概念中"现在"的重要性与优先性也是显而易见的，这就使得"时间往往被视为一种通过'先'与'后'的区分而被描画出来的'现在序列'（now-sequence）……作为一把分割着已经不存在的过去和尚不存在的将来的存在之利刃，这种传统时间观将时间和时间内的实在都视为不断流逝着的瞬间实在，是一种由非存在的两端（过去与将来）界定的以某种方式持续不断绵延的现在……这样一幅按照先与后来描画的时间图景在本质上是没有时态的，它涉及的是在时间内的诸事物（事件）的相继顺序，按照一种本质上是根据空间隐喻来构想的，依据前与后的顺序来排序的'线条'设置着诸事物（事件）之不可变更的'位置'"（Sherover，1971：192-193）。这种传统时间概念的空间特质的滥觞就在亚里士多德那里，亚里士多德（1991a：117）所谓的"先于与后于的首要含义就在于地点方面"，他是从占据空间位置的事物的位移运动来界定时间的。

通过阐述亚里士多德式的时间理解，传统时间概念中的时间意象的主要现象特征已经跃然纸上了。日常流俗领会为一去不复返的"长河"的时间反映的就是这样一种前后相继的现在序列，一种连续而无终的且可以被划分与计算的"逝者如斯夫"的现在之流。我们熟知的像古代、现代和当代等历史学时代分期，作为对所谓的"历史长河"进行断代分期的时间分割方式，几乎都是建立在这种传统时间概念揭示的时间意象的基础上。既然长久以来我们都在不假思索地根据这些特征来理解、把握和利用时间，甚至理所当然地将被如此领会的时间当作"一种存在论标准，毋宁说一种存在者层次上的标准借以素朴地区分存在者的种种不同领域"（海德格尔，2012：21），那么，是否就意味着被当作"区分存在者领域之标准"的这种时间概念已经是本源而完备的标准？基于这种时间概念是否就可以恰切地划分出现代性绽出进程"出离"与"回到"的不同快乐体制呢？答案或许并没有看起来的那么确定。海德格尔所谓的"存在者层次上的标准"和"素朴地区分……"等表述已经暗藏玄机，弦外之音就是被如此理解的时间所充任的那种标准的本源性和完备性都是有待商榷的。在海德格尔看来，"时间如何具有这种独特的存在论功能，根据什么道理时间这种东西竟可以充任这种标准？……这类问题迄今都还无人问津"。而正是为了探询"在流俗领会视野内，'时间'（何以）仿佛'本来'就落得了这种不言而喻的存在论功能"（海德格尔，2012：21~22），海德格尔才走向了对本真时间性、源始时间和时间性绽出等论题的探讨。由于这种时间理解端赖的根基本身都还是晦暗不明的，因此，在流俗领会和传统概念视野中的时间显然并没有给我们奠定坚实的历史断代基础，况且这种时间的基本节律现身为的一去不复返的直线轨迹，甚至还迥异于我们标绘出的"出离自身－回到自身"的基本节律呈现出的非直线轨迹。

鉴于流俗领会和传统概念视野中的时间理解存在的问题，为了使以这种时间概念为根据的以往历史断代方式获得可理解性基础，更为关键的是为了证成我们以"出离自身－回到自身"的基本节律为历时性线索的正当性，我们显然有必要对时间的源头问题做进一步探基。因为亚里士多德的时间解释已经提出构成传统时间概念的基本内容要素，而且"自亚里士多德直到柏格森，这种传统时间概念都不绝如缕"（海德格尔，2012：21），因而亚里士多德对时间源头的讨论也已经为后世的时间探究确定了起点和方向。一方面，亚里士多德（1991a：129）所谓的"如果除灵魂和灵魂的理智外，再无其他东西有计数的资格，那么，假若没有灵魂也就没有时间"的观点，基本上将后世对时间源头的考察都导向了灵魂及其理智官能那里。另一方面，亚里士多德在《物理学》中对时间的解释从一开始就是通过"提出（已经存在的）有关时间的疑难，并且借由那些众所周知的（关于时间的）说法展开讨论"（亚里士多德，1991a：113）的，这就意味着亚里士多德的时间考察的起点在于时间是一种既存的观念、概念或范畴，但是，对于何以有"时间"这种范畴这样的问题却似乎未有触及。与亚里士多德一样，深受他的时间解释影响的后世时间探讨也基本上是在承认时间范畴似乎先天就有的前提下展开的，对作为观念、概念或范畴的"时间"如何产生这个问题几乎鲜有问津。然而，这个问题对我们来说却至关重要。因为深究这个问题既有助于探明海德格尔所提的"时间何以具有区分存在者之种种不同领域"的独特功能问题，也有助于阐明历史分期到底划分的是什么的问题。有意思的是，与对"绽出"概念进行词源探究和语义构造时一样，海德格尔和涂尔干在接下来的探索中也扮演着引路人的角色。

　　由于亚里士多德的时间解释的深远导向作用，后世对时间的探讨确实深陷于时间与灵魂的关系中。在康德看来，"时间是先验给定的……是所有的一般现象的先验条件，即我们灵魂的内部直观的直接条件，并因此是直观外部现象的间接条件"（Kant，1998：162，164）。这似乎使时间独立于并且作为条件先在于人的灵魂的意识活动，但在康德那里，时间终究"只是内部感官的形式，即我们的自我和内在状态的直观形式……时间并不依赖诸对象本身，而只是依赖于直观其的那个主体"（Kant，1998：163，166）。换句话说，在康德可以说是"官能心理学"（faculty psychology）的解释路径中，时间归根结底地只是主体的灵魂或心灵的感性官能的产物而已。柏格森将包括康德在内的传统概念视野中的时间都批判为"一种以无限的和同质的媒介形式构想的时间"，这种时间"不是别的什么而正是萦绕着反思意识的空间幽灵"（Bergson，2001：99）。然而，不论是被他批判的作为"一种可测量的并因此是同质量值”的“天文学家引入公式的时间、钟表划分为等份的时间”，还是他自己所谓的源自作为“一种彼此渗透的连续质性变化，没有精确的轮廓，在相互关系中没有任何外在化自身的倾向，与数量没有亲和性，是纯粹异质的……是融入彼此的意识状态和逐渐成长的自我”的“纯粹绵延”和“内在绵延”产物的所谓“真正时间”（Bergson，2001：107，104），从根本上说都与被他认为在本质上是绵延不断的意识流的自我，尤其是与作为认知主体的自我的内在意识密切相关。在致力于使哲学成为“严格科学”的胡塞尔那里，“关于时间之本质的问题被回溯到了关于时间的‘起源’问题”，而这个起源问题则干脆“被直接导向‘时间意识’（time-consciousness）的源始构造”那里（Husserl，1991：9）。在胡塞尔看来，要“寻求使时间的先验真理变得明晰”起来，就要“通过探索时间意识，通过使时间意识的本质构造明晰，通过呈现属于或专属于时间和本质上属于先验时间性法则的理解-内容和行动-特征”（Husserl，1991：10）才有可能。

　　虽然时间与灵魂（理智）之间关系的问题提法长期以来主导着时间理解问题的思考方向，但“时间是端赖于理智还是独立于理智”的问题提法本身并非不容置疑的。在海德格尔那里，问题的提法就变成了“问题不在时间端赖于理智还是独立于理智，而在理智端赖还是独立于世界的先行时间化”（Hoy，2009：2）。既然时间与灵魂（理智）之间的关系并非毋庸置疑的，那么，这就不仅意味着时间源头是否扎根于个人主体是可以商榷的，而且意味着即便“没有灵魂就没有时间”的立论成立，时间是否端赖于个人灵魂及其理智官能也是可探讨的①。与传统哲学将时间的源头问题囿于时间与灵魂的关系中不同，涂尔干就试图在个人灵魂之外，在社会实践中，更确切地说是在共享的集体情感中，寻找“自亚里士多德以来的许多哲学家称为知性范畴的那些观念”的社会基础，

---

　　①　据罗尔斯（Anne W. Rawls）的说法，与经验论者对基本范畴之根源问题的解释不同，在涂尔干那里“对社会力量的感知与对自然力量的感知并不是相同的问题。这不仅因为社会力量有其自成一格性，而且因为社会力量是通过灵魂的不同官能，即一种情感官能（emotional faculty）被感知到的”（Rawls，1996：434）。由此可见，在亚里士多德那里的时间对于灵魂之理智方面的依赖关系，在涂尔干那里就已经在一定程度上松动了，而涂尔干借以质疑这种关系的情感官能对我们来说意义重大。

而时间恰恰就是这些基本"知性范畴"①（category of understanding）之一。在涂尔干看来，这些基本知性范畴"与事物最普遍的特性相应"，是"在我们任何判断的基础中都有的支配着我们全部理智生活的基本观念"（Durkheim，1995：8），而这些基本范畴或基本观念都有着社会经验的基础。换言之，"涂尔干的认识论将人类思想或理性端赖的基本知性范畴的根源置于社会群体实施的实践活动创造的诸种道德力量仪式性地生产的共享情感中，而不是像休谟那样置于个人的知觉那里，也不是像康德那样置于灵魂的一种先验的和天生的官能那里"（Rawls，2004：10）。

　　我们知道，涂尔干对时间等基本知性范畴的社会根源的考察，建立在对休谟的"经验论"（empiricism）和康德的"先验论"（apriorism）的批判基础上。有必要指出的是，虽然涂尔干批判先验论者诉诸"神之理性"的做法，但完整地保留了先验论有关"知识由两种不可彼此还原的要素——也就是由两种相互叠加的不同层面构成"（Durkheim，1995：14）的基本命题。涂尔干否定"经验论进路的方法论个人主义，但却赞成它们关于所有概念皆来自经验的主张，只不过涂尔干坚持的是来自集

---

① 在《宗教生活的基本形式》中，涂尔干提到自亚里士多德以来的哲学家称为"知性范畴"的诸种观念时，提到了时间、空间、数量、原因、实体和人格在内的六大观念。但在涂尔干对这些知性范畴的根源进行经验论证时，数量、实体和人格并没有被他视为基本知性范畴而是代之以分类（classification）、力量（force）和总体（totality）。换言之，涂尔干据以为基本知性范畴的是时间、空间、分类、原因、力量和总体六大观念，但无论是在哪种列表中时间都属基本知性范畴则是确定的。有必要指出的是，涂尔干对哲学家们所谓的知性范畴的列举是非常任意的，如"时间与空间在康德那里就未被视为知性范畴而是感性直观的纯形式"（Schmaus，2004：39）。在亚里士多德那里，被称为范畴的也不止六个而是达十个之多。换言之，"这些范畴何以成为基本知性范畴以及具体数量和确切名目本身仍然是一个开放性问题"（Weyher，2012：369），但不管怎样，涂尔干的认识论主张的意义是值得重视的，尤其是对我们在此所探究的问题而言是如此。据罗尔斯（Anne W. Rawls）的说法，涂尔干在《宗教生活的基本形式》中对六大基本知性范畴的经验论证构成了他的认识论主张，但"涂尔干的认识论作为对基本知性范畴的'社会性起源'（social origins）的论证，却既是他最重要的也是最经常被人们忽视的主张"（Rawls，1996：430）。尽管20世纪80年代以来"实用主义和解释社会学的复兴重新点燃了对涂尔干认识论主张的社会建构论方面的兴趣……但这种兴趣的复兴仍根据知识社会学的理路来对待涂尔干的认识论，将关于涂尔干认识论的最初解释完全放置在观念论的范围中"（Rawls，1997：112-113）。罗尔斯对涂尔干的认识论遭到忽视和被错误地归于观念论的状况都做了系列研究，她指出在涂尔干那里"集体情感"（collective emotion）不仅构成知性范畴的社会性根源，甚至"在根本上构成了人类理性的本质"（Rawls，2004：170）。

体经验罢了。因此，范畴对个体灵魂而言就是先验的，是在集体良知中并通过集体良知构造出的集体表象"（Collins，1985：51），是一种福柯所谓的"历史的先验"（historical a priori）。可见，涂尔干并非完全否弃而是有所扬弃地继承发展了经验论和先验论思想，而在涂尔干保留的思想中不难找到足以驳斥帕森斯等人所主张的涂尔干在后期走向了所谓的"观念论"或"两个涂尔干"的说法——"涂尔干的社会学认识论和其他思想要素在后期离开了志愿行动理论而走上了'观念论社会学'（idealistic sociology）方向"（Parsons，1949：468）——的证据。需要指出的是，"涂尔干关于范畴之社会性起源的主张往往被正确地视为预示了维特根斯坦关于概念必以社会情境的存在为先决条件，并且必然根据这种社会情境的公共规则运作，一种共享公共话语领域在个体的思想和言语之前（用海德格尔的话说）'总已经在那儿'的观点"（Collins，1985：51-52）。柯林斯的这种发现在一定意义上呈现的维特根斯坦、海德格尔与涂尔干之间的某种亲和性，既表明了前文将海德格尔与涂尔干结合起来诠释"绽出"概念意蕴的正当性，也预示了讨论时间问题时借鉴两者的可能性。实际上，涂尔干与海德格尔，更准确地说是与现象学之间的亲和性并非空穴来风。涂尔干所谓的"要确定被恰切理解为宗教的东西是什么"就"必须首先摆脱所有先入之见"，要"把关于宗教的所有观念搁置一旁"，要"考察在具体实在中的现象"，宗教的"定义要从实在中寻找"（Durkheim，1995：22）等说法，与现象学的"面向实事本身"、"无前提性原则"和"悬搁自然态度"等方法论极其相似。有学者（Tiryakian，1978）甚至指出，涂尔干在《宗教生活的基本形式》中的基本意图就是要建立一种"原社会现象学"（proto-social phenomenology），而胡塞尔等人的现象学在一定意义上就可以被理解为与涂尔干的这种意图一脉相承的。

　　在他所谓"社会经验论"①（the socio-empiricism）的时间观念中，涂

---

①　罗尔斯将涂尔干的认识论称为"社会经验论"，是为了"将涂尔干的经验论同一种'自然主义的实证主义者的经验论'（naturalistic positivist empiricism）区分开来"。罗尔斯指出，"对涂尔干而言，社会事实具有一种作为社会力量的独特经验性在场……自然力量只能被感知为特定的力量，而社会力量内在地是动态的和持续的，而且当被聚集起来开展实践的人们感知到时，社会力量将为基本范畴提供一种经验性的来源。这种处理思想与实在之间鸿沟的方式，以一种社会性地建基的认识论取代了作为经验论与先验论之典型特征的个体主义方法"（Rawls，1996：433；Rawls，2004：13）。

尔干从社会缘何创制时间范畴，时间范畴为什么不是"我的时间"而是"一种名副其实的社会制度"（Durkheim，1995：10），社会如何区分、安排和组织时间，时间范畴表达了什么等方面入手，论证了"就像规制思想的框架一样"是"理智正常运作几乎不可或缺的可谓思想的骨架"（Durkheim，1995：9）的基本知性范畴"皆有它的社会性根源"的立论。我们且不论涂尔干有别于"对时间感兴趣的许多哲学家……排除时间与社会、心理和政治等更广泛人类存在维度的关联而只关注作为抽象概念且俨然成了形而上学对象的时间"（Hammer，2011：1-2）的立论是否站得住脚，仅就为社会学寻求一种更稳健的认识论而言，涂尔干和莫斯试图阐明"像时间和空间那样的抽象观念如何在每个历史节点上密切联系于相应的社会安排"，试图澄清"原因观念、实体观念和不同推理模式如何被形塑"（Durkheim & Mauss，2009：52）的社会经验基础的努力本身就极富意义。鉴于"大概从 20 世纪 80 年代以来关于认识论和社会存在论的理论争论已经不再引导大多数社会学实践……多数从事经验研究的社会学者都认为不再需要反思社会学的认识论基础"（Hart & McKinnon，2010：1039）的状况，这种尝试的意义就更显得重大了。虽然"涂尔干本人及其学派从未完成对各种推理模式的社会学研究"，从未完成"涂尔干希望实现的以培根'新工具论'的精神来创立一种'新社会学工具论'（new sociological organon）的抱负"（Nielsen，1999：154），但是，涂尔干的确完成了可能是这种新社会学工具论所必不可少的对诸基本知性范畴之社会性根源的论证。在他的社会经验论基础上，涂尔干为基本知性范畴找到了在传统哲学主张的灵魂之外的社会根源，而正是在涂尔干关于时间范畴的社会根源的论证中，我们发现了有助于阐明"出离自身-回到自身"的基本节律成其为划分现代性绽出进程"进-出"的不同快乐体制的根据与线索的社会学基础。

　　在涂尔干看来，"时间范畴以社会生活的节律为基础"，"由同一种文明的所有人客观地构想出来"的时间表征的就是社会生活基本节律的变动，表达的是"在所有实在层面都能遇到但却只有在高潮（集体欢腾）中才完全明晰地显现的存在方式"（Durkheim，1995：441，10，445）。而在涂尔干那里，社会生活是在充满情感的"集体欢腾"和"不能激起强烈激情"的"日常经济生活"这样两种"可能是最鲜明对照"

的"不同阶段之间交替度过"（Durkheim，1995：216-217）的，也就是说社会生活是在显现为集体欢腾与日常经济生活这样两个阶段之间的更迭交替的基本节律中展开着的。作为时间范畴之基础的社会生活节律就是这种在不同阶段之间更迭交替的社会生活的基本节律，这种只有在充满集体情感的集体欢腾时刻才会清晰地显现出来的存在方式。反过来说，我们对所谓时间阶段或历史时代的划分归根结底是在对社会生活之流的不同阶段或状态的划分，在不同阶段或状态之间更迭交替的社会生活基本节律正是我们能以时间或年代为尺度来划分不同历史时代或历史阶段的社会基础所在。就像涂尔干对社会生活、时间范畴与社会生活基本节律之间关系的理解那样，在我们的绽出理论中，作为一种在世界中历史地展开自身"去存在"可能性的生存活动，现代性绽出进程也是在作为快乐意志之历史性绽出的形态的不同快乐体制的更迭交替中展开的，现代性绽出进程的基本节律就在于快乐意志"出离自身-回到自身"的绽出运动。在这种意义上，时间范畴也就可以说是以现代性绽出的基本节律为基础的集体表象，时间表征的就是作为现代性绽出之基本节律的"出离自身-回到自身"的绽出运动，而我们以这种基本节律为根据和线索来划分现代性绽出进程"进-出"的不同快乐体制也就有了社会学基础。需要指出的是，"以绽出之生存（ek-sistenz）的方式存在"（海德格尔，2001：220）的人类乃至人类社会历史性地展开自身"去存在"可能性的这种"绽出地生存"（ek-sistieren）的存在方式，虽然"在所有的实在层面都能遇到"，但只在"集体欢腾"即"历史性绽出时刻"才明晰地现身，集体意识也唯在此刻才"发现"和"意识到它们"并以其为要素构造出"为理智提供适用于存在者总体的思想框架"即基本的知性范畴（Durkheim，1995：445）。因此，"在根本上是一种集体情感现象"（Olaveson，2001：102）的集体欢腾——我们所谓的现代性绽出进程中的"历史性绽出时刻"——可以说对时间范畴的产生和时间的分割与安排都是必不可少的，也就是对时间成为时间是至关重要的。

尽管我们已经证成以"出离自身-回到自身"的基本节律为现代性绽出进程断代分期有其正当性基础，但如何基于这种基本节律将现代性绽出进程"出离"与"回到"的不同历史阶段划分开来却仍然晦暗不明。换言之，我们还没有阐明借以划分出构成现代性绽出进程之不同快乐体制的坐标点何在，更具体地说就是还没有澄清借以划分不同快乐体制的特定"历史性绽出时刻"确定出来的方法。所幸的是，与涂尔干关于时间本质上表达的是什么为我们指明了历史断代到底划分的是什么一样，涂尔干关于集体意识如何区分时间的论述也同样为我们提供了将现代性绽出进程的不同"历史性绽出时刻"标定出来的方向。在涂尔干看来，"集体生活的节律控制包含其源于的一切基本生活的节律，因此，那种表达集体生活节律控制与包含所有个体绵延的时间就是整体时间……正是社会的集中或分散运动——或更一般地说集体复兴的周期性需要，测量着这种非个人的和总体的绵延并设置着其被区分与安排的参照点。如果说那些紧要的关头往往因循斗转星移、四季更迭等自然现象，那只是因为客观符号对使在本质上由社会安排的时间框架为所有人知晓是必需的罢了"（Durkheim，1995：443）。那么，社会的集中或分散运动、集体复兴的周期性需要是什么，它们又何以成为设置着时间被区分与安排的参照点的紧要关头呢？所谓社会的集中或分散运动就是指充斥激越情感的"集体欢腾"和"不能激起强烈激情"的"日常经济生活"阶段，而所谓集体复兴的周期性需要就是"任何社会都感到的定期维系与强化给它提供了一致性和独特个性的那些集体情感和观念的需要"（Durkheim，1995：429）。不论是社会的集中或分散运动，还是集体复兴的周期性需要都涉及不同价值色彩和强烈程度的集体情感，更确切地说是涉及不同"可感受性"或"敏感性"（sensitivity）程度的集体情感。由此，时间之流乃至社会历史进程的不同阶段得以划分或区分开来的坐标点，可以说就是以集体情感的价值色彩或"可感受性"程度在社会生活中的差异分布为尺度标定出来的。以柯林斯的"情感能量"（emotion energy）概念来说，就是以所谓"集体情感能量"（collective emotion energy）在社会生活乃至社会历史进程中的差异性分布为尺度标定出来的。

在涂尔干那里，我们还能找到足以表明集体情感的差异性分布就是标定时间区分与时代分期之坐标点的根据的更明确论据。根据涂尔干的说法，"每每召集集会、狩猎或军事远征都意味着固定的和确定的日期，并因此意味着一种所有人都以相同方式构想的共同时间被确立了起来……日期、星期、月份和年份等区分与节日、仪式和节庆的周期性重现相互对应"（Durkheim，1995：444，10）。作为集体意识借以区分和安排时间的参照点，集会、远征、仪式、节日和节庆等都是社会生活之流和历史长河中充满巨大集体情感能量的时刻，正是这些让人"极度亢奋"的"情感怒涛"使社会成员"出离"让人感到"索然无味"的"日常经济生活"，从而使社会生活有其节律并就此产生了时间借以作为其基础的社会生活的基本节律。在讨论作为基本知性范畴的"分类"时，涂尔干和莫斯也有指出"分类的显著特征"就在于"观念的情感价值在诸种理念得以被联结与分离的方式中起着突出作用"（Durkheim & Mauss，2009：50-51）。在说明"空间"范畴时，涂尔干也指出"如果不像时间那样被划分和区分，空间也就不会成为空间。但对空间必不可少的区分从何而来呢？就其自身来讲，空间并没有左右、上下、南北之分。因此，所有的区分显然都来自这种事实：不同的区域都已经被赋予了不同的情感色彩"（Durkheim，1995：11）。既然时间与分类、空间都同属于涂尔干的基本知性范畴，我们又"唯有把不同时刻区分开来，否则就不可能构想时间……要时间性地排列各种意识状态就必须有可能将其定位在明确日期上"（Durkheim，1995：9），那么，与分类范畴成为自身的特征一样，情感价值在时间借以成为自身的时刻区分方式中显然也起着重要作用。与空间成为空间的方式一样，对时间成为时间必不可少的日期、星期、月份和年份等区分显然也来自同这些区分相应并作为它们的基础的仪式、节庆和节日等被赋予的不同的情感色彩。由此，集体意识借以切分不同的时刻以使构想时间成为可能，借以分割社会生活和社会历史之流以使时间区分和时代分期成为可能的关键，就在于将社会生活和社会历史进程中的特定片段划分出来作为界定日期或划分时代的参照点，而这些特定片段得以被区分出来和确定下来的关键，就在于它们被赋予的特殊情感价值和情感色彩，更重要的是这些片段负载的巨大"集体情感能量"及其唤起的集体情感的高度"可感受性"程度。

　　与社会生活和社会历史进程中的特定片段被赋予的情感价值色彩相比，这些片段唤起的集体情感能量的强烈程度与"可感受性"程度或许是对时间的区分和时代的划分更重要的。因为集体情感的价值色彩很可能就端赖于情感能量的强烈程度和"可感受性"程度，无论个人怀有什么色彩的情感，即使往往被视为相反的快乐与痛苦，只要"个体们聚集到一起，（就会有）如电般的情感激流从他们的密切接触中奔涌而出并迅速达到极度亢奋的状态"（Durkheim，1995：217）。正是这种充斥着巨大情感能量的"欢腾状态"使社会"发现"和"意识到"时间表征的那些"在所有实在层面都能遇到"但只在"集体欢腾"中"才完全明晰显现的存在方式"，继而赋予社会生活和社会历史进程中的这些片段以特殊的情感价值色彩并借以作为区分时间和划分时代的参照点。与在涂尔干那里以社会生活基本节律为基础的时间归根结底是以唤起巨大"情感能量"和高度"可感受性"程度的特定社会生活片段为坐标点而区分开来的一样，作为我们借以划分现代性绽出进程之坐标点的"历史性绽出时刻"的显著特征也在于其唤起的集体情感的高度可感受性和巨大能量，也就是说我们借以划分出现代性绽出进程"进-出"的不同快乐体制的"历史性绽出时刻"往往就是那些唤起了巨大情感能量和高度可感受性的集体情感的紧要关头。由此而来，通过借鉴涂尔干的时间的社会性起源论阐明以"出离自身-回到自身"的基本节律为现代性绽出进程之时期划分根据和线索的正当性，通过参考涂尔干的时间区分说找到作为划分出构成现代性绽出进程之不同快乐体制的坐标点的"历史性绽出时刻"的显著特征，我们也就在一定意义上为以现代性绽出的基本节律为线索将现代性绽出进程划分为不同快乐体制奠定了社会学基础。但有必要指出的是，就像海德格尔对时间性之绽出的现象学分析之所以能吸引到我们那样，若非我们对现代性绽出进程的理解本身原本就与集体情感、集体欢腾等现象密切相关，我们也不可能感受到涂尔干的这些思想洞见的感召和启示。恰如前文早就已经指出的那样，在我们的绽出理论的视域中，现代性绽出进程本来就被理解为作为集体情感潮流的"快乐意志"的时间性演历，作为基本情调的快乐情感原本就被理解为有着自成一格的情感活动机理的集体情感，而作为基本节律的"出离自身-回到自身"的绽出运动本就被理解为这种快乐情感或快乐意志的活动韵律本身，这就意味着我们对现代性绽出进程的理解本身已经在一定意义上为以"出离自身-回到自身"的基本节律为根据和线索，以充满了高度可感受性和巨大能量的集体情感的"历史性绽出时刻"为坐标点来划分不同快乐体制的做法奠定了本体论基础。

（二）时间性绽出样式的区分与统一

通过借鉴涂尔干关于时间范畴的社会起源说和时间区分论，我们已经在一定意义上阐明了以"出离自身－回到自身"的基本节律作为现代性绽出进程的分期根据的社会经验基础，找到了将现代性绽出进程"出离"与"回到"的不同快乐体制划分开来的坐标点。这种坐标点就是以高度可感受性和巨大能量的集体情感为其显著特征的"历史性绽出时刻"，是作为集体情感潮流的"快乐意志"的情感能量达到的能促使现代性绽出进程"进－出"不同的快乐体制的紧要关头。但是，只以涂尔干的社会经验论为基础是否就足以表明这已经是一种建立在坚实基础上的适宜而完备的现代性绽出进程的分期断代方式了呢？答案似乎并不那么确定。一方面，尽管涂尔干在时间起源问题上超越了西方哲学探究时间源头时往往囿于时间与灵魂之间关系的问题提法，转而在社会生活和集体情感中而非个人灵魂中找到了时间起源和时间区分的社会经验根据。然而，就对时间现象本身的理解来讲，涂尔干的时间观仍然停留在传统时间概念和流俗时间领会的视域内。用海德格尔（1996：664）的话来说，涂尔干理解的"时间是被一种存在规定的"，是以在所有实在层面都能遇到的存在方式来界定时间，是以社会生活的基本节律为基础来表象时间。但是，在海德格尔（2012：375）看来，这种在传统概念和流俗领会视域中作为知性范畴的时间，也就是"此在的知性所通达的'时间'并不是源始的时间，而毋宁说是源自本真的时间性的"即"源始的时间"的"时间"，更糟的还在于恰恰就是在这种"流俗领会所通达"的"作为现在序列的时间之中，源始时间性的绽出性质被敉平了"。另一方面，虽然借鉴涂尔干的时间区分论为划分快乐体制找到了"历史性绽出时刻"的坐标点，但这主要是将现代性绽出进程"分割开来"的坐标。对建立一种适宜而完备的分期方式来说同样重要的是将不同阶段"整合起来"，也就是将不同快乐体制"统一起来"成为现代性绽出进程整体的机制，我们似乎并不能在涂尔干那里找到更明确的指引。因此，为了使我们划分和整合构成现代性绽出进程的不同快乐体制的方式奠定在更坚实的基础上，显然有必要对这两个方面做出更进一步探究。

　　就前一方面来说，涂尔干社会经验论的时间起源说和时间区分论是在库恩"范式转换"意义上才成为尚待澄清的问题的。换言之，海德格尔与涂尔干在一定意义上已经不是在同一种范式中探讨时间了。大体上说，涂尔干是在实证主义范式中探究时间问题，而海德格尔可以说是在胡塞尔（2001：15）为走出他宣告的"实证主义将科学的理念还原为纯粹事实的科学"从而使科学陷入"丧失对生活之意义"的"危机"而开启的"生活世界存在论"范式中，更准确地说是在胡塞尔意识到生活世界的意义问题之前，海德格尔就已经在"存在问题"和"存在意义"的问题范式中探究时间。"与实证科学在存在者层次上的发问相比，存在论上的发问要来得更加源始……存在论的基本任务在于澄清存在意义……而存在问题的目标不仅在于保障一种使科学成为可能的先行条件，而且在于保障使先行于任何研究存在者的科学且奠定这种科学之基础的存在论本身成为可能的条件。"（海德格尔，2012：13）因此，虽有必要对涂尔干的时间论述做进一步探基，但并不意味着借涂尔干的时间起源论和时间区分说获得了证成的时代分期根据失去了价值，而只是意味着旨在深入探讨"为不同区域存在论和科学建立先验的或必要的条件……为通过澄清科学的假设和基本概念以给科学提供哲学基础的不同区域存在论建基"的"基础存在论"（Dostal，1993：152），我们将能够为恰切地划分不同快乐体制即划分现代性绽出之不同历史形态的分期根据找到更坚实基础。换言之，通过深入为涂尔干的时间起源论由以产生的区域存在论奠基的基础存在论，开展比涂尔干的实证主义范式在存在者层次更根本的存在论层次上的发问，我们将对涂尔干的时间起源论和时间区分说之所以可能的条件有更深刻把握，对海德格尔曾经提出的"时间何以充当区分存在领域之标准"的问题有更深入的理解，进而对"出离自身-回到自身"的基本节律得以成为划分不同快乐体制的线索和根据，对以高度可感受性和巨大能量的集体情感为显著特征的"历史性绽出时刻"得以成为划分不同快乐体制即现代性绽出之不同历史形态之坐标点的真正根基有更切实的领会。

虽然涂尔干以社会和集体意识替代了个人和个体意识，但从他"时间范畴以社会生活的节律为基础"，时间作为集体意识提供的适用于存在者总体的框架表达的是"在所有实在层面都能遇到"但"只在高潮（集体欢腾）中才完全明晰现身的存在方式"等表述来看，涂尔干"社会经验论"的时间观念是在主客二分的"表象论"（the representationalism）的境域中言说的。这种表象论认为"主体通过表象通达世界"，但"由于这些表象不可避免地是主体的制造，它们到底是忠实反映了自然还是只是有用的虚构终究是无从知晓的"（Dostal，1993：153）。因此，为了摆脱"表象论"的这种弊端，海德格尔重新思考了主体与客体、主观与客观等二元区分之所以可能的先行条件。通过以"领会"（understanding）取代"认知"（knowing）、以"唤醒"（awakening）取代"确证"（ascertaining），海德格尔以作为"澄明状态"的真理观取代了表象论的"符合论"真理观从而得以在不同理路上探究时间问题。前文已经提到，海德格尔认为探究时间源头的思路并不在时间是端赖于还是独立于理智，而在理智是端赖于还是独立于世界的先行时间化。这就意味着在海德格尔看来，理智端赖于世界的先行时间化，时间先于理智。因为"作为纯粹的'自我感触'（self-affection）的时间并非建基于同纯粹统觉'相生'的'理智'，毋宁说正是作为自我之可能性根据的时间早就存在于纯粹统觉中并因此才使理智成为理智"（Heidegger，1997：134）。此外，"时间并非在外面的某地找到的作为诸世界事件之框架的某种东西，更非某种在意识中呼啸而逝的东西，毋宁说正是时间让先行于自身的—已经在……中的—寓于……中的存在成为可能的，也就是让操心的存在成为可能的"（Heidegger，2009：319-320）。这里的"先行于自身—已经在……中—寓于……中的存在"并非别的什么，正是操心分成环节的结构整体本身。所谓的"操心"（care）正是"存在显现自身的'此'"，也就是"被界定为在世界中存在"（Dostal，1993：153，155）的"此在"的存在整体性本身。有必要指出的是，这里的"时间"并不是传统时间概念和流俗时间领会中作为现在序列的"时间"，而毋宁说是那种"时间"所源自的"源始的时间"，也就是海德格尔（2012：375）所谓的"根据主要事实的命名原则"而命名为"源始时间"的"本真时间性"。

既然"（源始的）时间以某种方式先行于此在……此在或先验自我都起源于时间"（Dostal，1993：165，164），"操心之结构的源始统一在于时间性……操心本身只有通过时间性才可能"，而"时间性并非先是存在者尔后才从自身走出来，而是时间性的本质即是在诸种绽出的统一中到时"，正是"作为时间性到时的时间是源始的，时间（才）使操心之结构的建制成为可能……时间性到时使其自身的种种可能方式到时，而时间性到时的这些方式（始才）使得此在形形色色的存在方式成为可能"（海德格尔，2012：372~377），那么，我们在探究时间的源头问题进而探究划分快乐体制即现代性绽出的历史形态的根据问题时，理应秉持的进路就应该是"从时间来理解存在"，只有"着眼于时间才能理解存在怎样形成种种不同样式和怎样发生种种衍化"（海德格尔，2012：22），而不能简单认为"若没有灵魂及其理智就没有时间"，甚至也不能轻易断定只因"有关社会事件的经验向社会实践参与者'整体'给出"（Rawls，1997：136）才有了时间范畴。灵魂及其理智都是因"作为自我之可能性根据的时间"才成其自身，关于社会事件的诸种经验能给出时间范畴很可能也端赖于社会事件本身的时间性。因此，如果海德格尔关于时间或时间性的论断成立，那么，涂尔干的时间起源论和时间区分说将有可能就此获得更本源的可理解性基础，而从涂尔干那里得到阐明的划分现代性绽出之不同历史形态即不同快乐体制的根据和坐标点也将获得更坚实的基础。因为虽然我们多次提到在涂尔干社会经验论的时间起源说和区分论中，时间范畴表征的是社会生活的基本节律，是"在所有实在层面都能遇到"但只在"高潮（集体欢腾）中才完全明晰现身的存在方式"，但除了所谓"社会有其权威性"的解释之外，对社会与集体意识从社会生活的基本节律和存在方式中表象出时间范畴的根据，对这种存在方式本质上究竟是什么，我们似乎并没有更深入的理解和把握。

在海德格尔的基础存在论中，我们知道正因为"时间性到时的种种方式"才使"此在形形色色的存在方式成为可能"，而在这些因时间性到时才成为可能的存在方式中就已经有了时间性。涂尔干所谓的社会和集体意识"发现"和"变得意识到"的"在所有实在层面都能遇到"但只在集体欢腾中才完全明晰地现身的存在方式，正是在"时间性到时"的基础上才成为可能的。集体意识之所以能以这种存在方式为对象，给心灵和理智提供"适用于存在者总体"的作为"思想骨架"的时间范畴，正是因为作为时间性到时的这种存在方式早就已经具有时间性。海德格尔所谓的"此在"含义复杂多样，要么是指"人的存在"，要么是指"具有此存在的物体或个人"（Inwood，1999a：42）。但是，与其说海德格尔主要关注后一种含义——"人或人性"即"作为人意味着什么"，不如说他关注的是通过说明作为"人的存在"的"此在"的存在方式而"给诸如此类的哲学人类学解释提供适宜的基础"（Dostal，1993：154）。因此，将这里的"此在形形色色的存在方式"理解为"人的存在方式"

倒也没有什么根本性错误。我们早在前文已经提到"人乃以绽出之生存的方式存在",并且"唯有人才据有这样的存在方式……绽出之生存只能是就人的本质来道说的,也就是只能就人的存在方式道说,因为就我们经验到的情况看,唯有人才进入绽出之生存的天命"(海德格尔,2001:220,380)。海德格尔在这里用其前缀带有"出离""绽出"含义的"绽出之生存"(Ek-sistenz)来道说人的本质即人的存在方式,想强调的就是人之存在是一种"出离自身"的存在,人的本质由绽出之生存的存在方式来决定。从唯有人才据有的这种"绽出地生存"(Ek-sistieren)的存在方式来看,很容易使人联想到存在方式与时间性的关系,因为我们知道"时间性的本质即是在诸种绽出的统一中到时……时间性在本质上就是绽出的……时间性源始的、自在自为的'出离自身'本身"(海德格尔,2012:375,377)。

既然人的存在方式与时间性本质都在于一种"出离自身-回到自身"的绽出活动,海德格尔甚至指出"此在始终以一种可能的时间性存在方式存在,此在是时间,时间是时间性的,此在不是时间,而是时间性"(Heidegger,1992:20),那在这种意义上,人的存在是时间性的,人的诸种存在方式在本质上是时间性的也就是毋庸置疑的了。实际上,人之"绽出地生存"的存在方式的时间性在"此在之在绽露为的操心"即"此在的存在整体性"(海德格尔,2012:211,372),更确切地说是在作为此在之存在方式本身的"操心"的"分成环节的结构"中就更显而易见了。早在前文我们就已经明确指出,本真的时间性"让操心的存在成为可能",也就是"(源始的)时间使得先行于自身的—已经在……中的—寓于……中的存在成为可能"(Heidegger,2009:320),而我们尚未指出的是作为操心之结构的组建环节的"先行于自身"、"已经在……中"和"寓于……中"恰恰就分别奠基在时间性绽出的三种样式:"将来"、"曾在"和"当前化"中。更具体地说,所谓的"'先行于自身'就奠基于将来,'已经在……中'本就表示曾在,而'寓于……中'则在当前化之际成为可能"(海德格尔,2012:373)。由于此在之在绽露为操心,操心之结构的组建环节奠基于时间性绽出的不同样式,因此,此在之在的结构即在世存在的结构也就向我们呈报出了自身。这种结构的组建环节就奠基于时间性绽出的不同样式中,更具体地说就是从操心之结构的组建环节："先行于自身"、"已经在……中"和"寓于……中"而来的。在世存在的结构也呈现为一种三重结构："领会"或"生存论建构"、"现身情态"或"实际性"、"沉沦"，而这种三重结构与操心的结构环节一样都奠基于时间性绽出的三种样式："生存论建构的首要意义就是将来……实际性首要的生存论意义在于曾在……而沉沦于所操劳的上手事物与现成事物这种状况的首要基地在于当前化，这种当前化作为源始的时间性样式始终包括在将来和曾在之中"（海德格尔，2012：373~374）。有必要指出的是，虽然我们为了便于分析人之在世存在的基本方式的时间性而指出了操心的组建环节分别建基的时间性绽出的不同样式，但这种分成环节的结构首先通常是一种有其结构统一性的整体，而这种结构统一性和整体性同它们的组建环节一样都奠基于时间性。"时间性使生存论建构、实际性与沉沦得以统一并以这种源始的方式组建操心之结构的整体性……操心之结构的源始统一在于时间性。"（海德格尔，2012：374，373）由此，我们也就不仅找到了涂尔干在存在者层次上阐明的时间之社会性起源的存在论基础，阐明了借以划分现代性绽出进程之不同历史形态即快乐体制的做法的存在论基础，而且也在一定意义上找到了更进一步思考不同快乐体制何以"统一起来"成为现代性绽出进程整体的方向。

就后一方面来说，虽然涂尔干社会经验论的时间起源论和时间区分说并不能真正给出不同快乐体制借以"统一起来"之根据与机制的基础，但也不乏一些颇有意义的启发。首先，现代性绽出进程中的不同快乐体制是通过以高度可感受性和巨大能量的集体情感为特征的"历史性绽出时刻"得到划分的，这似乎已经表明了集体情感就是那些不同的快乐体制得以"统一起来"成为现代性绽出进程整体的根据所在，更具体地说就是作为激越涌动的集体情感潮流的快乐意志可被视为不同快乐体制由以"统一起来"的根据所在。在存在者层次上，的确可以说就是这样的。因为在绽出理论看来，作为现代性绽出进程之不同历史形态的不同快乐体制归根结底都是快乐意志之历史性绽出的不同样式。既然这些不同快乐体制都是源自快乐意志的，那么，作为集体情感潮流的快乐意志显然可以被恰切地理解为能使不同快乐体制"统一起来"的根据。然而，如果只停留在这个层面上的话，那么，我们也同样难免会遭遇到与前一方面相同的困境——只是在存在者层次上理解时间与集体情感，但没有触及作为这种在存在者层次上得到理解的时间与集体情感之可能性条件的存在论上的时间和集体情感。其次，尽管涂尔干的时间观仍然停留在传统时间概念和流俗时间领会的境域中，但在对不同时间样式之关系机制的理解上，涂尔干似乎提供了过去、现在和将来等时间样式彼此共在或相互统一起来的可能性机制。在涂尔干看来，"仪式既涉及回忆过去，也涉及通过一种名副其实的戏剧表演（表征）使过去当前存在……仪式还能唤起特定观念和集体情感以使现在融入过去，使个体融入群体"，而社会借以想象或筹划"理想世界"的"理想化能力"可谓将来与现在彼此共在的勾连机制（Durkheim，1995：376，382，425）。在这里，无论是仪式还是社会的理想化能力显然都已经在使不同的时间样式勾连起来。但有必要指出的是，虽然仪式可谓特定日期得以确定下来进而使时间成为时间的社会经验坐标之一，但仪式本质上还是使社会成员"出离"日常经济生活状态的集体欢腾，而集体欢腾归根结底是情感现象。因此，如果将不同时间样式得以统一的机制放在仪式上，最终还是要归结到集体情感上，但就像上文指出的那样，集体情感得以成为不同快乐体制之区分与统一机制的基础都还有待存在论上的澄清。

如此一来，问题的症结似乎就都指向了对集体情感的存在论的理解，尤其是指向了集体情感与时间或时间性的关系问题。那么，在存在论上的集体情感到底是什么？集体情感是否有时间性，更确切地说集体情感是否也奠基于时间性呢？在涂尔干那里，集体情感被说成是"私人情感在由联合产生的自成一格的力量的作用下形成的社会情感"（Durkheim，2009a：10），是一种作为社会事实的有其自成一格活动机理的情感。无论集体情感是多么的特殊，但终究是一种情感，而海德格尔（2012：156）在界定他"在存在论上用'现身情态'这个名称指陈的东西"时，明确地指出了所谓现身情态"在存在者层次上乃是人们最熟知和最日常的东西：情绪；有情绪"。从这种意义上说，在存在者层次上作为社会事实的集体情感可以说就是存在论上所谓的现身情态所指的东西，集体情感在一定意义上就是海德格尔所谓的现身情态。诚然，海德格尔曾经指出"自亚里士多德以来，对一般情绪的原则性的存在论阐释几乎不曾取得任何值得称道的进步。情况恰恰相反：种种情绪和情感作为课题都被划归为心理现象，它们通常与表象和意志并列作为心理现象的第三等级起作用。它们降格成了副现象"（海德格尔，2012：162）。然而，与其说海德格尔想要否定存在者层次的情绪、有情绪或集体情感就是在存在论上的现身情态，倒不如说他在超越存在者层次上对这些现象的褫夺性理解，以便通达进而阐明仍然是晦暗不明的情感或集体情感的存在论基础。与此相应地，我们想要探究集体情感是否奠基于时间性首先要做的也是在超越存在者层次上对集体情感的流俗理解，将作为社会事实的集体情感还本于其在存在论上所是的现身情态。

　　既然在存在者层次上作为社会事实的集体情感可谓存在论上的处身或现身情态，而我们已经阐明了现身情态是奠基于时间性绽出之曾在样式并有其时间性的此在之在世存在的结构环节之一，那么，集体情感是否奠基于时间性并因此有时间性的问题可以说已经显而易见了。首先，根据海德格尔（2012：159）所谓的不可因"此在实际上可以、应该而且必须凭借知识与意志成为情绪的主人这种状况……而在存在论上否定情绪是此在的源始存在方式，否定此在以这种方式先行于一切认识和意志"的说法，不难看出集体情感在存在论上就是人的"源始的存在方式"，而前文已经从结构整体和组建环节上分别澄清了此在之在绽露为的操心奠基于时间性并因此有其时间性，此在始终以一种其可能的时间性存在方式存在。因此，作为此在之"源始的存在方式"的集体情感显然也奠基于时间性并且有其时间性。其次，我们在存在者层次上理解为社会事实的集体情感就是海德格尔在存在论上所谓的现身情态，而存在论的发问要比存在者层次上的发问"更源始"并且是其可能性条件所在。因此，海德格尔对现身情态的描述显然适用于集体情感，甚至唯有在这种描述中集体情感才呈报出最本己的现象特征，而现身情态奠基于时间性则是早就已经阐明的。在剖析"现身情态的时间性"时，海德格尔（2012：388）甚至明确指出"诸种情绪虽在存在者层次上已经熟知，但并不曾就其源始的生存论作用得到认识……有待完成的任务是要把有情绪状态的存在论结构在其生存论时间性建制中展示出来，而首先则只能设法使一般情绪的时间性得以视见……现身的时间性阐释不可能意在从时间性中演绎出诸种情绪并使其消散到纯粹的到时现象中，要做的是表明：若非基于时间性，诸种情绪在生存论上意味的东西及其'意味'的方式就都不可能存在"。由此，我们通常在存在者层次或生存论上熟知的集体情感显然奠基于时间性，而且时间性正是集体情感的存在论基础。最后，即便从时间性、存在方式与集体情感本身出发，也并不难推知集体情感本质上奠基于时间性。我们在前文已经指出"人以绽出之生存的方式存在"表明"绽出地生存"使人以"出离自身"的方式存在，时间性自在自为地"出离自身"本身，集体情感也不乏这种"出离自身"的特征，甚至正是激越涌动的集体情感潮流使人以"出离自身"的方式存在，使社会在集体欢腾中出离日常经济生活状态，使现代性绽出进程出离特定快乐体制回到快乐意志继而生产再生产出新的快乐体制。至于都具有这种"出离自身"之绽出性质的集体情感、时间性和存在方式到底谁更本源的问题，从集体情感是"此在的源始存在方式"，而此在的存在方式奠基于时间性来看，这个问题就已经一目了然了。

通过将集体情感还本于存在论上的现身情态而进一步阐明集体情感奠基于时间性之后，不仅集体情感在社会生活和社会历史进程中的差异性分布得以成为将不同快乐体制"划分开来"之线索与根据的存在论基础得到了澄清，不同快乐体制"统一起来"成为现代性绽出进程整体的关系机制也就此呈报了出来，这种关系机制的核心就在于作为现身/处身情态的集体情感的"时间性到时方式"。虽然"领会/存在论建构"（先行于自身）、"现身情态/实际性"（已经在……中）和"沉沦"（寓于……中）分别奠基于时间性绽出的不同样式，"领会首要地奠基于将来（先行与期备）中，现身情态首要地在曾在状态（重演与遗忘）中到时，沉沦在时间性上首要地植根于当前（当前化与当下即是）"，但海德格尔（2012：398）同时指出"领会也是向来'曾在'的当前，现身情态也作为'当前化的'将来而到时，当前也从一种曾在的将来'发源'和'跳开'并由曾在的将来保持"。由此可见，尽管操心的不同组建环节分别奠基于时间性绽出的特定样式，但每一个组建环节并非只植根于单一的时间性绽出样式，而是牵连到了时间性绽出的全部三种样式。换言之，由于操心的组建环节有其时间性并奠基于特定的时间性绽出样式，而"时间性在每一种绽出样式中都整体到时……到时并不意味着各种绽出样式'前后相继'，将来并不晚于曾在状态，曾在状态也并不早于当前，时间性作为曾在的当前化的将来到时"（海德格尔，2012：

398），因此，虽然每一组建环节都首要地奠基于时间性绽出的特定样式，但操心的每一组建环节都在时间性绽出的诸样式中整体到时。

就集体情感所是的现身情态而言，海德格尔曾经通过对"怕"和"畏"这样两种情感的时间性分析，为剖析现身情态可能是的任何具体情感提供了一种范例性分析框架。从中不难看出，不论作为现身情态的是何种类型的情感，它的时间性到时方式即时间性建制的结构机制都是一致的。现身情态首要地在曾在状态（重演与遗忘）中到时，但现身情态也作为当前化的将来到时，"情绪特有的绽出样式理所当然地属于某种将来与当前，但其方式倒是：曾在使这两种同样源始的绽出方式改变其样式"（海德格尔，2012：388）。尽管曾在状态首要地使情绪成为可能，对现身情态起到首要作用的是时间性绽出的曾在样式，但"奠基于时间性当下完整到时的绽出统一性"，在现身情态可能是的任何情感中总会同时遇到整体的时间性，因此，在集体情感中也会有着时间性绽出的三种样式的完整统一到时。由此，基于作为现身情态的集体情感的时间性到时方式，更确切地说是基于时间性绽出的不同样式在集体情感中完整到时的绽出统一性，我们不仅找到了集体情感得以成为不同快乐体制"统一起来"构成现代性绽出进程整体之关系机制的存在论基础，而且在一定意义上找到了可以将现代性绽出进程划分为多少种不同快乐体制的指引。

从涂尔干那里，我们找到了借以将现代性绽出进程"出离"与"回到"的不同快乐体制划分开来的坐标点——以集体情感之高度可感受性和巨大能量为显著特征的"历史性绽出时刻"——并且通过海德格尔阐明了这种以集体情感之可感受性程度和情感能量在社会生活和社会历史进程中的差异性分布为坐标点的分期方式的适宜性与完备性。然而，究竟可以将现代性绽出进程划分为多少种不同的快乐体制却仍然是悬而未决的。诚然，这个问题的答案必定是不一而足的，要历数现代性绽出进程经历了多少种快乐体制，其确切数量注定是莫衷一是的。但是，基于上述对集体情感得以成为将构成现代性绽出进程的不同快乐体制"划分开来"与"统一起来"之根据的现象学考察，我们似乎可以从操心之结构和此在的结构都由三个组建环节构成，时间性绽出也有三种样式，并且这些环节和样式都奠基于时间性当下完整到时的绽出统一性构成的相应整体出发，将现代性绽出进程划分为三种快乐体制并基于时间性绽出的统一性勾勒这三种快乐体制之间的关系机制。简单地说，现代性绽出进程的三种不同快乐体制分别奠基于并且对应于时间性绽出的曾在、当前和将来三种样式。这三种快乐体制以现代性绽出进程的"历史性绽出时刻"为坐标点划分开来，并根据时间性绽出的三种样式在作为现身情态的快乐情感中当下完整到时的时间性绽出的统一性而构成现代性绽出进程整体。除了在总体上相互构成现代性绽出进程整体之外，这三种快乐体制的关系机制也是彼此勾连共在而非各自孤立的，每一种快乐体制都植根于其中一种曾在的快乐体制并筹划着另一种将来的快乐体制而成为当下的这种快乐体制。与作为现身情态的集体情感得以成为不同快乐体制借以"统一起来"构成现代性绽出进程整体的机制一样，这种关系机制同样端赖于时间性绽出在每一种绽出样式中整体到时的存在论基础。因此，如果发现一种快乐体制与其他快乐体制的相似之处，那只是因为在每一种快乐体制中都有作为时间性绽出整体的现代性绽出进程的整体性统一到时。这种时间性绽出的整体性统一到时，不仅是不同快乐体制成为现代性绽出进程之不同历史阶段的存在论基础，而且是现代性绽出进程的三种不同快乐体制之间相互关系机制的存在论根据。

到此为止，我们也就阐明了绽出理论标绘的"出离自身-回到自身"的基本节律成为划分现代性绽出进程之不同快乐体制的线索和根据的真正根基，同时澄清了从集体情感的差异性分布而来的以集体情感的高度可感受性和巨大能量为特征的"历史性绽出时刻"得以成为将不同快乐体制划分开来的坐标点的真正基础。由此，我们也就在一定意义上获得了一种建立在坚实基础上的快乐体制划分方式，从而为恰切地划分出构成现代性绽出进程的不同快乐体制做好了准备。但在具体划分不同快乐体制之前，需要说明的是，虽然"出离自身-回到自身"的绽出运动在本体论上被我们标绘为现代性绽出的基本节律，作为集体情感的快乐意志之历史性绽出的基本节律，也被我们视为现代性绽出进程之基本情调的快乐情感的涌动律动，而且是海德格尔的时间性本质上所是的"出离自身"本身，但是我们始终未确定它们到底谁才是这种"出离自身-回到自身"的绽出运动的真正始源地。通过回溯与反思传统时间概念和流俗时间领会在对时间现象与时间源头的理解上存在的弊端，通过将涂尔干社会经验论的时间起源说和时间区分论还本于海德格尔对时间性和此在之在世结构的分析，阐明存在方式与集体情感都奠基于时间性，我们基本上确定"本质上是绽出的"、"源始的、自在自为地'出离自身'本身"并"在其诸种绽出的统一中整体到时"的时间性似乎才是这种"出离自身-回到自身"基本节律的真正根源。正是因为人之"绽出地生存"的存在方式和集体情感奠基于时间性，涂尔干以在所有实在层面都能遇到但只在集体欢腾中才明晰现身的社会生活节律来表象时间范畴才得以可能，我们以"出离自身-回到自身"的基本节律为线索和根据来划分与统一不同快乐体制的方式才得以建立在坚实的存在论基础上。有必要指出的是，虽然我们强调要将涂尔干社会经验论的时间起源论和时间区分说还本到海德格尔存在论意义上的时间性那里，但并不意味着在涂尔干存在者层次的时间观中得到阐释的分期方式就失去了意义，而只是意味着这种实证主义范式的划分方式由此建立在更坚实的存在论基础上，更何况海德格尔不也总是强调"一切存在论的主张都务必找到存在者层次上的确证"（Frede，1993：55）吗？涂尔干社会经验论的时间起源说与时间区分论及其中至关重要的集体情感、集体欢腾和社会生活的节律等现象，在一定意义上就都可以说是海德格尔关于现身情态、此在的在世存在方式和时间性绽出等主题的存在论诠释在存在者层次上的确证。

二　快乐体制的划分与命名

既然已经阐明以"出离自身-回到自身"的基本节律为根据和线索，以充满高度可感受性和巨大集体情感能量的"历史性绽出时刻"为坐标点来划分现代性绽出进程的不同快乐体制的正当性，并且在一定意义上表明了将现代性绽出进程划分为三种快乐体制的可能性基础，澄清了三种快乐体制彼此勾连统一起来成为现代性绽出进程整体的关系机制，那么，我们也就走到了将现代性绽出进程曾经和正在"出离"与"回到"的不同快乐体制划分开来的关头。在将不同的快乐体制划分出来并分别赋予明确名称的过程中也会遇到各种需要澄清的问题，首先就是如何确定现代性绽出进程的起始时间点的问题。现代性绽出进程极易被等同于通常所谓的现代社会的历史进程，而对于现代社会起始时间点的确定，虽然从根本上说是一个众说纷纭而莫衷一是的问题，但已经形成各种广为流行的观点，甚至已经形成人们普遍接受的一般性意见，虽然这种一般性意见长期以来并不乏各种质疑和挑战。因此，在确定现代性绽出进程之起始时间点时，尽管那种关于人类社会进入现代时间点的一般性意见给我们提供了有益启示，但也在一定意义上形成了束缚我们想象力的思想观念障碍，甚至形成了有碍我们对现代性绽出进程做出创造性理解和突破性解释的流俗意见的阻力。

（一）不同快乐体制的历史时间边界

一般来说，现代社会往往被视为一种肇始于欧洲的世界历史现象。在 17～18 世纪的欧洲发生的宗教改革、工业革命和法国大革命等一系列历史事件往往被视为现代社会诞生的标志。但是，如果说这种一般性意见在对地点的确定上争议较少且相对可信的话，那么，在对时间的确定上就可谓聚讼纷纭且破绽百出了。争讼的焦点并不限于由其巨大时间跨度所带来的模糊性上，因为恰如上文所说的那样，准确地确定现代社会的起始时间点似乎注定就是不太可能的事情，因此，为现代社会的历史发生起点划定一个大致的时间范围倒也无可厚非。问题在于，不止一种意见将现代社会的起始时间点确定在了这种本就跨度巨大的范围之外，而且其中还不乏为世界史研究者们相对普遍认可的意见。关于现代社会起始于何时的问题，"有学者认为现代世界直到 1789 年法国大革命时才产生；有学者认为'现代欧洲'的历史始于文艺复兴和宗教改革；其他学者则认为'现代'到 20 世纪初叶才真正存在。15 世纪末的一系列日期有时也被当成是'现代'开始的日期：1492 年哥伦布首次航行到达新世界，1501 年米开朗基罗完成大卫雕像，1485 年英国玫瑰战争结束……所有这些日期预示了社会世界的新征程并被当成现代来临的标志。另一种意见指出，与其说是 14 世纪，倒不如说是 16 世纪的欧洲社会出现的某些特征，表明了一种向认识与理解世界的现代方式的转变"（Evans，2006：2）。可见，现代社会的起始时间点的确是一个有颇多争议的问题，大多数学者往往都采取划定一个相对模糊的时间范围的方法来解决问题。当然，也不乏学者给现代的诞生指定了比较具体的纪年。伊斯雷尔（Jonathan Israel）就指出，"在中世纪晚期和 1650 年前后的现代初期，西方文明奠基于一种在很大程度上是共享的信仰、传统和权威核心上。到了1650年以后，一切事物不论如何根深蒂固都在哲学理性光芒的照耀下成了问题，并遭到了来自新哲学和科技革命的各种不同概念的挑战与替代"（Israel，2001：3）。克里斯汀（David Christian）也曾经基于"人口快速增长""科技创新""生产力大幅度提高""官僚科层制""民族国家""商业化""全球网络""农耕生计方式瓦解"等他所谓的"现代的关键特征和趋势"而明确指出"现代大约开始于1750年"，但他同时承认"现代深深植根于农耕时代，而且我们有很好的理由相信现代始于1500年甚至是更早的时期"（Christian，2008：58-59）。在这些不同时间点中，16世纪或更准确地说1500年前后似乎是一个比较有说服力和接受度的时间点。

在欧洲历史的时代分期上，有学者就指出西方历史的连续性在1500年前后经历了一种突然断裂，"现代并不是以正常继替的方式带着明显的合法血统标记从中世纪中产生出来的。现代未曾事先预告地建立起了一种新的事物秩序，根据一种创新法则瓦解着古代统治的连续性。在那时，哥伦布颠覆了关于世界的诸种观念，颠倒了生产、财富和权力的状况，马基雅维利将政府从法律束缚中解放了出来，伊拉斯谟将古代学问的潮流从世俗扳到了基督教的轨道，路德在最强大的环节上打破了权威与传统的链条，哥白尼树立起了一股给将来时代永远打上进步标记的不可征服的力量……现代是一种正在觉醒的新兴生活，世界卷入了不同轨道，被前所未闻的力量支配……16世纪敞开臂膀怀抱未曾经历的体验，并且准备好满怀希望地见证一种不可预料的巨变前景"（Acton，1967：304）。在世界史的时代分期上，据格林（Green，1992：42）的观点，1500年是世界史最恰当的分水岭，此时的欧洲人"将海洋变成了他们进行商业贸易和殖民征战的高速公路"，迫使所有的非西方人应对他们"永不满足、焦躁不安的风格"。西方全球支配的兴起是现代世界史的主题，"美国各大学的世界史教学就明确地遵照这种立场"。沃勒斯坦在为他所谓的"现代世界体系"断代时也曾经指出，"在15世纪末和16世纪初，我们或许可以称为一种欧洲的'世界体系'（the world-economy）的东西开始出现。它虽非帝国却像帝国一样辽阔并享有帝国的某些特征，它是不同的和新颖的。它是一种这个世界前所未闻的社会体系，这个体系是现代世界体系的独有特征"。它虽然"还只是一种欧洲的世界体系"但却是"现代世界体系的起源和早期状况"（Wallerstein，1974：15，10）。韦伯往往把现代社会的产生等同于资本主义的兴起，资本主义精神的形成与新教伦理有着亲和性，而新教的确立和发展恰恰就肇始于16世纪。"旧帝国中的那些经济最发达、自然资源和环境最优越的地区，尤其是绝大多数富庶城镇在16世纪转向了新教"，而且"在当前意义上的新教'天职'（Beruf）观念也早在16世纪就已经在世俗文献中确立下来"（Weber，2001：4，162）。马克思主义以生产方式为依据将人类的历史划分为五大社会形态，其中的资本主义社会往往就相当于通常所谓的现代社会或现代时期，而"马克思主义者也承认，到1500年，封建的生产方式已经支离破碎"（Green，1992：36），资本主义的生产方式逐渐确立起来。

　　既然16世纪或1500年前后往往被视为现代社会起始之时，是被学术界相对认可和接受的现代社会的起始时间点，那么，在划分构成现代性绽出进程的不同快乐体制时，1500年前后似乎也就可以被视为现代性绽出进程的"历史性绽出时刻"之一，是现代社会历史发生进程的一个"集体欢腾"时刻。在这个历史性绽出时刻，快乐意志从以往的快乐体制"出离"出来"回到自身"并同时"出离自身"历史性地绽出一种新的快乐体制，一种以往的快乐体制分崩离析殆尽而一种新兴的快乐体制则在旧体制的残骸中逐渐发展成型。有必要指出的是，1500年前后的这个"历史性绽出时刻"只是标志着一种新快乐体制的开端，而这种快乐体制持续到什么时候终结仍然悬而未决。就像给现代社会或现代时代确定起始时间点聚讼纷纭那样，"确定现代时期的结束之日甚至更棘手，有学者主张现代社会在20世纪终结，我们如今生活在一个同'现代'有着根本区别的'后现代'时期"（Christian，2008：58）。20世纪70年代，当贝尔预告"后工业社会的来临"时，也在一定意义上宣告了现代工业社会的行将就木。在贝尔看来，"在社会学中，这种划时代的感觉，这种生活在过渡时期的感觉最鲜明地体现在广泛使用以'后'（post）为前缀的组合词形式来界定我们正在走向的时代上。对达伦多夫来说，我们生活在一个'后资本主义社会'（the post-capitalist society）。在埃齐奥尼看来，我们正生活在一个'后现代时期'（the post-modern era）。而对鲍尔丁来说，我们则正身处在一个‘后文明化的时代’（the post-civilized era）的门槛上"（Bell，1999：130-132）。如果贝尔及其提到的这些学者的说法确实可信的话，那么，20世纪中后期或许的确出现了预示着时代更替的种种迹象，学者们往往将那些迹象视为现代社会行将寿终正寝的征候。因此，从1500年前后到20世纪中后期的这个时间段，也就是通常所谓的现代社会之历史生命进程的全部时间范围。在欧洲或西方历史的时代分期中，这个时段可谓欧洲社会之现代时期的时间跨度。在世界史的时代划分上，这个时段则可以说是现代时期的全部历史时间。与此相应，20世纪中后期这个时点，对我们来说，或许可以被视为现代性绽出进程的另一个"历史性绽出时刻"，而所谓"历史性绽出时刻"往往标志着一种快乐体制的终结和另一种快乐体制的兴起。由此，在划分现代性绽出进程的不同快乐体制时，这个时间范围似乎也就可以被视为其中一种快乐体制的时间跨度，这种快乐体制以1500年前后的这个"历史性绽出时刻"为开端，在20世纪中后期的这个新的"历史性绽出时刻"分崩离析。

有必要指出的是，从1500年前后到20世纪中后期的这个时间范围，不论是在欧洲历史断代还是世界历史分期中，几乎就相当于通常所谓的现代社会或现代时期的全部生命历程，而这在我们的现代性绽出进程中却只是其中一种快乐体制的历史时间范围。这就不可避免地会引起对我们所谓的现代性绽出进程，对我们划分的构成现代性绽出进程之不同快乐体制的质疑。对于各种可能的质疑，我们当然不会像马克思在《资本论》的序言中那样，以"我欢迎任何基于科学的批评意见，而对于我从来就不曾让步的公共舆论的偏见，我一如既往恪守伟大的佛罗伦萨人的格言：走你的路，让人们去说吧！"（Marx，1992：93）做出回应，却有信心在澄清各种科学的质疑的同时，坚持我们对现代性绽出进程的理解和对不同快乐体制的划分，并希望通过对可能的科学质疑的回应以阐明如此这般为现代性绽出进程划分不同快乐体制的理由。既然我们已经确定了1500年前后和20世纪中后期这样两个"历史性绽出时刻"，那么，以这两个时间为坐标点就能大致地界定出现代性绽出进程的三种快乐体制的历史边界。由于第二种快乐体制的时间跨度已经涵盖通常所谓的现代社会或现代时期的全部历史时间，因此，最主要的质疑最有可能就来自我们的划分方式的这种"反常识性"上，也就是质疑我们在考察的与其说是现代性的历史进程，不如说是人类社会的历史进程。就像前文已经指出的那样，从有关现代时期及其历史时间边界的一般性观点来看，这样的质疑显然是有历史时代分期的基础的。这种一般性观点往往基于那些被广泛接受甚至已经被视为不言而喻的时代分期方式，而其中最流行的莫过于将历史划分为"古代""中世纪""现代"三个阶段的欧洲历史分期模式了。因此，想要对这种可能是最主要的质疑做出有力回应，显然就要去考察这种质疑赖以作为基础的那种往往已经被视为理所当然的历史分期模式的来龙去脉，尤其是考察在这种模式下划分出来的三个历史时期之间的关系。

根据格林（Green，1992）的考察，这种历史断代模式变成用来"组织历史学课程、培养历史学家和划分历史研究范围的标准只是一种最近200年之内的遗产"，也就是说"西方历史学家采用将历史分为古代、中世纪和现代时期的这种时代划分的三重模式只有一个多世纪之久"。虽然这种历史时代分期模式的所有基本要素在 17 世纪末就已经都出现了，但"18世纪早期的学者仍然普遍地将罗马帝国衰落视为一种时代边界，其中的许多人不承认有其他的断裂，在罗马帝国衰落之前的历史是古代史，紧随着罗马帝国衰落而来的便是现代史"。直到 1902 年《牛津现代史》（12 卷本）开始出版，以及随后的《牛津中世纪史》（8 卷本，1911～1936 年）和《牛津古代史》（12 卷本，1923～1939 年）陆续出版发行，才使这种三分法的历史时代分期模式从那时开始直到现在持续地主导着西方对历史时间的概念化，现代作为一个有别于中世纪和古代的历史阶段也才由此形成并且牢牢刻在人们的印象中。从这种三分法的历史断代模式成为西方历史时代分期的标准范式以来，"基本上很少遭遇到挑战，也未曾被修订过，我们以纯粹的惰性维系着这种模式"（Green，1992：37）。西方的大学历史教育和历史学研究也几乎都遵循这种历史分期模式——"历史学系的教师们分三个学期来组织研究生训练和安排本科生教学，历史学教科书也强化着这种模式，专业学术杂志谨慎地遵守着这种时代边界的标准"（Green，1992：13）——而在教学和研究中被普遍接受和运用反过来又巩固和强化了这种模式的权威性。正是这些要素的共同作用促使这种模式成为"西方历史分期的标准模式"（Green，1992：

29），同时成为可能是对我们给三种快乐体制界定的历史边界的最主要质疑的那种一般性观念的历史时代分期模式基础。然而，有必要指出的是，虽然这种三分法的历史断代模式对认识社会历史进程有所启发，但就像18 世纪初的学者们坚持的是另一种分期模式那样，这种俨然已经成为标准的分期模式归根结底也只是众多历史断代模式之一而已。这就意味着这种模式并不是什么绝对真理，它能流行和传播并且成为标准甚或正是源于存在论上的"无根基状态"（海德格尔，2012），从而也就意味着以这种模式为基础而形成的对我们界定的现代性绽出进程的三种快乐体制的历史边界的最主要质疑也并非牢不可破的。

　　就以这种模式划分出的古代、中世纪与现代三个时期之间的关系来说，虽然不乏学者以不连续性甚至完全断裂的观点来描述现代时期与前两个时期之间的关系，前文提到的阿克顿（Acton，1967）的观点就可谓其中的典型代表，这种断裂的历史观在福柯的影响下甚至大有成为潮流之势，即使福柯在听闻别人认为他持有一种断裂的历史观时感到莫名其妙。但是，也不乏学者强调不同历史时代之间的连续性，"欧洲史专家杰哈德（Gerhard，1956）就主张历史更多涉及的是连续而非断裂，因而时代划分应主要根据相当长的时间跨度而被表述"（Hollander et al.，2005：38）。实际上，不论是以绝对断裂的观点还是以完全连续的视野来看三个历史时期之间的关系，在一定意义上都可以说没有把握到它们之间关系机制的精髓。不同历史时期之间显然在特定方面甚至许多方面有所差别，否则何必把它们区分开来呢？但显然也不乏贯穿不同历史时期的共同要素或共享基础，否则借以将它们区分开来的根据又何在？从根本上讲，任何历史断代模式都理应有其共同的根据作为划分不同时代的统一标准，正是这种共同根据作为连续性要素贯穿于划分出来的不同时代。"韦伯（和马克思）都明确地知道积累财富（追求利益）的人类欲望自古有之，但他们也都主张资本主义的欧洲（肇始于16 世纪的欧洲）与前资本主义的欧洲的显著差别主要是出于自身考虑而积累财富的人类欲望"（Evans，2006：10-11），积累财富或追求利益的人类欲望在这里就可谓那种连续性要素，而资本主义欧洲与前资本主义欧洲即现代与前现代欧洲在这方面的区别主要在于这种欲望的具体形态上。与此相应，在格林（Green，1992）所谓的标准西方历史分期模式那里，显然也有作为划分不同时代的统一标准的共同根据的连续性要素。尽管这种分期模式难以归于具体的历史学家名下而使这种连续性要素难以确定，但我们或许可以推知这种要素有可能是"物质性"（material）的要素。"在唯物主义主导的20世纪，赋予历史时代以连续性的主要形态学标准是物质性的"（Green，1992：15），而这种标准西方历史时代分期模式正是通过《牛津现代史》、《牛津中世纪史》和《牛津古代史》在20世纪的相继出版而最终确立起标准模式地位的。与这种西方历史分期的标准模式一样，在我们给现代性绽出进程划分不同快乐体制时也有连续性要素。这种要素就是以"趋乐避苦"为内在机制的快乐意志，而划分出的三种快乐体制则是作为快乐意志之历史性绽出的三种不同历史现身样式，快乐意志就是这三种快乐体制的共同基质所在。

　　由此而来，我们也就阐明了有可能是对我们为不同快乐体制界定历史边界的最主要质疑赖以为基础的那种时代分期模式，澄清了以这种模式划分出的三个历史时代的关系机制，从而不仅说明了我们这样给不同快乐体制界定历史边界的理据，而且也在一定意义上阐明了现代性绽出进程的三种不同快乐体制即现代性绽出的不同历史形态之间的关系问题。实际上，在绽出理论的逻辑理路中，不同快乐体制的历史时间边界并不是那么重要的问题，我们原本并无太大必要以具体的纪年时间来给不同快乐体制界定历史边界。这只是在以绽出理论来理解和解释现代性的历史发生时才变得必要，因为现代性或现代社会往往被人们视为有历史时间的边界。即便如此，我们在划分与界定现代性绽出进程的不同快乐体制时也无须完全拘泥于以往对现代时期之时间范围的认识，毕竟最重要的还是在于如何恰切理解和定位现代性绽出进程的三种不同快乐体制之间的关系。与我们界定的这种快乐体制的历史时间边界引发的质疑相应，并且在一定意义上就是与对这种快乐体制之历史边界的界定相伴而生的，现代性绽出进程的另外两种快乐体制的时间范围也同样难免会引起质疑，但这些可能的质疑究其本质与前述的这种快乐体制在时间跨度范围上可能引起的主要质疑并无二致。因此，既然前文已经阐明那种可能的最主要质疑赖以为基础的时代分期模式并非完全不言而喻，那种可能的最主要质疑也因此而并非完全毋庸置疑，那么，我们也就无须再纠缠于现代性绽出进程的三种快乐体制即历史形态的时间范围划定问题，转而将重点放在对这三种快乐体制的具体命名问题上，尤其是放在更关键的对作为现代性绽出之不同历史形态的这三种快乐体制之间关系的理解和定位问题上。

（二）三种快乐体制的命名与关系

尽管我们已经在历史时间范围上大致划分出了现代性绽出进程的三种快乐体制的历史边界——1500年前后以前的第一种快乐体制、从1500年前后到20世纪中后期的第二种快乐体制与20世纪中后期以来的第三种快乐体制——但这三种快乐体制的具体命名以及它们彼此区别开来成其自身的关键特征何在仍然悬而未决。与在对三种快乐体制之历史边界的划定上以往的历史分期模式对我们不无启发意义一样，在命名这三种快乐体制并确定它们得以彼此区分开来的关键特征上，以往的历史时代划分模式，尤其那种可谓标准的西方历史分期模式同样对我们有所启发，即使我们理解的现代性绽出进程在历史时间边界上同据此模式划分出来的现代时期并不完全重合。虽然那种可谓标准的历史断代模式划分出的三个时代何以被命名为古代、中世纪和现代是一个难以彻底澄清的复杂问题，但可以确定的是，这些历史时期很大程度上是在比较的意义上被命名的，而且它们成为自身的关键不外乎它们各自都有着使其得以彼此区分开来的独特特征。与此相应，现代性绽出进程的三种快乐体制同样有其彼此有别的典型特征，而我们也正是借此将它们区分出来并赋予每一种快乐体制特定的具体名称。

就第一种快乐体制的名称来说，恰如前文已经指出的那样，现代性绽出进程的第一种快乐体制，在时间范围上囊括了所谓的西方标准历史断代模式中的古代和中世纪两个时代。这里的古代简单地说包括了古希腊和罗马时期，而我们发现"公元前5世纪前后，快乐论题主要从两种智识传统——'伦理学传统'（the ethical tradition）和'理学传统'（the tradition of physiologia）——进入希腊哲学领域"（Wolfsdorf，2013：3）。虽然主要探究希腊人所谓的"弗西斯/自然"（physis）的"理学传统""物理学传统"（the physical tradition）或通常所谓的"自然科学"是快乐论题进入古希腊哲学的主要智识传统之一，"对快乐的一些讨论最早发生在古代物理学传统中，但绝大多数关于快乐的讨论还是主要发生在伦理学领域中。即便在大多数希腊人看来，伦理学探究与物理学探究是相通的，也不能否定希腊哲学关于快乐的讨论主要是在伦理学传统中展开的实情。这种实情在亚里士多德那里体现得最为明显，亚里士多德的大多数存世著作都是关于生物学的，但他主要的快乐理论却出现在伦理学的著述中"（Wolfsdorf，2013：269）。此外，希腊人所谓的"弗西斯"即往往被译为"自然"（Nature）的东西，远比我们通常理解的作为与"文化"（culture）相对立的"自然"（nature）宽泛得多。与此相应，古希腊人乃至中世纪看待与理解自然的方式也同所谓现代人的理解方式有所差异。在他们看来，人类是自然整体的构成部分，人类必须根据自然的规则和原则来组织他们的生活，生而被抛入世界中的人类承受着自然"机运"（fortune）的支配，"自然就是现实，人类在诗歌和想象中寻求将他的自我与自然世界联系在一起"（Bell，1999：492）。由此看来，作为快乐话语的主要发生情境之一的所谓"理学传统"，实际上也不乏伦理的意蕴，因此，从这个时期的快乐话语的发生情境而来，我们把现代性绽出的第一种快乐体制命名为"伦理型快乐体制"（the ethical regime of pleasure）。

在伦理型快乐体制之后的第二种快乐体制，在时间上涵盖了通常所谓的现代时期的整个历史生命历程，因此，所谓的现代时期借以成其自身的典型特征将会成为我们命名这种快乐体制的重要参照。虽然不同学科往往以不同标准描绘现代社会得以成其自身的关键特征，从不同视角想象现代性的不同意象，但我们不难发现一些广泛流行的现代社会的显著特征，人们耳熟能详的自由、平等、民主和科学等观念往往就被视为现代社会的典型特征。在关于现代性之主要特征的各种说明中，我们至少能发现这样三种话语体系：其一，是在相对宽泛综合的层面上描述现代社会的特征，现代社会往往是在与传统社会的比较中成其自身的，我们耳熟能详的社会学的社会类型学就大多属于此列。有学者就从托克维尔对欧洲和美国的解释中总结出了现代世界的如下基本特征：现代社会"强调经济和社会的变迁而非传统，强调社会平等而非阶级社会，强调通过政府集中化或社会与经济势力主导的统一而不是地方主义和区域主义"（Gerhard，1956：904）。其二，是在相对具体明确的层面上刻画现代社会的特质，现代社会基于其内在的结构建制和构成要素成其自身。"现代境况往往被视为以自由和民主为特征并由基于相同的自由结合原则的各种制度保障组成，其中最重要的制度是民主政体、市场经济和自主追求真理即科学……所谓的工业革命和民主革命往往被视为构成现代性的社会现象……城市化、工业化、民主化和一种经验分析的知识方法的诞生也往往被当成现代社会的主要特征。"（Wagner，1993：xii，3）其三，是从现代性由以建基的动力机制来把握现代社会的基本特征，在这个方向上，科学技术，更确切说是工业生产的科学技术往往被视为现代社会赖以形塑自身的核心动力机制。

　　就以现代社会端赖的动力机制来把握现代性的基本特征的话语来说，工业革命往往被视为现代社会诞生的标志性历史事件之一。作为现代社会由以发生发展的动力机制的工业革命有着不同历史阶段，"工业革命的第一个阶段开始于航海业和贸易、以水力动力为基础的机械化、劳动分工深化和其他相关进程蓬勃发展的 15 世纪和 16 世纪，第二个阶段始于与各种机器和蒸汽动力的采用相关的工业取得了突破性进展的 18 世纪和 19 世纪初期"（Grinin，2007：83），第三阶段则可以说是始于"电力动力、电话和内燃机车等深刻地变革了全世界的 19 世纪末期"（Cohen，2009：13）。科学技术不仅是现代社会诞生的动力机制，而且持续不断塑造着现代社会结构。"科技是现代社会公共权力的主要来源之一……传统社会的社会身份是稳定的，因为社会世界是稳定的，而现代社会则以科技变迁的节律构造和破坏着世界及其身份认同。"（Feenberg，2010：5，xvii）在这三种有关现代社会之主要特征的话语体系中，作为生产力的科学技术对现代社会的基础性塑造作用可以说是最为根本的，马克思（1962：85）所谓的"手推磨产生的是封建主的社会，而蒸汽磨产生的是工业资本家的社会"就可谓作为生产力的科学技术是形塑现代社会及其基本关系结构之核心动力的最直观表述。由此，我们将现代性绽出进程的第二种快乐体制命名为"技术型快乐体制"（the technical regime of pleasure），与科学技术对现代社会的社会关系和社会结构特征有着基础性塑造作用一样，科学技术也从根本上深刻塑造着这种快乐体制的基本构型。

　　关于现代性绽出进程的第三种快乐体制的命名问题，从 20 世纪中后期以来的人类社会往往被冠以后工业社会、后现代社会或晚期现代性等名称而来，我们不难看出这个社会历史时期往往是在与工业社会、现代社会或现代性的比较中被命名的。与此相应，我们或许也可以通过与"技术型快乐体制"相比较的方式来命名第三种快乐体制。由于第二种快乐体制是根据现代社会赖以成其自身的核心动力机制命名的，科学技术对"技术型快乐体制"及其结构特征的生产再生产起着基础形塑作用，因此，我们似乎也可以从为后工业社会或后现代社会奠基的科技变革给其生产再生产的第三种快乐体制命名。与上文提到的可谓"工业技术革命"的三次技术变革催生并持续地塑造着现代社会一样，后工业社会或后现代社会可以说是在所谓第三次工业革命之"信息技术革命"的两次历史性技术变革中形成和发展起来的。信息技术革命的第一阶段发生在"自动化技术、电力工程、合成材料制造，尤其是程控、通信和信息技术等的发展取得突破性进展的 20 世纪 40 年代和 50 年代"（Grinin，2007：83）。信息技术革命的第二个阶段，也就是"'我们'当前的工业革命出现在 20 世纪 60 年代末和 70 年代初：1969 年美国国防部研制了互联网的前身'阿帕网'（Arpanet），1971 年英特尔公司研制开发出了第一代微处理器，1976 年'苹果二代机'（Apple Ⅱ）出现，不久之后就迅速变成所有台式电脑的模型并上市销售"（Cohen，2009：13）。到 1992 年，时任议员后来成为美国副总统的阿尔·戈尔（Albert Gore）提出了"美国信息高速公路法案"，1993 年美国政府宣布实施了"国家信息基础设施计划"（NII）。时至今日，电脑、互联网和信息技术已经广泛渗透并深刻塑造着社会生活，也正因此所谓的后工业社会或后现代社会也常常被冠以信息社会和网络社会之名。

　　如果说现代社会赖以建基的工业技术革命大大增强了人类征服自然、重造自然和制造人造物的力量，通过"以一种技术秩序替代自然秩序、以一种功能与合理性的工程学观念替代资源与气候之无序的生态学分布"而创造了一个以"技术、人为制造但独立存在的工具和事物"为"现实"的"物化世界"（reified world）或者鲍德里亚所谓的"物体系"（system of objects）的话，那么，后现代社会赖以建基的信息技术革命则使人类的生活和工作"日益远离大自然，越来越少地同工业机器和物品接触，主要是与人打交道和共同生活"，从而使"通过自我与他人的相互意识体验到的——既不是自然也不是人造物而只是人的社会世界"成为"首要现实"。后工业社会"变成了一张意识之网，一种终将会被实现成特定社会制度的想象形式，将会不可避免地生产一种兼具工程性和迷幻性的新乌托邦"（Bell，1999：491-492）。就像工业技术革命已然"颠覆和摧毁了可能曾经在人类生理需求与自然稀缺性之间存在的无论什么平衡"，已经使"身体性欲望与欲望实现机会的不足之间的古老张力变得支离破碎"，以工业技术革命为基础动力的现代工业社会虽然在"加强欲望的满足的同时也导致了它们远非那么轻易满足甚至时常达到了异常无度的程度"（Cross & Proctor，2014：3，2），但快乐意志在现代工业社会找到的这种自我实现的工业生产技术工具赋予人类社会的巨大物质生产和制造能力，已经足以使"技术型快乐体制"满足各种形式的生理欲望和身体感官快乐那样，信息技术革命也将成为快乐意志在所谓的后现代社会找到的新的自我实现工具和手段，而以信息技术为工具和手段也将生产再生产出一种新的快乐体制。既然如此，那么，这种新的快乐体制会是什么样的呢？在贝尔等后工业社会的宣告者们看来，后现代的现实主要是由自我与他人的相互意识体验到的社会世界，信息技术把这种首要社会现实处理成富有想象力的符号世界而使物理世界中的人们彼此互联，信息技术虽不乏物质生产能力但生产组织形式和产品现身形式的重心已经不再只是生理需要的满足而是想象性审美体验的满足，我们或许可以将第三种快乐体制命名为"审美型快乐体制"（the aesthetical regime of pleasure）。与技术型快乐体制是以有阈限的感官欲望为作用领域不同，审美型快乐体制以没有阈限边界的想象力为作用领域。

　　由此而来，我们也就从特定的维度出发大体上给出了现代性绽出进程的三种不同快乐体制的具体名称，但在进一步剖析每种快乐体制的结构特征之前，我们显然还有必要更进一步澄清这三种快乐体制之间的关系问题，尤其是澄清它们在现代性绽出进程中的定位问题，即使前文早就不止一次探讨过不同的快乐体制是如何"区分开来"和"统一起来"成为现代性绽出进程整体的。因为恰如上文就已经指出的那样，"伦理型快乐体制"和"审美型快乐体制"都超出了通常所谓的现代社会的时间范围之外，因此，如何恰切理解和诠释这两种快乐体制在何种意义上属于现代社会的历史生命进程，也就成了化解现代性绽出理论可能遭到的最主要质疑的机杼所在。实际上，前文对历史时代分期模式的考察，已经在一定意义上为这两种快乐体制合理归属现代性绽出进程奠定了可能性基础。需要指出的是，与现代社会或现代的时间范围难以精确界定一样，现代社会或现代性的性质也是众说纷纭甚至就像鲍曼所说的那样是流动的。姑且不论现代性究竟是什么的问题，甚至就连"我们是否已经现代了"这样的前提性问题都还存在争议。布鲁诺·拉图尔就指出"从未有人是现代的，现代性从来就没有开始，从来就没有存在一个现代世界……现代性仍然在静待它的托克维尔，各种科学革命仍然在等待它们的佛朗索瓦·富勒"（Latour，1993：47，40）。即使我们承认现代社会、现代人和现代性都已经发生和实际存在也并没有就此解决掉所有可能的疑问，反倒始才卷入现代性问题的旋涡中心，而其中与我们的研究最密切相关的无疑便是现代性与前现代、后现代的关系问题了。因为如何理解现代性与前现代的关系是确定"伦理型快乐体制"是否属于现代性绽出进程的关键，如何理解现代性与后现代的关系则决定着"审美型快乐体制"的身份归属。

　　与现代社会和现代性是否存在这样的基础性问题相比，现代性与前现代和后现代的关系问题似乎更众说纷纭。关于现代性与前现代的关系，除前文提到的以阿克顿（Acton，1967）与杰哈德（Gerhard，1956）为代表的断裂论和连续论外，并不难找到更多针锋相对的观点。洛维特曾经指出尽管"随着现代进步观念的完全发展，现代之优越性的主张被公开应用到基督教身上，现代性变得既迥异于古典时代也迥异于基督教时代"，但现代进步观的奠基者"孔多塞、孔德和蒲鲁东等认识到现代革命时代的进步观并非只是自然科学和历史学新知识的产物，而是仍以基督教已经取得的对古典异端的进步为条件"（Löwith，1957：61）。针对洛维特所持的"现代世界的一切事物或多或少是基督教的同时也是非基督教的……现代世界就像它是非基督教的那样是基督教的。因为现代世界正是长期世俗化进程的结果，与基督教之前的异端世界在所有方面都是宗教的和迷信的并因此是基督教护教学的适当批判对象相比，我们的现代世界虽然是世俗和非宗教的但也端赖着基督教教义"（Löwith，1957：201）的连续论主张，布鲁门贝格在论证"现代的正当性"时指出，"现代是第一个和唯一的一个将自身理解为一个时代的时代并在这样做的同时创造了其他时代……就像所有政治和历史问题的正当性一样，现代的正当性也是由不连续性引起的，而且这种不连续性是真实的还是虚假的无关紧要。因为现代声称它与中世纪的不连续性，现代通过科学和技术对它的自主性和本真性的持续自我确证而使像'现代世界的离奇成功在很大程度上归功于它的基督教背景'这种主张成了问题"（Blumenberg，1985：116）。从以"时代"（epoch）来划分历史乃是现代产物的事实来看，布鲁门贝格对洛维特的批评似乎是站得住脚的，现代有其自身的独特自主性和本真性也是毋庸置疑的。但有必要指出的是，虽然布鲁门贝格证成了"现代虽然并不是来自某些原本是基督教的东西的转化（不论是通过'世俗化'还是其他），但这并不意味着现代就像是突然自发存在于历史中那样无中生有"，在他看来，"贯穿于时代变迁的连续性是难题而非解决方案，是问题而非答案"（Wallace，1985：xviii）。换言之，"现代将中世纪提出的和被认为已经回答了的问题接受为给它设置的问题……贯穿于时代更替的历史的连续性并不在于理想实质的持久性而在于问题的继承，这些问题要求继承者们再去探究从前似乎已经知道了的事情"（Blumenberg，1985：48）。

　　就现代性与后现代的关系来讲，我们也不难发现悬而未决的争论。对贝尔等认为的我们即将或已经生活在有别于现代性的后现代或后工业社会中的主张，吉登斯（1998：3）则将当前世界称为"高度现代性"或"晚期现代性"（high/late modernity）境况。在吉登斯（1998：16）看来，我们所处的社会只是"现代性固有的制度特质变得极端化和全球化"，是"日常社会生活内容和本质的转化"，更具体说就是"在后封建时代的欧洲建立起来并在 20 世纪日益成为具有世界历史影响的行为制度与模式"，是在程度和范围上的极端化和全球化而已，远没有发生什么现代性终结和后现代性诞生的断裂性历史突变。哈贝马斯更是提出了"现代性是一项未完成的方案"，并且告诫说"我们应该从伴随着现代性方案的那些畸变中吸取教训，应该从那些否弃现代性的夸大其词提案的错误中吸取经验教训而不是放弃现代性及其方案"（Habermas，1997：51）。由此可见，不论是现代性与前现代还是现代性与后现代的关系在很大程度上都是悬而未决的。与主张不连续的观点相比，我们可以发现主张现代性、前现代与后现代存在连续性的观点还略占上风，尽管它们之间的连续性或继承关系形式是不一而足的。因此，就像现代性要求我们

"必须将它本身视为远比人们通常认为的更多样的方案，必须以崭新的眼光来审视西方的现代性，必须向人们以'后现代性'一词可能意指的东西投以不同目光"（Kumar，2005：16）那样，现代性同前现代与后现代的关系也同样要求我们必须将其视为远比人们通常认为的具有更多的可能性，必须以不同的视野来探索它们之间的断裂与连续的具体形式，而正是在这种探索中伦理型快乐体制与审美型快乐体制作为现代性绽出进程之特定历史阶段的可能方式绽露了出来。

在对"增长""发展""进步"这三个模糊不清的概念进行辨析时，布罗代尔曾经指出"将'进步'一词从我们的词汇中完全剔除掉是令人遗憾的。进步一词往往与发展一词具有相同的意思，但在这两者之间可以做出一种对历史学家来说便利的区分：其一是对既存的结构没有变更的'中性进步'（the neutral progress）；其二是摧毁了它从其中发展而来的框架的'非中性进步'（the non-neutral progress）"（Braudel，1984：304）。在我们看来，现代性当然不乏独异性但显然不是无中生有的，现代性绽出进程也交织着中性进步与非中性进步，如果说进步太容易引起歧义的话，可以说交织着中性发展与非中性发展。这里的中性与非中性发展就犹如基因双螺旋结构一样，彼此排列组合成现代性绽出进程的历史生命密码。现代性的基因早就已经在通常所谓的前现代远远地建基，只不过那时还是不足以对前现代的社会结构造成颠覆性变更的"中性发展"而已。直到特定的"历史性绽出时刻"到来，现代性的历史发生进程才迎来了足以使其从前现代社会破土而出的"非中性发展"。随着这种非中性发展深化，现代性的基因逐渐绽露出自成一格的结构特质而成其自身，成为通常所谓的现代社会或现代时期即现代性绽出进程中的"技术型快乐体制"。此后，现代性就在程度和范围上向极端化和全球化拓展，但这种极端化和全球化与其说是颠覆了既有结构的非中性发展，倒不如说是现代性以不同的方式巩固自身的另一种中性发展，是现代性绽出进程的自我新陈代谢活动。在所谓现代时期的时间范围之外的伦理型快乐体制和审美型快乐体制，可以说就是在这种意义或形式上成为现代性绽出的特定历史阶段的。如果按照所谓标准的西方历史分期模式来看，它们显然出现在现代的历史边界之外，但与其说它们是现代性绽出进程之外的快乐体制，不如说是现代性曾经和正在以"出离"自身的方式"回到"自身之绽出运动的特定历史阶段，是快乐意志"出离自身-回到自身"的历史性绽出的特定样式。

　　除了阐明伦理型快乐体制、技术型快乐体制和审美型快乐体制在何种意义或以何种方式成为现代性绽出进程的特定历史阶段之外，我们似乎还有必要进一步澄清这三种快乐体制之间的相互关系，更准确地说应该是再次重申三种快乐体制之间的关系机制。因为从我们将现代性的历史发生进程归结于快乐意志的时间性演历，把这三种快乐体制理解为快乐意志之历史性绽出的不同样式，将现代性的历史发生过程视为现代性绽出进程，并以"绽出"概念的词源含义和通俗语义来标绘与标定现代性绽出进程的基本节律与基本情调，就已经不难看出作为现代性绽出之历史形态的三种不同快乐体制之间的关系机制。上文以时间性在其诸种绽出样式中整体性统一到时来论证"出离自身-回到自身"的基本节律如何成为划分现代性绽出进程之不同快乐体制的线索与根据后，这三种快乐体制之间关系机制的存在论基础就更明确呈报出来了。恰如上文已经指出的那样，尽管现代性绽出进程的三种快乐体制分别奠基并对应于时间性绽出的曾在、当前和将来三种样式，但每种快乐体制并非只涉及一种时间性绽出样式，而是牵连到时间性绽出的全部样式。与"时间性在其每一种绽出样式中都整体到时……到时并不意味着诸种绽出样式的'前后相继'，将来并不晚于曾在，曾在也不早于当前，时间性作为曾在的当前化的将来到时"（海德格尔，2012：398）相一致，虽然我们参照纪年时间给三种快乐体制大致划定了历史时间边界，但从根本上说，现代性绽出进程的三种快乐体制并不是"前后相继"，审美型快乐体制并不晚于伦理型快乐体制，伦理型快乐体制也并不早于技术型快乐体制，这三种快乐体制彼此共在和相互交织在一起。在每一种快乐体制中都不乏其他快乐体制的结构要素，我们之所以分别赋予不同快乐体制以不同名称，只是因为恰如贝尔所谓的社会的诸领域都有其"轴心原则"那样，每一种快乐体制也有其自成一格的主导性要素。我们之所以参照以线性时间为基础的历史断代模式界定不同快乐体制的时间边界，也主要是为了更直观地呈现现代性绽出进程的不同历史阶段的快乐话语实践形态的更迭交替。总的来说，通过阐明现代借以被界定的历史分期模式并非不言而喻，澄清现代性并不只是像通常认为的那样单一，揭示现代性之历史发生的可能形式，我们不只阐明了借以划分作为现代性绽出之历史形态的不同快乐体制的线索及其根据，而且明确划分出并命名了构成现代性绽出进程的三种不同快乐体制，揭示了这三种快乐体制之间的内在关系机制，从而也就为具体地剖析伦理型快乐体制、技术型快乐体制和审美型快乐体制奠定了充分的理论基础。

第四章　伦理型快乐体制：现代性
绽出的"观念泵"

　　既然已经澄清作为现代性绽出之历史形态的不同快乐体制的划分根据，并且据此划分出了现代性绽出进程的三种不同快乐体制，从而为具体剖析每一种快乐体制做好了充分的理论准备，那么，接下来要做的显然就是分别对三种快乐体制进行具体考察，以更进一步地阐明我们旨在探究的快乐意志与现代性绽出进程的关系问题。在现代性绽出进程的三种快乐体制中，我们首先遇到的是"伦理型快乐体制"（the ethical regime of pleasure）。虽然前文已经从快乐话语的发生情境入手将现代性绽出进程的这个阶段命名为"伦理型快乐体制"，并借鉴布罗代尔关于所谓中性进步与非中性进步的区分表明了这种快乐体制成为现代性绽出之特定阶段的方式，但应该如何看待与定位伦理型快乐体制在现代性绽出进程中的角色位置，应该以何种方式来探讨这种快乐体制等问题都还悬而未决。因此，在对伦理型快乐体制进行具体分析之前，显然还有必要先行澄清这些前提问题。实际上，在前文对伦理型快乐体制在何种意义上或以何种形式成为现代性绽出进程的特定历史阶段的分析中，这种快乐体制在现代性绽出进程中处于什么样的角色位置就已经或多或少地呈报出来了。

　　从与时间性绽出的诸种样式的关系来看，伦理型快乐体制可以说主要奠基并对应于时间性绽出的"曾在"样式。但是，由于时间性作为曾在的当前化的将来到时，时间性在每种绽出样式中都整体到时，因此，与"当前"和"将来"样式对应的技术型快乐体制和审美型快乐体制，当然也在作为"曾在"样式的伦理型快乐体制中到时。伦理型快乐体制当然也在"将来"和"当前"样式中到时，但到时的方式是作为曾在的快乐体制影响着技术型快乐体制和审美型快乐体制的现身样式。换言之，现代性绽出进程在作为时间性绽出的"曾在"样式的伦理型快乐体制中整体到时，现代性早就已经在伦理型快乐体制中远远地建基了。尽管按通常的历史分期模式，伦理型快乐体制出现在现代之前，但现代性并非在现代肇始时才展开"去存在"的生存活动和生命历程，而是早在中世纪乃至古希腊罗马时代就已经埋下可能性的种子。在命名技术型快乐体制时，我们指出现代社会成其自身的关键在于科学技术，而海德格尔（1996：1244）就指出"科学在哲学开启的界域内发展"，"科学从哲学中分离和科学独立性建立"，"作为哲学的一个决定性特征早在希腊哲学中就已经显露出来"，只是科学发展和哲学进程的展开"如今才在一切存在者领域达其鼎盛"罢了。尽管理查德·罗蒂就海德格尔的"存在的历史"指出的"这种存在的历史可以被还原为通常的历史，在最好的情况下它是寄生在社会、政治和经济史上的观念史，在最坏的情况下它是空洞的"（Okrent，2002：170）的说法并不完全成立，但这并不妨碍我们在一定意义上将存在的历史视为对社会史的剖析。而"纵观整个哲学史，柏拉图的思想以有所变化的形态始终起着决定性作用。形而上学就是柏拉图主义，尼采把其哲学称为颠倒了的柏拉图主义，随着这一已经由马克思完成的对形而上学的颠倒，哲学就达到了最极端的可能性，进入了终结阶段"（海德格尔，1996：1244）。而在一般历史断代意义上，伦理型快乐体制以对它在其中孕育的前现代社会不产生颠覆性变革的方式，以所谓"中性进步"的形式成为现代性绽出的特定历史阶段是早就已经阐明的。由此，我们也就可以将伦理型快乐体制定位为在前现代播下的现代性的可能性种子，是现代性在它的绽出进程中早已经被遗忘了的过去。这个过去就像"希腊神谕一样，作为有待诠释的谜语伫立在我们面前，既不提供确证也不提供客观性，而只提供一种开放的未来可能性"（Bambach，1995：251）。每当现代性被宣告陷入危机时，人们往往以浪漫主义的怀旧情怀呼吁"重回经典"以探寻现代性的历史根源和未来前景，或许正是因为前现代的经典时代不仅往往在观念上被认为是甚或实际上就是遗落在尘埃中的现代性的渊薮。

　　从伦理型快乐体制在现代性绽出进程中的这种角色定位来看，我们用以探讨伦理型快乐体制的方式也就绽露出来了。伦理型快乐体制被定位为现代性的可能性种子，是作为理想型的思想观念意义上的可能性种子。因此，就像雅斯贝尔斯描述"轴心时代"时指出的——"这个时代诞生了我们当今仍在其中思考的各种基础范畴，开启了人类至今仍赖以生活的世界宗教的源头，人类走向普遍性的步伐在任何意义上讲都已经在此时代迈出了"（Jaspers，1965：2）——那样，在作为现代性之可能性种子的伦理型快乐体制的诸快乐话语中，同样有着我们现今思考快乐问题时仍能从中得到启发的基本观念范式，有着我们在现代社会生活中仍然会遇到的至关重要且有待解决的根本性问题。恰如泰勒在论述所谓现代社会的想象时提出的——"在西方现代性中心的是关于社会道德秩序的新观念，这种观念最初只是在一些最有影响力的思想家的心灵中的理念，但后来开始形塑多数阶层的社会想象，最终形塑了全部社会的'社会想象'（social imaginary）。这种观念现如今已经变得那么天经地义，以致我们已经难以视之为各种观念中的可能观念之一"（Taylor，2004：2）——那样，伦理型快乐体制同样可谓深藏在现代性根基处的观念集合，这种快乐体制的基本内容主要是关乎快乐的观念范式。这些观念最初也只是存在于哲学家心灵中的理念，但也在随着现代性绽出进程而不同程度地深刻影响社会历史实践。就像生物学家往往将生物多样性显著的地域称为所谓的"物种泵"那样，在现代性绽出进程中的伦理型快乐体制也可谓这样一种孕育着丰富的快乐话语的"观念泵"。由此，我们剖析伦理型快乐体制的方式将主要是观念分析的方法，而借以进行这种分析的资料主要来自像柏拉图、亚里士多德、伊壁鸠鲁和斯多葛主义者等哲学家的快乐话语。诚然，"如果把柏拉图或亚里士多德的著述视为体现在普通希腊人的道德抉择和道德判断中的各种伦理原则的知识体系的话，我们极有可能已经误入了歧途"（Dover，1974：1）。但所幸我们原本就没有把伦理型快乐体制视为希腊人在现实生活中如何对快乐问题做出伦理判断和道德抉择的真实写照，而是将伦理型快乐体制当成包含着作为现代性绽出之可能性种子的快乐观念丛。因此，以哲学家们的快乐话语为主要文本根据也就不仅没有什么不合时宜，反倒在一定意义是最契合伦理型快乐体制在现代性绽出进程中的角色定位要求的必由之路了。

一　伦理型快乐体制的发生语境

在对伦理型快乐体制进行结构分析的过程中，我们首先遇到的是伦理型快乐体制的发生情境问题，也就是孕育了伦理型快乐体制的伦理传统的基本特征的问题。恰如前文已经指出的那样，这种快乐体制主要是根据它在其中孕育生发的伦理传统得到命名的，那种伦理传统的基本特征在很大程度上形塑了伦理型快乐体制的结构特质。与现代性绽出进程的三种快乐体制是在同所谓标准的西方历史分期模式的比较中划分出来的一样，作为伦理型快乐体制之发生情境的这种伦理传统的基本特征或许也可以通过与所谓"现代道德"（the modern morality）的比较而得到呈现。因为我们要剖析的这种伦理传统经常被称为"古代伦理"（the ancient ethics）或"德性伦理"（the virtue ethics），而现代道德与古代伦理之间往往被认为存在着重要差异。"一种相当流行的看法就认为，古代德性与好生活理论并不关注我们视为道德的东西，而是关注某些不同的东西，关于一种可以被称为伦理的其他东西。"（Annas，1992：119）有学者甚至指出"道德应该被理解为伦理领域的一种独特发展，一种在现代西方文化中有着特殊重要性的发展，道德专门强调某些伦理观念而非其他观念，尤其是形成了一种特定的'义务'观并且具有某些独特的前提假设"（Williams，2011：7）。然而，有必要指出的是，尽管在现代道德与古代伦理之间存在差异，但这两者之间是否完全没有相似性，是否完全断裂而毫无连续性却还有待商榷。戈登（Gordon，2025）就主张它们之间并不乏相似性，并且指出这两种伦理进路之间的区别可能并没有人们想象的那么巨大。观念史将重要的伦理洞见从古代传递到了现代，任何主张古代（德性）伦理与现代道德理论之间有着简单明晰区分的观点往往都是草率的和错误的。古代伦理与现代道德之间"表面上看来相互对立的立场，实际上未必彼此冲突，因为它们只是在以不同方式处理相同的问题"（Annas，1992：133）罢了。因此，通过与所谓的"现代道德"相比较，显然可以成为一种能使伦理型快乐体制在其中孕育生发的德性伦理传统的基本特征绽露出来的适宜进路。

据安娜斯（Julia Annas）的说法，那种关于古代伦理与现代道德之间关系的争论"最近已经被伯纳德·威廉斯给尖锐化了"（Annas，1992：119）。威廉斯（Bernard Williams）首先是这样阐述"道德"（moral）与"伦理"（ethics）的差异的："这两个词之间的差异最初体现在拉丁语与希腊语之间的差别，每个词语都与一个意思是'性情倾向'（disposition）或'风俗习惯'（custom）的词相关。一个差别在于'道德'源自的那个拉丁词更强调社会期待的含义，而'伦理'源自的那个希腊词更注重个人人格的意思。"（Williams，2011：7）这里的差异是从词源意义上来讲的，值得注意的是，道德与伦理的差异主要是同一个词的共同语义群的不同侧面之间的差别，而不是不同的词语所属的不同语义群之间的族类差异。道德与伦理的含义都源自意思是性情倾向或风俗习惯的同一个词，用索绪尔语言符号学的术语来说，尽管这个词是以希腊语和拉丁语两种不同的"能指"（the signifer）形式现身出来的，但其"所指"（the signified）标定和反映的对象以及意义却是共同的。实际上，关于伦理与道德的词源含义的流变，我们还可以找到比威廉斯的说法更详尽和明确的论述。戈登（Gordon，2025）在比较所谓古代伦理与现代道德时，就指出"伦理"（ethics）一词来自希腊词"êthos"并且意指的是某种类似于"性格禀性"（character）的东西。因此，当亚里士多德在《尼各马可伦理学》中分析好生活时，他关注的是好的与坏的性格品质即美德与邪恶的核心主题。在伦理的这种最初的意义上，伦理学指的是关于性格品质的分析。在本质上深受西塞罗的思想影响的古罗马思想中，希腊词"ethikos"（êthos 的形容词）以拉丁词"moralis"（mores 的形容词）来翻译，而"mores"的意思是"习惯"（habits）和"习俗"（customs）。以习惯和习俗来翻译"êthos"是可以的，但以拉丁词"moralis"翻译希腊词"ethikos"有可能是误译，因为"moralis"一词更多涉及的是其首要含义为习惯和习俗的"êthos"。如果"道德"（morality）指的是"moralis"，那么，道德指的就是一个特定共同体的习惯和习俗的总体。在拉丁语形塑的哲学中，"moralis"一词变成了一个涵盖这个词的当前含义的专门术语。在现代时期，一个特定共同体的习惯和习俗则往往被命名为在社会生活中具有权威性的"风俗/惯例"（conventions）。然而，道德关注的并不只是纯粹风俗的问题，而且也常常关注风俗与道德的冲突问题（如不道德的风俗），因此，以这种方式来简化"moralis"的含义似乎是不甚恰当的。

从这种词源含义的历史流变中，我们不难看出，伦理与道德之间并不是泾渭分明而是不乏相似性和连续性。虽然"伦理"（êthos）一词的首要含义是指个人的性格秉性，但在词源意义群中并不乏共同体共享的习惯和习俗的含义，而这种习惯、习俗和风俗的含义正是"道德"一词强调的社会期待意义的渊薮。更重要的是，在这种词源含义考察中，作为伦理型快乐体制发生情境的古代伦理或德性伦理传统的基本要素已经有所绽露了。如果说存在什么关键词能凸显德性伦理的基本面貌的话，那么，这些关键词已经或多或少在上述词源含义历史流变考察中有所呈报了。好生活、人格特质、性情倾向和美德等就可谓作为伦理型快乐体制的发生情境的德性伦理传统的基本构成性要素，这种德性伦理传统的主要特征就体现在对这些基本构成性要素的强调中。基于这些基本构成性要素并通过与所谓现代道德进行比较的方式，我们或许可以这样大致地勾勒出德性伦理传统的基本面貌。首先，与现代道德主要关注"正确或善好的行动"不同，德性伦理"关心的是给人们提供一种关于'好生活'（good life）的说明，也就是关于哲学家通常所谓的'幸福'（eudaimonia/happiness）的说明"。其次，德性伦理所关注的这种范围广泛的好生活主题，使其"严肃且不带任何俗气偏见地对待道德动机或想要做好人的理由的问题"，而在作为现代道德理论之代表的"康德主义者"（Kantian）和"功利主义者"（Utilitarian）那里，"这已经变成令他们感到为难的问题"。最后，与现代道德更多关注"正确行动的原则"不同，德性伦理更"倾向关注性格德性，关注给以正确方式行动的性情倾向奠基的性格品质"。因为在德性伦理学看来，"与对行动的评价不同，对人的评价必须基于对人格品质的考察——如果没有对行动者动机的考察，行动也几乎不能被理解和评价，而动机与性格品质的关系要比与理论论证的关系密切得多"（Striker，1987：183）。这些方面相辅相成地构成了德性伦理传统的基本结构，关于应该如何生活甚或应该如何才能过上一种好生活的说明是这种德性伦理传统的主要目标，而养成德性的人格则被视为实现这种目标的关键途径，对于道德动机或成为好人之理由的考察则是架在这种主要目标与关键途径之间的桥梁。

（一）幸福母题与快乐话语的发生

就像在考察伦理型快乐体制如何成为现代性绽出的历史阶段时，我们提到过贯穿时代变迁的连续要素是"难题和问题"而非"解决方案和答案"那样，作为德性伦理之构成要素的"好生活"主题，更准确的说是"人应该过怎样的生活"的问题就可谓这样一种历久弥新的难题和问题。"自有文字记载的哲学的最初岁月以来，哲学家就一直对有关好生活的一系列问题深感兴趣。对好生活问题的这种关注很容易就能在柏拉图和亚里士多德的论著及其对苏格拉底的评述中看到，也能在自此黄金时代以降的不同哲学学派的论述中看到。"（Feldman，2004：7）对好生活主题的关注，始于"首次将哲学从天上带到人间，带入城邦，引入家庭，要求哲学考察生活与伦理，善与恶"（Cicero，1877：167）的苏格拉底。在柏拉图（2002）的《高尔吉亚篇》中，苏格拉底提出了"没有任何主题比它更严肃……哪怕是理智低下的人也会认真起来"的"人应该过什么样的生活"的问题。这个问题"决非微不足道而是一个关于知识最高尚、无知最可耻的问题，这是有知识的人还是无知的人是幸福的问题的总和与本质"。在柏拉图的苏格拉底看来，想要"生前和死后都获得幸福"，一个人"首先要学习的就是如何做一个好人，不论是在公共生活中，还是在私人生活中……其次是如何通过接受惩罚变成好人"。有必要指出的是，苏格拉底之所以那么信心十足地主张"让我们遵循这种方式生活"，"还要邀请别人也和我们一道遵循这种生活方式"（柏拉图，2002：426），是因为苏格拉底相信，不论"关于善的知识究竟在客观上由什么构成的答案如何不明确……知识本身就足以使人行善，并因此而带来幸福"，而"意志则始终向往着被认为是善的东西。德行，作为对善的认识必然会引起合乎目的的行为……有德行的人的这种合目的行为实际上达到了他的目的并使他幸福，幸福是德行的必然结果"（文德尔班，1997：110~114）。正是德性与好生活之间的这种关联性，使德性在作为伦理型快乐体制之发生情境的那种德性伦理传统中占据着至关重要的位置。

从苏格拉底提出"人应该过什么样的生活"的问题，并给出了"在追求公义和其他一切美德中生，在追求公义和其他一切美德中死"乃是"生活之最佳方式"（柏拉图，2002：426）的答案以来，"苏格拉底之后的希腊哲学家们几乎都将幸福或生活得好假定为一种所有人都欲望的目标"（Striker，1987：185）。亚里士多德（2003：9）就明确指出"既然所有的知识与选择都在追求某种善，政治学所指向的目的是什么，实践所能达到的那种善又是什么？就其名称来说，大多数人都有一致意见。无论是一般大众，还是那些出众的人都会说是幸福，并且会把它理解为生活得好或做得好"。由此可见，恰如前文已经提到的那样，好生活、幸福、生活得好或做得好的确是德性伦理主要关切的问题，是多数古代哲学家认为的人类生活的恰当目的甚或最高目标，"古代哲学中的所有学派几乎都赞成生活的最终目标就在于幸福"（Robertson，2013：35）。不惟如此，好生活问题作为时代变迁的连续性表征，甚至是一个贯穿迄今为止的人类历史的亘古主题。在作为现代道德学的主要代表的康德主义的"义务论伦理学"（deontological ethics）和功利主义的"后果论"（consequentialism）那里，我们也并不难找到关于幸福是人类欲求目标和行为判断准则的论述，即使他们关于幸福是什么和获得幸福之途径的理解已经与古代德性伦理传统有所差别了。康德（2003：30）就指出"获得幸福必然是每一个有理性但却有限的存在者的要求，因而也是其欲求能力的不可避免的规定性根据"，而"最大多数人的最大幸福原则"在边沁等功利主义者那里的重要性则是不言而喻的。尽管可以确定幸福或好生活就是古代德性伦理旨在探究的核心主题，但"关于什么是幸福，人们就有争论了，一般人的意见与爱智者的意见就不一样了。因为一般人会把幸福等同于明显的、可见的东西，如快乐、财富或荣誉。不同的人对幸福有着不同的看法，甚至同一个人在不同时间也把它说成不同的东西"（亚里士多德，2003：9），就更别说不同时代或同一个时代的不同阶段对幸福有着不同的理解了。有必要指出的是，正是人们对幸福或好生活是什么的问题还争论不休，好生活概念还悬而未决的状况为各种快乐话语的产生提供了土壤，为关于快乐与幸福之间关系问题的不同看法的产生提供了基础。"对快乐的早期伦理争论主要关注的就是快乐是否、如何以及在什么程度上有助于一种好生活"（Wolfsdorf，2013：3），而伦理型快乐体制的基本内容就是由这些争论提出的各种各样的快乐话语或快乐观念范式构成的。

与作为古代德性伦理之基本母题的"人应该过怎样的生活"问题最先出自柏拉图《高尔吉亚篇》中的苏格拉底之口一样，我们接下来将会发现对快乐的第一个明确定义也始于柏拉图的《高尔吉亚篇》。这在一定意义上似乎已经预示了古代德性伦理对好生活的探究将不可避免地涉及快乐问题，快乐与幸福的关系将是德性伦理在探讨作为最高善的幸福时不可回避的问题。实际情况也确实如此，这在黑格尔对"居勒尼学派之原则"的概括，尤其是在从这种概括引出的快乐在哲学史中的流变脉络中就可见一斑。黑格尔（1983：131）指出"居勒尼学派的原则，简单地说是这样的：寻求快乐和愉快的感觉是人的天职，是人最高的和本质的东西。快乐在我们这里是微不足道的字眼。我们习惯于认为有一种比快乐更高的东西，习惯于把快乐看成是无内容的。人们可以用千万种方式来取得快乐，快乐可以是各种极不同的行动的结果；这种不同，在我们的意识中是非常重要的和极其根本的。因此，这个原则最初对于我们表现为微不足道的；一般说来，确实是这样的。在康德哲学以前，真正说来，一般的原则是快乐论；关于愉快和不愉快感觉的观点，在当时的哲学家那里，是一个最后的本质规定"。有必要指出的是，黑格尔提到的将追求快乐视为人之天职的居勒尼学派观念，只是古代德性伦理传统中关于幸福的诸多意见之一，是伦理型快乐体制中的各种不同快乐观念之一而已。与被称为"享乐主义"（hedonism）的居勒尼学派的"幸福即快乐"原则最亲近的是伊壁鸠鲁学派，伊壁鸠鲁主张"快乐是我们首要的和天然的善"，是"幸福生活的出发点和落脚点"，快乐具有"静态的快乐"与"动态的快乐"的分别，但只有那种"身体健康和灵魂安宁"的"静态快乐"才是"幸福生活的总体和目的"（Laertius，1925：655，653）。虽然这两个学派在将快乐等同于幸福上相同，但对快乐和幸福的理解却有不同。就伊壁鸠鲁学派来讲，"后来的伊壁鸠鲁主义者认识到，坚持把幸福说成连心灵痛苦的风险也没有将把幸福置于人类无法控制和无法实现的领域。因此，为了保持不仅是伊壁鸠鲁学派而且是大多数希腊哲学都承认的'圣贤的自足性'（sage's self-sufficiency）去完善对幸福的说明也就变成了必要"（Sanders，2011：232-233）。因此，在伊壁鸠鲁学派那里实际上"有两种幸福，一种是最高的幸福，是诸神享有的不能再增加的幸福，另一种是经受快乐的增减的幸福"（Laertius，1925：647）。"人性有别且达不到神性，伊壁鸠鲁哲学也不能使人免受不论生理还是心理的所有潜在伤害，即使它确实承诺了减少那些伤害的途径"（Sanders，2011：233）。因此，人类能享有的就只是那种会有快乐之增减的第二种幸福，而伊壁鸠鲁哲学尤其是"伊壁鸠鲁式的智慧"（the Epicurean wisdom）便是实现这种幸福的可能性途径之一。

与居勒尼学派和伊壁鸠鲁学派的"幸福即快乐"原则相左的，是犬儒学派和斯多葛学派的幸福观。根据黑格尔（1983：142，143）的说法，"犬儒学派没有什么哲学的教养，也没有使他们的学说成为一个系统，一门科学，后来才由斯多葛派把他们的学说提高为一个哲学学科"。但是，这并不能否定犬儒学派有其鲜明的立场观点，犬儒学派以"要使思想和实际生活有自由，对一切外在个别性、特殊目的、需要和享乐必须漠然无动于衷"的原则"作为人的天职"，明确地"把不受制于自然的最高度的独立性规定为善的内容，也就是把最低限度的欲求规定为善的内容，这就是逃避享乐、逃避感觉的愉快"。快乐在犬儒学派那里的消极或否定性地位是显而易见的，与居勒尼学派主张"一切取决于快乐的程度，取决于满足情绪的大小……幸福的最高境界出现在直接现实的、瞬时满足的、感官上的肉体享受"截然相反，犬儒学派往往认为"每一种欲望都把我们变成外在世界的奴隶"，从而有悖于其个人自由与独立的原则目的，因此，他们将"压制欲望和限制需求到可能想象的最小程度"（文德尔班，1997：117~119）视为实现好生活目标的应有之义。斯多葛学派在一定意义上继承了犬儒学派关于善的内容和人的天职的意见，从而继承了犬儒学派关于快乐与幸福之间关系的主张，继承了有关快乐在幸福或好生活即人应该过的理想生活中的消极地位的评价，只不过斯多葛学派对这些意见和主张做出了更科学化或哲学化的阐释罢了。斯多葛学派"将人的目的说成与自然相一致的生活或顺应自然的生活，这种生活与德性的生活并无二致，德性乃是自然引领我们走向的目标"（Laertius，1925：195）。也就是说，在斯多葛主义者看来，"幸福是根据自然生活，对人类来说幸福在本质上就是根据理性生活"（Stephens，2007：5），而"快乐"作为斯多葛学派所谓灵魂的四种主要的激情或情感之一乃是"非理性的和不自然的灵魂运动或过度的灵魂冲动"（Laertius，1925：217），是"不幸福、不道德的行为和引起了不道德行为的人格缺陷的根源"（Long & Sedley，1987：419）。因此，在斯多葛学派看来，快乐是为了幸福应该控制乃至根除的东西，是实现好生活之路上应该规避的陷阱。斯多葛学派对快乐，尤其是对快乐与幸福之间关系的理解显然迥异于伊壁鸠鲁学派的理解。但有必要指出的是，这两个学派之间并非没有任何相同之处，甚至他们对作为最高善的幸福或好生活状态本身的理解都有着高度的相似性。

在居勒尼学派、犬儒学派、伊壁鸠鲁学派和斯多葛学派关于幸福的鲜明主张之间的，更准确地说是在他们片面而深刻的幸福观之间的是苏格拉底、柏拉图和亚里士多德对幸福的理解。在论证"幸福是德行之必然结果"时，苏格拉底明确以不论"善的知识究竟客观上由什么构成的答案如何不明确……知识本身就足以使人行善并因此带来幸福"的信念为前提，这意味着苏格拉底"并没有给予善的概念以普遍内容，在某些方面甚至还让它门户开放。这就有可能让有关人生最终目的的五光十色的人生观进入苏格拉底的这块概念空地"。事实也确实如此，"这第一次不健全的伦理概念结构很快就招来了一些特殊结构，而其中最重要的就是犬儒学派和居勒尼学派……苏格拉底伦理学中的享乐主义部分在此得到了完全片面的发展，虽然这个概念的普遍有效性得到了证明，但个人幸福的观点却变成唯一标准，甚至社会生活的一切关系均以此来衡量其价值。在犬儒主义和享乐主义中都一样，希腊精神开始吸取文明的生活方式为个人幸福创建的成果"（文德尔班，1997：115~116）。如果说居勒尼学派和犬儒学派是基于"苏格拉底学说的不完善性"片面发展起来的学说，而柏拉图是在"忠实继承和热情阐述苏格拉底道德理论"的基础上逐步发展和超越苏格拉底并最终建立起他的"伦理因素占据压倒优势"的学说，亚里士多德的思想体系是在"柏拉图的所谓老学园随着时代的大流，一部分分化成特殊的科学，另一部分分化成通俗的道德说教"的基础上产生并发展成为"希腊思想之最完善表现"的话，那么，伊壁鸠鲁学派和斯多葛学派则是在继承和"破坏柏拉图学园和亚里士多德学派"的基础上建立起来，并以其"片面的鲜明性和透彻性表现了实践的处世哲学之时代潮流"而成其"伟大成就"的两个新学派，它们对居勒尼学派和犬儒学派的继承和发展又在一定程度上反映了他们同苏格拉底哲学的渊源（文德尔班，1997：139~140，214）。因此，在简述居勒尼学派、犬儒学派、伊壁鸠鲁学派和斯多葛学派的幸福学说之后，我们理所当然就应该去阐明苏格拉底、柏拉图和亚里士多德的幸福论。但有必要指出的是，恰如前文提到苏格拉底提出的"人应该过什么样的生活"问题最先出现在柏拉图的《高尔吉亚篇》中那样，苏格拉底的伦理学说也主要体现在柏拉图热情且几乎忠实地阐述苏格拉底道德理论的早期作品中。由此，我们似乎并没有必要专门地论述苏格拉底的好生活理论，而只需从柏拉图幸福学说中就可窥见其一斑。

　　与居勒尼学派、犬儒学派、伊壁鸠鲁学派和斯多葛学派的学说以其片面的鲜明性、透彻性甚至极端性为显著特征相比，苏格拉底、柏拉图和亚里士多德的幸福学说往往更加复杂、全面因而显得更加中道。因此，在柏拉图的苏格拉底或柏拉图自己的伦理学说中，幸福或好生活概念也就不如上文提到的那些学派那样明确，甚至往往还带有模糊性、不明确性、包容性或开放性的特征。柏拉图秉持的幸福概念的这种特征充分地体现在拉尔修的《名哲言行录》关于柏拉图幸福观的记述中。根据拉尔修（2010：171~172）的说法，在柏拉图那里"幸福可以分为五部分：第一部分是深思熟虑，第二部分是感觉灵敏和身体健康，第三部分是做事成功，第四部分是在人群中有好的名声，第五部分是金钱和其他生活必需品的富足……如果一个人拥有这一切方面，他就是完全幸福的。因此，幸福或是深思熟虑，或是感觉灵敏和身体健康，或是成功，或是好名声，或是富有"。如果说这些确实就是柏拉图关于幸福的理解和说明的话，那么，从"如果一个人拥有这一切方面，他就是完全幸福的"与"幸福或是深思熟虑，或是感觉灵敏和身体健康……"的表述中，我们难免会产生在柏拉图看来一个人是完全拥有这五部分才幸福，还是只拥有其中的一部分便可称得上幸福的疑问。有意思的是，有明确证据表明这种疑问并非空穴来风，因为拉塞尔对柏拉图幸福观的分析恰好在一定意义上回应了这种疑问。基于"条件性的善"（conditional good）与"非条件性的善"（unconditional good）的区分，拉塞尔（Daniel Russell）指出柏拉图抱持两种幸福观。一是"累加的幸福观"（the additive conception of happiness），即"幸福由人的生活中的各种善好的事物决定"，幸福"取决于添加到人的生活中的各种不同的'成分'（ingredients）"，这些善好事物或不同成分包括"健康、财富、言论、快乐、欲望的满足或其他诸如此类的东西"；二是"导向的幸福观"（the directive conception of happiness），即"幸福由理智的导向决定，也就是说幸福取决于给人的生活提供了健康和繁荣所需之方向的理智能力"，正是"实践理性和理智能力的导向"使得"生活的所有领域结合为整体"（Russell，2005：9，17）。这里的理智能力和实践理性可谓柏拉图幸福观中的深思熟虑部分，"导向的幸福观使幸福端赖于理智能力这种非条件性的善"，拥有幸福之五部分中的这个部分似乎就足以保障幸福。其他四个部分都只是条件性的善，"累加的幸福观使幸福端赖于各种条件性的善"，但即便拥有各种条件性的善也仍然不足以保障幸福。因为"所有那些善都还要求成为善的正确导向"（Russell，2005：10，18），唯有同样拥有实践理性的导向才足以使那些善指向真正的幸福。尽管柏拉图的幸福概念具有包容性甚至不明确性的特征，也正是这种特征在一定意义上为他关于快乐的多样话语提供了土壤，但他的幸福理念的规定性却是明确的，那就是与苏格拉底一脉相承的"好生活"就在于德性的生活的观念。

在苏格拉底和柏拉图的幸福观的基础上，亚里士多德的幸福思想可谓古代德性伦理传统的集大成者。前文提到亚里士多德的伦理学说是在柏拉图的所谓老学园随着时代大流发生分化的基础上发展起来的，而这种情况在一定程度上可以在亚里士多德关于幸福的早期论述中得到印证。亚里士多德（1991：33）在《修辞学》中曾经指出，"几乎所有人，不论是个人还是集体都有个目的，为了达到这个目的，他们有所为，有所不为。概括地来说，这个目的就是幸福和它的组成部分。幸福的定义可以这样下：与美德结合在一起的顺境；或自足的生活；或与安全结合在一起的最快乐的生活；或财产丰富，奴隶众多并能保护和利用。如果幸福的性质就是这样的，那么，它的组成部分必然是：高贵的出身、多朋友、贤朋友、财富、好儿女、多儿女、快乐的老年；身体的优点……名声、荣誉、幸运还有美德。一个人具有这些内在的和外在的好东西就算是完全自足（幸福）"。很显然，在亚里士多德关于幸福之定义和组成部分的这种说明中，我们并不难看出柏拉图所谓幸福可以分成的"深思熟虑"、"感觉灵敏和身体健康"、"成功"、"好名声"与"富有"五个部分，尤其是"如果一个人拥有这一切方面，那么他就是完全幸福"的主张的痕迹。亚里士多德无疑受到柏拉图思想影响，但亚里士多德的思想体系成为"希腊思想之最完善表现"显然也有其独到之处，而这种独到之处在对可谓德性伦理基本母题的幸福的理解上就体现在亚里士多德形成的自成一格的幸福观并成为所谓的"幸福论"（Eudaimon-ism）的代表人物上。在探讨有关好生活是什么的既有理论时，费尔德曼（Fred Feldman）就基于亚里士多德所谓的"一般大众和出众者都说最高的善是幸福并将活得好与做得好等同于幸福"，"幸福的人活得好与做得好的观点符合我们的定义：因为我们将幸福界定为好生活"而把亚里士多德说成幸福论的代表（Feldman，2004：15-16）。费尔德曼援引的上述说法来自《尼各马可伦理学》，亚里士多德后来形成的幸福观也正是出现在这部伦理学著作中，而其中的"我们的（幸福）定义"指的显然是亚里士多德后来形成的独特的幸福观，而非《修辞学》中深有柏拉图乃至其他希腊哲学学派之思想印记的幸福定义。

　　尽管与在《修辞学》中赋予幸福以人们追求的最高的善的地位一样，亚里士多德（2003：19，24）在《尼各马可伦理学》中也指出"幸福是完善和自足的，是所有活动的目的"，是"万物中最好、最高尚［高贵］和最令人愉悦的"，但他对幸福本身的理解和界定则远比先前提到的那种论述更具体和明确。亚里士多德（2003：23）明确指出"我们的定义同那些主张幸福在于德性或某种德性的意见是相合的。因为，合于德性的活动就包含着德性。但是，认为最高善在于具有德性还是认为在于实现活动，认为善在于拥有它的状态还是认为在于行动，这两者是很不同的"。那么，这里所谓的"我们的（幸福）定义"到底是什么？最高善即幸福指的是具有德性的状态还是合乎德性的实现活动？与当时流行的一般观念一脉相承，在亚里士多德那里的幸福定义诚然也是"活得好"和"做得好"。但亚里士多德（2003：26，24，23）更具体指出"我们已经把幸福规定为灵魂的一种特别活动并把其他的善事物规定为幸福的必要条件或有用手段""我们所说的幸福也就是那些或那一种最好的活动""实现活动不可能是不行动的，它必定是要去做，并且要做得好"。由此可见，在亚里士多德那里的幸福显然不只是一种状态而更主要是一种活动，"幸福是灵魂的一种合于完满德性的实现活动"，是"因其自身而不是因某种其他事物而值得欲求的实现活动"（亚里士多德，2003：32，303）。通过将幸福的本质规定性定位在实现活动上，亚里士多德的可以说是自成一格的幸福观念也就此呈报了出来，那就是"幸福不是一种'拥有德性'（virtue-in-possession）的被动状态，而是一种对于我们的德性状态的主动实现。持续的、卓越的'实现活动'（activity/energeia）是幸福的规定性特征"（Sherman，1997：213）。有必要指出的是，虽然幸福被明确界定成"积极主动的而非消极被动的，是涉及行动者的活动，并因此是取决于行动者的所作所为的"（Annas，1995：45）

可以说是在亚里士多德那里最终完成的。但是，幸福在古代德性伦理中首先且通常是一种活动或行动，而非一种状态甚或主观心理状态的含义却是明确的。这不仅可以从各个学派几乎都将幸福视为"活得好"和"做得好"中看出，而且可以从苏格拉底把最佳的生活方式说成在追求公义和其他一切美德中生与死，斯多葛学派将幸福或人的目的说成顺应自然、合乎德性和根据理性生活等具体主张中看到。更重要的是，德性伦理语境下的幸福与我们如今通常理解的幸福之间的主要差异之一，在很大程度上就体现在将幸福视为一种心理状态还是一种实现活动上。

　　通过梳理古代德性伦理传统中不同哲学学派的伦理学说，我们也就阐明了幸福的确是作为伦理型快乐体制发生情境的德性伦理传统的基本母题。虽然幸福可谓德性伦理传统中的不同学派共同关切的基本母题，但不同学派对幸福却有着不尽相同的理解。居勒尼学派和伊壁鸠鲁学派基本上都将幸福等同于快乐，"苏格拉底、柏拉图和斯多葛学派则将幸福等同于过一种德性的生活，亚里士多德指出德性的实现活动是一种幸福的生活即'活得好与做得好'的生活的核心……奥古斯丁和安瑟姆依照过好的基督徒生活形成了最终幸福在于来世的幸福观念，每种主要的世界宗教都基于天主教、伊斯兰教、印度教、儒教、佛教和摩门教等传统宗教典籍中的诸如此类定义形成关于幸福的论述"（Martin，2012：18）。因此，恰如前文已经表明的那样，快乐与幸福的关系问题，更具体地说快乐是否、如何和在何种程度上有助于作为人类欲望目的甚至最高善的幸福的问题也就自然在不同学派那里形成不同意见，而正是这些不同意见构成了伦理型快乐体制所包含的基本快乐观念范式。不惟如此，"人应该过怎样的生活"的问题，作为贯穿社会历史变迁根基深处的连续性要素，甚至超出伦理型快乐体制成为现代性绽出进程中的技术型快乐体制和审美型快乐体制的目的论旨归。如果说前文已经提到的康德和边沁对幸福的论述体现了好生活主题在18世纪和19世纪的历史连续性的话，那么，詹姆斯所谓的"对任何时候的多数人而言，如何获得、维系和恢复幸福是他们所作所为和所情愿承受之一切的秘密动机"（James，2002：66）则可谓这种连续性在20世纪的表征。

　　当然，与幸福在作为伦理型快乐体制发生情境的古代德性伦理传统的不同学派那里呈现为不同形态一样，在现代性绽出的另外两种快乐体制中的幸福也在不同学派那里有着不同形态，而且那些不同形态虽然都在伦理型快乐体制中有其可能性种子，但也已经现身为有别于原初观念形态的不同历史形态了。与德性伦理传统中的不同学派关于幸福与好生活的各种界定有所差别，"现如今绝大多数人都将幸福理解为主观的，并且完全根据情感、态度和其他的心理状态来定义幸福……心理学家们往往采用作为'主观幸福感'的中性的幸福定义，完全根据情感（尤其是令人快乐的情感）、态度（对人的生活满足的态度）、信念（如人的生活是好的等信念）和其他心理状态来理解幸福"（Martin，2012：x，3）就体现着幸福观念在现代性绽出进程的不同快乐体制中的嬗变。尽管现今界定幸福的主要方式是所谓的"主观幸福"（the subjective well-being），但人们对主观幸福的理解却不尽相同。在可谓"经验主义幸福研究之父的迪耶内"（Zevnik，2014：6）那里的主观幸福，就比上文这种片面强调内心主观感受的幸福定义更注重对生活整体的全面考察，在迪耶内（Ed Diener）等看来"主观幸福囊括人们的生活满意度和他们对工作、健康和社会关系等重要领域的评价……幸福是我们用以积极思考和感受人的生活的名称"（Diener & Biswas-Diener，2008：4）。由此可见，不同历史时期往往有着不同的幸福观念形态，甚至同一时期也会有不同的幸福观念样式，这就意味着快乐与幸福之间的关系也有多种多样的表现形式。

（二）德性修养与幸福目的之实现

作为伦理型快乐体制之发生情境的德性伦理传统中的不同学派，虽然都将幸福当成最高目的但对幸福却有不同理解，同样，这些学派虽然也将德性视为实现好生活的主要途径，但对德性与幸福之间的关系也都有着不同意见，而正是这些不同意见体现出了这种伦理传统的另一个显著特征。如果说这些学派都将幸福视为个人追求的最高目的体现了这种伦理传统的"目的论"（teleology）和"自我中心"（egoistic）特征，也就是西季威克（1993：114）所谓的"在古希腊的全部伦理学争论中……争论各方都假定一个理性人把追求自己的善作为最高目的"的特征的话，那么，这些学派关于实现幸福目的之途径的意见则可谓这种伦理传统被命名为德性伦理的由来。"希腊哲学家都对他们的伦理学探究表现出一种相同的信心，他们的计划在于使个人幸福变成一种普遍可以实现的目标，变成某种其根基可以被完全确证且被证明为端赖于两种基础性条件——关于世界和人性的正确理解与关于卓越的性格品质的正确理解——的东西"（Long，2006：6）。在此作为实现幸福目标之基础性条件的"卓越的性格品质"，在一定意义上就是苏格拉底所谓"幸福是德行之必然结果"中的德行或"德性"（virtues）。因为"德性是一种性格特质，这种性格品质是一个人——鉴于其生理和心理的人性——想要获得幸福、真正的快乐、繁荣或活得好所必需的"（Hursthouse，1999：68）。一种德性当然不仅只是"通常认为的性格特征、人格状态，如果你具有宽容、诚实和正义等德性，你就是宽容、诚实和正义的人"（Hursthouse，2000：11），而更主要的是"好的性格品质，更具体地说就是在其范围或诸领域内以卓越的或足够好的方式应对各种事物的性情倾向"（Swanton，2003：19）。

　　实际上，德性与幸福之间的密切关系早在前文勾勒德性伦理的基本面貌时就已经有所呈报了。德性伦理传统将德性视为实现幸福目标之途径的观念，不仅充分体现在苏格拉底所谓"幸福是德性之必然结果"的主张中，而且明确体现在几乎所有学派都将幸福理解为德性生活上。古代德性伦理传统在德性与幸福之间建立起如此紧密的关系，极有可能因为"希腊人认识到对一个人来说算得上是令人满意的生活在很大程度上取决于他们的欲望，而欲望则更密切地与性格品质而非推理联系在一起"（Striker，1987：184）。因此，从苏格拉底所谓幸福是德性之必然结果的基调而来，古代德性伦理在探究如何实现幸福目的时几乎都将注意力聚焦在对"与一个人的持久品质，与影响一个人如何看待行动和生活的态度、情感、信念相关"的卓越性格品质的正确理解和养成上也就可想而知了。"作为一种恒常的状态，性格品质不仅解释了为什么一个人如今以这种方式行动，而且解释了为什么一个人可以被指望以特定模式行动，性格特质在这种意义上提供了一种特殊的可说明性和特定的行为模式。"（Sherman，1989：1）这也就正好呼应了前文已经提到的在德性伦理学家看来，没有关于行动者之动机的考察就几乎不能理解和评价行动，而动机与性格特质的关系要比与推理的关系更密切的说法。更重要的还在于，"作为一种人格状态的德性能促使我们通过明智地选择的行动和恰当的情感很好地处置人类生活的各种境况，要过上一种好生活就要求出于这样一种人格状态而做出的行动"（Sherman，1997：5）。

尽管德性伦理传统中的各种学派几乎都将德性确立为实现幸福目的的根本途径，但就像他们对幸福有着不同理解那样，在德性对幸福目标之实现是否自足问题上他们也有不同意见。在主张"德行基于对善的认识/知识"，而"知识/理智本身就足以使人行善并因此带来幸福"（文德尔班，1997：110，113）的苏格拉底那里，作为对善的知识的德性之于幸福目标的实现来说是自足的。苏格拉底甚至指出，在人们普遍承认的为获得幸福所需要的各种善中，"我们唯一需要的善是理智/知识"。因为"幸福并不要求好运加到理智上，理智对正确和成功运用其他善是必要而充分的，理智是唯一的善"（Irwin，1995：55）。因此，"如果想确保幸福，我们并不需要要求许多善，而只需要要求理智/知识足矣"（Irwin，1995：55）。与苏格拉底这种德性自足的幸福论一脉相承，柏拉图也认为"对于幸福而言，德性本身就是自足的"（拉尔修，2010：165）。虽然柏拉图主张为实现幸福目的"也需要添加两种工具，一是肉体方面的优势，如力量、健康、良好的感觉和诸如此类的东西；二是外在的优势，如财富、好出身和名望等"，但他同时指出"智慧之人即使不具有这些优势，也不会少了些许幸福"（拉尔修，2010：165）。由此可见，柏拉图与苏格拉底一样都在原则上坚持德性，尤其是理智之于幸福自足的立场，但与苏格拉底有所差别的是，柏拉图在承认理智在诸德性和善中的优先性的同时，也给肉体方面的优势和外在的优势等其他善保留了成为幸福之条件或成分的可能性。当然，一般观点往往认为在苏格拉底伦理学中德性对幸福是自足的，但这种观点并不乏质疑甚至反对意见。有学者就把在柏拉图（2002：40~41）《克里托篇》中的苏格拉底的诸如此类说法——"弄坏的身体，健康被毁掉的身体肯定不值得活"，"正确或错误的行为会对其产生（助益或破坏）作用"和"重要性不亚于身体"的"那个部位（灵魂）被毁的人更不值得活"——作为在苏格拉底那里"德性本身对幸福的实现并不自足的无可争辩的证据"（Klosko，1987：259）。此外，在评论把"德性对幸福是自足的苏格拉底学说推向极端"的"犬儒主义者第欧根尼"时，"柏拉图将他形容成'发了疯的苏格拉底'①"（Irwin，1995：16）。这似乎也在一定意义上表明了即使苏格拉底确实主张德性之于幸福是自足的，但在往往被视为他的伦理思想的忠实继承者的柏拉图那里，这种伦理主张或许已经在一定程度上被修正了。

在德性之于幸福是否自足的问题上，亚里士多德似乎与苏格拉底和柏拉图都有所差别。根据拉尔修（2010：222）的记述，亚里士多德明确指出"对幸福而言，德性本身是并不自足的"。当然，在解释为什么德性本身之于幸福并不是自足的时，亚里士多德给出的理由——"还缺少肉体方面的善和外在的善，如若智慧之人生活在艰辛、贫穷及诸如此类境况中就是不幸的。但对不幸而言，邪恶本身就是自足的，即使有大量外在的善和肉体方面的善同邪恶相伴"——似乎与柏拉图在主张德性自足的同时还指出要添加"肉体方面的优势"和"外在的优势"并无二致。但实际上，虽然亚里士多德和柏拉图都认为"个人的善/德性是人类幸福的本质，是一种灵魂状态"（Broadie，1993：57），甚至在关于实现幸福所需要的许多善或德性的位序排列上，亚里士多德也同柏拉图一样主张"灵魂方面的善"是"第一美好"的，而"健康、力量、美貌及大致相等的东西的肉体方面的善"和"财富、高贵出身、名望及诸如此类外在的善"（拉尔修，2010：222）则次之，但从根本上说，在对德性本身的理解上，亚里士多德和柏拉图似乎有着显著差异。在亚里士多德（2003：45）看来，"每种德性都既使得它是其德性的那事物的状态好，又使得那事物的活动完成得好……人的德性就是既使得一个人好又使得他出色地完成他的活动的品质"。亚里士多德强调"幸福是活动：是行动中的德性而非据有的德性，作为一种灵魂状态的德性只因使其成为可

---

① 爱尔温（Terence Irwin）的这种说法来自第欧根尼·拉尔修在《名哲言行录》中关于"第欧根尼"的记述。拉尔修的记录是这样的，"有人问他：'在你看来，第欧根尼是哪种人？'，他回答：'发了疯的苏格拉底'"（拉尔修，2010：277 [6.54]）。这段记述引出的问题在于，"发了疯的苏格拉底"到底是第欧根尼的自我描述还是柏拉图对第欧根尼的描述，爱尔温显然将引文中的"他"当成了柏拉图而非第欧根尼本人。如果是柏拉图对第欧根尼的描述，那么，我们的上述论断显然是可以成立的，如果是第欧根尼的自我描述，虽并不一定就此否定我们的论断，但引出了关于犬儒学派与苏格拉底之间关系有待深究的问题。庄于中译《名哲言行录》中那个"他"的具体所指有待商榷，而拉尔修的原始著作不可得，所以，我们暂且接受爱尔温的说法并基于此保留我们关于柏拉图在德性之于幸福是否自足问题上有别于苏格拉底的观点。

能的活动才有价值"。但与此相反，"柏拉图在《国家篇》中似乎将他称为'正义'的那种和谐的内在状态说成某种本身便是善的和美的而无关乎正义借以表达自身的活动"，在柏拉图那里"对人来说最高的善在于有别于德性的活动的德性本身"（Broadie，1993：57）。因此，表面看来并无二致的柏拉图与亚里士多德的"肉体方面的"和"外在的"优势/善实质上却有所差异，而这种差异不仅可以被视为两者在德性对幸福是否自足问题上有所差别的例证，甚至可以被视为他们在对幸福之理解上有不同意见的例证。对亚里士多德来说"认为幸福在于具有德性还是在于德性活动有很大不同"，亚里士多德主张幸福并不在于"（有德性的）状态而在于活得好和做得好"（Kenny，1992：32）的德性活动，柏拉图则似乎主张幸福在于像拥有财富一样拥有德性的状态本身。

　　如果说柏拉图和亚里士多德的这种主张是在将苏格拉底的"德性必定使人幸福"的德性伦理原则向更契合人类生活之现实可能性和理论体系之整全性方向发展充实的话，那么，就像他们的幸福论是基于苏格拉底学说的不完善性而发展起来的那样，居勒尼学派和犬儒派在这个问题上的主张则可以说是在将苏格拉底的伦理原则向片面激进化和极端化趋向深化发展。在犬儒学派看来，"只有德性才使人幸福，但德性不是通过带来的结果而是通过它本身使人幸福。据此，蕴蓄于正确生活本身的满足完全与世界进程无关：德性本身就足以使人幸福了"（文德尔班，1997：116）。与犬儒学派"自我满足"的德性观念相应，居勒尼学派对旨在实现的个人自由和快乐原则是这样主张的，"每个人都可以享乐，也能享乐；但却只有有教养的、有智慧的、有洞见的人（贤人）才懂得如何正当地享乐"（文德尔班，1997：119）。在居勒尼学派看来，"人具有一个有教养的精神并凭借其精神的这种教养获得完全自由，这种自由只有凭借教养才能获得；而只有凭借自由才能获得教养——只有凭借这种精神的教养才能获得快乐……精神的教养、思想的教养是获得快乐的唯一条件"（黑格尔，1983：132）。就在伦理思想上分别继承发扬了居勒尼学派与犬儒学派的伊壁鸠鲁学派与斯多葛学派而言，则可以说他们不仅将居勒尼学派与犬儒学派在片面激进化和极端化趋向上深化发展了的苏格拉底的德性自足伦理原则进一步科学化或哲学化了，而且将柏拉图和亚里士多德已经在切实性和综合性方向上发展充实了的"德性必定使人幸福"的伦理原则复归到了苏格拉底的原教旨意义上。因为伊壁鸠鲁学派和斯多葛学派正是在继承和"破坏柏拉图学园和亚里士多德学派"的基础上发展起来的，他们在德性与幸福的关系问题上就是在继承和发扬居勒尼学派与犬儒学派，而这实际上可以说就是向苏格拉底德性自足的德性伦理原则的复归。有意思的是，苏格拉底的德性伦理原则在这些不同学派之间的流变历程，似乎也在一定意义上反映出了现代性绽出进程"出离自身-回到自身"的基本节律的演变轨迹。

　　希腊化罗马时期的这两个学派在德性之于幸福目的实现问题上向苏格拉底的复归，一方面，体现在他们对居勒尼学派和犬儒学派片面发展了的苏格拉底德性自足原则的继承和发扬上。就伊壁鸠鲁学派来说，他们主张"快乐是幸福生活的全部……是幸福生活的总体和目的"的幸福论，不免使人认为"这样一种致力于获得快乐的生活将往往会排除德性的生活"（Rosenbaum，1996：391）。他们所谓的"每种德性不是因自身之故而被实践而是因其以这种或那种形式带来快乐才被实践"（Armstrong，2011：128），也难免会使人产生德性在伊壁鸠鲁学派那里微不足道的印象。但实际情况是，对伊壁鸠鲁学派来说，"德性与一种快乐生活自然地联系在一起且不可分离……过一种快乐生活，不仅同德性并行不悖而且事实上要求德性"（Rosenbaum，1996：391）。伊壁鸠鲁就指出"德性带来快乐生活，快乐生活离不开德性……德性是快乐的必要条件，没有德性就不可能有快乐，而其他事物却可以分离，它们不是快乐必不可少的"（Laertius，1925：657，663）。在斯多葛学派那里，德性在实现幸福目的上的重要性更是显而易见甚至已然到了登峰造极的地步。有学者就指出，"斯多葛学派伦理论述的首要目的与古代哲学中的其他主要学派一样，都是关于个人德性优点与邪恶缺点的说明……但只有斯多葛学派走到了主张德性（邪恶）就足以幸福（不幸）的程度"（Gass，2000：23）。另一方面，体现在他们对柏拉图和亚里士多德认为的除德性外还需要的肉体方面的善，特别是外在的善的忽视乃至否定上。对于柏拉图那里的"力量、健康、良好的感觉以及诸如此类的东西"与"财富、好出身和名望"，亚里士多德那里的"健康、力量、美貌及大致相等的东西"和"财富、高贵出身、名望以及诸如此类的东西"（拉尔修，2010：165，222），在斯多葛学派看来，大多数只是"中性的"或"无关紧要的"东西。因为"没有它们一个人也可能是幸福的，而且幸福还是不幸福有赖于如何使用它们"而不在于是否拥有它们。而在伊壁鸠鲁学派看来，除了健康、良好的感觉和必要的财富尚属于满足"自然而必要的欲望"所需要的之外，其他的基本都是满足"自然而非必要"甚至"既不自然也非必要的欲望"才需要的（拉尔修，2010：346，542）。由此可见，伊壁鸠鲁学派和斯多葛学派在德性之于幸福目的实现问题上向苏格拉底复归的趋向是显而易见的，即使不是向苏格拉底的德性伦理原则本身的复归，至少也是向被居勒尼学派和犬儒学派片面极端化了的苏格拉底学说的复归。

由此而来，我们也就完成了对不同学派有关德性之于实现幸福目的的不同意见的分析，从而完成了对伦理型快乐体制之结构分析的第一步，那就是勾勒和剖析作为伦理型快乐体制之发生情境的德性伦理的基本面貌和结构要素。有必要指出的是，与前文已经指出的可谓德性伦理之基本母题的"人应该过什么样的生活"的问题，作为历史连续性要素不只是作为伦理型快乐体制之发生情境的德性伦理的核心关切，而且还超出伦理型快乐体制并贯穿于现代性绽出的另外两种快乐体制一样，作为实现幸福目的之主要途径的德性的重要性在很大程度上也超出了伦理型快乐体制而延续到了现代性绽出进程的技术型快乐体制和审美型快乐体制中。对强调德性重要性的历史延续性，在哲学，尤其是在道德哲学中自然不必多言。尽管道德哲学往往有古代伦理与现代道德之分，但道德与伦理的同源性是前文早就阐明的。在社会学中也是显而易见的，涂尔干用以替代宗教成为现代社会整合机制的就是职业伦理与公民道德，而在韦伯那里"德性的重要性远比许多人可能想象的要深远得多，德性伦理处在《新教伦理与资本主义精神》主要关切的中心"（Flanagan & Jupp，2001：11）。如果说上述都还只是德性或道德的重要性在所谓的现代社会，也就是与现代性绽出进程的技术型快乐体制相应的社会历史阶段中的体现的话，那么，在所谓的后现代社会，也就是与审美型快乐体制相应的历史时代也不乏这种连续性的表征，这在鲍曼的《后现代伦理学》中就有着明确体现。在鲍曼（2002：4）看来，研究后现代伦理的目的在于使"在现代伦理哲学和政治实践中消失的道德力量之源能重新出现，使它们在过去消失的原因能被更好理解，并且作为一种后果，使社会生活'道德化'的机会能得到提高"。且不论鲍曼关于道德在现代伦理哲学和政治实践中的遭遇的判断是否站得住脚，他对德性或道德之于后现代社会重要意义的呼吁和强调却是显而易见的。总的来说，基于不论是作为基本母题的幸福目的，还是作为实现此目的之基本途径的德性都有着历史延续性的事实，我们不难推知作为伦理型快乐体制之发生情境的这种德性伦理传统或许不只形塑了伦理型快乐体制的诸快乐话语，甚至也在一定程度上影响着现代性绽出进程中的另外两种快乐体制的生产再生产，只不过形塑技术型快乐体制和审美型快乐体制的主导性力量已经不再是这种德性伦理传统了而已。

二　现代性绽出的快乐观念范式

既然已经刻画出了作为伦理型快乐体制之发生情境的德性伦理传统的基本轮廓和结构要素，那么，接下来要做的显然就是让兴发于这种德性伦理情境的诸快乐话语现身出来，也就是让在现代性绽出进程中被定位为"观念泵"的伦理型快乐体制的各种快乐观念范式绽露出自身。尽管我们已经不止一次提到过像快乐意志、快乐体制和快乐情感等各种与快乐相关的概念，但迄今为止仍没有对快乐做出过任何明确的概念界定。或许，有人会因为我们没有从研究伊始就给快乐下一个明确定义，没有把快乐概念的含义界定出来，而对本研究是否符合学术惯例的形式要求产生怀疑。但是，与其说我们是因为忽视或无视了快乐的定义问题而迟迟未给其下定义，不如说是因为我们太严肃地对待概念界定问题才久久未能对快乐进行明确的概念澄清。在我们看来，作为对指陈之事物的最精确说明和最严格界说，下定义或概念界定本身就是一门深奥的学问，而且也并非一切事物都可以下定义。据亚里士多德（1995：16）的说法，"苏格拉底第一次开始用心为事物觅取定义。柏拉图接受了苏格拉底的教诲，只不过他主张将问题从可感觉的事物转移到另一类实是（实在）上去——因为感性事物既然变动不居，就无可捉摸，哪能为之下定义呢，所以，一切通则也决不会从这里制出"。因此，在着手给快乐下任何明确的定义之前，在对快乐进行任何具体的概念界定之前，我们显然有必要先行追问：快乐是否能被定义，快乐能否被明确地界定出来。因为如果快乐原本就是一种不能被定义的事物的话，那么，任何试图给快乐下定义的尝试就都将是无稽之谈，任何关于快乐的精确定义也将只是对快乐的褫夺性理解而已。

（一）作为匮乏之补足的快乐

如果柏拉图所谓不能为感性事物定义而只能将问题转移到另一类实是（实在）上去的论断成立，那么，要想确定能否给快乐下定义，显然就要判别快乐是感性事物还是"另一类实是（实在）"或判别快乐与它们两者之间的关系。但要进行这种判别就要先行阐明感性事物与另一类实是（实在）何谓，它们之间存在什么关系。柏拉图将这"另一类事物名之曰'意第亚'〈意式/通式〉，凡可感觉事物皆从于意式，亦复系于意式；许多事物凡是同参一意式者，其名亦同"（亚里士多德，1995：17）。这里的"意式/通式"就是通常所谓的柏拉图的"理型"、"相"或"理念"（ideas）。柏拉图（2003b：303）在他的"两个世界学说"中指出，这类事物或存在"是始终同一的、非被造的和不可毁灭的，既不从其他任何地方接受任何他者于自身，其自身也不进入任何其他地方；任何感觉都不能感知它们，惟有理智可以通过沉思确认它们的存在"。而所谓的"感性事物"则是"由于我们分有相，因此用这些相的名字称呼它们"（柏拉图，2003a：765）的事物，也就是与理念"拥有同样的名称并与之相似，但可以被感觉所感知，是被造的，总是处于变动中，在某处生成又在那里消逝，可以被结合着感觉的意见把握"（柏拉图，2003b：304）的可感觉事物。既然已经澄清两类事物何谓，而且"凡可感觉事物皆从于意式，亦复系于意式"，那么，这两类事物之间的关系也就显而易见了。每一种感性事物皆有相应的理念并拥有和其理念相同的名称，理念是作为"影像"或"摹本"的感性事物由以成为特定事物的原型和原因，也就是所谓的"通式为其他一切事物所由以成其为事物之怎是，元一则为通式所由以成其为通式之怎是〈本因〉"（亚里士多德，1995：18）。由此，我们能定义的是那些始终同一和不可毁灭的理念、相或通式，而那些变动不居和不断生灭的感性事物则只是拥有或分有与其恒常的理念相同的定义或名称而已。

既然已经阐明柏拉图所谓的可定义与不可定义的两类事物何谓，也澄清了两者之间的关系，那么，也就可以回答快乐的定义或概念界定问题。尽管从逻辑上讲关于快乐的任何正确判断显然都要建立在对快乐的精确定义和正确界定的基础上，但就快乐能否被定义这个先行问题而言，我们却可以基于其他的前提来考察。既然我们能以作为"存在之乡"的语言道出"快乐"，那么，显然就有"快乐"这种东西存在于我们的世界中，不论快乐是以何种形式存在于这个世界。此外，从柏拉图在他的"创世论"中对"两个世界"之间"模型"与"摹本"的关系论述而来，既然有"快乐"这种东西存在于我们这个生成变化的"感性世界"，那么，在作为"模型"的"理念世界"中当然也有"快乐"的理念、相或通式存在。因为"'我们的'世界构造源自理想的、统一的、逼真的和包罗万象的存在之范型。这个理想的普遍存在将一切活生生的存在者的理念都包含在了自身之内"，因此，"由造物主所创造的（我们的）具体世界的存在必然也同样包容……副本必定像它的模型一样包罗万象"（Gadamer，1980：164）。由此而来，既然"快乐"在理念世界有其始终同一的"模型"即共相，在感性世界中的各种生成变化的快乐就是"以那永恒的（快乐）实体为模型而通过一种奇妙的方式被塑造出来的"（柏拉图，2003b：302），那么，我们也就在形而上学意义上找到了可以给快乐下定义的可能性和正当性基础。

然而，"我们并不拥有相本身，相也不存在于我们这个世界上"，而且人们往往"没有接受预备性的训练就匆匆忙忙地给'美'、'正义'、'善'和其他具体的相下定义"（柏拉图，2003a：766，768）。因此，虽然我们已经找到了可以给快乐下定义的可能性和正当性基础，但不能保证给快乐下的定义就是关于作为理念的快乐本身的精确定义，也不能避免同时代的不同人对快乐做出各种不同的定义，更不能避免不同时代的人对快乐的不同定义持续地涌现出来。由此，我们就遭遇到了下定义这门深刻学问的另一个难题，那就是人们对快乐的定义和理解往往有其历史性变化的问题，而这也正是我们迟迟未给快乐做出概念界定的原因所在。在我们看来，既然难以确保给快乐下一个使"理念"本身"本现"的精确定义，而且不同时代甚至同一时代的人往往对快乐有不同定义，那么，与其为了遵循所谓学术惯例的形式要求而在一开始就匆忙地对快乐进行概念界定，不如为了避免对快乐的褫夺性理解而详细描述与比较各种快乐定义的历史变化来得更符合学术研究的真正品格。实际上，在苏格拉底和巴门尼德的对话谈及的我们借以正确定义相乃至判断相能否"被我们的禀赋所认识"而必须进行的所谓"预备性训练"和"更严格的训练"中，就包含着对各种前提、结论和它们之间关系进行详细描述与充分比较的方法的训练。因此，与研究伊始就匆匆忙忙地给快乐做出概念界定相比，对既有的各种快乐定义的历史形态进行详细描述和充分比较显然更契合于给快乐下定义的应有之义。

　　既然我们已经证成快乐可以被下定义的可能性基础，阐明给快乐下恰切的定义的必由之路，那么，对快乐进行概念界定的恰当理路也已经向我们呈报出了自身。与亚里士多德所谓的"苏格拉底第一次开始用心为事物觅取定义……柏拉图接受了苏格拉底的教诲"相一致，我们发现，虽然在苏格拉底的前辈和同辈对话者中不乏对快乐论题感兴趣者：普罗迪克斯（Prodicus of Ceos）论及了"堕落之路的诱惑就在于对不当的快乐的享受"，德谟克利特（Democritus）在"批判对口腹之乐的追求的同时却承认在满足的生活中有着口腹之乐的一席之地"，安提西尼（Antisthenes）承认"特定快乐有其价值但却认为这种价值并不是一种好的生活所必不可少的"，亚里斯提卜（Aristippus of Cyrene）认为"人类生活就其是令人快乐的生活的程度而言是善好的"并强调"人们应当从其当前的处境中得到快乐"。但是，"就他们对快乐的所有兴趣而言，我们却在这些对快乐的早期论述中找不到任何确定快乐本身是什么的明确意图"，苏格拉底及其同辈哲学家们似乎都"将快乐是什么视为是理所当然的和不言而喻的东西"。因此，就在苏格拉底及其同侪对话者那里的情况而言，我们可以说"尽管他们在某种程度上涉及了定义问题，但却几乎没有证据表明他们中的任何人试图去界定快乐……没有任何证据表明他们中的任何人深思熟虑地提出过并且试图去回答过快乐的定义问题"（Wolfsdorf，2013：10，16，20，24，28）。尽管苏格拉底的确有可能是"用心为事物觅取定义"的第一人，但快乐似乎并不在他为之觅取定义的事物之列，反倒在接受了他的教诲的柏拉图那里，我们才找到关于快乐的第一个明确定义。

　　有必要指出的是，虽然柏拉图给出了关于快乐的第一个明确定义，但快乐定义在柏拉图对话中的形成却经历着时间的变化，而且柏拉图似

乎也并非以我们熟知的所谓科学方法给快乐下定义。里尔（Gerd Van Ri-
el）就曾经指出，"柏拉图从来没有给他关于快乐的全部观点提供一种始
终如一的考察。作为其他主题中的示例，柏拉图的快乐学说散落在他从
最早的到最晚的所有对话中。然而，有一个一般性要素使至少将某种连
续性带入柏拉图的快乐理论成为可能，那就是：尽管柏拉图的快乐理论
明显是随着时间变化而逐渐形成的，但他关于作为补足之快乐的总体理
解却保持不变"，这种保持不变的"作为一种欲望之满足或一种缺乏之
补足的快乐概念"，是在《高尔吉亚篇》中第一次呈现出来的（Riel，
2000：7）。也就是说"在柏拉图关于快乐的各种论述中，我们发现这样
的持续性观点：快乐是对于自然状态的一种补足或者一种恢复，经历补
足或恢复的主体知道这种补足或恢复……在柏拉图文集中，（关于快乐
的）'补足'（replenishment）理论首次出现在《高尔吉亚篇》中"
（Wolfsdorf，2013：40，44）。虽然我们从不同地方得知柏拉图关于快乐
的定义最先出现在《高尔吉亚篇》中，从这些来源知道对缺乏的补足是
柏拉图给快乐下的定义。但是，与其说柏拉图对快乐做出了明确界定，
不如说学者们是从"通过吃东西使饥饿得以消除是快乐"、"口渴时喝水是
快乐"和"喝水是对一种缺乏的满足，是一种快乐"（柏拉图，2003a：
385~386）的说法中提炼总结出了柏拉图的快乐定义就是缺乏的补足。需
要指出的是，虽然柏拉图列举的像饥餐渴饮之快乐等例子都是身体或肉
体的快乐，但他同时指出这种作为缺乏之满足的快乐"不论在身体还是
灵魂中……都没有什么差别"（柏拉图，2003a：386）。这就意味着柏拉
图的快乐定义不仅适用于身体的快乐也适用于灵魂的快乐，而且灵魂甚
至是伦理型快乐体制中的各种观念范式讨论的快乐首要发生场所。

　　除了将快乐界定为对缺乏的满足而首次给快乐下了定义之外，柏拉
图还对快乐进行了可谓最详尽的类型学分析。与快乐定义的形成绵延在
各时期的对话中一样，柏拉图对快乐的分类也散落在不同主题的对话中，
并且应特定主题的需要而对快乐做出了不同的分类。我们知道，"柏拉图
将快乐界定为对于一种缺乏的补足，这种定义被详细阐述的方式是逐渐
形成的，最终在《斐莱布篇》中达到了顶点"（Riel，2000：7）。与此相
应，柏拉图对快乐的类型学分析也是逐渐发展完善的，最终也是在《斐
莱布篇》中对快乐的不同类型做出了最详尽的阐述。在《普罗泰戈拉

篇》中，柏拉图（2002：481）虽然提到了"现在的快乐与痛苦和将来的快乐与痛苦有很大区别"，尤其是提到快乐在量上的大小之别即"把快乐与快乐作比较，人们一定总是选择较大和更大的快乐"，但却没有提及快乐在性质种类上的差别。在《高尔吉亚篇》中，柏拉图（2002：392）似乎对快乐做出了好坏的区分，因为他提到"某些旨在快乐的过程只是起到了保证快乐的作用而无所谓好坏，另一些则有好坏之分……我们不应该选择坏的快乐和痛苦"。在《斐多篇》中，柏拉图（2002：61~62）指出"在身体的快乐方面，哲学家会尽可能使他的灵魂摆脱与身体的联系，他在这方面的努力胜过其他人……藐视和回避身体，尽可能独立，所以哲学家的灵魂优于其他所有灵魂"。在这里，我们可以发现一种感官知觉快乐，如"与饮食相关的快乐""性事方面的快乐"等，与之对应的一种更高级的快乐则似乎是爱智慧的哲学生活产生的灵魂的快乐或理智的快乐。当然，这种区分还是晦暗不明的。

在《国家篇》中，柏拉图"表现出了将作为缺乏之补足的快乐定义用于对不同快乐种类进行性质区分的兴趣"（Riel，2000：8）。柏拉图（2003a：594~595）在那里做出了一系列三重划分，"与城邦的三种类型相对应，灵魂也可以分成三个部分……与灵魂的三个部分相对应存在三种快乐，同样也存在三种相应的欲望和控制"。以灵魂中"用来学习"、"用来发怒"和"欲望"或"爱钱的部分"谁是心灵的统治原则为根据，"人的基本类型也有三种：爱智者（哲学家）、爱胜者和爱利者……与三种人相应，也有三种形式的快乐"——爱智者的快乐，爱胜者的快乐和爱利者的快乐。最重要的是，柏拉图指出了"几种类型的快乐与生活本身处在争论中，不仅涉及哪种比较高尚或卑贱，比较优秀或低劣，而且涉及事实上哪一种比较快乐或没有痛苦"的问题。对柏拉图来说，"在三种快乐中，灵魂中用来学习的部分得到的快乐最甜蜜，受此部分支配之人的生活最快乐"，也就是说爱智者的快乐是"最真实、最纯粹的快乐"，爱胜者和爱利者的"理智以外的快乐"则"完全不真实、只是某种幻影"（柏拉图，2003a：596，598）。

在《斐莱布篇》中，我们发现了柏拉图对快乐的最详尽讨论，甚至可谓我们所知的古代对快乐的最全面和最彻底的论述。从"至于快乐，我知道这是一件有多样性的事情，我们必须愉快地把思想转向对快乐本性的考察，'快乐'这个词当然只是表示单一，但其形式是多样的，在某种意义上，快乐的各种形式之间是不同的"（柏拉图，2003b：178）出发，柏拉图开始了对快乐本性的考察，这种考察是通过对快乐进行分类和比较的方式展开的，目的在于找到最纯粹和最真实的快乐，也就是找到在伦理价值的位格等级上最值得欲求的快乐。根据沃尔夫斯多夫（Wolfsdorf，2013：76，100）的考察，柏拉图以"纯粹与不纯粹和相应的真实与不真实"为尺度，以"在本体上"（ontologically）和"在表象上"（representationally）为维度区分出来的快乐的种类及其亚种达到了十种①之多，"前七种快乐是不纯粹的、错误的/虚假的或不真实的，后三种则是纯粹的和真实的快乐"。有必要指出的是，柏拉图在这里借以区分快乐种类的尺度实际上在更早期的对话中，尤其是在《国家篇》中就已经有所发端了，而在《斐莱布篇》中区分出来的那些快乐的种类基本上也涵盖了先前述及的各种快乐类型。

（二）作为实现活动或实现活动之实现的快乐

继柏拉图的快乐定义与快乐类型学之后，我们遭遇到的另一种关于快乐的重要论述来自亚里士多德。一般而言，在阐述完柏拉图的快乐观点之后，我们理应进行必要的总结和评论。但有意思的是，亚里士多德的快乐论恰恰就建立在对以往快乐观点进行介绍和评判的基础上，而其中最主要的评判对象正是柏拉图的快乐论。由此，我们从中便可或多或

---

① 这十种快乐的种类及其亚种分别是：（1）"混合的身体快乐"（mixed bodily pleasure，31b-32b）；（2）"预期的快乐"（anticipatory pleasure，32b-36d），是混合的身体快乐中只属于灵魂的快乐；（3）"表象上虚假意象性的快乐"（representationally false imagistic pleasure，36c-40e），意象或措述的虚假性产生于信念的虚假性或错误性；（4）"表象上虚假的快乐"（representationally false pleasure，41b-42c），快乐显像的虚假性导致错误的信念；（5）"本体上完全虚假的快乐"（absolutely ontologically false pleasure，42c-44a），中间状态或平静状态错误地显现为快乐的状态；（6）这种虚假/错误快乐有两种类型，其一，是同时混合有身体的痛苦的可分级的本体上"错误的身体快乐"（false bodily pleasure，45a-47c），其二，是关于同时混合有身体的痛苦之身体快乐的可分级的本体上"错误的预期快乐"（false anticipatory pleasure，47c-d），这种虚假/错误快乐等同于经过再次检验之后的前述第二种快乐；（7）同时混合有精神痛苦的可分级的本体上"错误的精神快乐"（false psychic pleasure，47d-50d），诸如各种各样苦乐参半或悲喜交集的情感就属于这种快乐类型；（8）各种"纯粹视觉和听觉的快乐"（pure visual and auditory pleasures，51d-e）；（9）各种"纯粹嗅觉的快乐"（pure olfactory pleasures，51e）；（10）"纯粹的理智快乐"（pure intellectual pleasure，51e-52b）。

少窥知柏拉图快乐论的症结所在。在《尼各马可伦理学》第七卷①中，亚里士多德（2003：217）指出了当时有关快乐的三种主要意见：其一，"快乐不论就其自身来说还是在偶性上都不是一种善，快乐和善是不同的东西"。其二，"有些快乐是一种善，但多数快乐是坏的"。其三，"即便所有快乐都是善，快乐也不可能是最高善"。这里的第一种意见体现的是斯彪西波（Speusippus）的观点，他是学园派中坚定的"反快乐主义者"（the anti-hedonist），他认为快乐无论如何都绝不可能是善。第二种意见反映的是柏拉图的观点，柏拉图在《斐莱布篇》中指出"当然了，不会有任何人想坚持说令人快乐的事物不是快乐，但这些事物在有些情况下是好的，在有些情况下是坏的，而且确实在大多数情况下都是坏的"（柏拉图，2003b：179）。关于第三种意见的归属问题，中文译注者廖申白根据克莱汉姆的注释认为，这也是"柏拉图在《斐莱布篇》的结尾处（65b-66a）的观点，而且正是亚里士多德在第十卷所持的观点"（亚里士多德，2003：179 注 3）。然而，据持此观点者的理由——"快乐不是最高善的人的理由在于快乐是过程而非目的"（亚里士多德，2003：218）——来看，此观点"与亚里士多德的观点不同，反而更契合于柏拉图的立场。但如果是这样的话，又产生了柏拉图被以两种不同方式引述了两次的问题"（Riel，2000：45）。更重要的是，从介绍了三种"对快乐的批判意见"及其理由后，亚里士多德（2003：218）接着就论证了"上述论据都不能充分表明快乐不是一种善以及快乐不是最高善"，并明确指出了"快乐不是过程，快乐也不伴随所有过程。快乐既是实现活动，也是目的"（亚里士多德，2003：219）来看，第三种意见显然不是亚里士多德的观点，因为亚里士多德显然不可能刚表述了自己的观点转而就去批判自己的观点站不住脚。

　　除上述三种关于快乐的意见之外，亚里士多德在《尼各马可伦理学》第十卷中又指出了"快乐问题上的两种意见"：其一，"有些人认为

---

①　有学者（格兰特，斯图亚特）指出《尼各马可伦理学》并非亚里士多德的独立之作，其手稿可能经过了编辑者的编辑加工，其中的第五卷至第七卷可能就不是出于亚里士多德之手，而是由其学生欧台谟所做的。但也有学者（爱尔温）认为同样名为"快乐"的第七卷和第十卷之间似乎有所互补，亚里士多德本人的观点在第十卷中表现得更明晰。我们在这里姑且不论版本学的争议问题，而依据现行版本都将《尼各马可伦理学》归于亚里士多德名下，将其中关于快乐的论述都视为亚里士多德的言论。

快乐就是善"。其二，"有些人则相反，认为快乐完全是坏的。其中有的人也许真的认为快乐是坏的。有的人也许是认为，即使快乐不是坏的，把它算作坏的也有利于我们的生活。因为，许多人都片面地追求快乐，成为快乐的奴隶，所以应当矫枉过正，以期达到适度"（亚里士多德，2003：290~291）。这里的第一种意见是"快乐主义者"欧多克索斯（Eudoxus）的观点，欧多克索斯认为"快乐是一种善，因为他看到一切生命物，不论是有逻各斯的还是没有逻各斯的，都追求快乐。在每种事物中，被追求的东西都是善，最被追求的就是最大的善。既然快乐被一切生命物追求，就表明它对所有生命物都是最高善"（亚里士多德，2003：290）。第二种意见则与前述第七卷中的第一种意见——快乐不论就其自身来说还是在偶性上都不是善——一样，皆是斯彪西波及其学派的观点。由此，通过亚里士多德的介绍和评判，我们就知悉了当时关于快乐的四种主要意见，假如我们关于第七卷中的第三种意见的上述考察成立的话，那么，更确切地说应该是三种主要意见，其中以欧多克索斯为代表的快乐主义者和以斯彪西波为代表的反快乐主义者的意见截然对立，而柏拉图的意见相对来说则是比较中道的中间立场。在这些当时流行的主要快乐观念中，对亚里士多德影响最大的无疑是柏拉图的快乐论。因此，在阐述亚里士多德的快乐定义和快乐分类学之前，先行考察亚里士多德对柏拉图的快乐论的评判，将不仅有助于理解和阐明亚里士多德自己的快乐定义和快乐类型学，而且也有助于管窥柏拉图快乐论的症结所在。

　　针对柏拉图借以支持他的"有些快乐是一种善，但多数快乐是坏的"判断的理由，也就是"主张快乐不都是善的人"提出的两种主要理由，即"其一，有些快乐是卑鄙的、耻辱的。其二，有些快乐有害，因为令人愉悦的事物有些会使人致病"（亚里士多德，2003：217，218），亚里士多德（2003：218，220，221~222）分别做出了否定性回应，也就是做出了阐明"上述论据（理由）不能充分表明快乐不是一种善"的反驳。亚里士多德对第二种理由的反驳是这样的，"说因为有些令人愉悦的事物会使人致病，所以快乐是坏的，就等于说健康是坏的，因为有的健康事物对赚钱有害。从这个方面说它们是坏的，但从其本身来说它们并不是坏的。甚至沉思有时也有损健康"。针对第一种理由即"有些快乐是卑鄙的、耻辱的"，亚里士多德指出"即使某些快乐是坏的，也说明不了某种快乐不能是最高善。这正如尽管某些科学是坏的，但某一科学仍可以非常好一样"。有必要指出的是，亚里士多德对此理由的反驳在一定程度上也可被视为对我们最终归于柏拉图名下的第三种意见——"即便所有快乐都是善，快乐也不可能是最高善"的反驳。因为亚里士多德接下来提出的三种理据（1153b8－1154a8）亦可表明"某种快乐可以是最高善"。根据中文译注者廖申白（亚里士多德，2003：223 注 1）的观点，那些理据是"最高善（幸福）的定义理据"、"事实理据"和"幸福的性质理据"，亚里士多德借此不仅批驳了柏拉图用以支持"快乐不都是善"主张的理由——"有些快乐是卑鄙耻辱的"，而且驳斥了"快乐不可能是最高善"的意见。对"主张快乐不是最高善之人的理由"——"快乐是过程而不是目的"，亚里士多德（2003：218～219）提出了"快乐不是过程……快乐既是实现活动也是目的……说快乐是感觉的过程是不对的，最好把过程一词换成我们的正常品质的实现活动，把感觉的换成未受到阻碍的……实现活动与过程是不同的"的专门反驳。需要指出的是，正是在对柏拉图关于快乐的这两条意见的反驳中，亚里士多德的快乐定义也浮现了出来。按亚里士多德的建议，把"过程"和"感觉的"与"实现活动"和"未受阻碍的"进行替换后，我们得到的是这样的陈述：快乐是未受到阻碍的我们的正常品质的实现活动。此外，在"最高善（幸福）之定义理据"中，亚里士多德（2003：221）也明确指出了"快乐就是这样的未受到阻碍的实现活动"。但需要注意的是，这种快乐定义只是亚里士多德快乐定义的历史样式之一，在此前后亚里士多德似乎还对快乐做出了不同形式的定义。

　　如果说亚里士多德的这些反驳主要针对柏拉图关于快乐与善的关系的意见而未直接涉及作为"匮乏之补足"的柏拉图式快乐定义的话，那么，我们也不难找到亚里士多德将批判矛头直指柏拉图快乐定义的论述。一方面，在亚里士多德看来，柏拉图定义的快乐只是"在偶性上令人愉悦的""补足性快乐"（the replenishment pleasure）或"恢复性快乐"（the restorative pleasure）。所谓"在偶性上令人愉悦的"，亚里士多德（2003：225）指的是"那些治疗性东西"，也就是柏拉图所谓饿时吃的东西、渴时喝的水或病时吃的药等。这些东西"只是因正常品质还残缺的部分的作用，它们才产生治疗作用（所谓是药三分毒，它们本性上未必是令人快乐的），那个过程才使人快乐。相反的，那些激起正常本性活动的事物，则是本性上令人愉悦的"。换言之，对亚里士多德来说，柏拉图所定义的快乐即"伴随着恢复过程的快乐"，只是"以特定方式成为快乐"而"并未满足令人愉悦的所有条件……恢复性的快乐不是在本性上令人愉悦的快乐，非恢复性的快乐才是在本性上使人愉悦的快乐"（Wolfsdorf, 2013：128）。对于除了只"在偶性上"而非"在本性上"令人愉悦的补足性快乐之外，还存在"不包含痛苦或欲望的快乐"即"处于正常的状态而不存在任何匮乏情况下的快乐"的立论，亚里士多德（2003：219）是通过这样的事实证成的，"在正常的状态下，我们不再以在向正常品质回复过程中所喜爱的那些东西为快乐。在正常的状态下，我们以总体上令人愉悦的事物为快乐。而在向正常品质回复过程中，我们甚至从相反的事物，例如苦涩的东西中感受到快乐。这类事物在本性上或总体上都不是令人愉悦的，所以我们从中感受到的快乐也不是本性上或总体上令人愉悦的"，"回复性的快乐只在偶性上令人愉悦"。有意思的是，亚里士多德提出的上述反驳还直接指向斯彪西波用以支持"快乐根本不是一种善"的理由之一，即"一切快乐都是向着正常品质回复的感觉过程，而过程与其目的在性质上是不同的，正如建房过程与房屋是不同的一样"（亚里士多德，2003：217）。但是，斯彪西波在这里所持的快乐概念显然就是柏拉图对快乐的定义，由此，斯彪西波与柏拉图的思想关联就呈现出来了。实际上，斯彪西波是柏拉图的侄子，是柏拉图去世之后的"希腊学园"的继承者，斯彪西波在思想上继承了柏拉图的快乐定义倒也不足为奇。我们甚至可以说在对快乐的伦理价值定位上，斯彪西波将柏拉图极端化了。但有趣的是，斯彪西波在主持"希腊学园"期间却是以放荡无度的生活作风闻名的。

　　另一方面，亚里士多德对柏拉图式的快乐定义的批判矛头指向的是柏拉图的快乐定义完全或太过端赖肉体的生理过程。在反驳主张"快乐是恶"者提出的理由——"善是完成了的东西，而运动与生成都是未完成的，并试图证明快乐是运动与生成"时，亚里士多德（2003：294）指出"他们的确说过，痛苦是正常品质的匮乏，快乐是这种匮乏的补足。但是，匮乏与补足只是肉体的感受。如果快乐是朝向正常品质的补足，那么，感到快乐的就是得到补足的东西，就是肉体感到快乐。但是，事情似乎并不是这样。因此，快乐不是补足。但是在补足生成时也伴有快乐，就像划开皮肤时伴有痛苦一样。这种意见似乎是根据与进食有关的痛苦和快乐提出的。因为先经过腹空的痛苦，才感受得到补充食物的快乐。但是，并非所有快乐都是这样……"。很显然，在亚里士多德看来，柏拉图主要从饥餐渴饮这种现象得出快乐定义的做法是站不住脚的，因为这将导致痛苦与快乐只被视为身体的匮乏与补足，痛苦与快乐及其所是的匮乏与补足将被视为"只是肉体的感受"，只是"肉体感到快乐"而无关其他。但是，这显然不会被接受也并不符合实际。柏拉图（2003b：208）自己就指出"灵魂在期待快乐时会感到快乐，在预见痛苦时就会感到痛苦"。这说明灵魂也感到快乐和痛苦，而且即便是"肉体感到快乐"也不可能没有灵魂参与，因为"在口渴者的身体中一定有某样东西领悟这种补充……但这东西不会是身体，因为身体当然是缺乏的……唯一可选的就是灵魂，灵魂领悟补充"（柏拉图，2003a：213）。诚然，柏拉图也可能正因此而不接受亚里士多德对其快乐定义的推断和批判，但一旦快乐被搁置在其他地方而不是身体本身，那么，柏拉图"快乐即补足"的定义就会土崩瓦解，因为肉体的匮乏与补足过程将不能再等同于快乐和痛苦。尽管"补足生成时也伴有快乐，就像划开皮肤时伴有痛苦一样"，但"快乐不是补足"本身，而是补足过程生成的效果，是肉体的匮乏在补足时灵魂领悟到的补足过程并发的效果。总之，在亚里士多德看来，柏拉图似乎混淆了补足/恢复的过程与并发的快乐效果，"柏拉图的快乐定义因采借一个错误的出发点而错过了快乐的真正本质，与饥餐渴饮相关的肉体快乐只是一种可能的快乐例证，切不可将其当成快乐范式，而是要把快乐的定义下得更广泛一些"（Riel，2000：50）。正是在对柏拉图的快乐定义进行反驳和批判的过程，亚里士多德对他所谓真正的快乐的定义也呼之欲出。

与柏拉图的快乐定义的形成散落在各个时期的对话中一样，亚里士多德的快乐定义的形成也经历了时间变化过程，与柏拉图从他最早到最后的对话中都只抱持着"缺乏之补足"的快乐定义不同，亚里士多德秉持的快乐定义似乎经历了三种不同的历史样式。在阐明亚里士多德的快乐定义时，我们遇到的第一个问题就是亚里士多德是否曾经认可并抱持柏拉图式的快乐定义的问题。我们发现，亚里士多德（1991：48~49）在《修辞学》中指出，"快感（快乐）可以假定为灵魂的一种运动——使灵魂迅速地、可感觉到地恢复到它的自然状态的运动；快感（快乐）的反面是苦恼（痛苦）。如果快感的性质是这样的话，那么，很明显，凡是能够造成上述状态的都是使人愉快的"。而柏拉图（2003a：599）不仅明确指出"快乐和痛苦都是在灵魂中产生的某种运动"，而且提到了"当生命有机体由无限和有限构成的自然状态被毁灭，这种毁灭是痛苦，相反的，如果有机体的正常本性回归了，那么这种反转一定是快乐"（柏拉图，2003a：208）。相较之下，我们不难发现亚里士多德此时秉持的快乐观念不乏柏拉图式的快乐定义的痕迹。虽然有学者将此定义归于斯彪西波名下（Guthrie，1978：468-469），但斯彪西波与柏拉图在快乐定义问题上的思想关系上文早就已经阐明，因此，我们完全有理由相信亚里士多德在早期曾经认可并持有柏拉图的快乐定义。此外，从亚里士多德的生涯轨迹来看，我们也不难推知亚里士多德早期的快乐观念深受柏拉图的影响。因为《修辞学》"是在亚里士多德思想生涯很早时期写就的，特别是他在柏拉图学园期间成书的……亚里士多德在他的思想生涯的一个特定时期的确抱持过快乐就是一种补足/恢复的观点"（Wolfsdorf，2013：111）。由此，我们也就找到了亚里士多德之快乐定义的第一种历史样式，那就是柏拉图所谓的"快乐即缺乏/痛苦之补足/修复"的快乐定义。当然，就像上文已经提到的那样，亚里士多德很快就摒弃了这种柏拉图式的快乐定义。

　　至于亚里士多德的快乐定义的第二种历史样式，就是我们在前文已经遇到的"快乐是我们的正常品质的未受到阻碍的实现活动"。亚里士多德在《尼各马可伦理学》第七卷中秉持的就是这种"快乐是实现活动"的定义，这种快乐定义充分地体现在这样两条证据中：其一，"如果每一种品质都有其未受阻碍的实现活动，如果幸福就在于所有品质的或其中一种品质的未受阻碍的实现活动，这种实现活动就是最值得欲求的东西，而快乐就是这样的未受阻碍的实现活动"。其二，"快乐既是实现活动，也是目的……说快乐是感觉的过程是不对的。最好是把过程一词换成我们的正常品质的实现活动，把感觉的换成未受阻碍的"（亚里士多德，2003：221，220）。有必要指的是，尽管亚里士多德的第二种快乐定义已经明确了，但其中的所谓"实现活动"到底是什么却并不是不言而喻的。由于亚里士多德是用实现活动来界定快乐的，因此，显然不能反过来说实现活动就是快乐。为了使亚里士多德的第二种快乐定义更清楚地澄明自身，我们显然有必要对实现活动到底是什么做进一步探基。根据廖申白（亚里士多德，2003：4 注 1）援引格兰特（Alexander Grant）的说法，在亚里士多德那里的"实现活动"（$\dot{\epsilon}\nu\epsilon\rho\gamma\epsilon\iota\alpha$/activation）在"严格意义上指的是含目的于自身的活动，在相对意义上也可以是实现一种外在目的的手段。在亚里士多德的概念中，实现活动作为一种实现自身目的或同时既是内在的又是外在的目的的活动，与潜能有根本区别。它是付诸了运用的能力，与作为潜能的未起作用的能力无关"。在格兰特看来，"亚里士多德将实现活动区分为物理的实现活动与心理的实现活动。心理的实现活动的典型性特征是它们具有产生相反方面的同等能力，而物理的实现活动只局限于产生相反方面之一的能力，如热的能力只产生热而不能产生冷"（Grant，1857：187）。由此而来，据亚里士多德（2003：219）所谓"快乐既是实现活动也是目的……快乐不产生于我们已经成为的状态，而产生于我们对自己的力量的运用"来看，在他所谓"快乐就是实现活动"的第二种定义样式中的快乐就是目的本身，是"在其自身之中就内含有其目的并且因其自身之故而值得欲求"的，而不是"旨在实现其他目的的过程或过渡"（Grant，1857：192）。在这种意义上，快乐就是正常品质未受阻碍地实现自身的活动本身而不是这种实现活动之外的什么东西，不是这种实现活动完成之后产生的什么附带效果。

通过探究所谓"实现活动"是什么以阐明亚里士多德的第二种定义样式中的快乐等同于实现活动本身是非常有必要的，因为亚里士多德的第三种快乐定义虽然在表述上同第二种定义只有细微差异，但在快乐何所是的具体含义上却已经有迥然差别。在《尼各马可伦理学》的第十卷中，亚里士多德是这样对快乐进行描述和界定的，一方面，从作为特定的实现活动的感官知觉来讲，"最完善的实现活动是处于良好状态的感觉者指向最好的感觉对象时的活动。快乐使这种活动臻于完善，但是，快乐使感觉的实现活动臻于完善的方式不同于感觉对象与感觉者……快乐完善着实现活动，但不是作为感觉者本身的品质，而是作为产生出来的东西完善它，正如美丽完善着青春年华"（亚里士多德，2003：298）。另一方面，从更广泛的生活本身来讲，"人的实现活动不可能是不间断的，快乐也不可能持续不断，因为快乐产生于实现活动……生活是一种实现活动，每个人都在运用他最喜爱的能力在他最喜爱的对象上积极地活动着……快乐完善着这些实现活动，也完善着生活，这正是人们所向往的。因此，我们有充分的理由追求快乐，因为快乐完善着每个人的生活，而这是值得欲求的"（亚里士多德，2003：299）。在这里亚里士多德不再将快乐等同于实现活动，不再说快乐是正常品质之未受到阻碍的实现活动本身，而是说快乐来自或伴随实现活动并且使实现活动完成、完善或完满自身。虽然实现活动本身在他的第三种快乐定义形式中仍至关重要，亚里士多德（2003：299，301）甚至指出"这两者似乎是紧密联系、无法分开的，没有实现活动就没有快乐，快乐则使每种实现活动更加完善……快乐与实现活动联系紧密，难以分离，以致产生它们是否就是一回事的问题……由于快乐与实现活动不能分离开来，有些人觉得它们就是一回事"。但很显然的是，这时的快乐已经不再是实现活动本身，而是某种附加到实现活动之上并使其完善的东西，是某种产生于实现活动并使实现活动得以完善自身的东西。有趣的是，如果《尼各马可伦理学》第七卷确实出自亚里士多德之手，我们从中发现的快乐即实现活动本身的定义确实是他曾经秉持的快乐定义的话，那么，亚里士多德自己显然也就在他指出的上述那种"有些人"的行列中，至少亚里士多德曾经是认为"快乐与实现活动就是一回事"的人之一。

既然亚里士多德在第七卷将快乐等同于实现活动本身，而在第十卷中指出快乐产生于实现活动并且作为产生出来的东西使实现活动臻于完善，那么，亚里士多德关于快乐的定义为什么会发生变化呢？亚里士多德似乎并未对这种变化做出过解释，但对这个问题我们至少可以找到这样两种解释。其一，相对于他在第十卷中关于快乐的界定而言，我们可以说亚里士多德在第七卷混淆了实现活动本身与实现活动的特定方面，因而才误将作为实现活动的特定方面的快乐等同于实现活动本身。当然，这种解释要建立在"一种有其实现程度差别并在其内含的快乐中才达到完满实现程度的实现活动观念"上，也就是说"实现活动并不必然使要实现的品质达到自然状态（正常品质），也并不必然不受阻碍——只有完满实现的实现活动才如此"（Wolfsdorf，2013：131）。基于这种实现活动观念，快乐可以被理解为完满实现了的实现活动的一个方面，而且这方面是实现活动自身所必不可少的部分，因为正是这部分使实现活动臻于完善并表征着正常品质在实现活动中的完满实现。亚里士多德（2003：39）所谓的"我们必须把伴随着活动的快乐与痛苦看作品质的表征，因为仅当一个人节制快乐并以如是为之为乐时，他才是节制的"已经在一定程度上预示了实现活动与快乐的这种关系，而这正是在第二卷表达的观点，由此就在一定意义上佐证了上述解释的可靠性。其二，亚里士多德快乐定义的变化，可以说是他对快乐主义的态度变化的结果。这种解释是从那些主张亚里士多德关于快乐的两种说明"只是关注焦点不同导致的视角变化"的人那里得来的。他们认为"第七卷考察令人快乐的东西的本质是什么，第十卷关注快乐的本质是什么"，亚里士多德明确反对将快乐等同于实现活动，只是强调两者非常紧密甚至不可分离的关系（Owen，1971-1972：143-145）。他们的理由是如果把快乐与实现活动等同将会导致"快乐等同幸福：幸福作为善乃是人之最高能力的最完美实现活动，这事实上就等同于最高快乐……亚里士多德的立场将会就此而变成一种快乐主义：快乐（至少一种快乐）是最高的善"，但这同他"对快乐主义的批判立场相悖"（Riel，2000：52）。有必要指出的是，尽管这些理由是用以解释亚里士多德的快乐定义没有实质性变化的，但也可以用来解释亚里士多德对快乐的理解发生变化的原因。因为亚里士多德（2003：221~222）在第七卷中明确表达了"快乐就是这样的未受阻碍的实现活动"的观点，并将"如果兽类和人都追求快乐，这就表明它在某种意义上的确是最高善"的快乐主义的观点拿来当作论证证据。而在第十卷亚里士多德（2003：296）则指出"快乐不是善，或并非所有快乐都值得欲求，只有那些在形式上和来源上与其他快乐不同的快乐自身才值得欲求"的观点，并且明确提出了"快乐产生于实现活动"和"快乐完善这些实现活动"的主张。这些无不表明亚里士多德对快乐的理解的确发生了变化。

在阐明了亚里士多德的三种快乐定义样式及其变化原因之后，我们有必要考察亚里士多德的快乐类型学。因为不论是对快乐的不同定义还是对快乐的不同分类都体现着特定时代的社会成员关于快乐的主要意见和看法，都有助于我们去理解特定快乐体制的典型特征。就亚里士多德的快乐类型学来说，"就像柏拉图一样，亚里士多德对快乐分类问题的兴趣也主要受他对伦理价值的关切所激发和引导，也就是说亚里士多德对在不同快乐类型之间做出区分感兴趣，是因他对确定哪种快乐具有更多的或更少的伦理价值的兴趣使然"（Wolfsdorf，2013：134）。与柏拉图提出了可谓最详尽的快乐分类相比，亚里士多德在他的快乐类型学中区分出来的快乐种类相对较少，甚至都没有像柏拉图那样区分出可以确切命名的快乐类型。当然，亚里士多德更明确地提出了借以将不同快乐区分开来的原则。在亚里士多德（2003：299~300）看来，"由于快乐与生活或实现活动无法分开，因此快乐就有类属的不同。因为不同事物由不同东西来完善……在形式上不同的实现活动也由形式上不同的东西来完善。思想的实现活动与感觉的实现活动不同……所以，完善着它们的快乐也是不同的。这点也可由每种快乐都与它所完善的实现活动相合得到见证"。简而言之，快乐的不同种类根据实现活动的不同种类得以区分开来，不同形式的实现活动分别有着属于它自身的不同类型的快乐。更重要的是，不同快乐种类的伦理价值属性和位格，似乎也同样取决于不同实现活动的伦理价值。因为"每种实现活动都有自身的快乐，实现活动是好的，其快乐也是好的，实现活动是坏的，其快乐也是坏的"（亚里士多德，2003：301）。亚里士多德明确区分出的两种快乐，就是在他的分类原则中已经有所表露的"思想的快乐"与"感觉的快乐"。在伦理价值的属性和位格上，"思想的快乐高于感觉的快乐，在思想的快乐之间也有一些快乐高过另外一些快乐"，同理，在不同的感觉快乐之间也有高低优劣的区别，作为感官知觉的"视觉在纯净度上超过触觉，听觉与嗅觉超过味觉，它们各自的快乐也是这样的"（亚里士多德，2003：301）。因此，这些快乐类型在伦理价值的位序上或在同善的距离上也是这样的。

这里的所谓"纯净度"，很显然会让人联想到柏拉图在《斐莱布篇》的相关论述。但有必要指出的是，作为缺乏之补足的快乐定义，柏拉图的纯粹快乐指的是没有混合痛苦的快乐，也就是柏拉图的"纯净度"观念主要是就不与痛苦混合的程度而言的，而"亚里士多德的纯净度观念主要是就认知对象的身体卷入的独立程度而言的，并且这种独立的程度被假定具有巨大的认知精度"（Broadie & Rowe，2002：438）。因此，尽管两者的纯净度观念在他们判断快乐的伦理价值上的作用是相同的，但"柏拉图的纯净度观念主要是本体论的"，而亚里士多德的则是"认知性的"（cognitive），他们的"快乐纯净度的观念从根本上说是有所差别的"（Wolfsdorf，2013：135）。除了对人的快乐进行分类之外，亚里士多德（2003：301）还给动物的快乐做出分类，"每种动物似乎都有它本身的快乐，正如有它本身的活动一样，也就是每种动物都有相应于它的实现活动的快乐……赫拉克利特说，驴宁要草料不要黄金，因为草料比黄金更让它快乐。因此，不同种的动物有不同种的快乐"。显然，亚里士多德是根据动物物种，更具体说是动物的习性来区分不同动物的快乐类型的。有意思的是，亚里士多德对动物的快乐与人的快乐的复杂性差别做出了比较，在动物身上"不同种的动物有不同快乐，反过来可以说，同种动物有同种快乐。但在人类中间，快乐的差别却相当大。因为同样的事物，有人喜欢，而有人则讨厌，有人觉得痛苦和可恨，有人则觉得愉悦和可爱"（亚里士多德，2003：301）。快乐在人类中比在同种动物中的差别更大的原因或许可以归结为人类在理智上比其他动物更胜一筹，但更主要的原因还在于人类社会对感官官能之塑造和对快乐种类之社会制造上。对快乐问题在作为社会性动物的人身上的复杂性和多样性，亚里士多德不仅提出了判别不同快乐之本质属性的尺度——"事物对于一个好人显得是什么样的，它本身也就是什么样……如果德性与好人（就作为好人而言）是所有事物的尺度，那么，对他显得是快乐的东西就是快乐，令他感到愉快的东西就是愉快的"——而且提出了排序不同快乐之伦理价值位序的尺度——"完善着完美而享得福祉之人的实现活动的快乐就是最充分意义上的人的快乐，而其他的快乐也像其实现活动一样只在次等或更弱意义上是人的快乐"（亚里士多德，2003：302）。有必要指出的是，好人、德性与幸福作为判别事物善恶的尺度在伦理型快乐体制中至关重要，在伦理型快乐体制的基本构型中随处都可以见到这种尺度的印记。

（三）作为无痛状态与灵魂冲动的快乐

在阐明了里尔（Gerd V. Riel）笔下可谓快乐问题上的"两种范式"（two paradigms）的柏拉图与亚里士多德的快乐学说之后，我们迎来的是另外两种同样影响深远的快乐观念范式：其一是伊壁鸠鲁学派的快乐观。其二则是斯多葛学派的快乐观。关于这两个学派的历史渊源，黑格尔（1983a：48）指出"斯多葛学派和伊壁鸠鲁学派是科学化了的犬儒学派和居勒尼学派：犬儒学派同样也说过人应当把自己限制于单纯的本性；他们曾在生活必需的范围内寻找这个东西，但斯多葛派则把这个东西安放在了普遍的理性里，他们把犬儒学派的原则提高为了思想。同样，伊壁鸠鲁也把'享乐即是目的'这个原则提高为思想：快乐要通过思想求得，要在一个由思想所规定的普遍的东西中来寻找"。就两个学派之间的关系来讲，黑格尔（1983a：47，83～84）一方面指出，"伊壁鸠鲁派哲学是斯多葛主义的反面：在斯多葛学派，本质是普遍的东西而不是快乐，不是个人之为个人的自我意识，但是，这种自我意识的现实正是一种使人快乐的东西；在伊壁鸠鲁学派，快乐是本质的东西，但要去寻求、要去尝味的：是纯粹的、不混杂的、理智的、不会引起更大灾祸而损害自己的东西，要在全体中考察其本身被看成普遍的东西"；另一方面则指出，伊壁鸠鲁的"目的是精神的不动心，一种安宁，但这种安宁不是通过鲁钝，而是通过最高的精神修养来获得的。伊壁鸠鲁派哲学的内容，就它的整体、就它的目的来说是很高的，因此，是和斯多葛派哲学的目的完全平行的"。由此看来，尽管伊壁鸠鲁学派和斯多葛学派可能在许多具体思想上相互对立，但在他们的哲学目的或理想生活图景上则可谓殊途同归，也就是说一种"不动心"的"安宁"都是他们的心之所向。既然在整体上伊壁鸠鲁学派和斯多葛学派都是以思想的极端性为鲜明特征的，它们之间的相互关系又被说成是纷繁复杂的，那么，它们在快乐问题上的具体主张是否如此呢？

从黑格尔关于伊壁鸠鲁学派之历史渊源的说明中，我们知道在伊壁鸠鲁学派与居勒尼学派之间有着思想亲和性，更明确地说就是它们都被视为通常所谓的"享乐主义"，由于"享乐主义"在历史上的污名，因此，更中性地说应该是"快乐主义"（hedonism）。然而，尽管这两个学派都共享"快乐主义"之名，甚至共同抱持着"享乐（快乐）即目的"的宗旨，但他们在具体思想主张上的差别也是显而易见。这种明显差别当然包括体现在黑格尔所谓"伊壁鸠鲁学派是科学化的居勒尼学派"，伊壁鸠鲁学派将"享乐即目的"的原则提高为思想这种学派的思想品质特征意义上的差异，但更主要的差异或许还是体现在他们的快乐学说的具体内容上，简单地说我们可以认为"居勒尼学派是'身体或肉体的快乐主义者'（the bodily or somatic hedonist），他们主张善是身体的快乐。相反的，伊壁鸠鲁学派则主张善是身体之痛苦的消除和精神或心灵之苦恼的刈除。伊壁鸠鲁学派将痛苦或苦恼的刈除等同于快乐，因此，为方便起见我们或许可以将伊壁鸠鲁称为'止痛的快乐主义者'（the analgesic hedonist）"（Wolfsdorf，2013：147）。居勒尼学派被称为"肉体的快乐主义者"，一方面是从居勒尼学派和伊壁鸠鲁学派在快乐分类上的不同主张而来的，"居勒尼学派不承认作为平静状态的快乐，而只认可存在于运动中的快乐。伊壁鸠鲁则同时承认平静的快乐和运动的快乐，也承认身体的快乐和心灵的快乐……心灵安宁和没有痛苦表示平静的快乐，欢乐和欢快被视为存在于运动和活动中"（Laertius，1925：661）。此外，"居勒尼学派认为身体痛苦比心灵痛苦更坏，作恶者遭受的总是身体惩罚的痛苦；而伊壁鸠鲁学派则认为心灵的痛苦更坏，肉体只是承受了当前的风暴，而心灵则承受着过去、将来和当前的风暴，因此，心灵的快乐也比身体的快乐更伟大"（Laertius，1925：661，663）。另一方面是从罗马哲学家西塞罗和演说家昆提利安（Quintilian）对居勒尼学派的代表人物亚里斯提卜（Aristippus）的评论中推断出来的，西塞罗说"亚里斯提卜似乎认为我们没有灵魂，而只有一副躯体"。昆提利安说"亚里斯提卜将最高的善安放在身体的快乐上"（转引自 Wolfsdorf，2013：147）。而伊壁鸠鲁学派被称为"止痛的快乐主义者"不仅体现在他们同居勒尼学派关于快乐类型的不同主张中，而且更体现在伊壁鸠鲁给快乐所下的定义中。

就伊壁鸠鲁的快乐定义来说，尽管在他遗留下来的极少残篇中基本找不到关于快乐是什么的确切定义，但从这样两份材料中我们却可以大致推知伊壁鸠鲁对快乐的理解。其一，在西塞罗的《论道德目的》中，快乐主义者托夸图斯（Manlius Torquatus）这样解释伊壁鸠鲁的立场，"我们决不追求那种以其甜蜜扰乱我们的本性和在我们中产生惬意感觉的快乐；毋宁说，我们视为最大快乐的是所有痛苦都被消除时感到的快乐。因为当我们从痛苦中解脱时，我们也就从烦扰的消除中得到了快乐……快乐紧随着痛苦的消除而来。因此，伊壁鸠鲁并不认为在痛苦和快乐之间存在着中间状态，毋宁说，那种被某些人认为是中间状态的特定状态即没有一切痛苦的状态，不仅被伊壁鸠鲁当成了真正的快乐，而且被当成了最高的快乐"（Cicero，2004：15）。其二，是来自《致美诺凯乌斯的信》（Letter to Menoeceus）的证据。在其中，伊壁鸠鲁明确指出"我们一切行动的目的都在于免受痛苦和恐惧，一旦我们做到这一点，灵魂的所有骚动就都平息下来了。因为生命已经无须再去追求某种需要的东西，也无须去寻找灵魂和身体的善借以得到实现的任何其他东西"（Laertius，1925：653，655）。在伊壁鸠鲁看来，"当我们说快乐是目的和目标时，我们说的并不是荒淫无度的快乐或声色犬马的快乐，就像那些对于我们的行止无知、有偏见或故意扭曲的人们所理解的那样。我们所谓的快乐，是身体没有痛苦和灵魂没有烦扰"（Laertius，1925：657）。如果说在西塞罗笔下的托夸图斯表述的伊壁鸠鲁的快乐定义还不是那么可信的话，那么，在伊壁鸠鲁的信徒拉尔修笔下呈现出的伊壁鸠鲁的快乐定义或许就相对可信了，而我们从中并不难推知伊壁鸠鲁的快乐定义就是痛苦的消除，不仅是身体痛苦的刈除也是灵魂不安的消除。与伊壁鸠鲁的没有痛苦即快乐不同，据拉尔修的观点"居勒尼学派认为痛苦的刈除不是快乐，他们也并不认为快乐的缺乏是痛苦，因为在他们看来快乐和痛苦都涉及变化，而没有痛苦和没有快乐不是变化，没有痛苦就像一个人睡觉的状态"（转引自 Wolfsdorf，2013：158）。由此，虽然前文曾经指出没有证据表明亚里斯提卜深思熟虑地提出并试图回答过快乐的定义问题，但如果说拉尔修关于伊壁鸠鲁与居勒尼学派之快乐观念的比较成立的话，那么，我们显然不难从对快乐的理解问题上看出伊壁鸠鲁学派和居勒尼学派之间的差别。

在快乐类型学的问题上，与居勒尼学派只承认动态的快乐不同，伊壁鸠鲁同时承认"动态的快乐"（the kinetic pleasure）和"静态的快乐"（the katastematic pleasure）。所谓动态的快乐指的是"运动中的快乐，是由正在进行的痛苦的消除构成的快乐"，而静态的快乐是指"当一种痛苦被消除之后获得的满意或满足的状态"（Riel，2000：80），也就是一种没有痛苦的状态。需要指出的是，从拉尔修对伊壁鸠鲁言行的这种记述——伊壁鸠鲁"既承认平静的快乐和运动的快乐，也承认身体的快乐和心灵的快乐，心灵安宁和没有痛苦表示平静的快乐，欢乐和欢快则被

视为存在于运动和活动中"——来看，拉尔修似乎"赋予伊壁鸠鲁一种
关于快乐的四重划分，在这种四分法中有两种主要快乐类型：动态的快
乐和静态的快乐，而每一种主要的快乐种类又分别包含着两个亚种：身
体的快乐和心灵的快乐"，由此就有了四种快乐："静态的身体快乐"即
"免于身体痛苦"、"静态的心灵快乐"即"免于心灵痛苦"、"动态的身
体快乐"即"欢快"、"动态的心灵快乐"即"欢乐"（Wolfsdorf，2013：
148）。有必要指出的是，尽管伊壁鸠鲁区分的两种基本快乐类型可以说
得到了普遍的承认，但对于这两种快乐类型的解释却有着不同意见。就
所谓的"静态的快乐"来说，有学者就指出从拉尔修和西塞罗的评论而
来的对静态的快乐的"标准解释"，虽然"作为一种解释可能没有什么
错误且可能确实抓住了历史上的伊壁鸠鲁的心中所想"，但就这种解释作
为关于"一种非感觉论的快乐种类的说明"而言却是一种"有瑕疵的说
明"（a flawed account），因为将静态的快乐说成一种"只有在没有痛苦
的情形下才能体验到的快乐"显然是"令人无法认可的"（Splawn，
2002：474）。在这里，我们暂且不予置评诸如此类的研究。因为我们的
目的并不在于检验伊壁鸠鲁的快乐学说本身，而在于尽可能忠实地阐述
伊壁鸠鲁的快乐定义和快乐分类学，以呈报出作为现代性绽出进程之
"观念泵"的伦理型快乐体制包含的快乐观念基本范式。

　　既然已经澄清伊壁鸠鲁学派的快乐论和快乐类型学，而"伊壁鸠鲁
哲学是斯多葛主义的反面"（黑格尔，1983a），那么，我们也就能大致
推知斯多葛学派的快乐话语的基本面貌了。但是，为使斯多葛学派的快
乐论更明确呈现出来，我们显然有必要深入他们关于快乐的更具体论述
中。就斯多葛学派给快乐下的定义来说，在斯多葛主义者看来，快乐是
灵魂的四种主要激情类别之一。因为"根据赫卡托（Hecato）在其《论
诸激情》的第二卷和芝诺（Zeno）在其同名专著中的说法，主要的或最
普遍的激情是由四种类别构成的：痛苦、恐惧、快乐、欲望或渴望"
（Laertius，1925：217）。既然快乐与痛苦、恐惧、欲望一样，都是灵魂
的主要激情/情感之一，那么，灵魂的激情在斯多葛主义者那里到底是什
么呢？所谓的"激情或情感，被芝诺界定为非理性的和不自然的灵魂运
动或过度的冲动"（Laertius，1925：217），也就是"超出和不服从于理
性命令的冲动，或一种非理性的和有悖于自然的灵魂运动，而且所有激

情都归属于灵魂的指挥官能……每种激情都是一种波动/慌乱，同样地，每种波动/慌乱也都是一种激情"（转引自 Long & Sedley，1987：410）。在灵魂的这四种主要激情类别中，"欲望和恐惧居于首位，欲望与显得是好的事物有关，而恐惧与显得是坏的事物有关；快乐和痛苦皆源于此：每当我们得到欲望的对象或避开恐惧的对象，我们就快乐；每当我们得不到欲望的对象或体验到了恐惧的对象，我们就痛苦"（Long & Sedley，1987：411）。换言之，斯多葛主义者"将激情视为判断，就像克律西波斯（Chrysippus）在《论诸激情》中所述的：贪婪是误将金钱视为一种善，而且这种情况与酗酒、放荡和所有其他的情感相同"（Laertius，1925：217），都是"灵魂的一种波动……非理性的激情就像受到惊吓的群鸟的无序运动一样"（Tieleman，2003：104）。由此而来，在斯多葛主义者那里的所谓"快乐"，就是"面对看上去值得选择的东西而激起的非理性的兴奋"（Laertius，1925：219），是基于错误的判断即所谓"新鲜的意见"（fresh opinion）而产生的有悖于灵魂的自然运动的过度的灵魂冲动。

　　斯多葛主义倡导的是一种合乎德性即顺应自然的生活。在斯多葛学派看来"幸福是目的，一切所作所为都是出于幸福之故，而幸福不是为了任何事情之故。幸福在于合乎德性的生活，在于与自然和谐相处的生活，或者同样的在于顺应自然的生活"（转引自 Long & Sedley，1987：410）。而恰如上文所述那样，对斯多葛学派来说，快乐作为灵魂的激情类别正是"过度的冲动，这些冲动因僭越自然和理性界限而是过度的"（Wolfsdorf，2013：148），是有悖于自然和不服从于理性命令的灵魂运动。因此，由于得到显得是好的事物或避开显得是坏的事物而产生的快乐，也就是由基于当前的错误判断或坏的理性而产生的快乐往往就被斯多葛学派视为通向幸福之路的绊脚石和洪水猛兽。罗马的斯多葛主义者塞涅卡（Seneca）就警告世人，"追求快乐就像追逐野兽：在被抓住的时候，它能转向我们并把我们撕得粉碎……一旦强烈的快乐被我们捕获，它就会变成我们的主人，一个人捕获了越多的快乐，就将听命于越多的主人"。在同快乐更确切地说是错误的快乐作斗争的问题上，斯多葛学派显现出了他们的犬儒主义血统，被称为"住在木桶里的哲学家"的犬儒主义者第欧根尼（Diogenes）就曾经这样告诫世人，"每个人都不得不参战的最重要战争是同快乐的斗争。这场战争非常难以制胜，因为快乐从来都不公开展示武力而是擅于欺骗和施予恶毒的魔咒，就像荷马口中的塞壬麻痹迷惑奥德塞的同志们那样……快乐从来不滋生单一的阴谋而是滋生各种各样的阴谋，其目的是通过视觉、听觉、嗅觉、味觉和触觉来扰乱世人，以珍馐、佳酿和美色来诱惑清醒之人与沉睡之人……一旦被它的魔杖击中，快乐就会冷酷地将受害者驱赶进猪圈囚笼，人将从此过着如猪如狼的生活"（Irvine，2009：113-114）。由此，我们就不难想见狄德罗（1992：167）会说"可鄙的犬儒主义者（斯多葛主义者）那么不遗余力地散布（关于享乐主义的）偏见……以致我们不得不指出享乐主义者是少见的名声最坏但品德高尚之人"的原因了。伊壁鸠鲁学派宣称"从现在直到永远都可以大声断言，对所有希腊人和外乡人而言，快乐是生活目标，美德只是实现目标的手段……尽管美德是幸福的必要工具但却必须服从快乐，因为快乐乃唯一本身就是善的东西"；而在斯多葛学派看来，"令人快乐的和痛苦的感觉与真正的幸福毫无关系……一旦快乐、健康或任何其他东西而不是德性被当作善和幸福的必要成分，那么，他们的伦理体系就将完全分崩离析"（Long，2006：18，5），合乎德性即顺应自然的幸福生活也将无从谈起。据拉尔修的说法，伊壁鸠鲁学派在历史上的恶名，往往就是斯多葛主义者们不遗余力地造谣和污蔑导致的。

有必要指出的是，虽然作为由"我们理性的错误判断引起的我们自然冲动的失调"的快乐，往往被斯多葛主义者视为"有碍于幸福的获得和有害于我们的自然状况的激情"，甚而指出"人们甚至都不应试图减轻快乐而是应将快乐连根拔起"（Riel，2000：90）。但从根本上说，在斯多葛主义者看来并非所有的激情和快乐都应该被连根拔起，为了实现合乎德性即顺应自然的生活目的而应被根除的只是那些不服从理性命令和有悖于自然的情感，而不包括作为"关于本身就是善的好事物的正确判断的额外效果"的所谓"好情感"（good affections）。因为这些好情感是"由德性和理性引导的"（Riel，2000：90），是"决不受情感影响"的斯多葛学派的圣贤也有的"指向真正的善"的"诚实情感"（veridical emotion）和"存在于诸知识片段中的诸冲动"（Inwood，2003：270，290）。由此而来，我们也就遇到了斯多葛学派的快乐论的第二个重要问题，也就是斯多葛学派的快乐类型学问题。实际上，在论述斯多葛学派的快乐定义时提到的所谓快乐是"灵魂的四种主要激情类别"之一中就已经暗藏了斯多葛学派之快乐类型学的玄机，因为所谓的"类别"就意味着在"快乐"这种激情类别之下还有各种快乐的亚种。事实也确实就是这样，在斯多葛主义者看来，在快乐这种主要激情类别下还有"销魂沉醉"（ravishment）、"幸灾乐祸"（malevolent joy）、"意乱情迷"（delight）和"乐不自禁"（transport）四种快乐类型。销魂沉醉作为一种快乐，是由耳朵的陶醉沉迷唤起的快乐。幸灾乐祸作为一种快乐，是因为他人的苦难而产生的快乐。意乱情迷作为一种快乐，指的是灵魂的推动力变得软弱，其名称在希腊语中类似于转向或旋转。乐不自禁作为一种快乐，则意味着德性的消解腐化（Laertius，1925：219，221）。这四种快乐的亚种都落在作为灵魂的四种主要激情之一的快乐情感类别下，都属于非理性的和不自然的灵魂运动或过度的灵魂冲动，而在斯多葛学派的圣贤也具有的所谓"好情感"中，也就是在作为"一个完全理性之人的冲动"的等同于"免受情感的困扰"的"斯多葛主义理想"的所谓"无欲心境"（the apatheia）的"好情感"（Inwood，1999：173）中，也存在一种与上述快乐类别相对应但属于"好情感"范畴的快乐类别，那就是所谓的"欢乐"（joy），是一种作为"快乐之对应物"的"合乎理性的兴奋"（Laertius，1925：221）。这里所谓的"欢乐"与"快乐"之间的区分，可以被视为斯多葛学派之快乐类型学的第二个也是最主要的方面。

除上述的这两个方面之外，与在作为"非理性之兴奋"的"快乐"之下有其亚种一样，在作为"合乎理性之兴奋"的"欢乐"之下也有其亚种。在作为"好情感"的"欢乐"下的亚种，包括"喜悦"（delight）、"愉悦"（mirth）和"舒畅"（cheerfulness）三种类型（Laertius，1925：221）。有必要指出的是，根据我们援引的拉尔修《名哲言行录》的英译本，在"快乐"的亚种和"欢乐"的亚种中都涉及以"delight"命名的类型，为了以示区别，我们分别将其翻译成"意乱情迷"和"喜悦"。但是，对于英译者为什么用同一个词来命名两种在性质上理应有所区别的情感类型，我们从可得资料中却无从知晓。此外，除了可以确定这三种类型与"欢乐"一样都属于"好情感"之外，对这三种欢乐本身我们似乎也不能有更多的了解，因为斯多葛主义者似乎并没有像对"快

乐"之亚种的区分那样对其做出更具体的说明。不惟如此，在斯多葛学
派对快乐和欢乐之不同亚种所做的划分中，"即使它们都个别地符合我们
所熟悉的情形，但不论是快乐还是欢乐的各个亚种似乎都划分得不那么
有条理"，这种情况在欢乐范畴和快乐类别下都有以"delight"来命名的
情感亚种中就可见一斑。换言之，"除了快乐与欢乐之间的种类区分之
外，很难理解斯多葛主义者为什么如其所为的那样分别对快乐和欢乐进
行了细分"（Wolfsdorf，2013：213）。斯多葛主义者借以将欢乐的亚种与
快乐的亚种划分开来的依据晦暗不明。但不管怎样，斯多葛学派之快乐
类型学的基本面貌已经向我们绽露出了自身：其一，在作为灵魂之最普
遍的四种激情之一的快乐类别中包含四种快乐类型，它们与快乐一样都
是灵魂的非理性膨胀，都被视为有悖于合乎德性即顺应自然的幸福生活
目的且应该被根除的障碍。其二，他们在作为非理性兴奋的快乐与合乎
理性的兴奋的欢乐之间做出了明确区分。与作为不自然的和非理性的灵
魂运动或过度冲动的可谓"坏情感"的快乐不同，在斯多葛学派看来，
欢乐是同其追求的"无欲心境"理想相合的"好情感"之一。值得一提
的是，与恐惧相对的"审慎"（caution），与欲望相对的"意愿"（wish-
ing）也都属于"好情感"之列（Laertius，1925：221）。其三，与快乐
有亚种一样，在欢乐下也有三种不同的欢乐类型，而且与欢乐一样，这
三种欢乐类型也都被斯多葛学派视为合乎理性的"好情感"。

　　由此而来，我们也就阐明了在现代性绽出进程之"观念泵"中的不
同学派给快乐下的不同定义，澄清了这些学派的不同快乐类型学，从而
完成了关于现代性绽出进程的伦理型快乐体制的结构性分析的第二步，
让兴发于德性伦理情境下的伦理型快乐体制包含的基本快乐观念范式绽
露出自身。尽管伦理型快乐体制中的基本快乐观念范式在快乐定义和快
乐类型学上有所差异，但从这些基本范式都是在德性伦理情境下生产再
生产出的快乐话语中，我们不难发现除了那些显著的差异之外，它们之
间也必定有共享的特定同一性。这种同一性无疑是由作为它们的生发情
境的德性伦理传统所赋予的，而这种同一性反过来也正是它们都被归入
伦理型快乐体制的根据之一。前文已经通过与所谓"现代道德"的比较
而阐明了作为伦理型快乐体制发生情境的"德性伦理"的基本面貌，如
今又澄清了发生于这种德性伦理的伦理型快乐体制中的基本快乐观念范

式，那么，我们也就走到了将德性伦理传统赋予这些快乐话语的核心特征呈报出来，从而使伦理型快乐体制的结构特征绽露出自身的关头。从总体上说，作为伦理型快乐体制之发生情境的这种伦理传统的根本特征在于"以行动者为中心"（agent-centered）和"以自我为中心"（self-centered）。因为这种德性伦理传统不仅"将首要目的放在了描述'好人'（the good person）和帮助我们理解什么构成好生活……追问是什么使我们的特定性格品质成为德性以及如何养成这些德性以获得最好的生活"上，而且"在这种德性伦理框架中的基础性伦理问题，就是我们应该如何获得我自己的最终的善（好生活/幸福）……在追求我自己的最终的善的时候，我追求的正是我自己的自我利益"（Annas，1992：128，131）。虽然在前文通过与现代道德进行比较以勾勒德性伦理的基本面貌时，我们已经指出在德性伦理中也不乏现代道德借以作为其特征的"以行动为中心"（action-centered）和"关涉他人"（other-regarding）等结构要素。但是，以行动者为中心、自我中心或"自我关切"（self-regarding）显然才是德性伦理的主导性特征，这些特征在前文揭示的作为德性伦理之基本母题的幸福目的首先是个人的幸福和好生活，实现这种个人好生活目标的关键途径首先在作为人格品质的德性的养成中就可见一斑。既然德性伦理是以这些要素作为主导性特征的，而伦理型快乐体制包含的基本观念范式又是在这种德性伦理情境中生产再生产出来的，那么，伦理型快乐体制中的各种快乐话语将不可避免地带有德性伦理的这种风格特征，而这种以个体为分析单位的德性伦理传统赋予伦理型快乐体制什么样的具体结构特征将在下文的分析中得到更明确阐释。

三　伦理型快乐体制的结构特征

在着手对伦理型快乐体制进行结构分析的最后一步之前，我们有必要先行澄清，更确切地说是重申所谓的"快乐体制"（regime of pleasure）到底是什么的问题。雷迪（William M. Reddy）曾经把"建立起了一套情感规范并对触犯情感规范的人进行惩罚的实践复合体"称为"情感体制"（emotional regime）。在雷迪看来，作为"一套规范性的情感表达与培育着这些情感表达的正式仪轨、实践和述情"，作为"任何稳定的政治体制的一种必要的基础结构"，情感体制"可以被以一种初步的方式放置在一个频谱内，在这个频谱的一端是要求个体表达规范性情感和避免离经叛道的情感的严格体制……另一端则是诸如此类的严格的情感纪律只运用于特定机构（诸如军队、学校、神职群体等），只运用于一年的特定时期或生命周期的特定阶段的体制"（Reddy，2004：323，129，124-125）。虽然雷迪对情感体制的界定明显带有情感控制话语传统的印记，但对这种话语传统秉持的激情有其破坏性后果和前文提到的情感是"无意识的、受到被动模式主导而非以主动模式做出选择"（Elster，1999：306），情感往往被视为没有使动性的应激反应产物的基本前提，雷迪则通过"一种既有别于所谓'述行话语'（the performative utterance）也有别于所谓'述事话语'（the constative utterance）的言语行为"即所谓的"述情话语"（the emotive utterance）而做出了扬弃。在雷迪看来，"情感表达对关乎情感的活跃的思想材料有一种探测和自我变更的作用，述情话语既像述事话语那样描述世界也像述行话语那样改变世界"（Reddy，2004：128），情感和情感体制被赋予了一种使动性、生产性甚或变革性的力量。与雷迪对以往的情感话语传统有所继承但扬弃了这种传统的基本预设的"情感体制"概念一样，我们的"快乐体制"概念当然也涉及关乎快乐的情感规则但同时扬弃了有关情感之"消极性/被动性"的传统前提预设。与"情感体制"概念主要关注的是一般性的情感范畴而非特定的情感类型不同，"快乐体制"概念将注意力聚焦到了具体的快乐情感上。情感范畴下的具体情感类型充满了多样性与复杂性，唯有从特定的情感类型入手才有可能更扎实地刻画和诠释情感体制的要义。

从绽出理论将现代性绽出进程理解为一种源出于"快乐意志"的人之在世生存的"去存在"生存活动，这种活动以"出离自身-回到自身"的绽出运动为基本节律，以作为现身/处身情态的快乐情感为基本情调中，我们可以说"快乐体制"不仅是不断"出离"与"回到"自身的快乐意志的历史现身形态，而且是以"绽出地生存"为根本存在方式的人类时间性地展开自身"去存在"可能性的在世存在样式。作为快乐意志之历史现身形态的快乐体制充分体现在绽出理论将现代性绽出进程理解为快乐意志的历史性绽出进程中，而这种绽出进程恰恰现身为不同快乐体制的更迭交替。作为人之"去存在"的生存活动的在世存在样式的快乐体制，不仅可以从作为伦理型快乐体制之发生情境的德性伦理传统主要关切的是人应该过怎样的生活和如何养成德性以获得幸福的问题中看出，而且可以从伦理型快乐体制中的各种快乐观念范式都以幸福目的之实现为准绳对快乐进行伦理价值判断和取舍存废抉择的规范性话语中窥见。不论是作为快乐意志的历史现身形态，还是作为人之"去存在"生存活动的在世存在样式，快乐体制都可谓一套关乎认识、理解和处置人之在世生存中的快乐问题的话语实践体系，一种以关乎社会生活中的快乐问题的话语实践体系为构成部分并有其基本构型的社会存在方式或在世生存之道。在内容上，快乐体制不仅包含对快乐的现象性描述和客观性说明，而且包含对快乐的价值性判断和规范性要求，这从伦理型快乐体制的各种基本观念范式都有其快乐定义、快乐类型学和对快乐的伦理价值评判中就可见一斑。在形式上，快乐体制既有可能是一套在社会历史中切实地施行的快乐话语实践体系，也有可能是一套社会筹划的作为理想类型的快乐感受规则、表达规范和价值判准。根据涂尔干所谓的任何社会都有一种实现自身生产再生产必需的"理想化能力"的说法，实在的快乐体制与理想的快乐体制或许并不是分离的而是共在的。这从伦理型快乐体制既是所谓传统社会的历史现实的产物，也是为现代性绽出提供"开放的未来可能性"的理想型"观念泵"中就可见一斑。

　　有必要指出的是，与作为特定社会在历史现实中曾经和正在施行的实在的快乐体制相比，伦理型快乐体制在现代性绽出理论中主要是一种筹划性或理想型的快乐观念体制。因为在现代性绽出理论中，伦理型快乐体制的角色定位主要是现代性由以历史性绽出而来的"观念泵"，是在所谓的前现代时期中孕育和萌发的现代性绽出进程的"可能性种子"。既然快乐体制可谓一种以关乎社会生活中的快乐问题的快乐话语实践体系为构成内容的在世生存之道，那么，作为现代性绽出的"可能性种子"或"观念泵"的伦理型快乐体制，显然也是这样一种关乎快乐话语实践体系的在世生存之道。不惟如此，作为发生在以人应该过什么样的生活和如何养成德性以实现幸福为主要关切的德性伦理情境中的快乐话语实践体系，伦理型快乐体制在一定意义上可谓最充分地体现了作为一种在世生存方式的快乐体制的概念意涵。因为伦理型快乐体制涉及的各种哲学学说都可谓通向好生活目标的不同在世生存之道，而伦理型快乐体制中的各种快乐观念范式则正是这些哲学学说对于人之在世生活涉及的快乐问题提出的不同主张。由此可见，在作为现代性绽出进程之"观念泵"的伦理型快乐体制中包含着现代性由以历史性绽出的各种可能性种子，这些种子为现代性历史地展开自身之"去存在"可能性提供了各种选择性方案。虽然现代性在作为其"观念泵"的伦理型快乐体制中就内嵌着足以生长出"多重现代性"的可能性，但并不意味着每种可能性种子都能落在时间中历史性绽出为现实的现代性境况，反倒是只有其中的一种可能性种子得以最终实现成现代性绽出的实践形态。当然，在去剖析是哪种可能性种子从中脱颖而出，这种可能性种子历史性绽出成了什么现代性境况，这种现代性境况又结出了什么样的"现代性后果"等问题之前，还是让我们先行展开对作为现代性绽出之"观念泵"的伦理型快乐体制的结构特征分析。

（一）快乐伦理价值定位的多样性

实际上，在前文对伦理型快乐体制之德性伦理传统的发生情境和基本快乐观念范式进行分析时，伦理型快乐体制的结构特征就已经有所绽露了。在现代性绽出进程中，伦理型快乐体制是一套有着明确目的论旨归的价值评价和伦理规范体系，不同学派都旨在提供一种关于作为最高目的的幸福和如何实现这种好生活目的的说明。因此，几乎所有学派都有其关于快乐的伦理规范、价值评价甚至对不同快乐类型的价值排序。在柏拉图那里，由于他的不同对话讨论不同主题甚至在不同对话中秉持不同的幸福观念，因此，快乐与幸福的关系也就在不同对话中呈现出不同形式，快乐的伦理价值也显得不同。在《高尔吉亚篇》中，"柏拉图让苏格拉底简单地否弃了快乐，快乐不是别的什么，而只是对令人痛苦的缺乏的补足"。《斐多篇》"延续着对快乐的否定性态度，快乐是心灵的骚动和祸害人类的所有恶的根源：快乐招来贪婪、不公、动乱和战争"。《普罗泰戈拉篇》似乎"预示了一种不同的快乐观念，苏格拉底最终通过将德性定义为度量快乐的技艺而赢得了争论"。在《国家篇》中，"柏拉图在不同快乐类型之间做了不同区分。粗俗的快乐是在《高尔吉亚篇》中遭到了批判的那些，它们只是匮乏的补足并因此与痛苦相混合。

只有哲学家的快乐才是真正的快乐和纯粹的快乐，远优越于普通的杂劣快乐"。在《斐莱布篇》中，柏拉图指出"快乐"与"理智"相结合的"混合生活"是最好的生活，"特定的快乐具有一种积极功能——促进自我完善和自我完成"因而被当成"好生活的构成部分"。在《法篇》中，"快乐与痛苦作为一种教育手段和教育成败的试金石起着重要的作用，（即使）除了这种积极功能之外，快乐仍然只是法律规定的行动的副产品而已"（Frede，2006：255-256）。就快乐的这种重要作用或积极功能来说，柏拉图（2003b：441）说的是"要拒绝把快乐与正义分离开来，把善与光荣分离开来，即使这个理论没有其他用处，至少可以用来说服人们过一种正义和虔诚的生活"，而亚里士多德（2003：289）则把柏拉图的这种观点转述成"我们把快乐与痛苦当作教育青年人的手段"。

从快乐在柏拉图不同对话中的角色定位变化中，我们不难看出，对快乐在柏拉图学说中的伦理价值的任何一元判断都是不恰当的。柏拉图区分了有着不同性质的不同快乐，这些快乐对实现好生活目的的功能不尽相同。"与在《高尔吉亚篇》和《斐多篇》等许多早期的对话中关于快乐的否定性评价不同，（在他后期的对话中）柏拉图不仅将特定快乐整合到了最好的人类生活形式中，甚至还将快乐与理智相混合的生活形式评价为比没有混合的快乐的理智生活更好的生活"（Fletcher，2014：114）。由此可见，柏拉图并不完全否定快乐在实现好生活目的中的伦理价值，而是主张"快乐和正义肩并肩地促使人们去虔诚地和正义地生活"（Carone，2002：331），并且在一定意义上"看到了以某种方式把快乐整合到人类生活中的必要性，因为他认识到了与其极力压制和否定快乐，倒不如为了善的事业而利用快乐来得更好一些"（Frede，2006：255）。但有必要指出的是，在柏拉图看来，"是人类持续不断变化的生存处境使快乐成为可欲的，如果说不是所有的快乐都值得欲求，那么，至少某些快乐是这样的。快乐只是一种'补救性的善'，快乐作为一种导向满足的活动对那些遭受不足的人是可欲求的，而我们所有人实际上总会遭受某种不足"（Frede，1992：440）。换言之，快乐，在柏拉图的幸福观中，从根本上说并非就其本身就是值得欲求的自足的善而只是某种"补救性的善"（the remedial good）。如果根据前文提到的拉塞尔的区分来说，那就是快乐只是一种其善性端赖于理智、理性或实践智慧的导向的"条件性的善"，而不是一种像理智、理性或实践智慧那样不仅本身就是善的而且还能给其他的事物走向善提供导向的"非条件性的善"（Russell，2005：9）。

与柏拉图对快乐之伦理价值的这种定位最近似的，或许就要算斯多葛学派的观点了。恰如前文的快乐类型学分析已经揭示的那样，快乐在斯多葛学派那里也是复杂而多样的，既有分别属于"坏情感"与"好情感"的快乐和欢乐，又有在快乐与欢乐下的不同亚种。因此，快乐在他们的伦理价值评价体系中的属性和位阶无疑也是复杂的。但可以确定的是，欢乐与快乐有着不同的伦理属性，快乐在斯多葛学派的伦理价值序列中位格低下。因为在斯多葛主义者看来，作为灵魂之激情的快乐是非理性的和不自然的灵魂运动或过度的冲动，而斯多葛学派追求的好生活是一种顺应自然、合乎德性和合于理性的生活，斯多葛主义者追求的理想人格以所谓的"不动心"即"无欲心境"（the apatheia）为典型特征，有的斯多葛主义者甚至指出"不应该试图减轻而应该将快乐连根拔起"。然而，有必要指出的是，如果就此认为斯多葛学派将快乐的伦理价值属性定位为恶的或坏的，斯多葛主义者的生活中没有什么快乐可言，那就不仅失之偏颇甚至不甚恰当了。尽管我们发现斯多葛主义者将"快乐"与"生命、健康、漂亮、力量、财富……以及它们的反面，死亡、疾病、丑陋、虚弱、贫穷……"等认定为"中性的（非善非恶的），也就是既不会产生益处也不会带来伤害的东西"，甚至发现"赫卡托在《论诸善》第九卷和克律西波斯在《论快乐》中明确否定某些快乐是善的，因为一些快乐是可耻的，而任何可耻的都不是善的"（Laertius，1925：209），但并没有发现任何明显证据表明斯多葛学派明确将快乐的伦理属性定位为恶。此外，在斯多葛主义者的生活中也并非没有任何快乐，"斯多葛主义者并不认为来自友谊、家庭生活、餐饮甚至财富等的快乐有什么不对，只不过他们劝诫我们在享用这些东西的时候务必审慎小心……毕竟在享用一餐粗茶淡饭与陷入暴饮暴食之间只有一线之隔而已"（Irvine，2009：115）。由此可见，为实现他们理解的好生活目的和他们追求的"圣人理想"，斯多葛主义者主张对作为灵魂之不自然、非理性运动或过度的冲动的快乐进行抑制的态度是明确的，快乐在他们的伦理价值排序中位格低下也是显而易见的。但是，与其说斯多葛学派将快乐的伦理属性定位为恶，不如说是定位为中性或"无关紧要的"（the indifference）更为恰当。与其说斯多葛主义者的幸福没有任何快乐可言，不如说他们主张以自然、德性和理性为准绳对快乐采取"审慎小心"的态度更为妥当。

　　斯多葛学派对快乐采取的这种"审慎小心"态度，显然很容易让人想到前文提到的"伊壁鸠鲁式智慧"。毫无疑问，在对快乐的伦理价值定位问题上，伊壁鸠鲁学派与斯多葛学派之间存在巨大差异，甚至就像黑格尔所谓的两者是相互对立的那样。在伊壁鸠鲁学派看来，快乐是首要的和天生的善，所有快乐在本性上都是善的。快乐是幸福生活的出发点和落脚点，是一切行动的目的。我们所做的一切都是为了最高的快乐，也就是为了身体没有痛苦和灵魂没有烦扰。德性和理性虽说是快乐的生活所必需的，但只是为实现最高的快乐即幸福目的服务的工具性的善。而在斯多葛学派看来，恰如上文已经提到的那样，快乐根本不是一种善，更不用说是首要的善了。快乐只是对顺应自然的生活而言无关紧要的即中性的东西，甚至是在能激起欲望的意义上的中性的东西，也就是更接近恶的或坏的东西。对斯多葛学派来说，所谓的"目的"是"与自然和谐的生活（或顺应自然的生活），这等同于德性的生活，德性是自然引导我们走向的目标"，而"在被赋予理性的存在者"即所谓"理性动物"的人那里，顺应自然的生活就等同于合乎理性的生活……至于快乐，如果确实被感觉到了的话，那也只是一种副产品而已，只有在自然凭自身找到和建立起适合动物生存的手段后，快乐才出现；与动物的兴旺和植物的繁茂（人类顺应自然即合乎理性的幸福目的）比，快乐只是余波后效而已（Laertius，1925：193，195）。尽管伊壁鸠鲁学派赋予快乐至高的伦理价值地位，但并不意味着不同快乐之间没有位格差异，而为了实现好生活目的对不同位格的快乐进行正确取舍正是"伊壁鸠鲁式智慧"的要义所在，这种"伊壁鸠鲁式智慧"与上文提到的斯多葛学派圣贤的"审慎小心"并无本质差异。所谓的"伊壁鸠鲁式智慧"告诫我们，虽然一切快乐就其本身来说都是善的，但并不是所有的快乐都是值得选择的，而是要通过"审慎冷静的推理找出每种选择与规避的根基，摒弃那些会使灵魂陷入最大骚动的信念"（Laertius，1925：657）。而斯多葛学派圣贤的"审慎小心"则意味着"普通人沉溺于快乐，斯多葛主义的圣

贤则约束快乐；普通人认为快乐是最高的善，而斯多葛主义的圣贤甚至
不认为快乐是一种善；普通人会为了快乐之故无所不为，斯多葛主义的
圣贤不会为快乐做任何事情"（Irvine，2009：115-116）。由此可见，自
然、德性和理性是伊壁鸠鲁学派和斯多葛学派的生活方式的核心，一个
恪守伊壁鸠鲁学说的快乐主义者与一个斯多葛主义者的生活并没有什么
两样：伊壁鸠鲁学派视为最高快乐的"身体无痛苦和灵魂无烦扰"状
态，与斯多葛派圣贤"不动心"和"不困于各种激情"的"无欲心境"
状态非常相似。伊壁鸠鲁曾经指出"黑面包"和"清水"就能给饥渴之
人最大快乐，斯多葛学派及其先驱犬儒学派则可谓禁欲主义的典型代表。

　　如果说伊壁鸠鲁学派及其先驱居勒尼学派是伦理型快乐体制中赋予
快乐最高伦理价值地位的学派的话，那么，亚里士多德则在一定意义上
对快乐的伦理价值抱有相对肯定态度，是相对重视和承认快乐与幸福目
的之密切甚至积极关系的第二人。快乐，无疑在亚里士多德伦理体系中
占据重要位置。这既可以从《尼各马可伦理学》专门用两章讨论快乐上
看出，也可以在诸如"我们很难摆脱对快乐的感觉，因为它已经深深植
根于我们的生命中……我们或多或少都以快乐和痛苦为衡量行为的标
准……德性与政治学必然同快乐和痛苦相关"（亚里士多德，2003：40~
41）等相关论述中看出。与此相应，快乐对幸福无疑也是至关紧要的。
亚里士多德（2003：289）明确指出了"快乐似乎是与我们的本性最为
相合的……快乐与痛苦贯穿于整个生命，对德性和幸福都至为重要"。最
为关键的是，亚里士多德（2003：221，298）不仅把快乐说成"我们的
正常品质未受阻碍的实现活动"，而且指出"快乐完善着实现活动，但
不是作为感觉者本身的品质而是作为产生出来的东西完善着它，正如美
丽完善着青春年华"。如果快乐就是实现活动的话，那么，快乐甚至有成
为幸福本身的可能性。因为亚里士多德明确将幸福界定为灵魂的实现活
动。如果快乐是实现活动产生的并完善实现活动的东西，那么，作为实
现活动的幸福显然会产生某种快乐，而这种快乐则完善着幸福并使幸福
臻于完满。"幸福（的本质）在于实现活动，实现活动是生成的而非像
拥有财产那样据有"（亚里士多德，2003：279）。因此，作为"所有活
动之目的"的幸福显然要人去实现，用我们描画现代性绽出进程的话来
说就是要人"去存在"。或许，正是由于快乐与幸福的这种关系，由于

"对有所享受地实践德性而言，将快乐纳入实践活动中似乎是一个必要条件"（Kelly，1973：405），亚里士多德（2003：306）才指出"幸福中必定包含快乐"。由此，快乐在亚里士多德的伦理价值评价中显然有一席之地，而且快乐的伦理地位甚至还不是否定的。这从亚里士多德（2003：306）虽然同多数古代哲学家一样认为"合乎智慧的活动是所有合德性的实现活动中最令人快乐的"，但主张"不是所有肉体的快乐都是坏的和应该被规避的，饥饿的情感和性欲都是能促进我们的（生理）福祉的自然欲望，因而某些肉体快乐是必要的和值得理性选择的，因为它们有助于一个人的健康和整体境况"（Henry，2002：258）中就足可见一斑。

　　总的来说，伦理型快乐体制中的不同学派对快乐的伦理价值有着不同的定位，对快乐之于幸福目的的实现作用有着不同判断，对不同快乐类型的不同伦理价值属性和位格有不同排序，这些充分说明了在伦理型快乐体制中的快乐之伦理价值定位的多样性。但是，既然这些学派都是在德性伦理传统的共同情境中孕育出来的，它们生产再生产的快乐话语实践体系都属于以德性伦理传统为发生情境的伦理型快乐体制范畴，那么，在这些学派的价值评价和伦理规范体系之间显然不乏共享的同一性，他们对快乐的伦理价值评价无疑也有共性。从不同学派对快乐之伦理价值属性和位格的判断与定位中，我们不难发现，就快乐与幸福目的之实现的关系来说，不论是主张快乐即幸福的伊壁鸠鲁学派和居勒尼学派，主张快乐对幸福目的的实现有重要作用的亚里士多德和柏拉图，还是主张实现好生活目的需要警惕快乐之破坏性作用的柏拉图和斯多葛学派几乎都指出了快乐要被引导、控制、甄别和选择，而借以进行这种导向和抉择的准则几乎都是它们各自理解的幸福或好生活目的，用以引导和甄别快乐的方式则几乎都是顺应自然（更确切地说是希腊人所谓的"弗西斯"）、合乎德性或根据理性。就不同快乐类型的伦理价值位序来说，我们不难发现，心灵内在的快乐往往高于外在的快乐，纯净的纯粹快乐往往高于伴随痛苦的混合快乐，灵魂或理智的快乐往往高于身体或肉体的快乐，爱智慧的哲学家的快乐往往被当成最高的快乐。当然，有必要指出的是，与对快乐之伦理价值排序的这种总体共同趋势相悖的或许是居勒尼学派的学说。因为恰如前文已经提到的那样，根据西塞罗等的说法，居勒尼学派的代表人物亚里斯提卜似乎认为我们没有灵魂而只有一副躯体，而且最高的善就是身体的快乐。但从总体上来讲，灵魂的快乐高于肉体的快乐、内在的快乐高于外在的快乐和纯净的快乐高于混杂的快乐的位序，才是伦理型快乐体制中的不同快乐之伦理价值排序的主导性趋势。这种趋势体现在柏拉图（2002：61，62）《斐多篇》的这种说法——"在身体快乐方面，哲学家会尽可能使其灵魂摆脱与身体的联系……哲学家的灵魂优于其他人的灵魂"中，但更直观而显著的体现或许还在于主张快乐是最高善的伊壁鸠鲁的这种说法——"心灵的痛苦更坏，肉体只是承受当前的风暴，而心灵则承受着过去、将来和当前的风暴，因而心灵的快乐也比身体的快乐更伟大"（Laertius，1925：661，663），这是伊壁鸠鲁否定"身体的快乐主义者"居勒尼学派所谓"肉体的痛苦比心灵的痛苦更糟糕"时提出的。

（二）克己自主：快乐治理的个人中心主义

与作为有着明确目的旨归的伦理规范和价值评价体系一脉相承，伦理型快乐体制的另一种结构特征是从快乐的伦理价值属性与位格而来的对快乐进行克己自主的选择、控制和治理。伦理型快乐体制中的各种哲学学派几乎都主张对快乐进行甄别和控制，这在柏拉图哲学尤其是在将激情视为灵魂之不自然或过度的冲动的斯多葛学派那里有着最明确体现。实际上，这种对快乐，更一般地说是对欲望和激情进行控制与治理的结构特征，在一定意义上也可以说是控制激情以抑制其破坏性后果的西方主导性话语传统的特征。赫希曼（Albert Hirschman）在探究"资本主义大获全胜之前的政治争论"时勾勒出来的17世纪以来西方社会控制激情或情感的诸方案，就充分体现了这种话语传统在通常所谓的现代社会中的历史状况。尽管赫希曼在讲述"利益如何驯服激情"的历史时总结的"当时大致存在的三种（控制破坏性激情）的替代性方案"——"国家担当起阻止激情之最恶劣表现形式和最危险后果的重任"的"强制与压制"方案，"国家或社会作为文明化工具"借以"驯化和利用激情"的方案，国家或社会"以相对无害的激情抗衡更危险和更具破坏性的激情"的"抵消激情原则"即后来变成西方现代化进程实践的以"利益"驯服"激情"方案（成伯清，2009：217）——是随着一种"在文艺复兴时期出现并在17世纪变得稳定而确信"的信念，即"道德化的哲学和

宗教律令能控制人类破坏性激情已不再被信任"（Hirschman，1997：14-
15）应运而生的。但是，从根本上说，这种对激情进行控制和治理的传
统实际上早在作为现代性绽出之"观念泵"的伦理型快乐体制中就已经
孕育了，只不过治理激情的主体和手段都发生了变化而已。与赫希曼提
到的那些激情治理方案中的实践主体主要落在国家或社会上不同，伦理
型快乐体制的激情治理方案的实践主体首先是个人。赫希曼所谓不被信
任的道德化的哲学和宗教律令似乎正是伦理型快乐体制控制欲望与激情
的策略，而利益乃至国家强力则是文艺复兴和 17 世纪以来的技术型快乐
体制的情感治理手段。有意思的是，这里体现出的抑制激情主题的延续
和实践策略的变化，在一定意义上充分印证了伦理型快乐体制作为现代
性绽出"观念泵"和现代性绽出以"出离自身-回到自身"为基本节律
的立论。

　　这种对欲望和激情（快乐）进行治理控制的伦理型快乐体制的结构
特征，在柏拉图（2003a：168）的《斐德罗篇》将"灵魂划分为三个部
分，两个部分像两匹马，第三部分像一位驭手……两匹马中一匹驯良，
另一匹顽劣"的"灵魂马车隐喻"中有着形象体现。在《蒂迈欧篇》，
尤其是《国家篇》中，对灵魂马车各部分的具体所指有了更明确说明。
灵魂的驭手部分显然是理性，而那匹顽劣的马无疑就是欲望，那匹好马
则是激情。驭手当然是要去驾驭马匹的，用亚里士多德的话来讲，把顽
劣的马驾驭好就是驭手的德性所在。要是能把顽劣的马驯服，把良马调
教好，那么，驭手就实现了德性。因此，欲望、激情（快乐）不仅需要
理性的导向和驾驭，而且为了顺利走向幸福目的地还需要理性把欲望、
激情或快乐控制治理得好。柏拉图的这种比喻不只是"心灵与头脑、欲
望与理性的传统二元对立只要在理性的控制下一切事物就运行良好，处
在光明中的太阳神阿波罗主宰着在黑暗中的酒神狄奥尼索斯"的象征，
更是"建立起了将我们自己思考成自我控制的理性决策者的古典思考方
式，我们知道在我们的情感中有着难以驾驭的力量但只要我们审慎小心
就能够控制住它们"（Blackburn，1998：238）。休谟在 18 世纪提出的说
法——"当我们在谈论激情与理性的斗争时，我们并没有严格地在哲学
的意义上言说。理性是且只应是激情的奴隶，除了服务和服从诸激情之
外，理性决不能再扮演任何其他的角色"（Hume，2009：635-636），似

乎从根本上颠倒了自柏拉图以来确立的范式甚至松动了控制与治理激情的西方思想传统。但从休谟紧接着补充的"由于这种观点可能显得有些非凡离奇，因而通过某些其他的说明来确证或许并没有什么不当"（Hume，2009：636）说法中，我们不难看出激情与理性相冲突和以理性束缚激情的观念的确在西方社会广为流传甚至根深蒂固。与激情同理性对立和激情需要理性驾驭的意象相应，柏拉图灵魂马车隐喻的另一意象也是伦理型快乐体制治理快乐情感的结构特征的要义，那就是所谓"自我控制"（self-control）、"自我克制"（self-restrained）或"克己自主"（self-mastery）的意象或传统也同样是源远流长且有明确的脉络可循的。

与苏格拉底往往被视为将哲学从天上带到人间的第一人那样，"没有很好的证据足以表明在苏格拉底之前的哲学家对情感的自我控制问题表现出什么特别兴趣"（Harris，2004：81）。但有必要指出的是，根据哈里斯（William Harris）的考察，不仅早在苏格拉底之前的"公元前420年前后，关于控制特定情感和欲望的问题已经在雅典有着激烈讨论"（Harris，2004：82），而且这种自我控制最终被指向了情感和特定的情感或欲望类型也有其历史发展过程。"可以肯定地说，直到公元前5世纪，除了掌控恐惧显然是古代希腊人的饱受战争摧残的生活中的一种司空见惯的部分之外，我们都没有明显遭遇到关于控制诸如性激情、嫉妒、怨恨、忧伤甚或恐惧等情感的可能意愿的任何反思"。到"公元前420年前后，人们才开始听到关于控制除了愤怒和性激情之外的其他过度情感的讨论"。尽管被认为需要控制的情感类型，更确切地说是欲望类型越来越多，但"即便是到了公元前4世纪早期，也还有人认为'自我控制'（sōphrosunē）并不首先是一个情感控制的问题。在柏拉图的《卡尔米德篇》中自我控制就是主体问题的主要部分"，自我控制或"一种自我克制的生活在古代雅典或其他希腊环境中似乎也并不是被全体一致地赞赏的"（Harris，2004：81，84，82，85）。这也可以从"柏拉图猜测的绝大多数的雅典人更多地是与嘲笑自我克制的生活有共鸣，而不是与苏格拉底式的禁欲苦行生活惺惺相惜"（Cohen & Saller，1994：42）中可见一斑。诚然，恰如激情与理性的对立或主仆关系虽有休谟式的例外但仍不能否定其是主流传统那样，自我控制观念虽有上述例外似乎也不能磨灭其是主导性思想传统的事实。我们知道，福柯早期思想，尤其是"知识型"（episteme）概念强调认识论断裂甚至有人将其视为断裂的历史观，但在后期追溯"存在艺术"和"自我技术"即"个人自愿地和有意识地服从于自我控制的技术"时，他却承认这种思想的历史连续性。福柯"在关于形塑了现代基督教的自我技术的谱系学考察中，就承认基督教的自我技术的道德准则与它的古希腊和希腊化罗马先驱的自我技术的道德准则的形貌相似性……诚然，除承认有普遍的常量对三种伦理图式都起作用外，福柯还主张可能有更深的裂隙嵌入在它们的伦理实质之中"（Ingram，2005：257-258）。由此可见，对激情进行自我控制的思想传统甚至伦理道德传统，的确不仅是源远流长的而且是更迭交替的。

　　如果说伦理型快乐体制中的其他学派主张对快乐进行自我控制还不会引起太多质疑的话，那么，要说往往被冠以"享乐主义"之名的伊壁鸠鲁学派也有着同样的主张或许就会招来诸多诘难了。但是，伊壁鸠鲁学派是否真像通常想象的那样呢？虽然伊壁鸠鲁学派不仅往往是那些"终日酗酒、暴食和放荡无度的享乐主义者们"在为"把他们的奢侈享受隐藏在哲学的外衣下，为他们的恶冠以智慧之名……为他们的荒淫无度寻找一种借口、托词、名义"（Seneca，2014：250）时诉诸的对象，而且往往是"各学派和教派痛斥的目标，先是柏拉图主义者接着是斯多葛派最后是基督教徒们……伊壁鸠鲁之名（甚至）成了正统犹太教徒憎恶的对象"（DeWitt，1964：3）。但是，通过前文对伊壁鸠鲁学派的快乐学说和幸福论的阐述，我们不难发现有关伊壁鸠鲁学说的流行意见基本都是流俗领会的褫夺性理解和断章取义的曲解误识。实际上，"一个伊壁鸠鲁主义者，如果他恪守伊壁鸠鲁的告诫，那么，和一个斯多葛主义者（我们通常所谓的禁欲主义者）的生活方式并没什么两样"（黑格尔，1983a：76）。虽然伊壁鸠鲁主张"快乐是幸福生活的出发点和落脚点，快乐是首要的和天生的善……快乐是目的，因为生物从降生就通过自然的驱动追求快乐和规避痛苦"（Laertius，1925：655，663）。但是，伊壁鸠鲁同时指出作为目的的快乐是"身体无痛苦和灵魂无烦扰"，而不是"无止境的豪饮狂欢，不是男欢女爱，不是享受珍馐美味"，尤其是"并非所有的快乐都选择，而是时常放弃许多快乐……甚至有时痛苦优于快乐……一切快乐虽因其在自然上亲和我们而都是善的，但并非所有快乐都值得选择"（Laertius，1925：657）。虽然伊壁鸠鲁主张"我们选择德性是为了快乐而不是因为德性本身，就像我们是为了健康而吃药就医那样……如果抛开品味的快乐，情爱的快乐，倾听的快乐和美丽形式的快乐，我根本不知道如何思考善"（Laertius，1925：663，535）。但是，伊壁鸠鲁同时指出"我们不可能过一种快乐生活而不同时过一种审慎、荣誉和正义的生活，也不可能过一种审慎、荣誉和正义的生活而不同时过一种快乐生活，因为德性带来快乐生活，快乐生活离不开德性"（Laertius，1925：657，663）。由此可见，伊壁鸠鲁的快乐学说并非通常理解的享乐主义，而是"由减轻恐惧的认识论知识和以自然方式指导欲望的伦理知识构成"，并"通过这种方式指导选择和规避以建立好生活"的"伊壁鸠鲁式智慧"（Wolfsdorf，2013：172）。伊壁鸠鲁也不是大多数斯多葛主义者造谣的"恶行劣迹的导师"，反倒是"庄严和正确的，而且是使人冷静的"。因为"伊壁鸠鲁的快乐只限于微小的量并且像我们施予德性那样施予快乐相同的规则，要求快乐顺应自然（德性、理性）"（Seneca，2014：250）。伊壁鸠鲁"为了使快乐主义符合希腊文化的伦理框架"，甚至"付出了只对快乐做出一种不充分的说明的代价"（Striker，1993：17）。因此，对快乐进行自我控制和治理显然是伊壁鸠鲁学派的快乐学说的题中之义。

虽然伦理型快乐体制中的不同学派几乎都主张对快乐进行自我控制，但有必要指出的是，这种自我克制和控制并不意味着后来在谈到"控制"时会自然地联想到的"压迫"、"操纵"和"宰制"等权力斗争话语传统，也不意味着将快乐从个人生命和生活中彻底根除，甚至不意味着对享用快乐的抑制，而毋宁说是为了更明智地享用快乐和"照料自我"（care of self）。因为伦理型快乐体制中的这种控制和克制首先是个人自愿地向自身施加的节制，甚至"整个希腊伦理集中关注的都是个人选择和'生存美学'的问题……这种伦理的主要和首要目标都是一种美学/审美目标。这种伦理只是一种个人选择的问题，是为人口中的少数人准备的，而不是给所有人提供行为模式的问题。它是少数精英的个人选择，做出这种选择的理由是过一种美学生活，留给他人对美学生存的回忆……我们不能说这种伦理是致力于将人口正常化的尝试"（Foucault，1997：260，254）。因此，这种自我节制"不可能采取服从一套法律体系或行为法典的形式，也不可能作为一种摒除快乐的原则；它是一种（关于生存和自我形塑）的艺术，是通过对出自需要的快乐的享用而对自我进行限制的快乐实践"（Foucault，1990：57）。这种"快乐实践"即"复杂的自我克制训练的目的不是否定快乐而是避免过度，重点在于不是被快乐掌控而是变成快乐的主人，变成自己的主人。禁欲主义训练并不是抑制快乐而是治理快乐，其目的不是否定快乐而是满足"（Nehamas，1998：179）。这从禁欲主义代表斯多葛学派圣贤的"审慎小心"与所谓"享乐主义"的伊壁鸠鲁学派的"伊壁鸠鲁式智慧"之间并没有本质差异中不难看出。由此，伦理型快乐体制的对快乐进行自我控制和克己自主的结构特征就绽露出来了。需要指出的是，如果福柯关于希腊伦理的"照料自我""个人选择""生存美学"等论述成立，那么，这也在一定意义上为我们将伦理型快乐体制定位为现代性绽出的"观念泵"，将"出离自身-回到自身"标绘为现代性绽出的基本节律提供了有力支撑。因为这不仅说明被命名为审美型快乐体制的现代性绽出的历史形态早在伦理型快乐体制中就有其可能性种子，而且说明这种关乎快乐的实践以"出离自身-回到自身"的节律在现代性绽出的三种快乐体制之间更迭。"在希腊罗马文明的这种自我实践"比"后来某种程度上被现代宗教、教育、医学或精神病学机构接管后"的状况"更重要、更自主得多"（Foucault，1997：282），而在审美型快乐体制中这种自我实践的自主性和重要性将得到某种程度的复归与复兴。

　　伦理型快乐体制的最根本的结构特征或许还在于以"个体"（individual）为基本分析单位或思想逻辑的起始点上，作为一套快乐话语实践体系的伦理型快乐体制的出发点和落脚点首先且通常都在个体上。实际上，这种最根本的结构特征早在前两种特征中就已经有所体现，在伦理型快乐体制所是的一套有着明确目的论旨归的价值评价和伦理规范体系那里，对快乐进行价值评价和伦理规范的标准就来自作为目的的个人幸福。在对不同快乐进行甄别、选择、控制和治理的结构特征那里，这种以个体为分析单位和逻辑起点的结构特征就体现得更明显了，对快乐的控制和治理最终都落在个人的自我控制、自我克制和克己自主上。有必要指出的是，这种以个体为分析单位，更准确地说是始于个人也终于个人的伦理型快乐体制的结构特征，一方面，使伦理型快乐体制有别于其他快乐体制，尤其是有别于技术型快乐体制的关键所在。因为接下来将会发现，技术型快乐体制的分析单位已经从个体转向社会或"人口"（population），这从以边沁为代表的功利主义的所谓"最大多数人的最大幸福原则"中不难窥见。另一方面，这在很大程度上也可能是"快乐意志"在"出离"与"回到"自身的历史性绽出进程中有着不同的现身形态与实现形式的关键所在。因为以个体为主要关切使得伦理型快乐体制内求诸己，也就是将重心放在内部世界探索上而不是转向外部世界开拓上，这在伦理型快乐体制中的不同学派几乎都将幸福界定为个人的灵魂状态或活动且将实现幸福的途径放在个人德性修养上都有所体现。而以人口或社会为主要关切则导致为了实现这种目的而将重心转向对外部世界的开拓和扩张，或者说会导致对内心世界之探索与对外在世界之开拓的重心发生偏移，从而使得快乐意志因不同的"去存在"生存活动形式而呈现出不同的历史形态。伦理型快乐体制与技术型快乐体制就是快乐意志的两种不同实现形态，前者的重心在于人（好人）的养成而后者的重心在于世界（自然）的改造。因此，我们甚或可以大胆猜想通常所谓传统社会与现代社会之间的差异，或许正是出于这种关切重心的差异使然。

伦理型快乐体制的这种以个体为关切重心的结构特征，不仅体现在不同学派几乎都假定人生在世有一个最高目的并将这种目的说成个人幸福上，而且体现在不同学派几乎都将个人德性修养视为实现幸福目的的途径上。就作为人生目的的好生活或幸福而言，伦理型快乐体制中不同学派的幸福和快乐学说的"根本的和共享的基础伦理观念，在于寻求体验和欲求一种完全令人满意的个人生活而不是抽象的道义原则或绝对命令"。作为不同的"生存艺术"或在世生存之道，这些学说"通过邀请我们考察它们与我们对幸福和好生活之兴趣的契合度来发现它们的方案的吸引力"（Long，2006：32）进而做出我们自己的选择，而非将某种学说奉为主导幸福意识形态施于全体人口。诚然，不同学派难免有为了传播学说而与其他学派相争论甚至恶意诋毁的情况，伊壁鸠鲁学派的恶名往往就是拜斯多葛学派的诋毁和污蔑所赐的，但这并不能否定那种被他们都视为最高善的好生活和幸福主要指向个人幸福的事实。就实现这种好生活或幸福目的的途径而言，伦理型快乐体制中的不同学派几乎都将个人德性修养视为实现好生活的关键。不同在世生存之道几乎都主张

"幸福在很大程度上或完全取决于个人的心态、性格品质和理性的生活计划"，主张"幸福的基本前提只在于那些与我们的本性和可以习得的善相互协调的情感和动机"（Long，2006：33，34）。这一点尤其显著体现在伊壁鸠鲁学派关于"欲望"的类型学分类中。在伊壁鸠鲁学派看来，"我们的欲望有些是自然而必要的，有些是自然而不必要的，有些是既不自然也不必要的，只是虚幻意见的产物而已"。关键在于，伊壁鸠鲁学派将"口渴时喝水等能把痛苦消除的欲望视为自然而必要的欲望"（Laertius，1925：673），而"痛苦的消除"正是伊壁鸠鲁学派的快乐定义，"幸福即快乐"则是伊壁鸠鲁的幸福观。从最高目的在于个人幸福而实现幸福的关键在于个人德性修养中，伦理型快乐体制的不同学派借以对快乐进行价值评价和伦理规范的实践体系的根本特征也就此绽露出来，那就是"对我们恰巧在其中在世生存的世界状态提出最低限度的物质要求……如果想要获得某种东西，那就从你自身得到它"（Long，2006：33）。基于这样一种伦理价值观和世界观的伦理型快乐体制，显然会以探索心灵世界而非以开拓外在自然世界为处世哲学和生存智慧。由此，似乎也就在一定意义上解释了伦理型快乐体制时期是人类历史上基础思想范畴迸发的所谓"轴心时代"，而不像技术型快乐体制那样是物质财富高度积累的"技术时代"的缘故了。

　　除了在个人幸福目的和实现这种目的的关键途径在于个人德性修养上有所体现之外，伦理型快乐体制以个体为关切重心和逻辑起点的结构特征还体现在不同学派对自我、他人、制度与社会结构之间关系的思考上。福柯曾经指出在希腊文明中"自我控制和控制他人被视为具有相同的形式，因为一个人希望以管理自我的相同方式管理家庭和在城邦中扮演角色，因此，个人德性的养成，尤其是自我克制德性的养成与使一个人超越其他公民走向领袖地位的能力的养成并没有什么本质差异……管理自我、经营个人财产和投身城邦治理是相同种类的三类实践"（Foucault，1990：75-76），而这种相同种类的范本在很大程度上就在于个人的自我控制、自我克制和克己自主，也就是一套旨在"照料自我"的"自我技术"（technologies of self）。与伦理型快乐体制基于个人德性修养的自我、家庭与城邦共同体治理的一体化有所不同，在现代性绽出进程的技术型快乐体制对应的通常所谓的现代社会中，我们将会发现，不仅个人自我已然变成了在不同情境中遵循不同规范的"角色人"，而且社会运作和社会团结的基础性原则似乎也已经不在于个人德性而在于各种权利和法律了。诚然，尽管伦理型快乐体制以个人和德性修养为核心关切与基本原则，亚里士多德（2003：302）甚至主张"德性与好人是一切事物的尺度"，但这并不意味着否定技术型快乐体制时期的现代社会赖以建基的"各种权利或法律观念，而只是把它们放在相对次等的位置上。这些观念在且只在追求幸福或满足中有其必要性和有效性，因为这种幸福或满足要求共同体（城邦），而城邦共同体则要求法律和权利。因此，我们才赞扬那些遵守法律的人"（McCabe，2005：6）。这种特征充分体现在主张德性自足和幸福是德性的必然结果的苏格拉底同时"努力去证明法律、道德制度的合理性，从而证明法律、道德制度有要求普遍有效性的权利"中，尤其是体现在亚里士多德对"人的伦理美德总关系到在社会中取得成功的行为，因而只有在社会中实现……离开城邦就没有完美的道德生活"（文德尔班，1997：114，205）的主张中。然而，从根本上说，伦理型快乐体制与技术型快乐体制关于社会运作逻辑的思考还是有着明显差别的。在伦理型快乐体制中，虽然有学派强调共同体、城邦乃至国家的重要性，甚至"将国家概念提高到驾驭一切的高度"（文德尔班，1997：173），但它的基本假设仍是"共同体不以法律为基础，毋宁说法律以共同体为基础，而共同体建立在作为幸福之必要部分的友谊上"（McCabe，2005：6），个人德性修养是幸福乃至好社会的机杼。而在技术型快乐体制中似乎一切都颠倒了过来，幸福端赖于福利社会，好社会是好人的基础，健全的法律制度才是好社会的基础。由此，我们也就不仅将作为现代性绽出之"观念泵"的伦理型快乐的发生情境、基本快乐观念范式和结构特征呈报了出来，而且对伦理型快乐体制与技术型快乐体制进行了必要的比较，从而就为接下来对技术型快乐体制的结构分析做好了必要铺垫。

第五章　技术型快乐体制：现代性
绽出的实践形态

在对现代性绽出进程进行阶段划分时，我们就已经阐明了继伦理型快乐体制而来的现代性绽出的第二种历史形态是"技术型快乐体制"（the technical regime of pleasure）。如今，既然已经完成对伦理型快乐体制之发生情境、基本快乐观念范式和基本结构特征的分析，并在此分析过程中为揭示现代性绽出的第二种历史形态即技术型快乐体制做好了必要铺垫，那么，接下来要做的就是让技术型快乐体制的基本构型和结构特征绽露出来。与在剖析伦理型快乐体制时先行澄清一些前提性问题一样，在对技术型快乐体制进行结构分析时，我们也有必要先行澄清以什么方法策略来剖析技术型快乐体制，如何定位技术型快乐体制的角色等前提性问题。在这些先导性问题中，最重要的或许是如何理解和界定技术型快乐体制与伦理型快乐体制之间关系的问题。因为在现代性绽出理论视域中，伦理型快乐体制不只是现代性绽出的特定历史形态，更是现代性由以历史绽出的"观念泵"或"可能性种子"。如何理解技术型快乐体制与伦理型快乐体制的关系问题将不仅影响到技术型快乐体制在现代性绽出进程中的角色定位，也在很大程度上直接关系到现代性绽出理论对现代性之历史发生过程的理解与解释，尤其关系到将"出离自身-回到自身"的绽出运动标绘为现代性绽出进程的基本节律是否站得住脚的问题。因为尽管前文早就已经阐明了以"出离自身-回到自身"来标绘现代性绽出进程之基本节律的可能性和正当性基础，但这种基本节律以什么样的形式并在哪些地方显现出来，也就是现代性绽出的历史进程如何具体呈现了这种基本节律却还有待在对现代性绽出进程之不同快乐体制的具体考察中，尤其是在对现代性绽出之不同历史形态即不同快乐体制之间关系的界定中澄清。

既然我们把"出离自身-回到自身"的绽出运动标绘成现代性绽出进程的基本节律，那么，这种基本节律借以呈现自身的最直接的载体显然是现代性绽出进程整体。而现代性绽出进程整体则恰恰现身为不同快乐体制之更迭交替的历史过程，因此，"出离自身-回到自身"的基本节律将会通过不同快乐体制之间的相互关系，更明确地说是通过不同快乐体制在现代性绽出进程中的不同角色定位绽露出来。由于伦理型快乐体制被定位为现代性历史绽出的"观念泵"，现代性绽出进程将从这种"观念泵"蕴含的诸可能性种子中历史性绽出，而前文已经提到审美型快乐体制在一定程度上体现出现代性绽出向伦理型快乐体制之结构特征的复归趋势。因此，如果说从伦理型快乐体制到审美型快乐体制呈现的是现代性绽出的完整历史进程，那么，在现代性绽出进程整体的意义上讲，伦理型快乐体制体现的就是现代性绽出"出离自身"的肇始点，审美型快乐体制则可谓现代性绽出进程"出离自身"的终点与再次"回到自身"的起点，而技术型快乐体制正是在起点与终点之间的现代性绽出进程的历史实现阶段或实践形态，是作为"去存在"生存活动的现代性绽出进程有抉择地将作为"观念泵"的伦理型快乐体制中的某种"去存在"可能性予以历史现实化的阶段。因为恰如前文已经阐明的那样，伦理型快乐体制对现代性绽出进程而言更多的是作为"观念泵"的理想型体制而非实在的社会历史体制，伦理型快乐体制中的不同学派提出的不同快乐学说只是现代性由以历史性绽出的"可能性种子"，而在时间上恰好契合通常所谓现代之全部历程的技术型快乐体制正是现代性绽出以特定方式将特定的"去存在"可能性予以历史现实化或实在化的实践形态。由此，不只是"出离自身-回到自身"的基本节律在现代性绽出进程整体意义上的现身形式就此呈报出来了，技术型快乐体制在现代性绽出中的角色也绽露了出来，我们也正是基于这种角色定位将技术型快乐体制确定为现代性绽出的历史实现或实践形态的。

除在现代性绽出进程整体上有所呈现之外，"出离自身-回到自身"的基本节律尤其是"出离自身"的过程也现身在每种快乐体制的历史生命过程中，这在不同学派的快乐学说在伦理型快乐体制的历史生命过程中遭受到的褒贬扬抑的命运变化中有着显著体现。我们勾勒伦理型快乐体制时端赖的思想观念几乎都是古希腊哲学家或学派的伦理学说，但作为现代性绽出之"观念泵"的伦理型快乐体制自在古希腊时成其自身之后，在作为现代性绽出之历史实现形态的技术型快乐体制于 16 世纪甚至更晚时期诞生之前，还经历了西方历史上所谓的罗马和中世纪时期，而这两个时期在我们的现代性绽出进程断代框架中又都落在伦理型快乐体制的时间范围内。因此，伦理型快乐体制在这段不可谓不漫长的历史中也经历了"出离自身－回到自身"的绽出运动，这种绽出不仅体现在不同学派学说被有所选择地褒贬扬抑上，而且体现在伦理型快乐体制的原初特征被不同程度地继承和扬弃上。就前者而言，伊壁鸠鲁学派因其快乐即幸福学说，因其"虽然像自然神论者一样接受天文现象的规则性但却拒绝神意控制和天命解释……拒绝授予天体神性和意向性"，拒绝像"柏拉图和亚里士多德那样从世界及其规则性推论出神圣因果关系和内在目的性"，批判斯多葛学派"不能视见自然造物如何在没有理智参与下发生，从而像悲剧诗人那样需要诉诸上帝以解开诸情节背后的目的"（Long，2006：169，157，158），因其否认"政治共同体中的联盟对人类繁荣必不可少的观念并因此预示所有人都只关心个人自我"（Long，2006：182）的社会政治思想而往往被罗马和中世纪的正统思想贬抑甚至摒弃。与伊壁鸠鲁学派学说相反的是，其他学派则往往被这些时期的正统不同程度地继承和使用，"古代基督教作家们往往明确意识到基督教与斯多葛学派之间的亲和性，尤其是道德或伦理上的亲和性"（Thorsteinsson，2010：1）。亚里士多德的《尼各马可伦理学》"自被拉丁人再发现之后，不仅在神学家中间获得了巨大权威，而且为关于人类德性与幸福的哲学争论提供了框架"（Bejczy，2008：1）。基督教彼岸与此岸的二元世界则可谓柏拉图之理念世界与可感世界二分的宗教版本，有学者甚至指出"古希腊哲学最后的理智成就就在于得到充分发展的上帝论，它最终成型于公元4世纪并立刻成为基督教、犹太教和后世穆斯林的标准学说"（库比特，2005：5）。

就后者来说，只要从前文提到的作为伦理型快乐体制之结构特征的福柯所谓的自我实践技术在希腊和罗马文明比其后来在一定程度上被宗教、教育、医学或精神病学机构接管之后的状况更重要和更自主中就可见一斑。与"基督教社会思潮，特别是它的现代的、世俗的对应思潮倾向于强调道德法典和它的系统性与综合性"（Ingram，2005：258）相比，与"教会和牧师部门强调一种其戒律是强制性的、其范围是普遍性的道德原则"相比，"古典思想不仅没有被组织到一个以相同方式施于一切人的统一的、连贯的和权威主义的道德体系中……而只出现在形成于不同哲学或宗教运动的'诸分散中心'中，形成于许多独立群体中，它们是倡议而非强加不同的节制样式，每种样式都有其独特的特质或形式"，"希腊和罗马的伦理道德观念更多指向自我实践和修行问题，而非指向行为法典和什么被允许什么不被允许的严格戒律"（Foucault，1990：21，30）。由此可见，伦理型快乐体制自古希腊成型以来就在同时经历出离自身的过程，而这种在中世纪臻于完成的出离自身过程遗留下的社会思想和社会制度框架，正是技术型快乐体制在成其自身过程中要去批判、继承和扬弃的主要对象。因此，这在一定意义上决定了对技术型快乐体制的分析将始于对其通过这种批判、继承与扬弃而赢得生发基础的考察。有意思的是，在这种考察中不难发现，技术型快乐体制是通过"回到"作为现代性绽出之"观念泵"的伦理型快乐体制寻求思想渊源，通过"复兴"伦理型快乐体制中的"可能性种子"获得其生发基础的。这种"回到"与"复兴"不仅反映了伦理型快乐体制自身的"出离自身-回到自身"绽出运动的完成——从古希腊时期成型以来就开始"出离"自身的伦理型快乐体制在技术型快乐体制"回到"这个"观念泵"寻求生发基础时又在一定程度上"回到"了自身——而且也确证了现代性绽出理论将伦理型快乐体制确定为现代性绽出之"观念泵"的角色定位。虽然技术型快乐体制是以扬弃伦理型快乐体制自身绽出进程遗留下的社会思想和制度框架开始自身绽出进程的，但技术型快乐体制的"可能性种子"却在伦理型快乐体制的"观念泵"中就已经有所孕育了。只不过这种可能性在伦理型快乐体制自身绽出进程中遭到了贬抑，而技术型快乐体制则以特定方式有所选择地将被贬抑或遮蔽的可能性种子复兴进而予以历史现实化或实在化罢了。

一　技术型快乐体制的存在论基础

既然已经明确了技术型快乐体制在现代性绽出进程中作为历史实现阶段的角色定位，那么，我们也就自然地走到了对技术型快乐体制本身进行结构分析的时刻。与前文对伦理型快乐体制的结构分析肇始于对作为其发生情境的德性伦理传统的考察一样，对技术型快乐体制的结构分析也从探究它由以生发的思想观念基础着手。然而，与作为"观念泵"的伦理型快乐体制在一定意义上可谓现代性绽出进程的起点，作为发生情境的德性伦理传统正是这种快乐体制之名称的由来不同，被定位为现代性绽出之历史实践形态的技术型快乐体制虽然通过回到作为现代性绽出之"观念泵"的伦理型快乐体制寻找"可能性种子"，但首先是通过扬弃伦理型快乐体制自身绽出进程遗留下来的社会思想和制度框架以开启它的历史生命进程的。此外，技术型快乐体制借以形塑自身的科学技术，尤其是工业生产技术在发展成为技术型快乐体制的根本动力和塑造力量之前显然有其赖以兴起的思想观念基础。需要指出的是，这种思想观念基础并不是通常所谓的近代自然科学，反倒是近代自然科学得以兴起的根基。但可以肯定的是，这种思想观念基础也是通过对以往思想观念的转变、扬弃甚或决裂而获得的。就像芒福德指出的"处在过去一个半世纪的各种伟大物质发明背后的，不只是技术的长期内部发展，而且是心灵/精神的变革。在新兴工业生产程序能达到巨大规模之前，各种愿望、习俗、理念和目标的重新定向必不可少"（Mumford，1934：3）那样，这种心灵/精神的变革与习俗、愿望、理念和目标的新定向，不只是技术的内部发展和工业生产能形成规模的必要思想基础，甚至是技术和工业生产得以兴起的前提性观念条件。因为不论是技术还是工业生产毕竟都是工具手段，工具手段的锻造与应用终究还是需要社会习俗和思想观念的转变来提供理念氛围，需要社会愿望和社会目标的新定向提供动力源泉和目的导向。因此，基于技术型快乐体制开启自身历史绽出进程的这种特定方式和特征，我们关于作为现代性绽出之历史实践形态的技术型快乐体制之生发基础的考察，将会通过追踪并阐明各种思想观念之内在转变与重新定向的方式展开。

（一）唯名论革命与存在秩序的重构

技术型快乐体制获得生发基础的这种方式及其特征难免会给人以历史断裂的印象，人们习以为常用以描述在时间上与技术型快乐体制相对应的所谓现代时期之历史发生的叙事也往往以变革、改革或革命等话语为风格特征。但有必要指出的是，作为现代性绽出之实践形态的技术型快乐体制并非凭空产生而是不乏历史的连续性。这种历史连续性不只体现在技术型快乐体制"回到"作为现代性绽出之"观念泵"的伦理型快乐体制寻找并复兴其中的"可能性种子"上，更是体现在技术型快乐体制对开启自身之绽出进程的首要批判对象，也就是对伦理型快乐体制自身绽出进程遗留下的社会思想和社会制度等要素的继承与扬弃上。有学者就指出"由后宗教改革时期的哲学家们引入哲学并构成现代哲学之现代性的那些非希腊要素的来源"就在于"基督教的启示观"，"现代自然科学之独特特征被确定下来的现代自然理论中的那些非希腊要素的来源"就在于"基督教的创世学说"（Foster，1934：448）。当然，这种说法中的所谓非希腊要素、启示观和创世学说具体是什么都还有待深入辨别。既然我们对技术型快乐体制之结构分析的第一步是对它的生发基础的考察，而这种考察将聚焦在对各种思想观念之内在转变和重新定向的追踪与阐释上，那么，技术型快乐体制到底是在哪些思想观念转向的基础上开启自身的历史性绽出的？在作为技术型快乐体制之生发基础的各种思想观念转向中，我们遭遇到的最根本的同时也是最重要的思想观念转变和重新定向或许是发生在"为所有其他科学提供出发点的、关于作为存在者之存在的科学"的所谓"一般形而上学"领域中的转变（Bunnin & Yu，2004：427）。

这种一般形而上学领域可以说就是前文在建构绽出理论时提到的海德格尔所谓的以澄清存在意义和存在问题为基本关切的基础领域，该领域"为各种不同的存在领域的存在论（区域存在论）奠基，而不同的区域存在论又为不同科学和澄清各种科学的前提假设与基本概念提供哲学基础"（Dostal，1993：152）。在一般形而上学领域发生的危机和变革，将像福柯所说的那样"使我们沉寂的和表面上岿然不动的大地恢复它的各种断裂、不稳定性和裂缝"，使"这片相同的土地在我们脚下再次震颤起来"（Foucault，2002：xxvi），使在伦理型快乐体制中被视为理所当然的世界图景、存在结构甚至逻辑模式都动荡起来，并因此产生出技术型快乐体制的历史性绽出所需的新兴思想观念基础。与长期以来被视为不言而喻的与传统社会相决裂的现代社会起源叙事，也就是"至少可以回溯到黑格尔将现代视为杰出人物的产物，是才华横溢的科学家、哲学家、作家和探险家克服他们时代的宗教迷信并把一个新世界建立在理性基础上的产物"（Gillespie，2008：10）的现代性历史叙事不同，技术型快乐体制由以开启自身历史绽出进程的那种一般形而上学的变革或危机，从根本上说首先是从"基督教内部关于上帝本质和存在本质的形而上学/神学危机"（Gillespie，2008：14）中引发的，更具体地说是由中世纪经院哲学中的唯名论者发起的反对经院哲学实在论的"唯名论革命"（the nominalist revolution）触发的。因为不仅在通常对现代性起源之历史叙事中往往被当成"西方实现现代化进程之三部曲"中的"文艺复兴"和"宗教改革"（高文新、程波，2010：52）深受这场存在论层次上的唯名论革命的影响，而且被视为"给近现代科学的产生奠定了基础，给不只思考自然世界而且思考既作为社会存在者也作为个体的我们的本性（人性）的新方式的产生奠定了基础"（Applebaum，2005：xi）的所谓"科学革命"（the science revolution），也同样受到这场作为一般形而上学危机与变革的唯名论革命的影响。

在一定意义上，我们甚至可以说，不论是文艺复兴、宗教改革，还是所谓科学革命或近现代自然科学的兴起，都得益于这场源自基督教内部的存在论层次上的根本危机及其变革成果的奠基和开道。从总体上说，在这场唯名论革命之后的思想家们关注的，已经不再是"基础存在论问题"，而是"特定存在领域之优先性或首要性的存在者层次上的问题"。从 14 世纪到 17 世纪的最深刻的思想分歧已经不在于"存在论层次上"（ontological）的"存在本质"的问题，而在于"存在者层次上"（ontic）的"人、神与自然三个存在领域之优先性"的问题。后经院哲学时代的思想家已经"不再就存在问题本身有争议，而是就这三个存在领域之间的等级关系有分歧"。从具体表现上说，文艺复兴时期的人文主义者和宗教改革运动时期的宗教改革者都接受"唯名论宣扬的'本体论/存在论的个体主义'（the ontological individualism），但却在人、神与自然到底何者在存在者层次上最基本的问题上产生了根本分歧"：人文主义者"将人置于首位并在此基础上解释神与自然"，宗教改革者则"将神放在首要地位上并从这种视角来审视人与自然"。就所谓的科学革命或近现代自然科学的兴起来说，正是在人文主义者与宗教改革者关于人与神之首位性问题的分歧中，"一群思想家找到了新出路，他们既不把神也不把人作为研究基础而是走向自然世界，现代性正是以这种方式开始形成一种终将使人成为自然之主人和所有者的科学目标的"（Gillespie，2008：16-

17，35）。当然，这种目标的提出和最终实现都端赖于这场在存在论层次上的唯名论革命引发的形而上学/神学危机及其带来的变革成果。

既然基督教经院哲学内部关于上帝与存在本质的唯名论革命触发了技术型快乐体制由以开始自身之历史绽出进程的一般形而上学危机与变革，在人们耳熟能详的现代性起源叙事中被视为现代社会诞生前奏的文艺复兴、宗教改革和自然科学革命也都建立在这种危机及其变革成果的存在论根基上——它们在人、神与自然之首位性问题上的分歧只不过是存在者层次的争论，这种争论从认识论上说就像政治经济学中的"李嘉图之悲情主义"与"马克思之革命承诺"之间的争论那样，或许"激起了一些波浪并造成了表面上的涟漪，但却都只是儿童嬉水浅池中的风暴"，只是"同时规定了19世纪资产阶级经济学和革命经济学"的同种"认识论秩序"（the epistemological arrangement）或同一"知识型"（episteme）中的波澜而已（Foucault，2002：285）——那么，这场发生在存在论层次上的"唯名论革命"到底是什么，它动摇了什么一般形而上学的基础又提供了什么基础存在论构造？最为关键的是，这种基础或构造给作为现代性绽出之历史实现阶段的技术型快乐体制提供了什么样的可能性和规定性？

从这场唯名论革命是发生在中世纪基督教经院哲学内部的一场反对"实在论"（realism）的革命而来，澄清唯名论革命到底是什么的恰当进路无疑是对唯名论与实在论的基本分歧进行比较。简单地说，经院哲学中的实在论与唯名论的基本分歧发生在共相与个别、上帝与人的关系问题上，争论焦点在于"共相"（universals）是否具有实在性，是否独立于并且先在于"个别"（particulars）。由于"深受一种对亚里士多德学说的新柏拉图主义式解读的影响，经院哲学的实在论者主张，像种和属这样的共相是最真实的，而它的个体存在者只是分有共相的个别示例而已……这些共相正是神圣的理性要么通过奥古斯丁提出的启示，要么通过阿奎那提出的研究自然而使人类知晓的东西……世界是神圣理性诸范畴的实体化，创世本身是这种理性的具体化，作为理性动物和上帝形象的人类处于这种创世的顶端，由一种自然目的和神圣启示的超自然目的引导"（Gillespie，2008：20，14）。由此，在实在论者那里，信仰、自然与理性和谐一致，神、人与自然的关系即存在秩序是确定的且可知的。

虽然不同实在论者对知识的获得有不同主张，"奥古斯丁主义认为感觉和物质世界是真正的知识的障碍而非助手，一切真正知识都是上帝对灵魂之启示的结果……阿奎那则主张所有人类知识皆始于感官知觉，非物质的心灵能从感觉经验中抽象出真正的本质并由此获得知识"（Leff，1956：31），但神圣理性是获得关于上帝的真正的知识与把握作为上帝之造物的人类世界与自然世界的机杼所在却是共同的。

与实在论关于上帝与人、信仰与理性、共相与个别及其之间关系的主张截然相反，唯名论者"否认除具体的个别事物之外的任何事物的真实存在，否认共相的真实价值……否认可理解的种属的实在性，并且主张我们没有获得关于上帝的真正的知识的能力"（Lindsay，1920：522，525）。唯名论者"强调现实的偶然性且否认共相的实在性，主张共相只不过是没有独立实在性的人类心灵产物而已。与亚里士多德的哲学（实在论的经院哲学）是决定论的、本质主义的，它的世界是有序而和谐的不同……在奥卡姆（唯名论）的世界中，上帝具有一种绝对权力但却并不是秩序与和谐的保障者，一切都取决于上帝的绝对自由意志。在这里没有什么是必然的，甚至上帝创造的自然法则也并不例外。本质并不绝对存在但却与存在相一致，一切实在事物都有可能完全不同，如果在现实中存在着一种神圣的秩序，那也并不必然是人类所能理解的"（Gosselin，1990：1）。换言之，在实在论那里"一直作为一种边缘思想的上帝之'绝对能力'（the potentia absoluta）观念变成了唯名论的兴趣焦点"，这种转变使得"上帝的绝对能力就像在神迹中那样变成了颠倒事物之自然秩序的力量，上帝变得不必遵循道德或自然法则"，从而使得"作为上帝与人类之间的一层隔膜的既存秩序不再是一种通常被视为的永恒秩序，而是一种就像创世本身一样因情况而异的秩序"（Oberman，1960：56）。这不只意味着"不再存在任何一种引导或限制上帝之绝对的自由意志的自然的或理性的善恶标准，今天上帝有可能拯救圣徒而谴责罪人，但明天上帝也可能做出完全相反的事情，如果有必要的话，上帝甚至可能会从最初的源头重新开始创造世界"（Gillespie，2008：23），而且意味着"我们不再能从上帝的启示理性地反推到上帝的存在"，在"上帝自身的启示与人类的理性结论之间出现了一种明确的断裂"，从而产生了"理性与信仰的分离"，这种断裂和分离使得作为人类与上帝的沟通媒介的理性失去了效用，神圣启示成为人类获得关于上帝的真正的知识的唯一途径，上帝只通过神圣启示显示其存在并且直接作用于人类与自然，从而在实在论者那里作为"上帝展示存在与作用之渠道的教会等级制、神职阶层和仪轨圣礼"（Oberman，1960：57，62）就都失去了必要性，中世纪以来"哲学作为神学婢女"的状况发生变化，神学、哲学与科学之间也迎来了彼此分离的曙光。由此而来，这场唯名论革命也就动摇了中世纪以来基督教以实在论的形而上学/神学体系为基础建立起来的存在论根基和"存在的巨链"（great chain of being），从而为技术型快乐体制开启自身的历史绽出进程乃至塑造自身的基本构型创造了可能性基础和规定性趋势。

（二）人的发现与自由意志的兴起

既然这场发生于基督教经院哲学内部的存在论层次的唯名论革命为技术型快乐体制成其自身创造了可能性基础和规定性趋势，那么，唯名论者提出的这些存在论的主张是如何为现代社会的诞生所端赖的文艺复兴、宗教改革和自然科学革命开道与奠基的，更具体地说是如何开启了技术型快乐体制自身之历史绽出进程的可能性的呢？就通常被说成是"人的发现"与奠定了现代性之人文基础的"文艺复兴"而言，我们在上文已经提到，在唯名论革命开启的基础存在论中，文艺复兴的人文（人道）主义者在神、人与自然之间的存在者层次上的首位性之争中将人放在首位并由此解释神与自然。但是，人文主义者之所以能在神、人与自然之间进行排位，首先在于唯名论革命在本体论或存在论上对"共相"之实在性的否定创造出的可能性基础。因为唯名论革命否定共相实在性意味着否定实在论者从对亚里士多德学说的新柏拉图主义式的解读中得来的"形式"与"终极因"的实在性，"如果没有共相也就不可能有普遍的目的要去实现……从而也就打开了一种对人类自由的全新理解的可能性"（Gillespie，2008：24）。如果说唯名论革命对共相实在性的否定为人类自由开启了可能性，那么，唯名论者对上帝之"绝对能力"的强调，尤其是对与此相应的同实在论之和谐有序的存在秩序与"仁善且可理性预知的上帝"迥异的存在秩序和上帝意象的强调，则进一步夯实了这种人类自由的可能性甚至在一定程度上使这种可能性成为必要。

因为恰如上文已经提到的那样，在唯名论者那里的上帝具有绝对的自由意志甚至是变化无常和任性恣意的，在唯名论者的世界中任何实在事物都有可能完全不同甚至连自然法则也都不是必然的。虽然上帝曾经给人类行为设定了规则但有可能在任何时刻改变这些规则，从上帝之"绝对能力"而来的绝对权力使上帝"可以在已经切实做出的选择之外选择不计其数的可能性来实现目的"，甚至就连已经做出的选择也是可以改变的。毕竟如上文所言的那样，只要有必要，上帝完全有可能从源头开始重新创造世界。因此，在这种新的世界图景和存在秩序中，人类生活在一个完全不确定的和充满了偶然性的世界中，而"恰如奥卡姆所说的那样，正是关于世界因情况而异的特征的体验使人类自由成为必要"（Oberman，1960：65，64）。

　　这场唯名论革命虽然已经开启了人类自由的可能性，从根本上说是开启了为人类自由奠基的人之"自由意志"（the free will）的可能性，从而为文艺复兴的"人的发现"奠定了形而上学或存在论的基础，但有必要指出的是，文艺复兴的人文主义者在人类自由意志问题上显然比唯名论者更进一步。人文主义者理解的人类的自由意志，"不仅是（奥卡姆等唯名论者理解的）一种'被创造的意志'（the created will），而且是一种人之'自我创造的意志'（the self-creating will）。上帝赋予人类意志/意愿的能力，人类则借这种能力使自身成为他们想要成为的样子，这种'自我意愿的存在者'（the self-willing being）观念（使人文主义者的人类）与唯名论者的上帝有着确切相似性"（Gillespie，2008：31）。既然随着共相被否定带来了人类不再有上帝设定的普遍或终极的目的要去实现，人类与上帝之间越来越大的鸿沟使人类自由成为可能和必要，人类不仅拥有自由意志甚至还有着类似于上帝的绝对自由意志的"自我创造的意志"，那么，在中世纪的唯名论革命和文艺复兴奠定的基础上可能生产出什么样的现代性图景显然充满了无限的可能性。不论是从作为现代性绽出之"观念泵"的伦理型快乐体制蕴含的各种"可能性种子"来说，还是从中世纪的唯名论革命和文艺复兴奠定的充满可能性的基础来说，似乎都并不必然决定现代性绽出之历史实现或实践形态必定是技术型快乐体制。然而，从技术型快乐体制被我们当成现代性绽出之历史实现形态的角色定位来看，实际上已经不难看出现代社会在原本众多的可能性中历史性地选择了什么样的现代性方案。需要指出的是，现代性历史性绽出为技术型快乐体制的实现形态，也源于这场唯名论革命造成的危机及其变革成果。更进一步说，就是受同样以这场唯名论革命奠定的一般形而上学基础作为兴起之可能性的近代自然科学革命影响的。当然，在探究这场唯名论革命是如何为近现代自然科学革命的兴起奠基的，近现代自然科学革命又是如何影响现代性绽出的历史实现形态并塑造了技术型快乐体制之基本面貌的之前，我们还有必要阐明唯名论革命是如何为西方社会现代化进程"三部曲"中的"宗教改革"开道与奠基的问题。上文已经阐明在唯名论革命奠定的存在论基础上，宗教改革者在神、人与自然之间的存在者层次上的首位性之争中，将神放在首要地位并从这个视角来审视人与自然，那么，这场唯名论革命是如何为宗教改革奠基的，更具体地说是哪些唯名论者的存在论/本体论观点影响了宗教改革者的思想呢？

从韦伯对新教伦理与资本主义精神之间关系的探究中，我们不仅认识到了宗教改革对现代社会兴起和现代性气质养成的重要意义，而且对宗教改革中不同教派的思想观点也有了更深刻的理解。然而，关于不同改革者提出的改革主张端赖的宗教神学基础，甚至就连韦伯也只在分析"入世禁欲主义的宗教基础"时简单提到"虔信派"经常被反对者说成属于"唯名论"（terminism/nominalism）[①] 学说而已，就更别说能在后来越来越注重结构分析而非历史溯源的社会学研究中找到更多论述和线索了。实际上，虽然宗教改革运动直到 16 世纪才在欧洲兴起，但作为路德和加尔文等宗教改革家提出的改革主张之思想基础的宗教神学观念却早在 14 世纪末期落幕的唯名论革命中就已经萌芽奠基了。在分析入世禁欲主义的宗教基础时，尽管韦伯只是从一种历史现象"作为起因对其他历史进程产生之影响"的立场出发，高度评价了加尔文派的"预定论"思想及其产生的"文化与历史后果"（Weber，2001：56），而几乎没有涉及"预定论"教义的思想渊源。但是，从韦伯诸如此类的相关说法——"在《新约》描述的天堂中的那个富有人情味和同情心的天父，那个就

---

① 三联中译本《新教伦理与资本主义精神》将韦伯只提到了一次的"terminism"（nominalism）译成"忏悔限期论"。

像一个妇人因一枚银币的失而复得而欣喜那样为一个罪人的幡然悔改而欣慰的天父已经一去不复返。他的位置已经被一个超验的存在取代，这个超验的存在超出人类理解力之外，以其完全不可理解的预旨规定了每个人的命运"（Weber，2001：60）——中，我们并不难发现在加尔文派的"预定论"中的上帝，明显地带有着唯名论者的那个拥有绝对能力和绝对自由意志的上帝的明显印记。

事实也确实就是这样的，在唯名论者奥卡姆的学说中就不难找到关于预先注定论的相关论述。奥卡姆曾经指出，"所谓'预先注定是必然的'论断能以两种方式来理解：一是根据'预先注定'（predestination）一词主要表示的意思理解，即预先注定本身是必然的，我赞成这样的理解，因为那是神圣本质，是必然和不可变的；二是根据'预先注定'（predestination）一词次要表示的意思来理解，即某个人被上帝预先注定（是必然的）。如果以这种方式来理解，预先注定则不是必然的，因为正如被预先注定的任何人都是偶然地被预先注定那样，上帝也偶然地预先注定任何被预先注定的人"（Ockham，1983：41）。当然，在奥古斯丁的《上帝之城》中也并不乏关于预定论的论述，预定论可以说是基督教的基础教义。因此，最为关键的似乎还是在不同学派那里的上帝意象以及由此而来的预先注定的性质差异上。除了加尔文派的预定论能在唯名论革命引发的一般形而上学危机及其变革成果中找到思想渊源之外，在韦伯看来，它的"天职"（Beruf/calling）观"必然地赋予了日常入世活动以宗教意义，并在此意义上第一次创造了职业观"（Weber：2001：40）的路德宗的宗教思想，也同样深受唯名论革命的影响。"年轻时的路德变成了一个奥卡姆主义者，但他深受唯名论描述的上帝之不可测知性的困扰，深受他个人自身救赎结果之不确定性的折磨。路德对个人救赎的关切几乎不可能从一个他自身就是不确定的上帝，一个今天可能拯救圣徒谴责罪人而明天却有可能做出恰恰相反的事情的上帝那里得到宽慰。路德向这样一个上帝寻求确定性的个人探索，同他反对教会之腐败的斗争密切地交织在一起"（Gillespie，2008：33），而路德借以反对腐败的教会的宗教神学基础，可以说就是由这场唯名论革命奠定的。因为恰如上文提到的那样，唯名论对上帝之绝对能力、绝对自由意志和"神圣直接性"（divine immediacy）的强调，早就已经在存在论上冲击甚至摧毁了实在论者据以为"上帝展示其存在与作用之渠道的教会等级制、神职阶层和仪轨圣礼"（Oberman，1960：61-62）的正当性与必要性根基。

由此可见，宗教改革端赖的一般形而上学/宗教神学思想基础的确早在 14 世纪末期落幕的唯名论革命中就已经奠定下来了。至于早就具备了神学思想基础的宗教改革运动直到 16 世纪才兴起的社会历史根源，因其并不是目前关注的重心，我们将会在下文论述中简单提及。至于这场唯名论革命为其奠定了存在论基础的宗教改革运动，对现代社会之历史发生进程有何重要意义，更明确地说是对技术型快乐体制有何塑造作用也不需要在此赘言。因为不论在关于现代性起源的通常历史叙事中，还是在韦伯对新教伦理与资本主义精神之间关系的深刻解释中，对宗教改革与现代社会起源之间关系的强调已经非常充分。尽管韦伯的解释不乏遭到诸如"韦伯对新教教义的特征描述是错误的""韦伯曲解了天主教教义""韦伯对清教与现代资本主义关系的论述建立在不尽如人意的经验材料上""韦伯缺乏在现代或'理性'的资本主义与从前的资本主义活动之间做出如此鲜明对比的正当理由""韦伯弄错了清教与资本主义的因果关系的性质"（Giddens，2001：xxi-xxii）等批评意见，但并不能从根本上否定宗教改革对现代社会或现代性之历史产生的深刻影响。因此，我们在一定意义上已经无须再对宗教改革之于现代性的重要意义做出任何评价，甚至也没有必要从后来的标准出发对韦伯的解释做出诸如忽视了历史情境性等批判，需要做的是在韦伯提供的经典理解范式之外探寻其他解释的可能性，甚至打破韦伯的解释所端赖的未被言明的根基，而对宗教改革运动端赖的宗教神学思想基础的探源可以说就是这种需要的题中之义。不惟如此，我们不是简单地从韦伯所谓的理性化进程出发，而是从快乐意志之历史性绽出入手，以快乐体制之更迭交替刻画现代性绽出进程的做法，从根本上说就是在探索另一种现代性叙事的可能性。

（三）感官感觉的正名与新工具的锻造

恰如关于现代性起源的历史叙事往往把文艺复兴与宗教改革分别视为"人的发现"与"人的解放"所表明的那样，如果说存在论层次上的唯名论革命为它们奠定了形而上学基础的文艺复兴和宗教改革给现代社会的历史发生提供的是有自由意志的"行动者"（agent）或"主体"

（subject）要素的话，那么，同样是以唯名论革命的思想变革成果作为兴起之存在论基础的自然科学革命则可以说给现代社会的历史发展提供了"手段"（means）和"客体"（object）要素，也就是给作为现代性绽出之历史实践形态的技术型快乐体制提供了工具和对象。就客体方面来说，对作为自然科学研究对象的"自然"、"自然世界"或"物质世界"的改造和利用将成为现代社会由以成其自身的独特时代特征，甚至是现代借以标榜自身有别于以往时代的历史性成就。在工具方面上说，从近代自然科学革命发展而来的现代科学技术，尤其是工业生产技术的规模化应用，不仅是推动现代社会之历史发生发展的关键性生产力要素，而且是现代性之基本构型和根本特质的主要形塑力量。"在欧洲兴起的一种科学文化的最显著特征，是将所有认知价值逐步同化为科学价值。这不仅是西方科学实践的独特特征，而且是西方现代性的独特特征：科学认识之角色与各种目的的特殊形象以一种根本的方式与现代性的自我形象捆绑在一起"（Gaukroger，2006：11）。科学技术对现代性的重要意义，对现代社会的巨大塑造作用甚至使得芒福德给现代冠以了"机器时代"（the machine age）的名称（Mumford，1934：3）。雅斯贝尔斯也把"自中世纪末以来西方在欧洲生产的现代科学"基础上发展而来的"18世纪末之后"的历史时代，也就是"自轴心时代以来在精神领域或物质领域的第一次全新发展"（Jaspers，1965：23）命名成了"技术时代"（the age of technology），而也正是科学技术之于现代性的这种重要性，才让我们将作为现代性绽出之历史实现阶段的快乐体制命名为技术型快乐体制。既然在关于神、人与自然之间在存在者层次上的首位性之争中注意力转向自然世界的近代自然科学革命之所以可能，在很大程度上也同文艺复兴和宗教改革运动一样都源于唯名论革命所造成的一般形而上学危机及其带来的思想变革成果，那么，这场发生在中世纪的基督教经院哲学内部的唯名论革命是如何为近代自然科学革命的发生奠定了存在论基础的呢？

实际上，在前文论述唯名论革命如何为文艺复兴与宗教改革运动奠定存在论基础的时候，我们已经或多或少论及了近代自然科学革命得以在唯名论革命造成的一般形而上学危机及其思想变革成果上发生的可能。正是唯名论者在存在论或本体论层次上对共相之实在性的否定，对具体可感知的个别事物之实在性的肯定和对上帝"绝对能力"和"绝对自由意志"的强调，极大冲击乃至摧毁了实在论者主张的和谐一致的存在秩序和必然合理的自然法则，造成了上帝与被造物（人类与自然）的鸿沟、信仰与理性的断裂、神学与哲学的分离，从而为科学革命的发生提供了可能性。虽然在唯名论者看来像"种"和"属"这样的共相并没有在心灵之外的实在性，甚至"世界本身（也）只是一种更高阶的符号，一种不与任何实在相符的认识的辅助工具而已"使其本体论主张"似乎让科学成为不可能"，但"实际上现代科学是作为对唯名论之存在论/本体论意义的重新考察之结果而从唯名论中形成和发展出来的"（Gillespie，2008：35）。唯名论革命为近代自然科学乃至现代科学奠定了发生和发展的可能性基础，这首先与通常当然是在存在论/本体论的意义上讲的。对于"经院哲学实在论的形而上学将上帝理解为最高的存在，将上帝的造物理解为一种延伸到上帝的各种存在者的合理秩序"的主张，唯名论者指出"这样一种秩序是站不住脚的，这不仅是因为每一个存在者在根本上都是个别的，而且更重要的可能是因为上帝本身就不是在与所有被造的存在者相同的意义上的那样一种存在"。也就是说，唯名论革命"通过设定一个在根本上是由个别的/特殊的存在者构成的混乱无序的世界而破坏了中世纪科学的存在论基础"（Gillespie，2008：35），从而也就为其他不同形式的科学（包括近现代自然科学在内）打开了发生与发展的存在论上的可能性基础。而恰如前文已经指出的在关于神、人与自然在存在者层次上的首位性之争中，一部分人在人文主义者和宗教改革者将存在者层次上的首要地位赋予人和神之外将重心转向了自然世界那样，近代自然科学革命乃至现代科学技术正是在唯名论革命对中世纪科学端赖的存在论基础的破坏而开启的新本体论/存在论基础上，通过将关注的焦点转向对自然世界的考察而得以发生和发展起来的。

　　这场发生于中世纪基督教经院哲学内部的唯名论革命，除了如上述那样首先与通常在存在论/本体论上奠定了近现代自然科学革命的可能性基础之外，也在一定意义上为近现代科学的发展提供了认识论和方法论。当然，近现代科学由以成其自身的这种认识论与方法论，显然是在唯名论革命关于上帝之本质、存在之本质、共相与个别之实在性及其彼此关系的重新理解和规定的存在论/本体论的基础上生发出来的。在实在论者肯定"共相"有在心灵之外的实在性，而可经验观察到的具体的"个别"事物只是分有共相的幻象,上帝作为最根本的超自然的共相不仅是最真实和最稳定可靠的存在,而且也是作为被造物的人类世界与自然世界之运作的动力因和终极因,是关于人类与自然的知识的唯一根源和最终判准的存在论基础上,在理性主要是维护信仰与论证上帝存在的工具,哲学只是神学婢女的框架中必然产生的是以"冥思"(meditation)和"思辨"(speculation)为首选运思样式与探索方式的方法论,以"启示真理"(the revealed truth)为一切认识、探究和知识之根本判准的认识论,以共相、形式或第一原则为首要对象的探究旨趣。因为共相、形式或第一原则既然是最真实且稳定可靠的存在,是一切具体且变幻不定的个别存在者的根据和本质,那么,"要想获得关于一个领域的智慧,当然就是要去牢牢抓住那个领域的一整套明确的第一原则,去获得关于从那些第一原则演绎推论而来的明确结论的可靠知识。要想获得绝对的或无条件的智慧,当然就是要去获得关于作为所有的存在者的第一原则的智慧……要想获得绝对智慧,当然就是要去分有上帝自己关于自身的知识,分有上帝自己关于在其作为它们由以发生之动力因和它们被导向的最终目的的范围之内的所有的其他存在者的知识"(Freddoso,2006:333)。而不论共相、理念、形式,还是第一原则都不是通过感官感觉可以觉察得到、通过感觉体验可以感受得到、通过经验观察可以把握得到的,因此,冥思、思辨和沉思等内省方法就将成为中世纪科学,更确切说是成为神学和哲学用以探究作为所谓"可感事物"(the sensible)之本质与根源的"只有理智才能理解的"共相、理念或形式的主要甚至唯一的方法。

实际上,这种经院实在论的存在论/本体论基础以及由它所导向的认识论和方法论并不是基督教经院哲学的独创,而是从苏格拉底以来的希腊哲学,更确切地说是从柏拉图、亚里士多德、斯多葛学派和新柏拉图主义等的哲学形而上学中继承发展而来的。这在我们前文已经述及的柏拉图的所谓"感性事物"与"另一类实是"(共相)、理念世界与可感世界的区分,柏拉图哲学之于奥古斯丁学派的意义,阿奎那学派对亚里士多德学说的新柏拉图主义式解读中都可见一斑。尽管基督教经院哲学添加上了诸如上帝一神论、哲学降格为神学之婢女、理性与信仰紧密勾连等这样一些独特宗教要素,但共相、理念、形式或第一原则高于并作为殊相、幻象、质料和物质等的本质根据的思想要义却是一脉相承的。因此，我们甚至可以推测伦理型快乐体制之所以在可感领域即通常所谓的物质财富领域上远比技术型快乐体制要贫瘠得多，在一定意义上说或许正是因为伦理型快乐体制深受这种存在论/本体论的前提假设及其导致的认识论与方法论取向影响，而不只是像通常所谓的物质基础决定上层建筑的历史叙事解释的那样，是因为贫瘠的物质财富基础才生产出这种存在论/本体论并因此产生灵魂的、精神的和内在的快乐高于肉体的、物质的和外在的快乐的伦理价值位序排列，并借此劝诫和抑制人们对"非实在的"可感领域或物质感官领域中的低劣快乐之危险追求的伦理型快乐体制。尽管历史往往被说成不容假设的，但如果前苏格拉底时代的自然哲学得以自始就成为思想主流，再或者假如是德谟克利特的物质主义体系而非柏拉图的理念主义体系成为后苏格拉底以来的主导思想，那么，我们至少不能从根本上否定人类在伦理型快乐体制中就足以有形成庞大生产力并生产出巨大物质财富，而无须等到"资产阶级在几乎不到百年的统治里"才"创造出远比以往所有时代的总和更多更大的生产力"（Marx & Engels，1992：37）的可能性。既然基督教哲学实在论继承的古老存在论基础及其内省的方法论和认识论甚至也在一定程度上造成了在物质或可感领域上贫瘠的伦理型快乐体制，而中世纪唯名论革命在给近现代科学革命奠定存在论基础的同时也提供了产生新的认识论和方法论的可能，那么，这场唯名论革命给近现代科学提供了什么样的认识论和方法论取向呢？

　　中世纪基督教哲学内部的这场唯名论革命当然是通过其存在论/本体论冲击中世纪科学赖以奠基的实在论的存在论及其认识论与方法论取向，而给近代科学革命乃至现代科学提供新方法论和认识论的可能性基础的。因为"只要启示真理仍然是一切科学探索的判准，只要一切事物都还不得不根据同它们的形式和终极因（即共相）的关系来考察，那么，就不可能有作为（近现代自然）科学之基础的全面的实验空间。只有打破知识与信仰之间的紧密结合模式，科学赖以奠基的实验才得以成为可能"（Leff，1956：39）。这里的（近现代自然）科学乃至一些社会科学端赖的"实验"得以可能的基础——消除启示真理作为一切探索之判准的地位，摧毁从其同共相、形式与终极因的关系来考察作为"个别"的感性事物的模式，打破知识（理性）与信仰之间紧密结合的关系，将自然领域与超自然领域区分开等——恰如上文已经指出的那样，在很大程度上正是唯名论革命对共相实在性的否定，对作为殊相的具体且可感的感性事物之实在性的肯定，对上帝之绝对能力和绝对自由意志的强调等存在论/本体论上的思想变革的成果。有必要指出的是，尽管唯名论者否定了共相（理念）在心灵之外的实在性，主张"只有个别实在事物，并因此一个实在的事物必定是个别的，没有也不可能有实在的共相"，但并不意味着诸如"种"和"属"等共相概念在认知活动和科学探索中就没有了意义，而只意味着共相只是"表示个别事物并在命题中代表各种（实在的）个别事物的术语"。虽然共相"不代表任何普遍的事物，却代表个别实在事物，是设想或认识各种（实在的）个别事物的方式"。因为"任何科学，不论实在的还是理性的（从根本上说）都是命题的"（Copleston，1993：56，59）。如果没有共相概念在命题中代表着各种个别事物的话，那么，科学何以可能也必定是难以想象的。因此，唯名论革命之所以能在存在论/本体论上为近现代自然科学的新方法论和认识论奠定可能性基础，主要在于唯名论对被实在论者视为分有共相之殊相的个别事物之实在性的肯定，尤其是对可感官感知、可经验观察的实在的个别事物之于获得科学知识之有效性和可靠性的重视。

就唯名论革命为近现代自然科学乃至社会科学提供了什么样的新认识论和方法论来说，不仅能从上文已经提到的唯名论革命的存在论/本体论主张何以使作为科学之基础的"实验"成为可能中可见一斑，而且能从近现代自然科学发生发展的历史事实中，尤其是从那些被当成现代科学奠基者的思想主张中窥见近现代科学的认识论和方法论取向。弗朗西斯·培根往往被视为近现代科学的主要奠基者之一。在存在论/本体论上，培根与唯名论者一样否定共相、理念和形式等的实在性，批判所谓的"人类心灵授予'形式'（Forms）存在中的首要地位的错误"，主张"在自然中除了根据法则显示纯粹个别的行为的个别事物实在之外别无任何其他的事物实在"。在方法或工具上，培根指出"有且只有两种探索与发现真理的道路"。他明确否定那种"从感官感觉和个别事物跳跃到最普遍原理继而从这些普遍原理及其设定的真理中发现中层原理"的道路，而对于那种"从感官感觉与个别事物中引出一些原理，继而逐步地且稳健地上升到最后达至最普遍原理"的道路，培根则认为是"正确的道路，但（遗憾的是）至今都没有被尝试过"（Bacon，2003：103，36）。这里的第一种道路，显然就是上文述及的经院哲学实在论乃至苏格拉底、柏拉图和亚里士多德等为代表的希腊哲学探究真理的道路。尽管这种道路也"从感官感觉和个别的事物开始并且止于最普遍的原理"，却只是"对经验（感官感觉）和个别事物匆匆一瞥而过并且从一开始就建立起某些抽象的和无用的普遍性"（Bacon，2003：37）。这从上文提到的尽管阿奎那学派也主张所有知识皆始于感官知觉，甚至阿奎那学派的认识论原则就是"没有任何在心灵（理智）中的事物不是首先在于感官感觉中"的，但出于其实在论的存在论/本体论假设对认识论与方法论取向的规定，在阿奎那学派看来"心灵（理智）的第一运动指向的是存在本身而非可感官感觉的个别存在者……虽然可感官感觉的事物是人类理智认知的自然且'恰当'的对象，却没有失去其首先指向作为共相之存在的导向"（Copleston，1993：393）中就已经有所体现了。这样一种源远流长甚至在培根时代仍然盛行不衰的道路，这样一种"只是看上去尊重和敬重感官感觉"而非真正"将感官感觉视为自然的神圣大祭司和自然神谕之娴熟诠释者"的工具，至少在培根看来显然是难以胜任旨在"人类处境之改善与人类控制自然之权力增大"（Bacon，2003：18，221）的科学目标和使命的，而这在很大程度上也正是培根寻求锻造"新工具"（the New Organon）① 的根由所在。

既然基督教哲学的实在论乃至从古希腊以来占主导的存在论及其方法论和认识论取向即"旧工具"无助于人类通过认识与改造自然来改善生存处境，甚至可以说从根本上造成了在物质财富上贫瘠的伦理型快乐体制，而在中世纪唯名论革命的存在论/本体论假设提供的可能性基础上，培根在"即便在此生也能通过宗教与信仰在某种程度上补救"的"人类自堕落以来就失去的'无罪状态'（the state of innocence）"之外，打造了使人类"即使在此生也能通过技术和科学而在某种程度上补救自

---

① 亚里士多德的《工具论》可谓伦理型快乐体制的认识论与方法论取向的代表，而所谓技术型快乐体制主要代表的培根的《新工具》就是相对先前时代的"旧工具"来说的。

堕落以来就失去的宰制万物之王国"（Bacon，2003：221）的"新工具"，那么，这种"新工具"体现了近现代科学什么样的认识论与方法论，尤其是这种"新工具"是如何看待往往被"旧工具"一瞥而过的感官感觉的呢？有必要强调的是，恰如上文已经指出的那样，培根得以打造甚至之所以会有意识地去打造新工具，主要是因为唯名论革命引发的一般形而上学危机及其思想变革。正是因为唯名论革命通过否定在经院哲学中占主导的"将上帝、人与世界纠缠在一种存在论关联与力量巨链中的本质形而上学和诸元范畴"，将"阿奎那学派中上帝、人类与被造物被视为有着实在关系的等级世界"代之以一种"偶然的而非必然的且只是概念与词语的世界图景"（Ozment，1980：60），培根才得以提出"要像世界本身所是的那样，而不是像任何人类自己的理性告诉他世界所是的那样"，通过且唯有通过"对世界展开一种极仔细的切分与解剖"以"在人类的心智中奠定关于世界之真正模型的基础"（Bacon，2003：96）的科学任务。正是通过唯名论革命对"亚里士多德关于运动要么是自然吸引力将物体引向形式要么是狂暴力量之结果的解释"的否定，通过以"一种主张外在力量引发运动的理论替代那种将运动视为上帝授予物体之'动力'的结果的理论"，尤其通过对"直觉和直接感觉经验在知识获得中的首位性的强调而给实验科学与观察科学开辟的道路"（Ozment，1980：59），培根才能提出"最好是解析自然而不是抽象，就像德谟克利特学派做的那样才能比其他学派更深刻地进入自然深处；我们应该去研究物质及其结构和结构的变化，应该研究纯粹的行为和运动或行为规律，因为形式是人类心灵的臆造，除非人们选择将各种形式之名赋予这些运动规律否则就不会有形式"（Bacon，2003：45）的认识论和方法论原则。

基于培根在打造他所谓的"新工具"的过程中提出的这些科学研究的任务与原则要求，我们已经不难看出近现代科学之方法论和认识论的取向，也不难发现感官感觉、感觉经验和具体的感性事物之于现代科学技术的重要意义。在描述他所谓的另一种探索真理的道路，也就是正确但至今仍未被实施的道路时，培根就明确指出这条道路"充分和恰当地处理感觉经验和个别事物"。在对他所谓的作为"解释自然的真正关键所在"的，以"一种真王和恰当的归纳方法"与实验方法为主的"新工具"进行说明时，培根甚至指出"抓住我们的学说的一种简单方法就是将人们引向实在的个别事物及其序列和秩序，就人们一方来说则要保证暂时放弃各种观念并开始去适应实在的个别事物"。培根还要求"我们必须寻求进行更大量的实验，寻求进行与从前做过的实验不同的实验，还必须采用颇不同的连接与促进感觉经验的方法、秩序和程序"（Bacon，2003：37，40，109，81）。虽然培根也明确指出"人类理解力的最大障碍和扭曲来自感官感觉的迟钝、局限性和欺骗性……任何有机会成其为关于自然之真正解释的解释都是通过各种具体的实例和恰当且切题的实验获得的，在其中感官感觉只是给出一种关于实验的判断而实验则给出关于自然和事物本身的判断"（Bacon，2003：45），但与其说这是在否定感官感觉、感觉经验和个别感性事物在他致力于打造的"新工具"中的价值，倒不如说培根是在强调感官感觉、感觉经验和个别感性事物在人类探索自然的过程以及在人类借以获得真正的知识的方法中的重要性。因为恰如培根自己明确指出的"科学需要的是一种拆解与分析感觉经验的归纳形式，并在恰当筛选和排除感觉经验的基础上形成必要的结论"，我们"将感官感觉视为自然的神圣大祭司和自然神谕的娴熟诠释者，在其他人只是看起来尊重和敬重感官感觉的时候，我们却在实际地这样做"（Bacon，2003：17，18）那样，不论是对于自然科学知识的获得还是对于人们用以获得这种知识的工具的打造来说，感觉经验、感官感觉和个别的具体感性事物都是必不可少的，任何科学探索的正确的进路甚至都必须从直接的感官经验和具体的个别事物入手。

　　虽然在培根"新工具"中体现出的现代科学认识论和方法论取向在强调感觉经验重要性的同时也做出了必要的警醒，但与从苏格拉底以降的主流希腊哲学直到基督教经院哲学实在论提供的认识论与方法论取向相比，由唯名论革命提出的存在论形塑的近现代科学认识论与方法论，显然更强调感官感觉、感觉经验和个别的感性事物之于科学探索的重要性。实际上，任何科学都绝无可能只端赖感官感觉、感觉经验和个别感性事物就能够成为真正的科学。更重要的是，恰如上文已经指出的"从前由基督宗教来传递的'文明理想'（civilized ideals）现在已经由科学传递，而且基督宗教也已经演化成一种新的世俗科学信仰……在欧洲兴起的科学文化不仅是科学实践的特征而且是现代性的独特特征"，是

"现代性的自我形象"（Gaukroger，2006：11）揭示的那样，近现代科学的认识论与方法论取向对感官感觉和感觉经验的强调不只深刻塑造了近现代科学文化的特征，而且深刻塑造了现代性本身的结构特征。就对现代科学文化的影响来说，即使在高扬所谓"理性"时代主题的启蒙运动时代仍然有"18 世纪 40 年代的新一代法国洛克主义者，将探索知识的感觉基础作为发展一种'敏感性/可感性/感觉力'（the sensibility）① 观念的方法。这种观念在某种程度上变成了理性的对手，不是作为偏见的解药（尽管完全端赖感官感觉的观念随后就在这方面起作用），而是作为奠基和规定我们的认知状态的东西……可感性/感觉力观念接管了先前由理性占据的角色，狄德罗和其他人（甚至）指出可感性/感觉力实际上支撑着认知并且这对于理解我们与世界的关系有着根本性意义"（Gaukroger，2010：4）。就对现代性特质的影响与塑造来说，且不论现代社会的国家意识形态机器、生产机器与市场体系如何尽其所能调动、利用和操纵感官感觉，也不论齐美尔（2001：3）已经强调的"感官的相互感知对人类社会生活、共存、合作与对立的意义"和"感官效应"的社会学意义，从下文将谈到的技术型快乐体制的主要快乐形态首先就是基于感官感觉和感官体验的快乐中就可见一斑，尤其是在主张"令人快乐的体验并不是因为我们偏好它们、意欲它们持续或认为它们可欲求才是令人感觉快乐的，相反地，我们之所以偏爱它们、意欲它们持续和认为它们可欲求正是因为它们是感觉好的"（Smuts，2011：254）的所谓"感觉好的快乐理论"（the feels good theory of pleasure）中就更是一览无余了。

　　从近现代自然科学革命为技术型快乐体制成其自身提供了工具手段和客体对象的意义来讲，近现代科学的认识论与方法论取向对于感官感

---

① 简单地说，这里所谓的"sensibility"或"sensibilité"在《百科全书》（Encyclopédie）中有两个词条："一是在'道德'（morals）词目下，二是在'医学'（medicine）词目下。前者是指使灵魂易于受到触动或影响的灵魂的微妙的性情倾向……后者是指感官感受的官能，情感感受原则，是有生命的身体感知外在物体之印象的特定性能，这种印象的结果是产生与这种感知的强度成比例的运动"（Gaukroger，2010：389-390）。很显然，在第一个词条中很容易看到苏格兰启蒙运动强调的道德情操/情感的迹象，后一词条指的就是通常的生物具有的感觉官能，其中也不难看到苏格兰启蒙学者，尤其休谟的思想，休谟就将情感界定为一种印象。总之，无论在道德词目下还是在医学词目下，感官感觉和感觉经验等都是这种 sensibility 的要义所在。

觉、感觉经验和个别感性事物的强调同样至关重要。有必要指出的是，如果说在培根为近现代自然科学打造"新工具"时，虽然提到切分、解剖与拆解自然等看似完全将自然客体化和对象化的表述，但"对培根以及文艺复兴和科学革命时期的几乎所有人来说，自然（在一定意义上仍然）被视为上帝在人间的仆人，是生命的孕育者与再造者，奖惩的尺度……像人类和宇宙一样，自然也是有身体、灵魂和精神的有生命的存在者。自然被拟人化为有乳房和子宫的女子，有循环、生殖和代谢等诸系统。在新柏拉图主义看来，自然是世界灵魂的较低级部分……在基督徒看来，自然是上帝惩罚人类叛逆的施行者——惩罚人类罪恶，庄稼歉收、干旱、风暴、疾病和瘟疫都是对人类未谨守道德生活的惩罚"（Merchant，2008：739），也就是说处在文艺复兴与启蒙运动之间的培根仍然对自然抱持相当的尊重或敬畏态度，仍然主张通过作为自然的仆人来改造自然和改善人类处境，人类仍是自然母亲之子的话，那么，经历启蒙运动理性之光洗礼的人类，尤其是随着对自然之神秘性与神圣性进行了彻底祛魅的现代理性化进程的深化，我们不难发现，在作为现代性绽出之历史实践形态的技术型快乐体制中，人类对自然的理解，更确切地说是对人类与自然之间关系的定位将会发生根本性转变。自然不再被拟人化为有生命的存在，人类不再作为自然的仆人以获得其奥秘，自然完全变成了任由人类征服、摆布和攫取的没有灵魂的客体，变成了人类无须对其负有任何伦理义务和道德责任的没有生命的对象。需要指出的是，不论在培根时代与在技术型快乐体制深入实现时期，人们对自然的理解和对人类与自然之间关系的定位有多大的差异，这些差异都只是程度上而非本质上的。因为从培根时代开始，"知识就是力量，作为力量的知识既不受制于造物主的奴役，也无须对人世间的统治者卑微顺从……技术是这种知识的本质，其目的既不在于生产概念或意象也不在于理智愉悦，而在于方法，在于对他人劳动的剥削和资本。在这种知识中存留的'许多东西'就其本身来说也只不过是工具而已"（Horkheimer & Adorno，2002：2）。从培根时代开始，"人类寻求从自然中习得的东西就是如何利用自然以全面地统治自然和统治人类"（Horkheimer & Adorno，2002：2）的知识观和时代精神就已经逐步确立起来了，而正是这种知识观和时代精神塑造了技术型快乐体制的基本构型和气质特征。

由此，我们也就阐明了被定位为现代性绽出之历史实现阶段或历史实践形态的技术型快乐体制的存在论/本体论基础。恰如上文已经指出的那样，正是在中世纪基督教经院哲学内部的这场唯名论革命引发的一般形而上学危机及其思想变革成果提供的可能性基础上，文艺复兴时期的人文主义者得以在存在者层次的神、人与自然之间的首位性之争中将人放在首位，从而给技术型快乐体制提供了不仅有自由意志而且有着类似上帝之自我创造的自由意志的行动者。宗教改革者才得以获得他们提出的宗教改革主张端赖的形而上学/宗教神学基础，并宣扬了使"人的解放"得以可能的预定论、唯信仰足以得救论和天职观等学说，从而正如韦伯已经诠释的那样为技术型快乐体制提供了与资本主义精神亲和的新教伦理。近代自然科学的奠基者也才可能在神、人与自然之间在存在者层次上的首位性之争中将关注焦点投向自然，现代性本身也由此开始了发展一种终将使人类成为自然的主人与所有者的科学事业甚至现代性方案，从而既给技术型快乐体制成其自身提供了工具手段和客体对象，也从近现代科学的认识论与方法论对感官感觉与感觉经验等的强调中确立了技术型快乐体制的基本快乐形态。既然作为现代性绽出之历史实践形态的技术型快乐体制中的行动者/行动主体、工具手段与客体对象等要素都已经获得了可能性基础，那么，快乐意志在这个历史性绽出形态以科学技术，尤其是工业生产技术为实现媒介而最终现身为技术型快乐体制也就水到渠成了。然而，有必要指出的是，尽管基督教经院哲学内部的这场唯名论革命为技术型快乐体制奠定了本体论/存在论的可能性基础，但恰如前文指出的作为"观念泵"的伦理型快乐体制只是为现代性绽出提供了不同"可能性种子"那样，唯名论革命对实在论之一般形而上学的冲击乃至颠覆从根本上说也只是给现代性绽出提供了各种可能的历史实践形态罢了。现代性绽出之所以最终成为技术型快乐体制这样一种历史实践形态，虽然端赖唯名论革命奠定的存在论基础，但更直接地还是因为像文艺复兴、宗教改革、近代科学革命以及后来的启蒙运动、工业革命和政治革命等这些存在者层次上的历史事件的现实作用。

二　技术型快乐体制的基本构型与运作逻辑

现代性绽出的历史实现阶段最终"去存在"为技术型快乐体制这样一种历史实践形态，当然更直接的是那些在人们耳熟能详的现代性起源的历史叙事中往往被当成现代性诞生前奏的重要历史事件之现实作用的产物。"唯名论革命构想的上帝意象和世界图景本身（也是）经过黑死病、教会大分裂和百年战争对中世纪文明基础的动摇之后才被人们普遍相信和接受的，而这种中世纪文明基础也早就已经被十字军东征的失败、黑火药的发明发展和小冰期气候对作为封建生活基础的农业经济的严重打击而削弱了"（Gillespie，2008：29）。但无论如何，就像上文已经指出的文艺复兴、宗教改革和科学革命之所以能将在存在者层次上的首位性赋予人类、上帝与自然得益于唯名论革命奠定的存在论/本体论基础那样，那些对技术型快乐体制起到直接塑造作用的历史事件也同样建立在唯名论革命导致的一般形而上学危机及其思想变革成果的可能性基础上。正是这种唯名论革命奠定的存在论/本体论的可能性基础使这些存在者层次的历史事件得以发生，并在社会历史实在层面上形塑了技术型快乐体制的基本构型和运动逻辑。既然已经阐明技术型快乐体制由以生发的存在论基础，对技术型快乐体制起到塑造作用的存在者层次的力量要素也已经有所呈报，那么，接下来要做的就是将作为现代性绽出之历史实践形态的技术型快乐体制的基本构型和运作逻辑揭示出来。与作为现代性绽出之"观念泵"的伦理型快乐体制的基本构型主要是不同学派提出的好生活之道中的基本快乐观念范式及其结构特征有所不同，作为现代性绽出之历史实现阶段的技术型快乐体制的基本构型和运作逻辑，虽然也呈现为有自身结构的历史实践形态但主要现身在"去存在"生存活动的动态过程中。因此，就像对技术型快乐体制得以生发之可能性基础的分析现身为对各种观念之内在转变与重新定向的追踪和阐释那样，对技术型快乐体制之基本构型和运作逻辑的分析也将主要呈现为对各种观念转变和社会变革的勾勒与剖析。

（一）快乐与幸福的等同：追求感官快乐成为正当目的

虽然像"从中世纪早期的蒙昧到文艺复兴再经启蒙运动和工业革命，

西方人已经随着宗教影响力的式微而一点一滴地获得了自主和‘快乐权利’（the right to pleasure）”这样的“普遍观点”，早就已经被证明是“一种不准确但却相当顽固的偏见”（Guillebaud，1999：161）。历史的事实反倒正如我们已经揭示的那样，快乐意志一直贯穿并影响着现代性绽出进程，只不过快乐意志在不同历史时期现身为不同的快乐体制，不同快乐体制筹划的在世生存之道又以不同方式对待快乐并对快乐做出了不同的价值判断而已。但是，所谓“快乐权利”乃至快乐之社会价值属性定位的确经历了历史拓展和变化。在社会物质财富或感官享受上相对贫瘠的伦理型快乐体制，虽然不乏学派将快乐确立为最高善但对快乐的享用总体上还是坚持以节制德性为伦理原则。到近现代早期，“16 世纪的法国法律中（仍然）为维持匮乏的物资供应而禁止在同一餐饭上同时享用鱼类和肉类……快乐的获得长期以来都被视为特权和权力的表达”（Cross & Proctor，2014：8-9）。到 20 世纪的中后期，一切似乎都变了。在鲍德里亚所谓的“消费社会”中，“快乐已经不再作为一种权利或享受而是某种被制度化了的公民义务……消费者和现代公民不可能逃脱这种在新伦理中的强制幸福和享受，就像不可能逃脱传统的强制劳动与生产那样”（Baudrillard，1998：81）。现如今，“义务性的快乐正在替代受到禁止的快乐，放纵享乐就像一种你能否过关的考验。吃、喝、把你献身给爱，这些已经变成一种好名声的符号……过去我们常常像投身于一场无望的战争那样将我们自己抛向快乐，如今则变成了快乐将自身抛向我们……快乐已经不再显现为可以选择的而是被要求的，想要阻止快乐远比阻碍进步困难得多。快乐不仅无处不在而且至高无上。抵抗快乐是一种错误，是一种无稽之谈，是不能紧随时代潮流的表现。广告从今往后所设定的是一种‘快乐义务’（obligation of pleasure），这种快乐义务自然而然地隐藏在了自由的外衣之下”（Brune，1985；Vaneigem，1979，转引自 Guillebaud，1999：88-89）。由此可见，快乐在现代性绽出进程中确实经历了一种从“原先为封建地主贵族阶层垄断的奢侈消费模式（享乐特权）”到“完全移植到城市新兴资产阶级身上”（成伯清，2006：134），再到拓展到一般的社会大众身上的历史过程，那么，技术型快乐体制是如何使这样一种“快乐权利”之普遍化与大众化的历史进程成为可能的，是技术型快乐体制借以成其自身的哪些思想观念和社会历史转变使快乐实现了从作为特权到作为义务的变化的呢？

　　实际上，在对技术型快乐体制由以成其自身的存在论/本体论的可能性基础进行探究时，技术型快乐体制借以使所谓"快乐权利"实现民主化、大众化乃至普遍化的各种存在者层次上的历史变革就已经有所呈报了。在使快乐的属性定位发生了从"特权权力"到"伦理义务"变化的各种观念转变和社会变革中，我们首先遇到的是幸福与快乐之间关系的转变。在作为现代性绽出之历史实践形态的技术型快乐体制成其自身的过程中，随着人们对幸福本身和快乐本身的理解发生变化，幸福与快乐已经变得越来越彼此同质化，追求幸福已经越来越等同于追求快乐，快乐本身已然变成了目的。虽然在阐述技术型快乐体制的存在论/本体论的可能性基础时，我们提到唯名论革命在否定共相实在性时也否定了人类有要去实现的普遍目的，并由此打开了对人类自由的全新理解的可能性。但是，这并不意味着在唯名论革命中获得了自由意志，甚至经过文艺复兴和启蒙运动而获得了类似上帝之自我创造的自由意志的人类，在长期以来作为道德准则和终极目的之根据的共相、形式甚或上帝之实在性遭到废黜后就没有了"去存在"的在世生存目的和伦理准则，反倒恰恰意味着人类获得了自我设定目的与筹划目标的巨大的自由度，意味着现代性绽出进程获得了在真正意义上成为一种人类有意识地筹划的现代性方案的可能性。既然在唯名论革命动摇了基督教经院哲学实在论的一般形而上学基础之后，在尼采宣告的"上帝已死"之后，人类在失去从共相或上帝而来的普遍目的的同时也获得了自由筹划在世生存之目的的巨大自由度，而我们不仅早就已经阐明作为时代变迁之连续性表征的幸福是贯穿于人类历史的亘古主题——"幸福持续不断地被描述成为人类欲望的目标，人类的目的所在和赋予人类生活以目的、意义和秩序的源泉所在……人人都想要幸福，以至生活中可能已经没有别的目的能享有如此这样的高度共识"（Ahmed，2010：1）——而且已经指出在作为现代性绽出之历史实现阶段或实践形态的技术型快乐体制，追求幸福在一定意义上就等同于追求快乐本身，那么，幸福与快乐之间关系的这种转变是如何发生的？快乐是如何转变成为可以正当追求的目的的呢？

　　如果说在探究基督教经院哲学内部的唯名论革命是如何为技术型快乐体制奠定存在论/本体论的可能性基础时，我们还只是在技术型快乐体制扬弃伦理型快乐体制自身绽出进程留下的产物的意义上展示了现代性绽出"出离自身－回到自身"的基本节律的话，那么，在接下来关于幸福与快乐之间关系在技术型快乐体制自身绽出进程中如何发生转变的论述中，将看到"出离自身－回到自身"的基本节律是如何在现代性绽出进程整体意义上呈报出自身的。恰如前文已经指出的那样，虽然居勒尼学派和伊壁鸠鲁学派的快乐论在细节上有所差异，但抱持的都是"幸福即快乐"的观念。因此，"幸福即快乐"并不是到作为现代性绽出之历史实践形态的技术型快乐体制才出现的新兴观念，而是早在伦理型快乐体制的"观念泵"中就已经有其"可能性种子"了。只不过在伦理型快乐体制自身绽出进程中，这种"幸福即快乐"的观念遭到了贬抑而其他学派的幸福观得到了褒扬而已。然而，到技术型快乐体制通过扬弃伦理型快乐体制自身绽出进程遗留的社会观念和制度框架开启自身绽出进程，通过"回到"作为现代性绽出之"观念泵"的伦理型快乐体制中寻找自身绽出的"可能性种子"时，这种早就已经在现代性绽出的"观念泵"中萌发却在伦理型快乐体制自身绽出进程中遭到贬抑的"幸福即快乐"的"可能性种子"才得到"复兴"。由此看来，与其说是到了作为现代性绽出之历史实践形态的技术型快乐体制时期，幸福与快乐的关系才变得越来越同质化，追求幸福才开始被视为等同于追求快乐，倒不如说技术型快乐体制只不过是"回到"了伦理型快乐体制的"观念泵"中拾起并"复兴"了这种早就已经有所孕育却一度遭到贬抑的"可能性种子"而已。当然，在作为现代性绽出之历史实现阶段或实践形态的技术型快乐体制中，这种"幸福即快乐"的"可能性种子"显然已经在许多方面生长成了有别于在伦理型快乐体制"观念泵"中的观念形态，技术型快乐体制已经将在伊壁鸠鲁学派或居勒尼学派那里作为观念形态的"幸福即快乐"观念历史地实现成了特定的历史实践形态。

　　有必要指出的是，与在作为现代性绽出之"观念泵"的伦理型快乐体制中的价值定位一样，幸福在作为现代性绽出之实践形态的技术型快乐体制中也同样被当成最高目的，但追求幸福此时俨然已经变成等同于追求快乐本身。幸福与快乐之间关系的这种变化，充分而明确地体现在17世纪以来的许多社会思想家的思想著述中。洛克就指出，"人人都欲望幸福——如果被进一步追问是什么驱动欲望？我会答复说是幸福，而且只有幸福……就其完满意义来说，幸福就是我们所能享受到的最大的快乐，不幸则是我们所遭受到的最大的痛苦；我们能够称为幸福的东西的最低限度就是脱离了所有的痛苦且当下不可或缺的快乐，因为没有这种快乐任何人都不可能满足"（Locke，1999：241，242）。在解释所谓"最大幸福原则"或"功利原则"的基本前提假设时，边沁（2012：58）也指出"自然把人类置于两位主公——快乐和痛苦的主宰之下。只有它们才能指引我们应当去做什么，决定我们将要去做什么。是非标准，因果联系，俱由其定夺。凡我们的所为、所言、所思，无不由其支配：我们能做的试图挣脱这种被支配地位的每项努力都只昭示和确证快乐与痛苦对人类的支配地位"。在边沁对选择以"最大幸福原则"来替代"功利原则"所做的原因解释中——"功利（utility）一词不能够像幸福（happiness）和福乐（felicity）那样，清晰地表明快乐（pleasure）和痛苦（pain）的意思"（边沁，2012：59），将快乐等同于幸福的迹象就更是体现得一览无余了。需要指出的是，除了主张"幸福是我们的一切行动的目的所在"，而幸福就是快乐本身之外，洛克还指出"事物是善还是恶，唯有根据快乐或痛苦来做出判断。所谓善就是倾向引起或增加我们的快乐或减少我们的痛苦的东西，所谓恶就是倾向产生或增加我们的痛苦或减少我们的快乐的东西……我们称为善者是倾向给我们带来快乐的事物，我们称为恶者是倾向给我们带来痛苦的事物；我们之所以如此区分善恶事物，不是因为其他别的原因而正是因为它们给我们产生了构成我们的幸福与不幸福的快乐和痛苦"（Locke，1999：238，214，241）。与洛克将快乐与痛苦作为善恶判准一脉相承，边沁也指出"绝无任何种类的快乐和对任何种类之快乐的享受不是一种善好，绝无对任何种类之痛苦的消除不是一种善，简言之，没有任何种类的快乐不是自身就是一种善，也没有任何种类的痛苦的消除不是一种善"（Bentham，1983：105）。可见，至少从 17 世纪以来快乐就已经升格到与幸福等同的位置上。更重要的是，与在伦理型快乐体制自身绽出进程中的快乐往往是根据德性标准和幸福目的来判断它的善恶好坏的被评判对象不同，快乐与痛苦此时俨然已经变成判断善恶的根据乃至标准，而快乐之角色地位的这种转变显然将会深刻影响作为现代性绽出之历史实践形态的技术型快乐体制。

    洛克生活的时代与边沁生活的时代之间可以说整整相隔了一个 18 世纪，但在边沁的思想观念中，至少是在他关于幸福与快乐的思想中仍不难看出洛克的思想印记。这表明了洛克的这种"人人都欲望幸福"而作为目的的幸福即快乐本身的思想可谓影响深远，尤其是将快乐提升到善恶判准的高度即"把好的感觉与善相结合起来"的做法更可谓里程碑式的提法。上文已经指出的感官感觉和感觉体验的快乐成为技术型快乐体制的主要快乐形态，在一定意义上就是深受这些现代性方案的奠基者的思想影响使然。事实似乎也就是这样的，洛克的这种"幸福即快乐"，而快乐本身就是善恶判断之根据的思想，"对 18 世纪影响深远。洛克的后来者们开始相信在快乐中有美德，美德中有快乐，善意味着的是感觉好。有充分证据可以证明，几乎没有比这更广为盛行的启蒙运动的基本前提假设了：就像功利主义者约瑟夫·普利斯特莱（J. Priestley）和心理学家大卫·哈特莱（D. Hartley）那样，像弗朗西斯·哈奇森（F. Hutcheson）和让-雅克·柏拉玛克（J-J. Burlamaqui）这样的道德感理论家也持有这种基本假设；与法国哲学家爱尔维修（C. Helvétius）及孔迪拉克（Condillac）和意大利法理学家贝卡利亚（C. Beccaria）一样，大卫·休谟（D. Hume）也持这种基本假设；持此前提假设者当然还包括主张对快乐与痛苦进行'快乐算术'（felicific calculus）的功利主义者边沁，就更别说将追求幸福的权利作为生而平等的人类承蒙造物者之恩赐而拥有的无可转让的权利写进了《独立宣言》的托马斯·杰斐逊和富兰克林了"（McMahon，2004：14）。有必要指出的，幸福即快乐，快乐有其伦理价值的正当性和追求幸福即追求快乐本身的思想，不只深刻影响了 18 世纪的启蒙运动时代，甚至可以说从根本上塑造了通常所谓的现代社会的时代特征。因为这种观念不仅是一种在思想领域广为盛行的基本假设，更是现代社会的奠基者们借以构想人类社会未来图景的启蒙方案或现代性方案的出发点，而我们如今身处的现代性境况在很大程度上就可谓启蒙运动时代筹划的现代性方案的历史实现的产物。如此看来，快乐或追求快乐在现当代社会成为主导性社会意识形态，似乎早就已经在现代社会由以历史性绽出的现代性方案的最初历史筹划中埋下了可能性种子。

    与将幸福等同于快乐的观念似乎从洛克以来就逐渐成为现代社会的

主流意识形态相应，这种观念也以各种方式在各个方面深刻塑造着作为现代性绽出之历史实践形态的技术型快乐体制。前文已经提到的福柯所谓的无论是对现代社会何以成其自身来说，还是对如何理解和解释现代性来说，"边沁比康德或黑格尔都更重要，我们所有社会都应向边沁致敬"（Foucault，1994：595），在一定意义上就同样关乎幸福即快乐观念对现代社会之基本构型和运作逻辑的形塑作用。不仅如此，这种幸福即快乐的观念或快乐意志还通过政治议程化的方式影响现代社会的基本构型和运作逻辑。政治哲学家沃恩（Frederick Vaughan）就曾指出，"作为当代西方社会公共哲学的民主-自由主义传统应该被理解为一种'政治享乐主义传统'（the political hedonism tradition），一种旨在获得霍布斯所谓的在这个世界的'便利生活'（a commodious life）的政治哲学"。这种所谓的"政治享乐主义传统"从 17 世纪和 18 世纪的"霍布斯、洛克和卢梭旨在瓦解基督教正统教义以在个体对快乐的正当诉求与作为实现便利的自我持存的工具的政府理念之间建立稳定联系"的政治哲学方案中兴起，并被 18 世纪和 19 世纪的"休谟、边沁和穆勒等的学说巩固和发扬"（Fuller，1984：500），从而使"现代人得以将追逐快乐的事业合法提升到了公共法律议程的范围内"（Vaughan，1982：258），并最终造成"到 20 世纪 50 年代资本主义不是通过工作或财产权来寻求证成自身，而是通过物质财富的身份标识和促进快乐来证成自身"（Bell，1999：480）的现代性境况。虽然幸福即快乐的观念变得流行并深刻影响现代社会，但有必要指出的是，恰如前文所谓的与其说幸福即快乐理念是到了技术型快乐体制才出现的新观念，倒不如说技术型快乐体制是"回到"作为现代性绽出"观念泵"的伦理型快乐体制找到并复兴了早就已经萌芽的"可能性种子"的结果那样，洛克所谓的"最大的幸福就在于拥有那些产生最大快乐的事物，在于祛除那些导致任何不安、任何痛苦的事物"和"倾向产生任何程度的快乐的事物本身就是善的，倾向产生任何程度痛苦的事物本身就是恶的"（Locke，1999：252，242）等思想显然也不是从他那里才开始产生的，而是早就存在于伦理型快乐体制"观念泵"却在伦理型快乐体制自身绽出进程中遭到贬抑的居勒尼学派，更确切地说是伊壁鸠鲁学派的幸福即快乐理念的复兴罢了，那么，问题就在于这种曾经遭到遮蔽的观念是如何在作为现代性绽出之实践形态的技术型快乐体制中得到复兴的呢？

在阐述现代性绽出进程"出离自身－回到自身"的基本节律借以呈现自身的不同形式时，我们提到过伊壁鸠鲁学派的学说在伦理型快乐体制自身绽出进程中遭到贬抑而柏拉图、亚里士多德乃至斯多葛学派等的思想学说得到褒扬，同时也提到作为现代性绽出之历史实现阶段的技术型快乐体制是通过扬弃伦理型快乐体制绽出进程遗留的社会思想和制度框架开启自身绽出进程的。在这里，像幸福即快乐等在现代性绽出进程中遭到了贬抑或遮蔽的观念借以复兴的方式或机制就已经有所绽露了。在伦理型快乐体制自身绽出进程中遭受到贬抑或遮蔽的思想学说，将有可能在技术型快乐体制通过继承和扬弃方式开启自身绽出进程时迎来历史命运的反转，伊壁鸠鲁学派的思想学说可以说就是在这种意义上以这种方式得到了复兴的。这种复兴当然首先是特定快乐体制借以开启自身绽出的特定方式使然，但归根结底还是现代性绽出进程之"出离自身－回到自身"的基本节律的作用机制使然。不只特定快乐体制的特定要素的历史轨迹，甚至不同快乐体制更迭交替的根本动力，都在于这种作为现代性绽出进程之基本节律的"出离自身－回到自身"的绽出运动。虽然怀特海指出"关于欧洲哲学传统的最保险的一般性描述是欧洲哲学由对柏拉图的系列注脚构成"（Whitehead，1979：39），但在伦理型快乐体制自身绽出进程中受到推崇的柏拉图学说却似乎"不被视为对现代哲学的出现有所贡献，实际上，柏拉图主义与现代性甚至都不被视为能够彼此兼容的"（Hedley & Hutton，2008：1）。而在伦理型快乐体制自身绽出进程中遭到贬抑的伊壁鸠鲁学派的学说却似乎在现代哲学诞生的时代，在笛卡尔、霍布斯和洛克等处身的 17 世纪，也就是技术型快乐体制开启自身绽出进程的时代得到了转化和复兴，并在哲学思想、政治经济制度和社会生活领域深刻地塑造了技术型快乐体制的基本构型和运作逻辑。有学者甚至指出"如果说笛卡尔的非物质的'思维之物'（res cogitans）、莱布尼茨的非广延的不朽单子、贝克莱的心灵中的世界是现代哲学史中的显著概念，这主要是因为我们如今在一定意义上都是伊壁鸠鲁主义者"（Wilson，2008：3）。伊壁鸠鲁学派的自然哲学、道德哲学和政治哲学对近现代早期的理论思想和社会实践都有所贡献，更具体地说就是伊壁鸠鲁学派的物质主义的原子论、社会政治的契约论和伦理的享乐主义（快乐主义）在作为现代性绽出之历史实践形态的技术型快乐体制中都在一定意义上以不同方式且在不同方面得到了复兴和改造，而且这种复兴和改造是有明确迹象可循的。

就伊壁鸠鲁学派的幸福即快乐观念来说，据艾伦（Don C. Allen）的考察，伊壁鸠鲁及其快乐学说在文艺复兴早期就已经有所复兴。虽然伊壁鸠鲁学派的学说在中世纪长期受到贬抑，即使在文艺复兴时期的一些英国牧师的词典中，"伊壁鸠鲁仍然是一个声名狼藉的名字，伊壁鸠鲁的快乐学说只是他的无神论思想中的一种物质主义的渣滓"，但"在'王政复辟'（the Restoration）之后的英国，人们的态度发生了明显变化，伊壁鸠鲁变得有了引用价值且值得阅读……霍布斯虽然将伊壁鸠鲁放在了异端者之列，但霍布斯本人却十足是一个转世化身的伊壁鸠鲁"。与伊壁鸠鲁及其快乐学说在英国的复兴相比，"伊壁鸠鲁在意大利的复兴早在很久以前就已经开始了，这从薄伽丘曾经在一个评论中以一种同情口吻总结了伊壁鸠鲁的学说和不公正地加诸伊壁鸠鲁的诽谤之言并指出伊壁鸠鲁是所有哲学家中的最审慎节制者就可见一斑"。虽然伊壁鸠鲁及其快乐学说从文艺复兴初期就开始逐渐得到复兴，但这种复兴之路却并非一帆风顺。直到16世纪仍然不乏针对伊壁鸠鲁快乐学说及其拥护者的反对之声，德国人文主义者和宗教改革者"梅兰希通（Philip Melanchthon）对作为伊壁鸠鲁及其快乐学说拥护者的意大利人文学者瓦拉（Lorenzo Valla）的攻击可谓16世纪对伊壁鸠鲁快乐学说的最后的全面反对"。这种反对显然并没有获得胜利，"到了17世纪的最初岁月里，人们立刻开始公开地捍卫伊壁鸠鲁及其快乐哲学。然而，他们是在一种已经有着不止300年历史的传统中开展这种捍卫行动的，而且这是他们中的许多人都清楚的。这种悠久的传统无疑就是在由伽桑狄（Pierre Gassendi）及其同道者引领的复兴伊壁鸠鲁学说的新运动之前，（从文艺复兴初期）就已经开始的关于伊壁鸠鲁及其学说的零散辩护的传统"（Allen，1944：2，4，12，14）。在一定意义上，走到伽桑狄发起的复兴伊壁鸠鲁学说的新运动这里，我们也就走到了贯通洛克前后的伊壁鸠鲁学说复兴轨迹的关节点。"伽桑狄是17世纪哲学的核心人物并因此对于现代哲学思想的发展至关重要，他不仅熟悉笛卡尔和霍布斯等哲学家也被他们所熟悉，而且对理解莱布尼茨、洛克和牛顿也至关重要"（LoLordo，2007：1）。

关于洛克与伽桑狄之间的关系，"学者们似乎分成两个阵营：他们要么简单地忽视了伽桑狄对洛克的可能影响，要么断言了伽桑狄在当时的流行并因此假定洛克必定读过伽桑狄的著作"（Kroll，1984：341）。但无论如何，即使只从上文提到的洛克的"幸福即快乐"思想中也不难看出伊壁鸠鲁学派的快乐理论的思想痕迹。

伊壁鸠鲁学派在技术型快乐体制自身绽出进程中的复兴并不局限于他们的快乐学说，伊壁鸠鲁学派的自然哲学乃至政治哲学也都得到了复兴，而且这些思想的复兴轨迹同伦理思想的复兴之路是相辅相成的。根据威尔逊（Catherine Wilson）的考察，"直到 15 世纪初，古代原子论者德谟克利特、伊壁鸠鲁和卢克莱修的学说仍然主要通过批评者的毁谤性论述而为人们所知晓"。到了"15 世纪中期，'伊壁鸠鲁学派'（Epicure-anism）或'伊壁鸠鲁主义'（Epicurism）仍然是众矢之的。那时的道德家们将其描述成一种腐化的力量，把人拖入一种腐化堕落处境并且催生了怨恨和社会动荡"。直到"16 世纪，伊壁鸠鲁主义者的诸种理念才开始引起人们的兴趣，首先在意大利，后来在北方开始找到新的捍卫者"。到了"17 世纪初，伊壁鸠鲁学派的各种圈子在法国欣欣向荣，他们自我标榜为'富有聪明才智的人'（beaux esprits）以将自身同那些'迷信的人'（les supersttieux）区别开来"。从此往后，"在他们已经被接受的微粒论与虽然不被所有人接受但有部分的激进分子接受的无神论、快乐论之间，伊壁鸠鲁学派学说中后来成为许多特定版本的'新哲学'（new philosophy）的构成要素的思想也得到了关注。这些思想要素包括了多重世界及其自我形成，秩序的自发产生与从最初混乱的原子运动中形塑，诸神的冷漠及其无能力介入人类事务，快乐动机在人类生活中的有效性和中心性等"（Wilson，2008：2，15，19，37）。很显然，与伊壁鸠鲁学派的幸福即快乐思想的复兴一样，伊壁鸠鲁学派自然哲学和政治哲学的复兴也得益于技术型快乐体制以扬弃伦理型快乐体制自身绽出进程遗留的社会思想与制度框架开启自身绽出进程的方式，而伊壁鸠鲁学派自然哲学和政治哲学思想的复兴则不论对近代自然科学还是政治哲学的产生都有着重要意义。由此，我们就阐明了作为现代性绽出之历史实践形态的技术型快乐体制的基本构型和运作逻辑之一。在技术型快乐体制中，幸福与快乐相等同，追求幸福就等同于追求快乐本身，快乐有其德性甚至成了善恶判断的根据。在追溯幸福与快乐之间关系转变的过程中，不仅作为现代性绽出进程基本节律的"出离自身－回到自身"绽出运动的作用机制得到了进一步揭示，而且进一步表明了将伦理型快乐体制定位为孕育着现代性绽出之诸可能性种子的"观念泵"的恰当性。更重要的是，在对幸福即快乐观念之来龙去脉的追溯中，技术型快乐体制的另一种基本构型和运作逻辑也已经绽露出来，那就是技术型快乐体制借以实现幸福目的即快乐目的的行动主体的转变。

（二）从个人到政府：快乐目的实现主体的转变

如果说幸福与快乐之间关系的转变，也就是把快乐升格到等同于作为目的的幸福的位置上，更确切地说是复兴与改造早就在伦理型快乐体制的"观念泵"中萌发的伊壁鸠鲁学派的幸福即快乐的"可能性种子"，给作为现代性绽出之历史实现阶段或实践形态的技术型快乐体制提供了目的，使追求快乐变成有合法性与正当性的"去存在"生存活动的话，那么，技术型快乐体制借以实现这种幸福即快乐目的的行动主体的转变，将使技术型快乐体制在真正意义上变成了做出最大幸福承诺的现代性筹划，使追求幸福即快乐目的不再只是一种个人活动而是一项集体性事业。在剖析伦理型快乐体制的结构特征时，我们就已经指出对激情进行控制与治理的话语实践传统早在作为现代性绽出之"观念泵"的伦理型快乐体制就已经有所孕育萌发，只是治理激情的实践主体和策略手段随着时代变迁而有所差异罢了。与赫希曼提到的那些治理激情方案的实践主体主要落在国家、政府或社会身上不同，在伦理型快乐体制涉及的那些学派提出的情感治理方案中的实践主体首先是个人，实现个人幸福目的主要端赖于个人德性修养，端赖于一套自我控制、克制和克己自主的自我技术。由此，在作为现代性绽出之历史实现阶段的技术型快乐体制，实现幸福目的之实践主体或主要力量的转变就是从以个人作为行动主体转向以国家或政府作为行动主体。这里指出的国家或政府而非个人作为技术型快乐体制之幸福即快乐目的的实践主体的说法，或许会给人以似乎与上文提到的文艺复兴乃至宗教改革对"人的发现"和"人的解放"为技术型快乐体制提供了有着类似于上帝之自我创造的自由意志的行动者相矛盾的印象。但有必要指出的是，这种矛盾印象只是表面看来如此而实际上却并非这样的。虽然唯名论革命否定了作为共相的人的实在性而只承认作为个别的个人的实在性，但个人的发现与解放并未消除有自由意志的个人自由地组建国家以作为实现快乐目的之实践主体的可能性。实际上，正是这场唯名论革命及其历史效应将个人从家庭等自然共同体中解放出来，才使个人自由地组建作为"人造物"的国家或政府组织成为可能。与 17 世纪的社会契约论者往往假设是自然状态下的个人以契约方式组建国家或政府不同，这些立约的个人是从自然共同体中解放出来的社会历史的个人而非前社会或前政治的自然状态中的个人。有意思的是，唯名论革命开启的新的存在秩序和世界图景，似乎也已经预示了有自由意志的个人需要通过组建国家或政府的方式以追求和实现幸福目的的必要性。

　　虽然中世纪末期基督教经院哲学内部的唯名论革命为人类自由和个人自由意志的产生奠定了存在论可能性，但这种可能性是通过以具有绝对权力甚至变化无常和任性的上帝替代充满温情且可以理性预知的上帝，通过一种混乱无序的世界图景替代一种和谐有序的存在秩序而获得的。这种新生的人类生而就被抛入一种令人不安、变化无穷和不断生成的，甚至一切伦理道德法则都可能朝令夕改的世界中。这种个人虽有其自由意志、自由选择能力和独特实在性，甚至在人文主义者那里的个人意象还有着类似于上帝之自我创造意志的自由意志，却同时深受自身之有死性/有限性、混乱的物质运动甚至不定命运的摆布。在这样一种世界图景、存在秩序和自然世界中，要想只凭个人自身力量实现幸福目的显然是不可能的，甚至连保全个人在世生存都难以想象。既然那个"在《新约》天堂中富有人情味和同情心的天父"，那个"像妇人因为银币的失而复得而欣喜那样为罪人幡然悔改而欣慰的天父已经一去不复返"（Weber，2001：60），取而代之的是今天有可能救赎圣徒惩罚罪人而明天却有可能做出完全相反事情的上帝，是"从根本上同人类相分离，绝非人类的债务人，所发生的一切事情都是其预先注定之结果"的上帝（Gillespie，2008：268），那么，人类想要实现快乐目的乃至保全在世生存，就不仅需要诉诸新的实践主体以寻求从这种世界图景中建立起秩序，而且需要诉诸新的工具手段以认识和控制自然。与近现代早期的思想家们对可以诉诸的新工具手段的探究相应，可以诉诸实现幸福即快乐目的的新实践主体也已经向我们呈报出了自身。虽然"意欲控制世界的能力早就已经为像马基雅维利这样的文艺复兴时期的人文主义者所知晓，但想要依赖个人能力且意欲完全控制自然对他们来说是不可思议的。人的有限性意味着即使再强大的个人也终将不可避免地被所向无敌的时间打垮，即便马基雅维利所说的最强大的君主也只能有一半的胜算，因此，主宰自然所要求的东西远不只个人的自由意志。近现代早期思想家主张要想解决这个问题，只有认识到科学并不是个人成就而是广泛参与的社会或政治事业才有可能，只有这样才可能想象一种有可能会最终控制自然世界的无限长寿的人类意志"（Gillespie，2008：37）。与可以诉诸的新工具即科学技术必定是一项广泛参与的社会或政治事业才能认识和控制自然世界一样，可诉诸实现幸福目的的新行动主体也必定是以广泛参与性为基础的主体，由此，具有最广泛参与性的民族国家、政府组织乃至法人团体等行动主体也就登上历史舞台了。

实际上，在所有现代国家和政府的宪法或宪法性纲领文件中，几乎都不难找到对国家或政府之责任使命就在于保障与促进国民幸福的声称。这种声称不仅是国家和政府之正当性或合法性的根源，而且是国家与政府向国民做出的关于幸福的政治承诺。国家或政府与幸福承诺之间的这种关系，充分地体现在美国《独立宣言》宣称的"人人生而平等，承造物主之赐享有生命、自由和追求幸福等不可让渡之权利。为保障这些权利，人民在他们中间建立政府，政府则从被统治者的合意获得正当权力。一旦任何形式的政府破坏这些目标的实现，人民便有权变更或废除政府并建立新政府。新政府建基的原则和组织权力的形式务必要最有可能促进人民的安全与幸福"（Marcovitz，2014：58）中。有必要指出的是，在阐述洛克所谓"幸福即快乐"的观念对 18 世纪的深远影响时，我们就发现《独立宣言》的主要起草者之一托马斯·杰斐逊也深受这种思想的影响。这不仅表明被杰斐逊写入《独立宣言》的追求幸福之权利可能就意味着追求快乐的权利，政府要实现与促进的幸福目标就是快乐，而且在一定意义上引出了国家或政府与幸福即快乐观念之间关系的思想渊源问题。杰斐逊将这种理念写入《独立宣言》，说明幸福即快乐的观念必定是当时（1776 年）盛行的社会政治思想。但这种思想观念显然不是到 18 世纪才出现的，而是有其历史发生的脉络。政府的目标就在于保障与促进社会幸福或"公共幸福"（the public happiness）显然是 18 世纪盛行的社会政治思想，17 世纪和 18 世纪的启蒙思想家在他们所筹划的启蒙方案或现代性方案中给国家或政府设定的目标几乎都在于增加社会幸福。"启蒙哲学家否定神圣天意秩序的实在，主张人类自身应该基于对支配着快乐和痛苦之运作的自然因果关系的考察，去创造一种能够促进最大多数人之最大幸福的和谐秩序。因此，启蒙哲学家们也就都倾向于支持政府在保障国民幸福中发挥强大的作用。从对利益和谐理念的坚信而来，主流启蒙哲学家们在两种意义上赞成国家层面对个人与公共幸福的促进：在积极意义上是通过教育和改善物质处境来促进幸福与消除痛苦，在消极意义上则是通过法律和国家机器来束缚个人自私自利的快乐冲动"（Zevnik，2014：112）。需要指出的是，这里提到的启蒙哲学家以立法和国家机器来约束个人快乐冲动的主张，与前文提到的赫希曼对 17 世纪以来治理激情破坏性后果之诸方案的追溯就彼此呼应起来了。

在论述伦理型快乐体制中的快乐治理的个人中心主义时，我们就提到赫希曼总结的三种控制、驯服/抵消和利用激情的方案，在一定意义上标志着一种源远流长的情感治理传统的实践主体从 17 世纪甚至更早的文艺复兴以来已经从个人转向了国家、政府或社会。根据赫希曼的说法，"一种不再信任道德化的哲学和宗教律令能控制人之破坏性激情的感觉在文艺复兴时期产生，并在 17 世纪变成了坚定的信念"。从那以后，国家、政府或社会开始变成提出并且实施情感治理的各种方案的实践主体。因此，赫希曼讲述的从文艺复兴开始的"资本主义大获全胜之前的政治争论"，关注的也不再是"一种新的伦理即新的个人行为诸规范的发展"，而是追踪"国家理论的新转变和在既存的秩序中提升国家治理的尝试"（Hirschman，1997：14，12）。与此相应，我们在这里也确证了在 18 世纪前后的社会思想中，保障与促进幸福的实践主体主要在于国家、政府或社会。保障与增进国民幸福或大众快乐是国家或政府的目标与责任所在，的确在 18 世纪前后许多思想家的著述中有着明确体现，在将"最大幸福原则"或"功利原则"当成道德与立法之基本原理的边沁那里就显而易见了。边沁不仅把是否促进最大幸福作为评判政府措施的准则——"当政府措施增大共同体幸福的倾向大于减少这种幸福的倾向时就符合或服从功利原则"（边沁，2012：59），而且将"最大幸福原则"当成正误是非或伦理道德判断的准则，"最大多数人的最大幸福是正确与错误的评判尺度"（Bentham，1969：45）。而在前文探究边沁的"最大幸福原则"的来龙去脉时，我们就发现"对边沁时代的任何道德家而言，忽视最大幸福原则的各种不同表述远比谙熟这种原则困难得多"（Baumgardt，1966：59）。边沁早年说过他是从普利斯特莱那里借鉴了最大幸福观念，晚年时则提到贝卡利亚和爱尔维修对他形成最大幸福原则有着重要影响（Shackleton，1972：1472），但其实早在这些思想家之前的弗朗西斯·哈奇森那里就已经出现"那种为最大多数人获得最大幸福的行动是最好的，同样，那种造成不幸的行动则是最坏的"（Hutcheson，2004：125）表述。哈奇森是苏格兰启蒙运动的思想先驱者，而在同属于这种思想传统的亚当·斯密那里就能找到政府是增进国民幸福之主要实践主体，政府的责任与目的在于保障国民幸福的最直观的表述。在斯密看来，"所有政府都只根据倾向于促进生活在其管辖范围内的人的幸福的比例来评价，这是一切政府的唯一用途和目的"（Smith，1984：185）。

　　虽然在18世纪前后的启蒙思想家们筹划的启蒙方案或现代性方案中，实现幸福目的的实践主体明确地落在了国家、政府或社会身上。从18世纪甚至更早的17世纪以来，保障与促进国民幸福和快乐不仅被明确地设定为国家或政府的根本责任与目标，甚至国家或政府也有意识地向国民做出了增进幸福的政治承诺。但是，就像前文已经提到的在现代性绽出进程中日益变得显著的许多思想观念或历史事实往往都有着更久远的渊源那样，国家或政府成为实现幸福和快乐目的之主要实践主体的历史过程显然也早就已经萌芽起步。赫希曼在追溯"国家理论之新转变"的历史轨迹时，就将对理解现代政治乃至现代国家之产生都至关重要的思想渊源追到了文艺复兴时期的马基雅维利的《君主论》那里。当然，就国家或政府作为实现幸福和快乐目的之实践主体来说，在所谓"社会契约论"的思想传统中，尤其在霍布斯的政治哲学思想中似乎有着最集中而系统的论述。有意思的是，霍布斯的政治哲学不仅延续了马基雅维利消极的或悲观的哲学人类学假设，而且充分确证了我们关于基督教经验哲学内部的唯名论革命为技术型快乐体制奠定了存在论可能性基础的判断。霍布斯对所谓"自然状态"的描述可谓对唯名论革命开启的令人恐惧不安的存在秩序与世界图景的再现，尽管这种"自然状态"

假说的历史现实根源被霍布斯说成来自他对英国内战的经验。如果从诉诸契约为作为实现幸福目的之实践主体的国家或政府提供合法性来说，那么，这种思想渊源甚至能追溯到伊壁鸠鲁学派那里。在伊壁鸠鲁看来，"自然的正义只是一种关于不伤害他人或不被他人伤害的权宜之计的符号或表达。对那些不能彼此订立互不伤害契约的动物而言无所谓正义或非正义，对那些不能或不愿订立互不伤害契约的民族而言亦复如是。从来就没有一种绝对正义，有的只是在无论何时何地的相互交往中为避免相互伤害而订立的契约"（Laertius，1925：675）。与伊壁鸠鲁式的"幸福即快乐"观念在技术型快乐体制中得到了创造性复兴一样，我们在这里似乎又发现了作为现代性绽出之"观念泵"的伦理型快乐体制确乎孕育了现代性绽出的各种"可能性种子"，而这些"可能性种子"则确乎在作为现代性绽出之基本节律的"出离自身－回到自身"绽出运动的作用下在不同快乐体制的更迭中经历着遮蔽与解蔽或遗忘与复兴的命运。当然，尽管这些观念往往都有着总体的相似性，但值得注意的是，当它们在特定情境或语境中再现时的具体含义或许已经发生变化，伊壁鸠鲁学派那里的契约观念与近现代政治哲学中的契约论思想及其之于民族国家起源的意义之间或许就应该得到这样的关注。

无论如何，既然在霍布斯政治哲学的社会契约思想中有着关于作为实现幸福目的之实践主体的国家的最集中化表述，那么，霍布斯所谓的"联邦"或"按约建立的联邦"（the commonwealth by institution）即国家是如何建立起来的？这个巨兽"利维坦"的功用和目的何在？作为霍布斯所谓的"联邦"由以从中产生的前提假设的"自然状态"（the state of nature），"自霍布斯在300年前生动而有力的刻画以来已经成为政治学词典中的核心词语"（Heller，1980：21）。所谓的"自然状态"往往被描述为"一切人反对一切人的战争"状态，而国家则是为了脱离与终止这种状态，"为了抵御外来侵略和制止相互伤害，保障人们通过自己的勤劳和土地丰产来养育自己且满足地生活"（Hobbes，1998：114）而建立起来的。由此不难发现，保障与增进国民幸福正是国家的责任和目的之所在。作为"全体意志真正统一于的唯一人格"，国家这种"共同权力"（the common power）是"通过一切人同一切人订立契约而形成的，订约的方式好似一切人都应向一切人说：我放弃并把我自己的权利授权给这个人或集体，但条件是你也把你的权利让渡给这个人或集体并以相同方式授权它的所有行动"。所谓的国家就是"一群人相互订立契约，每个人都对它的行为授权，目的在于使它能够按其认为有利于订约人的和平与共同防御的方式运用全体的力量和手段的人格"（Hobbes，1998：114）。从表面看来，霍布斯所谓按约建立起的国家的目的和最高统治者的责任似乎只在于抵御外来侵略和制止相互伤害，保障和平与人民安全，只是出于所谓"自我持存"（the self-preservation）本能的"为了生存而斗争"的问题，而并不关乎"为了承认而斗争"的问题，不涉及所谓的保障与增进国民幸福与快乐的问题。但实际情况并不是这样的，"订立契约建立国家的目的不仅在于保护生命而且在于使人生活得好，因此，保护所有那些使幸福成为可能的物事都是国家目的所在。当霍布斯说到特定的权利不能被让渡时，他就明确地意指这些权利不仅包括自我防卫暴力侵害的权利，而且包括享受空气、清水、运动和迁移的权利，当然也包括使人生活得好的所有物事"（Steinberger，2008：606）。其实，霍布斯自己也已经明确指出所谓保障"人民的安全"（the safety of the people），意味着的"不只是保全性命，而且包括每个人通过合法劳动、不危及或伤害国家的情况下应该获得的生活上的一切其他满足"（Hobbes，1998：222）。总之，虽然霍布斯授予主权者以无限的和不受限制的权力，但这种无限权力的功用在于增进国民幸福与快乐。自由的个体个人让渡自我管理的权力组建国家并服从于作为统一意志的国家的管制，目的就在于通过国家及其政府能更有效地保障安全与增进幸福。

由此而来，我们也就大体阐明了作为现代性绽出之实践形态的技术型快乐体制借以实现幸福目的的主要实践主体的转变，并且追溯了这种实践主体之转变的来龙去脉。早在剖析伦理型快乐体制的结构特征时，我们就已经指出伦理型快乐体制中虽不乏学派强调共同体、城邦或国家的重要性，甚至"将国家概念提高到驾驭一切的高度"（文德尔班，1997：173），但他们的基本假设仍然是"共同体不以法律为基础，毋宁说法律以共同体为基础，而共同体建立在作为幸福之必要构成成分的友谊之上"（McCabe，2005：6）。个人的德性修养是实现幸福与好社会的机杼，"德性与好人是一切事物的尺度"（亚里士多德，2003：302）。在伦理型快乐体制中，好人是实现幸福目的的主要实践主体，个人自我控制、自我克制和克己自主的伦理德性修养是借以实现好生活目的的主要途径，而在技术型快乐体制中似乎一切都颠倒了过来，幸福端赖于国家、政府或社会，好社会才是产生好人的基础，法律制度才是好社会的根基。通过考察技术型快乐体制建基的存在论基础，剖析由中世纪的唯名论革命及其历史效应奠定的这种存在论基础为近现代民族国家的产生提供的可能性条件，我们也就澄清了这一切关系会在作为现代性绽出之历史实践形态的技术型快乐体制发生颠倒的根源。虽然幸福在技术型快乐体制中已经等同于快乐甚至感官快乐但仍是人们追求的目的，而在中世纪末的唯名论革命为技术型快乐体制开启的新世界图景和存在秩序中，只是依靠自由个体的自由意志和个人能力甚至连最基本的自我保全都难以保障，就更遑论实现和增进作为目的的幸福与快乐了。因此，为了摆脱"一切人反对一切人的战争"的状态，通过"一切人与一切人订立契约"的方式组建不仅旨在抵御外来侵略和制止相互伤害以保全性命安全，而且旨在保障与增进幸福所需之一切物事的作为"共同权力"的国家也就应运而生了，而国家或政府得以产生的根源似乎就已经决定了它们要成为技术型快乐体制实现幸福目的的主要实践主体。

　　有必要指出的是，随着国家或政府成为实现幸福目的之主要实践主体，以往作为"任何人都要致力于解决的最紧迫最重要的个人问题"的幸福也就不再只是个人的问题，而是变成作为国家或政府"政治经济决策中心议题"的所谓"公共问题"了。"如果说幸福的最大化是个人生活的核心所在，那么，最大化集体或总体幸福就应该是政治经济体系的核心之所在"（Nettle，2005：2）。由此，与实现幸福目的之主要实践主体从个人转向国家或政府相应，至少还有这样两个方面的问题值得注意。一方面，是幸福或快乐的主要形态似乎也从伦理型快乐体制中的个人幸福转向了技术型快乐体制的社会幸福或公共幸福。罗素（1993：7）就指出"在现代世界，我们需要的是社会幸福观而不是个人幸福观"。当然，就像快乐意志首先是一种"求快乐的意愿"但同时也是一股集体情感潮流那样，这里的个人幸福与公共幸福并非两种迥异甚或对立的幸福或快乐形态。它们之间的关系或许可以从边沁的所谓量化的功利主义，尤其是从影响"快乐算术"的在个体层面和共同体层面的"情况"或要素来理解。社会幸福或公共幸福显然是以个人幸福为基础的，只是从共同体层面着眼时要考虑到边沁（2012：87）所谓的一项快乐或痛苦的"广度"，也就是"波及的人数"或"哪些人受到影响"。另一方面，尽管国家或政府替代个人成为技术型快乐体制实现幸福与快乐目的的主要实践主体，但问题在于国家或政府是否必然忠实地践履它们筹划、承诺和实现最大幸福的职责乃至使命？作为现代性绽出之历史实现阶段或实践形态的技术型快乐体制是否兑现了现代性方案做出的最大幸福承诺呢？实际上，从我们对启蒙运动时代做出"最大幸福承诺"的现代性方案却实现为"监控社会式的现代性境况"的考察中不难知道问题的答案。吊诡的是，即便如此，形形色色的快乐话语和幸福意识形态却仍在当今社会不断涌现，也由此我们提炼出了快乐意志与现代性绽出之间关系的研究问题，而现代性绽出理论的建构乃至整个研究都是对理解和解释这个问题的一种理论尝试。当然，作为现代性绽出之历史实践形态的技术型快乐体制未能真正兑现现代性方案的历史承诺，也已经在一定意义上预示着现代性绽出进程将会从技术型快乐体制向另一种快乐体制更迭。

（三）工业生产与市场营销：快乐获得的商品化与民主化

与上述这两种根本性转变一脉相承，作为现代性绽出之历史实现阶段或实践形态的技术型快乐体制的最后一种基本构型和运作逻辑也绽露出了自身。那就是科学技术，尤其工业生产技术生产制造了满足感官快乐所需的商品。在工业生产和市场营销让满足快乐的产品"商品化"的过程中，快乐获得在作为现代性绽出之历史实现阶段的技术型快乐体制也在一定意义上实现着"民主化"或"大众化"。当然，这种基本构型和运作逻辑得以可能还有赖各种前提的确立。除了前述的两种转变已经提供的之外，这些前提条件主要还有快感的兴奋点从灵魂的思维理智转向身体的感官"感觉"（sensation），以及由此而来的快乐的主导形态从灵魂的、精神的理智快乐转向了肉体的、物质的感官快乐。科学技术，尤其是工业生产技术也正因此才得以成为用于生产制造满足感官快乐所需的各种商品的工具手段，并深刻推进与塑造了作为现代性绽出之历史实践形态的技术型快乐体制的。如果说快乐，更确切地说是感官快乐已经升格到了等同于作为目的的幸福的地位上，追求幸福目的已然等同于追求感官快乐本身的幸福与快乐之间关系的转变，不仅使追求快乐有了伦理道德和社会价值的正当性，更是使技术型快乐体制得以锚定和肯定了更具体可感的感官快乐形态的话，那么，实现幸福即快乐目的之主要实践主体从个人向国家或政府的转变，则不仅意味着快乐或幸福话题的主要发生情境已经从伦理道德语境转向了政治经济语境，而且意味着推进与塑造技术型快乐体制的科学技术，尤其工业生产技术获得了强大的集体性支持力量。恰如上文已经指出的唯有认识到科学是广泛参与的社会集体事业才有可能想象受制于有限性或有死性的个人得以最终控制自然世界那样，能大量生产满足各种感官快乐的琳琅满目商品的工业生产技术，也唯有借助作为集体性力量的国家或政府的推动与支持才得以大规模发展。不论是随着快乐等同幸福而来的追求快乐有了正当性和感官快乐形态得到了肯定，还是随着国家或政府成为实现幸福即快乐目的之主要实践主体而来的满足快乐成为政治经济的核心议题和工业生产技术得到了强大集体性力量支持，显然都是科学技术尤其工业生产技术得以广泛应用并生产制造出满足快乐的琳琅满目商品，进而使技术型快乐体制在自身绽出进程臻于完成时实现为鲍德里亚所谓的"娱乐系统"（a fun-system）的现代性绽出的历史实践形态所必不可少的前提条件。

早在探究基督教内部的唯名论革命为技术型快乐体制奠定存在论/本体论的可能性基础时，我们就已经不仅阐明自然科学革命给作为现代性绽出之历史实现的技术型快乐体制提供了"工具手段"和"客体对象"的要素——所谓工具手段就是科学技术尤其是工业生产技术，而客体对象就是人类依靠科学技术终将成为其主人和所有者的自然世界——而且阐明了基于对个别殊相之感官感觉和经验观察的近代科学认识论与方法论对技术型快乐体制之主要快乐形态即感官快乐的形塑。"从 17 世纪开始，关于好感觉（good feeling）/快乐的问题化与对日常生活的肯定（关于幸福的问题化）虽缓慢但却确定无疑地开始逐步压倒关于救赎的问题化，从而产生了一种从关注在天堂与来世之永恒极乐的实存理想向关注在此生追求幸福之理想的转向"（Zevnik，2014：101）。到了 18 世纪，启蒙运动时代的思想家们不仅对人类做出了"不沾染原罪的生来就追求快乐的且有准备、有意志和能力改变尘世命运"的基本哲学人类学假设，更是"倾向于强调享乐和好感觉……在 18 世纪具有社会性的和积极参与的幸福观中，良好的感觉（感官的快乐）被毫不掩饰地标举为基本的善……如果想要幸福就必须明白，在今生唯一应该做的事情就是让自己享有愉快情绪和良好感觉"（麦马翁，2011：190）。与这些人性论和幸福观层面的前提条件相应，就像前文已经阐明的那样，社会政治制度层面的前提条件也几乎在同步发展。在从 17 世纪以来盛行的社会契约论的现代国家起源学说中，增进国民幸福即快乐就已经被规定为国家或政府的目的与责任所在。到 18 世纪，促进"最大多数人的最大幸福"已经被广泛地视为一切政府的主要功用和目的，尤其是在美国的《独立宣言》中保障与增进国民追求幸福之不可让渡的权利更被实际地写入了国家或政府的宪法性纲领文件中。总之，科学技术，尤其是工业生产技术得以广泛应用并生产制造出满足感官快乐的琳琅满目商品所需的各种前提条件至少到 18 世纪就已经完全具备了，而恰恰也正是在 18 世纪中后期至 19 世纪初期的英国发生了人类历史上的第一次工业革命。

就像现代化或现代性也有从地方性向全球性的拓展那样，"在 18 世纪中叶的英国发生并在第二次世界大战初期扩展到全世界的工业革命形塑了一个全新的世界。作为工业革命核心所在的新兴技术引入生产制造过程，将简单的农业社会转变成了复杂的工业社会……对在家中安装与组合的个体劳动者而言，新机器太巨大也太昂贵，于是就产生了由雇佣工人操作机器的企业主投资设立的工厂。与国际贸易和拥有土地一样，工业变成一条通往财富的新路，一些工厂主变得相当富有。同时曾经由熟练工人完成的工作转移到工厂，先前独立的劳动者也变成了新兴工厂主的雇佣工人……结果是我们工作的方式、生活的地方和沟通交流方式都发生了改变，甚至地球的物理环境都永远改变了"（Outman & Outman，2003：ix，1）。恰如这些人们都耳熟能详的历史叙事揭示的那样，工业革命作为"资产阶级在他们几乎不到百年的统治里，创造了远比以往一切时代的总和都更多更大的生产力"（Marx & Engels，1992：37）端赖的生产方式，的确深刻地改变了人类的生活方式和生活环境。作为第一次工业革命发祥地的英国当时正值维多利亚女王统治时期，而所谓的"维多利亚时代"（The Victorian Era）不仅成为英国历史的辉煌时代甚至可谓世界史的特殊时代。在"这个大规模社会变迁的时代中，铁路运输贯通了欧洲和美洲，许多新兴工业在欧美大陆上蓬勃兴起。英国在制造业上一马当先并为其赢得了'世界工厂'的称号，英国工业的发展将大量

人口从乡村牵引到迅速成长的城镇和城市。在维多利亚统治的 1837~
1901 年期间，英国人口数量从 1850 万成倍增长到了 3700 万。到 1901
年，占人口总数四分之三的英国人都生活在城镇和城市"（Chrisp，
2005：5）。姑且先不论像"羊吃人"、"英国工人阶级生活状况"和"资
本来到人间从头到尾的每一个毛孔都流着鲜血和肮脏的东西"这种资本
主义和工业革命的历史叙事，也不论"在平均工资和平均生活水平都在
确实地增长和提高的同时，在维多利亚时代末期英国的大部分人口（据
估计占人口总数的 25%到 30%）仍处于贫困状态"（Guy，1998：13）这
样的历史事实，仅从工业革命带来的巨大的生产制造能力确实足以为满
足感官快乐生产出琳琅满目的商品来说，快乐意志显然在这个历史时期
找到了工业组织模式和工业生产技术这样一种借以实现自身的强大工具
手段，并由此具备了成为现代性绽出之历史实现阶段或实践形态的技术
型快乐体制的社会历史条件。

　　与工业革命相应的是，社会观念或风尚的变化、消费文化的兴起和
市场广告营销的发展等，也是促进技术型快乐体制自身历史绽出的重要
社会历史条件。根据伯格（Berg，2007）的说法，长期以来，社会评论
家一直将对物质产品，尤其是对奢侈品的狂热视为社会的腐败力量之一，
但他们也将奢侈视为对公众有益的恶习。曼德维尔在 18 世纪初就提出，
一些人的快乐使另一些人得以就业并鼓励了贸易。孟德斯鸠也在 18 世纪
中叶主张，物质的获取是一种美德，作为文明的媒介促进了甜蜜的商业。
孟德斯鸠赞扬温柔甜蜜的商业，认为商业滋润并软化了野蛮风俗，就像
我们每天看到的那样。休谟同样支持"清白无辜的奢侈"（innocent luxu-
ry），认为国内制造的精美商品提供了奢侈的快乐和商业的利润。18 世纪
是消费文化史上的决定性时刻。在这个关键的阶段，欧洲与更广泛的世
界进行大宗商品贸易，发明、生产和消费新的欧洲尤其英国商品引发了
技术变革、新材料和能源形式的使用与劳动的重组，所有这些变成了工
业革命。麦肯德里克（Neil McKendrick）就称这是与 1760 年至 1820 年
工业革命的经典时期相吻合的"消费革命"（a consumer revolution），他
将这种消费革命与新商品激增和一种激励人们购买这些商品的竞争精神
联系在一起，将消费与现代性相联系并将两者与工业化联系起来。现如
今，"消费文化"（consumer culture）概念主导着西方社会分析并随着全

球化而越来越频繁地拓展到西方之外，而在 18 世纪则是商业、奢侈品和新产品提供了一个平行的概念分析框架。顾客和购物者、零售商和广告商并不拥有我们今天所认识的作为消费者的共同的政治身份，但他们仍然在使用一种共同的商业、奢侈品和产品语言。尽管"消费革命"的说法可能会导致对 18 世纪的欧洲甚至英国社会的误识，但不可否认的是，18 世纪有着在"小配件浪潮"（the wave of gadgets）中登顶的产品生产消费的巅峰。18 世纪的工业化和商业现代性首先是关乎消费品的。这是一场由发明家、制造商、商人、零售商和广告商，尤其是那些购买"新奢侈品"的人们发起的"产品革命"（a product revolution）。这场革命生产的新产品不是维多利亚时代客厅里的品味成问题的东西，而是启蒙运动和现代性、时尚和全球商业的物质产品。

　　这些新产品通过仿制材料和先进的制造体系宣告了它们的现代性。这类制造体系往往意味着机械化，尽管在 18 世纪的大部分时间里这些体系很少使用蒸汽驱动。这种制造体系有时意味着大规模的车间甚至工厂，但它总是意味着在一个工作场所内或外包给许多人的劳动分工。这些新消费品是国际性的，很快就变成全球性商品。这场产品革命在全球经济的框架中成型，一种已经存在的来自亚洲和加勒比海地区的全球奢侈品消费国际贸易刺激英国生产出独特的英国产品。制造商和企业家准备利用潜在的世界市场提供的机会，创造出既能取悦国内买家又能吸引外国王子和商人的英国消费品。这些产品是高度设计的，体现了"艺术和工业"。质量与价格竞争力相匹配，中产阶级之所以购买这些产品，是因为他们是时尚的领导者。对中产阶级和精英阶层的某些人来说，这种时尚领导地位是通往礼貌和文雅社会的途径。一项具有革命意义的产品开发，其影响的范围和深度远远超出了上流社会。财产、商品和新商品的买卖支配着 18 世纪英国迅速壮大的中产阶级的活动，占据着他们的思想，并使他们的情感着迷。获得财富也意味着消费财富，英国城市中产阶级引领了物质文化的转变，这种转变也席卷了精英家庭，改变了劳动的穷人的习惯。18 世纪的社会风尚或时尚和广告营销也促进了技术型快乐体制的形成。与 18 世纪的新的消费者品味相联系的时尚定义涉及三个方面：感官、新奇和模仿。时尚通过模仿来表现宫廷、城镇和民众的不同社会惯习，揭示人性中爱情的浮躁、狡诈和诡计，直面社会的习俗、品味和礼节。品味涉及感官感觉的世界：形状、气味、颜色、味道和声音，正是这些感官影响着现在和过去的消费者。如果我们把品味变成一个变量并解开构成它的感官感觉，我们就进入了时尚的世界。桑巴特（Sombart，1967）就认为，奢侈源自感官快乐：任何吸引人的眼、耳、鼻、口或触觉的东西往往在日常使用的物品中得到更完美表达，而正是这些物品的花费才构成了奢侈。感官感觉为了解时尚商品特性提供了第一个入口。新奇则是时尚三要素中的第二要素。在一个有机体的所有需求都得到满足的环境中产生的是无聊。相比之下，追求新奇是令人快乐的。新奇、多样性、复杂性和惊喜都能使人兴奋。虽然直接的语言接触和对商品的触觉体验可能最终左右了消费者的购买决定，但商店橱窗和广告在助长幻想和想象方面发挥了至关重要的作用，推动了时尚消费主义的活力。坎贝尔（Campbell，1992）就明确指出，与想象的快乐相关的享受在质量上（如果不是强度上）优于在现实中得到的享受，这种享乐主义需要高级的心理技能并依赖于读写能力、隐私和现代自我观念的发展。广告比商店的直接体验更微妙，它以幻想和白日梦为食，创造着对欲望本身的体验，它关乎满足的预期而非实际的消费。坎贝尔就认为许多广告将信息导向的正是这个隐秘的内心世界，鼓励消费者相信广告描述的新奇产品可能确实有助于实现他们的梦想。虽然18世纪的广告并不是高度复杂化的现代广告的原始祖先，但即使是在18世纪早期的几十年里，广告本身也是一种经济文化活动。广告成功利用了时尚核心的模仿冲动，在印刷文化的不同部分连接了图像和文本，是新消费品生产制造和产品创新的一个方面（Berg，2007），极大地促进了现代人对于工业革命生产制造的新兴消费品和感官快乐的追求。

如果说在18世纪"工业革命刚开始的时候，在释放欲望逐渐变得受到尊重的同时，诸如亚当·斯密和休谟这样的哲学家们也还在思考个人克制与道德共感的必要性"的话，那么，"到了19世纪，尤其是从19世纪80年代到20世纪的头十年期间，得益于将在所谓的'包装的快乐革命'（the packaged pleasure revolution）中达到高潮的集装箱化和浓缩集约化的新兴技术，适度、节制与自我克制的传统呼吁遭到新挑战，各种新机器将新的感官快乐带给普通大众，生产的商品第一次变得非常便宜且易于储存和携带"（Cross & Proctor，2014：10）。对传统伦理的挑战，恰如我们在前文已经追溯的那样，实际上早在 17 世纪以来就已经出现。这里提到的 19 世纪以来的新挑战，除了物质生产技术革新使人们更容易获得满足感官快乐所需的商品的原因之外，在很大程度上可能还有法国大革命之后人们对启蒙思想家们提出的"理性王国"、筹划的启蒙方案即现代性方案及其幸福允诺的普遍失望而兴起的浪漫主义运动营造的社会思想氛围亦即坎贝尔所谓的"浪漫主义精神"的推动作用。在韦伯强调的关于"禁欲主义"和"天职观"的"新教伦理与资本主义精神"之外，坎贝尔给我们讲述了一个关于"浪漫伦理与现代资本主义消费精神"的故事。与在韦伯的故事中禁欲主义是资本主义的动力源泉有所不同，在坎贝尔的新故事中"消费需求成了工业革命的关键"（Ca-mpbell，1987：17）。坎贝尔在诸如波西米亚式的、持异见的和激进的团体的浪漫享乐主义中去寻找现代资本主义的动力，这种浪漫享乐主义最初将理想主义的价值观与从异域的和古怪的事物、服饰与体验中得到的快乐结合起来。当中产阶级模仿这种行为或着装时，吸引他们的不是理想主义而是快乐（Berg，2007：281-282），尤其是已经得到正名的感官快乐。

　　需要指出的是，这种"反对物质主义、理性主义的哲学，崇尚感觉、想象和内在世界"并因此"本来是作为工业社会之反动出现的浪漫主义"推动了资本主义社会或工业社会的发展以及用于生产制造满足感官快乐之商品的物质生产技术的发展，除了因为浪漫主义精神"强调通过各种强烈体验来表现或实现自我"使得"浪漫主义的体验伦理与消费实践之间具有了一种亲和性"，从而也就促进了作为工业革命核心的消费需求并且推动了工业革命的发展之外，还得益于"浪漫主义伦理对于肉体和感官快乐的正名"（成伯清，2006：132-133）使得上文提到的从 19 世纪以来，尤其是 19 世纪末 20 世纪初的技术革新，对早就已经有所松动的传统伦理提出新的甚至革命性的挑战成为可能。此外，从 19 世纪末以来，消费文化的发展就已经开始端赖于对欲望主体的形塑和不断改造，这种主体尊重快乐甚至将快乐视为驱动人的生存的力量或迫切的需要。19 世纪末资本主义生产发生了一系列结构性变化，这些变化涉及技术的发展、机械化以及随之而来的工作的去技能化、技术的效率带来的生产的繁荣、新消费市场的开辟和一种广泛消费文化的发展。包括广告工业在内的一种新兴的、不断发展的大众传媒，将未被满足的需要转化成新的欲望并提供了补偿性快乐的承诺，至少是以商品消费的形式带来快乐的承诺。社会需求和消费者欲望的激发是新的消费文化的关键组成部分之一，也是一种在意识形态上管理资本主义过剩生产的关键机制。这种过程发生在多个方面并且牵涉到新的欲望主体的形塑、经销形式的形成、感官感觉的强度以及与流动的劳动力和日益发展的消费文化相一致的快乐经济的形成。最重要的是，欲望主体的位置开始向妇女开放，而她们最终将成为理想和完美的消费者（Rosemary，2018：69，99）。这些都将反过来进一步促进工业生产技术发展，进而促进快乐满足与快乐获得的深刻变革。

    既然从 17 世纪以来就已经逐渐得到肯定的好感觉即感官快乐形态，又在 19 世纪以来因为浪漫主义精神的持续支持获得了新的伦理道义正当性，而工业生产制造技术自身的发展，尤其是使得满足感官快乐所需的商品更便宜和便利的集装箱化与浓缩集约化技术革新让"包装的快乐革命"成为可能，那么，距离上文提到的曾经为贵族阶层所独有的享乐方式转移到广大中产阶级身上，"快乐权利"转变成为"快乐义务"的时代降临也就不再遥远了。所谓"包装的快乐革命"顾名思义就是使"包装的快乐"（the packaged pleasure）成为便宜且便于贮存与携带的集装箱化与浓缩集约化的技术革命，而所谓"包装的快乐"则具有这样一些特征：包装的快乐是"一种包含、萃取、保存且往往强化某种感官满足形式的工业商品"，一般来讲"是物美价廉的、易于获得且往往是可携带、可贮存于室内场景中的"，往往是"有包装和有标签并因此是品牌化营销的，尽管常常是可携带的但在游乐场等情境中也是可以被印刻和附着在一个有限且固定的空间上的"，最后"包装的快乐如果不是国家性的甚或全球性的也往往是大区域性的公司企业所生产的，这在个人消费者与企业生产者之间创造了一种可识别的纽带关系"（Cross & Proctor，2014：15）。很显然，具有上述这些特征的商品提供的所谓包装的快乐主要是感官快乐。如果说在 19 世纪 80 年代到 20 世纪头 10 年能生产这些商品和快乐的技术才初具规模的话，那么，如今集装箱化与浓缩集约化技术无疑已经在"包装的快乐革命"中达到巅峰，并由此生产再生产出了包含着包装的快乐的琳琅满目商品，甚至是生产制造出了各种各样的包装的快乐。可以肯定地说，绝大部分人早就已经生活在这种包装的快乐革命营造的社会生活世界中，沦陷在由包含、萃取、保存着包装的快乐的琳琅满目的商品构成的"物体系"（system of objects）中，沉浸在这种快乐革命生产制造的各种不同形式的包装的快乐所提供的感官满足中很长时间了，甚至也已经不乏厌倦、反思和逃离与这种"物体系"相伴而生的甚或是作为其必然结果的"娱乐系统"的呼声发出了。实际上，这种厌倦、反思和逃离的呼声之所以会发出甚至必然会出现，不仅已经显现在"包装的快乐"的上述诸般特征中，而且也早就已经蕴藏在生产制造这些感官快乐的技术得以可能的诸种原因中。这些原因在很大程度上也是造成现代性绽出进程终将"出离"作为其历史实现阶段或实践形态的技术型快乐体制的根源，因此，我们将会在对作为现代性绽出之自我超越的审美型快乐体制的考察中进一步澄清。

由此而来，通过探究快乐与幸福之关系的转变，幸福即快乐目的之实践主体的转变和满足感官快乐所需之商品的工业化生产制造与市场营销，我们也就阐明了作为现代性绽出之历史实现或实践形态的技术型快乐体制的基本构型。从 17 世纪以来，快乐从隶属于作为目的的幸福的地位升格到等同于幸福本身，追求幸福目的就等同于追求快乐而且自有其德性的快乐还成了善恶判断根据，这种转变使追求快乐在技术型快乐体制中成为正当性目的。在对技术型快乐体制之幸福与快乐关系等同化转变之来龙去脉的追溯中，我们发现，这种转变与从文艺复兴时期就已经发生的对伊壁鸠鲁学派"幸福即快乐"理念的复兴一脉相承，技术型快乐体制是通过"回到"作为现代性绽出之"观念泵"的伦理型快乐体制找到并复兴这种早已有所萌发的"可能性种子"而成就这一基本构型。因此，这种转变轨迹不仅再次证成了现代性绽出理论标绘的现代性绽出之"出离自身－回到自身"的基本节律的正当性，而且也证成了将伦理型快乐体制定位为孕育了现代性绽出的各种"可能性种子"的"观念泵"的适切性。从 17 世纪霍布斯社会契约论的国家起源说中，保障与促进国民的幸福快乐就被说成国家与政府的责任，到 1776 年颁布的美国《独立宣言》，保障国民追求幸福之不可让渡的权利被切实地写入国家和政府的宪法性纲领文件，这些都表明在技术型快乐体制中实现幸福即快乐目的的主要实践主体已经从伦理型快乐体制中的个人转向了国家和政府。有意思的是，霍布斯的国家起源说端赖的契约论思想实际上也早已经在伊壁鸠鲁学派的思想中有所萌发了。此外，这种幸福目的之实践主体的转变使技术型快乐体制在真正意义上成了国家与政府向国民做出幸福承诺的现代性筹划，使追求快乐不再只是个人事务而是政府筹划的集体性事业，幸福意识形态之生产再生产的时代也就到来了。从追求幸福即等同于追求快乐更确切说是感官快乐，作为集体力量的国家与政府成为实现幸福目的之主要实践主体而来，作为实现快乐之工具手段的工业生产技术将获得借以规模化应用的支持性力量，并生产制造出满足感官快乐所需的琳琅满目商品，甚至强化与操纵各种感官欲望继而制造新的感官快乐形式以维系科学技术的发展，从而将作为现代性绽出之历史实践形态的技术型快乐体制推进到完成并"出离自身"的历史性关头也就水到渠成了。

　　总的来说，从阐明唯名论革命如何通过冲击基督教经院哲学的实在论的一般形而上学而给技术型快乐体制奠定了由以兴发的存在论可能性基础，尤其是通过论述在唯名论革命提供的存在论可能性基础上文艺复兴、宗教改革和近现代科学革命如何把存在者层次的首要地位分别赋予人、神和自然而给技术型快乐体制的基本构型和运作逻辑提供了不同的要素，到澄清技术型快乐体制由以成其自身的快乐与幸福相等同、国家与政府成为幸福即快乐目的之实践主体、工业生产技术规模化生产制造出满足感官快乐所需之琳琅满目商品而使快乐权利和快乐获得成为实现民主化与大众化的基本构型和运作逻辑，我们也就将作为现代性绽出之历史实践形态的技术型快乐体制呈报出来了。技术型快乐体制可谓在不同方面以不同方式复兴与改造了伊壁鸠鲁学派学说，伊壁鸠鲁学派"快乐至上"的思想得到了复兴，却不是复兴了以清水和粗面包为乐的伊壁鸠鲁式生活方式，而是更多地复兴了反对者口中抹黑的骄奢淫逸的伊壁鸠鲁。约翰·穆勒教导人们"做痛苦的人胜过做快乐的猪，做痛苦的苏格拉底胜过做快乐的傻子"（Mill，2003：188），但在技术型快乐体制自身绽出进程中的人们似乎已经为快乐而无所不为了。有必要指出的是，尽管我们是从技术型快乐体制的存在论可能性基础出发，通过剖析与快乐相关的一系列转变刻画这段历史的，但从技术型快乐体制的基本构型和运作逻辑中，我们并不难发现诸如以下这样的现代社会的时代特征："自然科学大发现改变了我们对宇宙的想象，将科学知识变成科技的工业化摧毁了旧世界，创造了新世界，加速了整个生活节律，产生了新的集体权力和阶级斗争形式……越来越强有力的民族国家借官僚化组织运作试图不断拓展权力，大规模的群众社会运动和团体不断挑战他们政治经济的统治者以寻求获得对自己的生命和生活的控制，一个承载着并驱动着所有这些人和机构的不断扩张且波动不居的资本主义世界市场"（Berman，1988：16）。由此可见，快乐体制之更迭的确不失为一种观瞻现代性之历史发生进程的视角，快乐意志与现代性绽出进程之间确实存在着相互作用机制。

第六章　审美型快乐体制：现代性绽出的自我超越

　　当现代性绽出进程借由工业生产技术的规模化应用而使得快乐权利与快乐获得在很大程度上实现了民主化与大众化时，作为现代性绽出之历史实现阶段或实践形态的技术型快乐体制也就走到了自身绽出进程的完成关头。而随着技术型快乐体制完成自身绽出进程，现代性绽出进程也就同时走到了"出离"作为历史实现阶段或实践形态的技术型快乐体制，进而步入新的快乐体制即"审美型快乐体制"（the aesthetical regime of pleasure）的关头。与此相应，我们从快乐体制之更迭交替或快乐意志的历史性绽出而来，以标定和标绘了现代性绽出之基本情调与基本节律的"现代性绽出理论"为进路，历史性地勾勒、剖析和阐释快乐意志与现代性绽出的关系问题，并通过这样一种历时性追踪和结构性解释来检视现代性绽出理论之解释力的研究工作，也就随着现代性绽出进程步入审美型快乐体制而在一定意义上走到了暂告一段落的时候。由此，接下来对审美型快乐体制的探究将不只是对作为现代性绽出特定历史形态的审美型快乐体制的分析，而且是对由伦理型快乐体制、技术型快乐体制和审美型快乐体制构成的现代性绽出进程整体的反观，是对以现代性绽出理论考察快乐意志与现代性绽出进程之关系问题的总结。当然，不论是对现代性绽出进程的反观还是对我们研究的总结，首先要做的还是对审美型快乐体制进行结构性分析。

　　既然审美型快乐体制在现代性绽出进程中的特定角色是我们得以在此反观现代性绽出进程整体的关键所在，那么，审美型快乐体制到底在现代性绽出进程中扮演着什么角色，这种角色定位又是由什么因素决定的呢？早在前文对现代性绽出进程的不同快乐体制进行划分与命名时，我们就已经指出审美型快乐体制在时间上与所谓后现代社会或后现代时期一样在一定意义上肇始于 20 世纪中后期。与此相应，与人类社会的历史进程是否已经步入了所谓的后现代社会或后现代时期，后现代社会或后现代时期是否的确是一种有自成一格的规定性的社会形态或历史时期都还是聚讼纷纭的一样，在起始时间点上与所谓的后现代时期相契合的审美型快乐体制也是一种正在发生或正在浮现的快乐体制，是现代性绽出进程在"出离"作为其历史实践形态的技术型快乐体制之后将步入的下一个"去存在"的可能性阶段或形态。尽管我们可以根据这种快乐体制或新历史阶段已经显露出来的某些特征和趋势将其命名为审美型快乐体制，但这种快乐体制或历史阶段并非像伦理型快乐体制和技术型快乐体制那样已经完成自身绽出进程，而是尚处于对自身绽出进程过程的探寻中。这种快乐体制或历史阶段将会沿着什么样的方向塑造自身，并绽露出什么样的基本构型都还是悬而未决和充满可能性的。虽然审美型快乐体制从根本上说还是一种尚未定型的正在浮现中的快乐体制，是现代性绽出进程本身正在进行中的对其历史绽出之未来可能性的探索，但可以肯定的是这种探索必定是现代性绽出进程对作为其历史实现阶段或历史实践形态的技术型快乐体制及其效应的"出离"与超越。因为恰如前文在对技术型快乐体制进行分析时就已经预示的那样，现代性绽出进程"出离"与超越作为历史实践形态的技术型快乐体制以探寻新的"去存在"可能性的原因，恰恰就埋藏在技术型快乐体制本身的基本构型和运动逻辑中。当然，就像我们在解释技术型快乐体制与伦理型快乐体制的关系时已经表明的那样，这也是作为现代性绽出之基本节律的"出离自身-回到自身"的绽出运动的作用机制使然。

正是审美型快乐体制自身的这种特殊性及其与技术型快乐体制之间的这种关系，尤其是作为不同快乐体制之更迭交替的动力机制的现代性绽出进程之基本节律的"出离自身-回到自身"绽出运动的作用，使我们得以将审美型快乐体制在现代性绽出进程中的角色定位为现代性绽出的自我超越。这种自我超越不仅是对作为现代性绽出进程之实现阶段或实践形态的技术型快乐体制的超越，而且是对"出离"技术型快乐体制之后的现代性绽出进程之"去存在"的未来可能性的探索。需要指出的是，作为现代性绽出进程之自我超越阶段或形态的审美型快乐体制的这种角色定位，不仅表明审美型快乐体制之基本构型与结构特征也正处在尚未定型的状态中，而且影响着我们借以剖析审美型快乐体制的方法策略。虽然从技术型快乐体制自身绽出进程中显露出的迹象使我们得以将这种正在发生的快乐体制命名为审美型快乐体制，但审美型快乐体制归根结底还是一种正在浮现中的尚未定型的快乐体制，是现代性绽出进程正在进行中的对它的未来"去存在"可能性的探索。因此，审美型快乐体制的基本构型和结构特征从根本上说并未完全绽露出自身而是正在成型中，至多也只是显露出了某些可能会影响其未来面貌的趋向而已。与此相应，对审美型快乐体制的这种尚在形成中的、模糊不清的且最终可能成为何种样子都还悬而未决的基本构型和结构特征，我们也就只能采取一种速写式素描的方法策略或许会对审美型快乐体制之基本构型和结构特征的形成产生影响的可能性趋势勾勒出来，以期借此将作为现代性绽出之自我超越的审美型快乐体制草绘出来，展望现代性绽出进程在"出离"作为历史实现阶段或实践形态的技术型快乐体制之后的"去存在"的可能性形态。

一　审美型快乐体制的可能性基础

尽管审美型快乐体制的角色被我们定位为现代性绽出的自我超越，是一种其基本构型和结构特征都还处在形成过程中的未定型的快乐体制，但已经有一些迹象或机制表明现代性绽出进程将走向这样一种历史阶段或历史形态，至少这种快乐体制的可能性基础已经初露端倪了。实际上，从作为现代性绽出之基本节律的"出离自身-回到自身"绽出运动的作用机制，就不难推知审美型快乐体制的可能性基础之所在。这种"出离自身-回到自身"的绽出运动不只是作为整体的现代性绽出进程的基本节律，也是作为现代性绽出之不同历史形态或历史阶段的特定快乐体制之自身绽出进程的基本节律。作为不同快乐体制之更迭交替的内在动力机制，现代性绽出之基本节律的作用机制往往是前一种快乐体制在完成自身绽出进程而出离自身的同时为下一种快乐体制开启自身绽出进程奠定了基础。更具体地说，就像技术型快乐体制是通过继承和扬弃伦理型快乐体制自身绽出进程遗留下来的社会事实、思想和制度以开启自身历史生命进程的那样，审美型快乐体制似乎也是通过继承和扬弃技术型快乐体制自身绽出进程的产物及其后果以开启自身绽出进程。换言之，就像技术型快乐体制不是凭空产生的而是从伦理型快乐体制的土壤中生长出来的那样，技术型快乐体制完成自身绽出进程的同时也已经为审美型快乐体制奠定了可能性基础，甚至早在作为现代性绽出之"观念泵"的伦理型快乐体制中就已经存在审美型快乐体制的"可能性种子"。

（一）社会生活的审美化趋势

当然，从这种快乐体制由以被命名为审美型快乐体制的根据中，我们也不难发现审美型快乐体制的可能性基础的蛛丝马迹。现代性绽出进程将要步入的这个新的历史阶段，这种正在发生或正在浮现的快乐体制之所以被命名为审美型快乐体制，恰如前文对现代性绽出进程所历经之不同快乐体制进行划分与命名时就已经指出的那样，一方面是因为与技术型快乐体制端赖于科学技术，尤其工业生产技术"重造自然"和"制造人造物"的强大力量创造出了一个"以技术秩序代替自然秩序"，以"技术人为制造但却独立存在的工具和事物"为主要"社会现实"的"物化世界"有所不同，审美型快乐体制端赖的新技术革命将使人类的生活和工作"日益远离大自然，越来越少地同工业机器和物品接触转而主要与人打交道和共同生活"。这个社会历史阶段的"首要现实"将是一个"通过自我与他人的相互意识而体验到的既非自然的也非人造物的人的社会世界"，是"一张意识之网"、"一种终将被实现为社会建制的想象形式"和"一种兼具了工程性和迷幻性的新乌托邦"（Bell，1999：491-492）。另一方面是因为与技术型快乐体制以有着阈限的身体感官欲望为作用领域，以感官"感觉"（sensation）欲望及其满足为快乐或快感的兴奋点，以有赖于工业生产技术生产制造的商品刺激与满足的感官快乐为主要快乐形态不同，审美型快乐体制或许将以没有明确阈限的想象力为作用领域，以社会性的"情感"（emotion）为快乐或快感的兴奋点，以各种并不是生理匮乏之满足或补足的感官快乐，而是品味追求、意义追寻或情感体验之满足的审美快乐为主要的快乐形态。实际上，审美型快乐体制被如此命名的这两个方面就已经表明这种快乐体制的可能性基础，而且这种可能性基础关乎的两个方面指向的前提条件在一定意义上还是相辅相成的。

就新兴技术革命对社会生活的塑造为审美型快乐体制的产生提供的可能性条件来说，与可谓"工业技术革命"的三次技术变革催生并持续地塑造了技术型快乐体制一样，作为第三次工业革命的"信息技术革命"的两次历史性技术变革的 20 世纪四五十年代发生的自动化、电力、合成材料，尤其程控、通信和信息技术等的突破性进展和 20 世纪 60 年代末 70 年代初发生的电脑互联网技术发展无疑也对审美型快乐体制的产生深有影响（Grinin，2007；Cohen，2009）。在这两次信息技术变革给社会带来的巨大影响中，与为审美型快乐体制的产生提供可能性条件最相关的重要变化，或许可以说是一种韦尔施（Welsch，1996）所谓的发生在经济策略、生产过程和社会文化等层面的普遍的"审美化过程"（Aestheticization Processes），这当然也包括所谓的"日常生活的审美化"（the aestheticization of daily life）趋势。费瑟斯通（Featherstone，1991：64）在分析消费文化与后现代主义时就指出，"如果我们审视后现代主义定义就会发现它强调艺术和日常生活之边界的消解，高级艺术和大众/流行文化之区别的瓦解，普遍的风格混乱与符码的有趣混合"。后现代主义的定义强调的这些方面反映的就是日常生活的审美化，根据费瑟斯通（Featherstone，1991）的说法，我们至少可以在三种意义上理解日常生活的审美化。

　　第一种意义的日常生活的审美化是指在第一次世界大战和 20 世纪 20 年代之间催生了像达达主义、历史先锋主义和超现实主义等运动的那些艺术的亚文化，它们寻求在作品、著述甚至某些情况下在生活中消除艺术与日常生活之间的界限。20 世纪 60 年代的后现代艺术对被视为是在博物馆和学院中的现代主义制度化的反映就建立在这个策略上。值得一提的是，以声名狼藉的所谓"现成物品艺术"（ready-mades）在早期达达运动中发挥了核心作用的杜尚（Marcel Duchamp），在 20 世纪 60 年代就受到了纽约后现代跨先锋艺术家们的崇敬。在这里，我们发现了一种双重运动。首先，这是对艺术作品、对美化艺术的欲望的直接挑战，是掩盖艺术品的神圣光环和挑战艺术品在博物馆和学院中受人尊敬的地位。其次，这还包括一种假设，即艺术可以在任何地方或是任何东西。大众文化的碎片，品质低劣的消费品都可以是艺术。艺术也可以在反作品中找到：在发生的事物中，在转瞬即逝的不能被博物馆化的表象中，在身体和世界上的其他感官对象中找到。值得注意的是，达达主义、历史先锋主义和超现实主义的许多艺术技巧和策略已经被消费文化中的广告和流行媒体采用。

　　第二种意义的日常生活的审美化主要是指把生活变为艺术品的方案，这种方案对艺术家和知识分子以及未来艺术家和知识分子的吸引力由来已久。这可以在像世纪之交的布卢姆斯伯里团体中看到，这个团体的摩尔（G. Moore）就认为生活/生命中最伟大的东西是由个人的情感和审美享受构成的。在19世纪晚期的佩特（Pater）和王尔德（Wilde）的作品中，我们可以发现一种将生活作为艺术作品的类似的伦理。王尔德主张理想的唯美主义者应该以多种形式和通过上千种不同的方式来实现自己并对新的感觉充满好奇。后现代主义，尤其是后现代主义理论将美学问题推向了前沿，而且在王尔德、摩尔和布卢姆斯伯里团体与罗蒂的作品之间存在着明显的连续性。他们关于好生活的标准都以扩大自我的欲望，对新品味和感觉的追求以及探索越来越多的可能性为中心。我们同样也可以在福柯的作品中，发现他对于生活/生命的审美化的中心性的强调。福柯赞许地引用了波德莱尔的现代性概念，这个概念的中心人物是一个花花公子，他把自己的身体、行为、情感和激情甚至他的存在都变成一件艺术品。实际上，现代人就是试图颠倒自我的人。在19世纪初，英国的布鲁梅尔（Beau Brummel）首先提出所谓的"纨绔主义"（dandyism），这种主义强调通过构建一种毫不妥协的模范的生活方式来追求特殊的优越感。在这种生活方式中，精神上的贵族主义表现为对大众的蔑视以及对服装、举止、个人习惯甚至是家具等方面的独创性和优越感的英雄式关注——我们现在称之为"生活方式"（lifestyle）。这种主义成为19世纪中后期巴黎的波西米亚主义、先锋派和艺术反主流文化发展的重要主题。对审美消费生活和反主流文化的艺术家与知识分子将生活形成一个赏心悦目的整体的需要的这种双重关注，应该与大众消费的总体发展、对新品味新感觉的追求以及已经成为消费文化核心的独特生活方式的建构关联起来。

　　第三种意义的日常生活的审美化是指渗透在当代社会日常生活结构中的符号与图像的快速流动。这一过程的理论化在很大程度上借鉴了马克思关于商品拜物教的理论。商品拜物教理论早已经被卢卡奇、法兰克福学派、本雅明、豪格、列斐伏尔、鲍德里亚和詹姆逊等以各种方式发展起来。在阿多诺看来，交换价值日益占据主导地位不仅抹掉了物品的原始使用价值并代之以抽象的交换价值，而且还让商品自由地获得了一种替代或次要的使用价值，鲍德里亚后来将其称为"符号价值"（the sign-value）。通过广告、媒体和展示、表演与日常生活都市化结构的奇观对图像的商业操纵的中心地位不断再造欲望，因此，消费社会不能只被视为释放了一种支配性的物质主义。因为消费社会也使人们面对与欲望对话的梦的形象，并且将现实审美化和去实在化。鲍德里亚和詹姆逊正是从这个方面着手的，他们强调图像在消费社会中扮演的新的核心角色，而这种角色赋予了文化一种前所未有的重要性。在鲍德里亚看来，正是在当代社会中的图像生产的积累、密集和无缝、全方位的程度将我们推向了一个在性质上全新的社会。在这个社会，现实与图像之间的区别被抹去，日常生活变得审美化：拟像的世界或后现代文化。值得一提的是，这个过程通常被上述强调其中的操纵方面的思想家所否定。这促使一些人主张将艺术与日常生活更渐进地结合起来，我们在列斐伏尔以各种不同方式发展的文化革命的概念——他呼吁让日常生活成为一件艺术作品——和国际情境主义者那里也可以发现这一点。这种意义上的日常生活的审美化无疑是消费文化发展的核心，但我们需要意识到它与我们已经确定的第二种意义上的日常生活的审美化之间的相互作用。实际上，我们需要去考察它们之间关系发展的长期过程，这个过程包含大众消费文化梦想的世界的发展和一个独立的（反）文化领域。在这个文化领域中，艺术家和知识分子采取了各种疏远策略并试图主题化和理解这个过程。

有必要指出的是，这三种意义上的日常生活的审美化以及它们的特征"并非后现代主义所独有，而是可以追溯到波德莱尔、本雅明和齐美尔描述的 19 世纪中期的大城市体验"（Featherstone，1991：80）。从根本上说，这种日常生活的审美化趋势是工业资本主义自身深度发展的产物，但也反过来深刻地影响着资本主义的生产技术和组织方式本身。资本主义对扩张市场的需求以自己的方式促进艺术与生活的整合，以与商品交换的要求相一致的方式促进艺术与生活的整合，而日常生活的审美化就是这个整合过程的结果之一。日常生活的审美化就是在晚期资本主义时代下的文化与商品生产的强化整合，这种强化整合过程是通过图像和符号的快速流动实现的，这些图像和符号采取商品市场要求的形式，充满无数的日常活动、持续不断地制造和再造欲望。广告是这种整合过程的缩影，也是这个过程的主要推动者。随着计算机电子信息技术的不断发展，广告通过无穷无尽的视觉景观、代码、符号和信息位渗透到了日常生活的方方面面。当这样做时，计算机电子信息技术已经帮助消除了实在与图像之间的边界，在社会现实的中心植入了鲍德里亚所谓"拟像"（simulation）的人造物（Rosemary，2018：131-132）。作为一种经济策略，审美化提升了销售前景，拓展了固有的过时时限并超越了伦理或健康考虑。因为消费者主要获得的是审美光环，而不是特定的产品。商品与外观的重要性的颠倒属于审美化的经济含义。因此，通过期望的生活方式的美学形象日益影响消费者行为，产品变成它在广告中呈现的美学的附属品。对审美的外观的重视超越了美学外观的重要性，就像计算机对新型工业材料的模拟不再是模仿而是产生现实那样，对现实的美学操纵、重组和改变几乎不受变得柔韧、轻盈和柔软的微观结构的干扰（Welsch，1996：3-4）。

工业资本主义的日常生活审美化的效应之一是文化工业端赖的社会关系被进一步神秘化，因为日常生活的审美化在鼓励对新品味和快乐感觉本身的追求的同时遮蔽或掩盖着使它们得以可能的劳动。与对文化形式的审美强调相应，"风格"（style）日益成为社会价值与身份认同的关键性标志。尽管当这个术语涉及特定身份群体时具有更限定性的社会学含义，但随着一种新形式的中产阶级专业主义变成加强消费参与和促进世界主义的焦点，"生活方式"（lifestyle）作为理解社会关系的方式在20世纪80年代的美国被具体化了。生活方式术语不仅通过提倡个性化和自我表达，而且通过提倡作为"时髦的"身份的更宽泛的自我观念而模糊了社会等级差异。于是，在生活方式上重构社会身份在很大程度上充当了在连贯一致的个体与更松散的后现代个体之间的关键要素。生活方式的消费文化促进了一种将身份视为可塑的事物的思维方式，因为它向越来越多的消费者选择开放而不是受道德规范的形塑。由此，在生活方式上的身份认同支持打破旧有的等级制，支持不受道德审查地享受新的快乐的个体权利。虽然连贯的个体并未被取代，但越来越多的新型生活方式通过消费实践承诺了身份的中心化，这种消费实践宣称可以在服装、休闲活动、家居用品和身体配置上购买的生活方式消解了固定的地位群体。对生活风格化的关注表明消费不仅是经济交换问题，而且影响情感和品味的形成，从而支持更灵活的主体性（Rosemary，2018：132-133）。

作为蓬勃发展的现象，审美化过程涉及时尚、设计、空间、经济和理论。随着社会现实日益变成一种审美的建构，审美化过程具有了重要意义。在购物区、市中心和郊区中最明显的是，审美化涉及一种通过城市、工业和自然环境的审美化来为街道、建筑和广场增添优雅、时尚和活力的全面的城市改造。随着审美体验成为消费、交通、生产、购物和休闲的核心，这些领域向体验环境的转变呈现出一种审美驱动的转型。作为对社会现实的一种审美的点缀，审美化回应了对令人快乐的感觉、合意的形式和文化进步的需要。将美学引入日常生活象征着现实的改善，即使只不过是通过对艺术的、肤浅的、标准化的和媚俗的鉴赏。日常生活的审美化并没有将非艺术的物品视为艺术品，也并没有改变艺术的定义。恰恰相反，审美化借用传统艺术，以媚俗手法渗透审美的日常生活。由享乐主义文化驱动的欲望、娱乐和享受，到处主导着遍布文化景观的日常物品、空间和体验的审美化（Welsch，1996：1-3）。需要指出的是，审美化不仅影响外观，而且影响经济战略、生产技术和后现代娱乐的核心结构。作为一种非物质的审美化，材料设计的虚拟化应用于微电子、工程和建筑。在这些领域，这种设计的虚拟化涉及对被操作、建模和人为取代的日常现实的美学转换。信息渠道的转换、人工媒体的呈现和脚本化的电视节目使现实变得越来越容易被媒体操纵、虚拟化和美学建模而去实在化，社会现实通过大众媒体被构成、被实现和被审美化而变得可修改、可选择和可避免。渗透到日常生活并成为一种显著现象的当代的审美化产生着越来越大的文化影响力，因为不断扩大的审美化对应着的是虚拟、软件、经济、社会、技术和媒体模型的日益坚定的决心。这些审美化的因素产生了一种影响深远的经验、现实和生活的非物质化，个体经验也由此而经历了一种全面的审美化。同时，在道德相对主义的背景下，餐桌礼仪、社交礼仪和着装规范作为审美能力的形式持续存在，而敏感、享乐主义、精致和品味给被不安全感包围的当代个体提供了审美锚点，这些个体不受幻想的羁绊，条件反射性地保持距离并追求享乐。随着生活方式的审美化、个人伦理的相对化和社会标准的历史化，个人行为的可对比的、可选择的和可替代的现代可用性概念将行为的形式转变成了不稳定的、审美的和可以改变的构造（Welsch，1996：4-6）。

总的来说，日常生活的审美化具有深刻含义。作为一种普遍趋势，审美化是一种超越艺术的新现象，需要对其范围、多样性和重要性进行理论的理解。除了影响购物中心、城市建筑和个人的外观之外，审美化还通过技术、媒体和风格影响物质的、社会的和主观的实在。作为一种审美外观或价值的传递过程，不同的审美化策略包括了城市的风格化、生活方式的舞台化、社会的媒体化和技术的虚拟化等。这些策略导致了经验的普遍审美化，因为现实因其变成被生产的、可变化的和不确定的而获得了艺术特征（Welsch，1996：6-7）。美学有多种定义，这些定义交替聚焦于感官、情感、艺术、虚构、虚拟和好玩的品质等，而美学的多种理论促成了其不同的和矛盾的定义。美学并不只局限于艺术，它很难脱离日常生活。美学理论只有放弃现代艺术不具备的艺术的自主性，才能公正地对待美学概念。齐美尔（Simmel，1990：74）就认为审美快乐源自距离、抽象和从实际效用升华的程度，从可互换物品的效用到审美独特性的转变，是随着日益远离物品原始用途以欣赏其审美外观而发生的。在齐美尔看来，社会形式和审美形式的关系使康德据主观经验定义的审美判断变成了社会的同义反复（Gronow，1997：15）。为了避免审美快乐的经验决定论，康德（Kant，1964：155-156）在区分审美判断和道德判断时将社会和美学分离开来。这导致康德将审美体验的经验基础只局限于社会而不是将它们纳入哲学的美学，但齐美尔的研究表明品味的主观性与交流性并不矛盾（Gronow，1997：150），审美体验通过审美的快乐将社会形式与审美形式连接起来。由此，齐美尔把个人感觉和社会交往相联系作为审美经验的组成部分。与康德将社会与美学的理论相互分离相反，齐美尔将社会形式置于美学形式中作为日常生活的风格化和审美化的重要构成部分（de la Fuente，2008：361）。日常生活的审美化是由文化消费、新媒体、国际旅游、通信技术和社交网络等实践所共同构成（Osborne，1997：127），作为历史过程的日常生活的审美化涉及允许审美类比而非解释模式的社会的后现代流动性（Lyotard，1988：130-132）。与认识论的审美化相联系，社会的审美化需要在审美上被定性为由审美和自我指涉的基础构成的现代文化的构成部分（de la Fuente，2000：244-245；Welsch，1996：21），而不论是这种现代文化还是作为其构成部分的审美化趋势，可以说都给作为现代性绽出之自我超越的审美型快乐体制的产生提供了可能性条件。

（二）快乐形态的价值逆反：从感官快乐到审美快乐

　　与社会日常生活的宣美化趋势相应，作为审美型快乐体制得以发生的另一种可能性基础的是主要快乐形态的转变。现代性绽出进程中的每一种快乐体制都有其主要的快乐形态，随着日常生活的审美化趋势一起发生的是主要快乐形态从感官欲望满足的快乐形态向审美快乐的转变，而这种转变将为审美型快乐体制的发生提供另一种重要的前提条件。当然，尽管作为现代性绽出"观念泵"的伦理型快乐体制中，每一种基本快乐观念范式都有其自身的不同快乐类型学，显得孕育着现代性绽出之"可能性种子"的伦理型快乐体制并没有主要的快乐形态，但从在伦理型快乐体制自身绽出进程中得到推崇的柏拉图、亚里士多德乃至斯多葛学派的学说而来，并不难发现伦理型快乐体制是有其主要快乐形态的，至少是有受到推崇的快乐形态的。这种主要的快乐形态可以说就是灵魂/心灵的快乐、精神的快乐、理智沉思的快乐或哲学思考的快乐，就像柏拉图对他根据灵魂学说区分的三种快乐及其价值的评价中显示的那样。柏拉图（2003a：596，598）区分了"爱智者的快乐"、"爱胜者的快乐"和"爱利者的快乐"，并指出"在这三种快乐中，灵魂中用来学习的部分得到的快乐最甜蜜，受此部分支配之人的生活最快乐"，即爱智者的快乐是"最真实、最纯粹的快乐"，而爱胜者和爱利者的"理智以外的快乐"则是"完全不真实的、只是某种幻影"而已。即便在伊壁鸠鲁学派的快乐学说中，我们也不难发现，关于灵魂的快乐是具有更高伦理价值的主要快乐形态的表述。在批判可谓"肉体的快乐主义"的居勒尼学派主张的"身体痛苦比心灵痛苦更坏，作恶者遭受的总是身体惩罚的痛苦"时，伊壁鸠鲁就明确指出"心灵的痛苦更糟糕，肉体只是承受当前/眼下的风暴，而心灵承受着过去、将来和当前的风暴，因此心灵的快乐也比身体的快乐更伟大"（Laertius，1925：661，663）。

　　到了作为现代性绽出之历史实现形态的技术型快乐体制，恰如上文已经明确指出的那样，随着以感官"感觉"，更确切地说是"肉体感受"（somatic sensory）为快乐或快感的兴奋点，主要快乐形态已经从作为现代性绽出之"观念泵"的伦理型快乐体制时期的灵魂/心灵的、精神的或理智沉思的快乐转变成了肉体或身体的"感官快乐"，更具体地说就是由工业技术生产、制造和包装的各种各样的商品刺激与满足的感官快乐。感官快乐所以转变成技术型快乐体制时期的主要快乐形态，在很大程度上有赖于唯名论革命对柏拉图的"理念世界"，也就是基督教经院哲学的实在论之"共相"的实在性的颠覆和否定而奠定的存在论的可能性基础。正是因为唯名论革命对于理念世界和共相之实在性的否定，在伦理型快乐体制自身绽出进程中被视为是"幻影"和"殊相"的"感性世界"和"可经验感知的个别具体事物"的实在性得到了肯定，从而为感官快乐得到承认并成为技术型快乐体制的主要快乐形态提供了存在论上的可能性。在唯名论革命奠定的存在论可能性基础上，培根在 17 世纪初致力于打造使人类"即使在此生也能通过技术与科学"在某种程度上补救"自堕落以来就失去的宰制万物王国"的"新工具"时，把"感官感觉视为自然的神圣大祭司和自然神谕的娴熟诠释者"，并指出"科学需要的是拆解与分析感觉经验的归纳形式以在筛选感觉经验的基础上形成必要结论"（Bacon，2003：221，17–18）。

随着感性领域和感性事物得到肯定，到 17 世纪中后期，洛克指出"幸福是我们能够享受的最大快乐，不幸则是我们遭受的最大痛苦"时，这种构成幸福的最大快乐在很大程度上就是感官感觉的快乐。因为洛克所谓的"快乐和痛苦"指的是"凡是能令我们愉悦或苦恼的一切效应，不论这种效应是来自我们心灵中的思想，还是来自作用于我们的身体的任何事物"（Locke，1999：241，111）。到了 18 世纪的幸福观那里，"良好的感觉（感官快乐）被毫不掩饰地标举为基本的善……（甚至）如果想要幸福就必须明白，在今生唯一应该做的事就是让自己享有愉快情绪和良好感觉"（麦马翁，2011：190），感官快乐也正是在这时走到了真正成为技术型快乐体制的主要快乐形态的。到"19 世纪，尤其是 19 世纪 80 年代到 20 世纪的头十年，通过所谓'包装的快乐革命'（the packaged pleasure revolution）"，作为现代性绽出之历史实现的技术型快乐体制更是通过新机器和工业生产技术生产出的"非常便宜和易于储存与携带"的商品，"将各种新的感官快乐带给普通大众"（Cross & Proctor，2014：10），从而在一定意义上实现了快乐权利的民主化与快乐获得的大众化。需要指出的是，作为技术型快乐体制之主要快乐形式的感官快乐主要是由工业技术生产制造的商品刺激与满足的感官快乐，各种各样由工厂生产并由市场营销的商品成为这种感官快乐的源泉，而"快乐的源泉也是科技进步的源泉"（Berg，2007：x），再加上追求感官快乐成为等同于幸福的正当目的，如此一来，技术型快乐体制由以成其自身的一种快乐需求促进科技进步而科技发展反过来又强化了快乐欲望的动力系统就这样形成了。然而，恰如在前文就已经指出的那样，感官快乐奠基其上的身体欲望和感官感觉有其阈限范围，这种动力系统绝非"永动机"而是有其能量耗尽的时候。随着这种动力系统能量耗尽，以商品刺激满足的感官快乐为其主要快乐形态的技术型快乐体制也将走到完成自身并"出离自身"的时候。

到了 20 世纪中后期，当工业生产技术的进步与发展已然在很大程度上让（感官）快乐权利与快乐获得实现民主化与大众化之时，作为现代性绽出之历史实现的技术型快乐体制也就走到了完成自身并且"出离自身"的时刻。尽管技术型快乐体制被我们定位为现代性绽出的历史实现，但这并不意味着在技术型快乐体制完成并出离自身之时，现代性绽出进程也就此走到了生命历程的终点。恰如我们在前文已经指出的那样，技术型快乐体制的这种完成且出离自身与其说是现代性绽出进程本身的完结，倒不如说是现代性绽出进程本身展开的探寻新的"去存在"可能性的自我超越，而从 20 世纪中后期开始浮现出来的审美型快乐体制，正是现代性绽出进程探寻其"去存在"之未来可能性的这种自我超越本身，也正因此我们才将审美型快乐体制定位成现代性绽出的自我超越形态。既然作为现代性绽出之历史实现形态的技术型快乐体制的完成与出离自身在一定意义上似乎都是由于作为主要快乐形态的感官快乐，更确切地说是由于工业技术生产制造的商品所刺激与满足的感官快乐，那么，在作为现代性绽出之自我超越的审美型快乐体制时期，其由以成其自身的主要快乐形态显然将不再是这种有阈限的生理匮乏补足性的感官快乐，而是恰如上文已经阐明的那样，有可能会是以没有明确阈限的想象力为作用领域，以社会性的"情感"为快乐或快感的兴奋点，在精神追求、意义追求或内心体验上寻求满足的"审美快乐"。如果说在以感官快乐为主要形态的技术型快乐体制中，人是"通过控制能带来快感的客体和事件"获得快乐的，那么，在以审美快乐为主要形态的审美型快乐体制，人是"通过控制事物的意义获得快乐……（从而）几乎能从一切事物中找到快感"（成伯清，2006：134）。

有必要澄清的是，就像感官快乐虽然是作为现代性绽出之历史实现的技术型快乐体制的主要快乐形态，但并不意味着感官快乐是直到技术型快乐体制时期才出现的或技术型快乐体制中只有感官快乐这一种快乐形态那样，尽管我们指出审美快乐可能是作为现代性绽出的自我超越的审美型快乐体制的主要快乐形态，但也并不意味着审美快乐是直到审美型快乐体制时期才出现的快乐形态，更不意味着审美型快乐体制只有审美快乐这一种快乐形态，而只是意味着审美快乐比其他快乐形态有更高的价值位序，是审美型快乐体制的主要快乐形态而已。实际上，早在作为现代性绽出的"观念泵"的伦理型快乐体制中，就已经有哲学家对审美快乐做出过论述。亚里士多德（1991：53〔1371b〕）就在《修辞学》中专门讨论"快乐"的章节里指出，"既然求知和好奇是愉快（快乐）的事情，那么，像摹仿品这类东西，如绘画、雕像、诗及一切摹仿得很好的作品也必然是使人快乐的，即使所摹仿的对象并不使人愉快，因为并不是对象本身给人以快感（快乐），而是欣赏者经过推论，认出'这就是那个事物'从而有所认识"。在《诗学》中，亚里士多德也有指出，"每个人都能从摹仿的成果中得到快感（快乐），可资证明的就是，尽管我们在生活中讨厌看到某些实物，如最讨人厌的动物形体和尸体，但当我们观看此类物体的极逼真的艺术再现时却会产生快乐。这是因为求知不限于哲学家，而且对一般人来说都是一件最快乐的事，尽管后者领略此类感觉的能力差一些。因此，人们乐于观看艺术形象，因为通过对作品的观察，他们可以学到东西，并可就每个具体形象进行推论"（亚里士多德，1996：47〔1148b〕）。

与我们在前文建构现代性绽出理论时就已经指出的亚里士多德的时间观念对后世深有影响一样，亚里士多德关于审美快乐的论述也可谓影响深远。在亚里士多德对审美快乐的论述中的关键要素，如审美快乐中的理智/理性推论、引发审美快乐者并不在于对象而是在于对事物本身有所认识，审美快乐往往指向的是艺术品等，就像他对时间的论述那样，以不同方式在很多方面深刻影响着后世对于美学和审美快乐的思考。在可谓技术型快乐体制时期最伟大的哲学家之一的黑格尔那里，我们就不难发现上述要素的痕迹。在黑格尔看来，"人的自由理性"是"艺术以及一切行为和知识的根本和必然的起源"。对于"艺术作品是为人的感官而造的，因此多少要从感性世界吸取源泉"的流行艺术观念所引发的"美的艺术用意在于引起情感，说得更确切一点，在于引起适合于我们的那种情感，即快感／快乐……（并由此）人们把关于美的艺术的研究变为了关于情感的研究"的做法，黑格尔指出，"这种研究是走不了多远的，因为情感是心灵中的不确定的模糊而隐约的部分；所感到的情感只是蒙在一种最抽象的个人的主观感觉里，因此，情感之中的分别也只是很抽象的，而不是事物本身的分别……情感就其本身来说，纯粹是主观感动的一种空洞形式"（黑格尔，1996：40，41）。在这里，最充分地体现出了亚里士多德关于审美快乐之论述对后世有着深刻影响的要素，显然就是理性或理智在审美活动中的重要作用。审美或艺术的用意与目的主要并不在于引起快感或快乐情感而主要在于认识事物本身，艺术作品或摹仿得很好的作品之所以能引起审美快乐主要并不是因其满足了感官感性的需求，而是因其使心灵受到了感动并由此得到了满足。

　　审美快乐，"作为诉之于内在的或外来的感觉，诉之于感性的知觉与想象的知觉"（黑格尔，1996：44）的快乐，作为由感性对象或事物触发的快乐，在形式上当然是感官快乐。但是，与其说审美快乐是一种肉体上的欲望匮乏补足性的感官快乐，倒不如说是一种在心灵或精神上得到满足的快乐，审美快乐也往往是与感性对象或事物是否实在无利益关联的快乐。实际上，这里涉及的是审美快乐的感受主体与感官对象之间的关系问题，更确切地说就是审美判断的问题。关于审美快乐在这个方面的规定性特征，我们在康德那里能够找到最集中和最明确的论述。在康德（1985：42，40，41，45）看来，"在感觉里使诸官能满意，这就是快适……一切愉快（人们说或想的）本身就是一个（快乐的）感觉。于是，凡是令人满意的东西，正是因为令人满意，就是快适的……凡是我们把它和一个对象的实在之表象结合起来的快感／快乐，谓之利害关系。因此，这种利害感常常是同时和欲望能力有关的，或是作为它的规定根据，或是作为和它的规定根据必然地连结着的要素"。在审美活动中，"每个人都必须承认，一个关于美的判断，只要夹杂着极少的利害感在里面，就会有偏爱而不是纯粹的欣赏判断了。人必须完全不对这事物的实在存有偏爱，而是在这方面纯然淡漠，以便在欣赏中，能够做一个评判者"。不惟如此，要想在审美鉴赏中做一个公正的评判者，甚至也不能带有任何善的理念，因为"不论快适（感官官能的感觉满足）与善之间的一切区别，双方在一点上却是一致的：那就是它们时时总是和一个关于它们的对象的利害结合着，不仅是那快适和那间接的善，它是作为达到任何一个快适的手段而令人满意的，并且还有那根本的在任何目标里的善，这就是那道德的善，它在自身里面带着最高的利害关系，因为善是意欲的对象……欲求一个事物和对它的实在怀着愉快之情，就是说对它有着利害兴趣，这两者是一回事"。由此，审美快乐作为一种快乐形态的主要规定性特征都绽露出了自身。

从形式上来讲，尽管审美快乐与作为技术型快乐体制的主要快乐形态的感官快乐一样，但从审美快乐借以成其自身的上述规定性来看，审美快乐有别于那种端赖物质享受或声色犬马满足身体/肉体欲望来得到的感官快乐的显著特征也就充分地显现了出来。就像康德对审美鉴赏的论述表明的那样，审美快乐是一种与来自我们喜欢的东西或道德上善的东西的快乐有别的快乐，是一种来自我们与其无利害关系的、没有利益兴趣的事物的快乐，也就是说审美快乐并不是来自能带来快乐的对象或事物的操纵与占有，而是来自对事物或对象本身的性质（美）的欣赏，是否占有对象或事物无关紧要，甚至是想要做出公正的审美判断或得到本真的审美快乐就要对它们纯然淡漠。由此，恰如前文就已经指出的作为技术型快乐体制之主要快乐形态的感官快乐，也在很大程度上塑造了作为现代性绽出的历史实现形态的技术型快乐体制的基本构型和结构特征那样，如果确如我们判断的那样具有上述规定性特征的审美快乐将成为审美型快乐体制的主要快乐形态的话，那么，不难想见，作为现代性绽出的自我超越的审美型快乐体制，将会有着不同于技术型快乐体制的独特基本构型和结构特征。有必要指出的是，虽然审美快乐有其有别于其他快乐形态的自成一格的规定性特征，但在具体实践或现实社会世界中，审美快乐并不像在观念或概念世界中那样有着严格的绝对性，而是充满了变动性，也就是说即使审美快乐成了审美型快乐体制的主要快乐形态，审美快乐的上述那些规定性特征也会在社会历史实践中有所变化。

　　审美快乐可能的各种变化之一，就是审美快乐往往不再像通常认为的那样主要与艺术品相关。作为审美型快乐体制的主要快乐形态的审美快乐与其说主要是专注于或局限于艺术或艺术品领域，倒不如说主要指的是以艺术的或审美的方式看待事物，赋予在世存在以美的意义，实践一种存在美学。从技术型快乐体制到审美型快乐体制的转变不只意味着一种审美快乐或审美意识的转变，而且意味着一种时代精神的转变。因为恰如上文已经提到的在技术型快乐体制中并不乏审美快乐，而且实际上在技术型快乐体制借工业化生产技术征服与利用自然世界以成其自身时，自然世界也在逐渐成为审美对象。换言之，"自然越来越被当成一个作为迅速工业化和资本化的世界的解毒剂的放松和充电的场所，因此，从 18 世纪末以来，诸如'热爱自然的人'（nature-lover）和'山水诗'（nature poetry）这样的词人们耳熟能详也就不足为奇了。自然被转变成一种审美快乐的对象，更确切地说是转变成一种显见的审美消费的对象。从 18 世纪下半叶以来就已经出现的一种将'未遭破坏的大自然'（un-spoiled nature）愈来愈理想化的趋势"（Mizukoshi，2001：39），就是这种现象的体现之一。由此，关键的区别在于，即使在技术型快乐体制中也不乏审美快乐，自然逐渐成为审美快乐的对象，但作为现代性绽出之历史实践形态的技术型快乐体制的时代精神，仍然主要是"从实践的欲望出发"把"有机界和无机界中可利用的自然事物看得比（审美快乐之主要源泉的）艺术作品更高级，因为艺术作品是不能供欲望利用的，而是满足心灵的其他方面的要求"（黑格尔，1996：45）。然而，在以审美快乐为其主要快乐形态的作为现代性绽出之自我超越的审美型快乐体制中，虽然同样不乏物质享受的感官快乐，甚至这种快乐形态还广泛地存在着，但审美型快乐体制的时代精神已经转向强调或推崇审美快乐，而在很大程度上也正是这种时代精神的转变，塑造了审美型快乐体制的基本构型和结构特征并使之得以成其自身。更重要的是，从审美快乐自成一格的特征而来，以审美快乐为其主要快乐形态的审美型快乐体制有可能使自身走向一种内求诸己的在世生存之道和存在美学，而这种走向指向的似乎恰恰是伦理型快乐体制的结构特征，也就是审美型快乐体制在其基本构型和结构特征上将呈现出向伦理型快乐体制复归的趋势。

二 审美型快乐体制的基本构型与结构特征

既然已经阐明审美型快乐体制作为现代性绽出之自我超越的角色，也就是澄清审美型快乐体制是现代性绽出进程在"出离"作为历史实现的技术型快乐体制之后对其"去存在"的未来可能性的探索，而且也追溯了审美型快乐体制的主要快乐形态即审美快乐的来龙去脉，更重要的是，阐明了这种审美快乐与作为技术型快乐体制的主要快乐形态的感官快乐有所差别的规定性特征，将会在很大程度上塑造审美型快乐体制由以成其自身的基本构型，甚至会使审美型快乐体制的基本构型绽露出与作为现代性绽出的"观念泵"的伦理型快乐体制相似的结构特征，那么，我们也就走到了将审美型快乐体制的基本构型呈报出来的时候。然而，恰如在给审美型快乐体制在现代性绽出进程中的角色进行定位时已经指出的那样，尽管技术型快乐体制终将完成自身并"出离自身"显露出的趋势使我们得以将现代性绽出的这个阶段命名为审美型快乐体制，并把捉到了这种快乐体制将由以成其自身的可能性方向，但作为现代性绽出的自我超越的审美型快乐体制，终究是现代性绽出进程在"出离"作为历史实现的技术型快乐体制之后对未来"去存在"可能性的探索，审美型快乐体制的基本构型从根本上来说还是正在浮现和尚未定型的。因此，恰如上文根据审美快乐成为这种快乐体制的主要快乐形态，使我们得以推断审美型快乐体制正在浮现的基本构型可能具有类似伦理型快乐体制的结构特征那样，我们接下来也主要从那些已经有所显露的趋势推断审美型快乐体制的正在成其自身过程中的基本构型。既然如此，那么，有哪些已经显露出的趋势会对审美型快乐体制的基本构型产生塑造作用呢？

（一）扬弃快乐的过度商品化

早在前文剖析技术型快乐体制的最后一种基本构型，也就是工业生产技术对满足感官快乐所需之商品的规模化生产制造已经在很大程度上使快乐获得实现了民主化或大众化时，我们就已经明确指出，在作为现代性绽出之历史实现的技术型快乐体制借助工业生产技术庞大的物质生产制造能力使人类沦陷在由包含、萃取、保存着各种感官快乐的琳琅满目商品构筑而成的"物体系"的同时，厌倦、反思和逃离这种物体系甚至是与之相伴而生或作为其必然结果的"娱乐系统"的呼声也已经或多或少显露出来了。恰如前文早就指出的那样，我们之所以要将不仅已经在"包装的快乐"之诸般特征中有所显现，而且也早已经暗藏在生产制造这些感官快乐的工业生产技术得以成其可能的诸种要素中的这种厌倦、反思和逃离技术型快乐体制的呼声可能甚至必然会发出的原因，留到对作为现代性绽出之自我超越和未来可能的审美型快乐体制进行草描时才予以澄清，是因为这些原因在很大程度上也是造成现代性绽出进程终将"出离"作为其历史实现阶段的技术型快乐体制的根源所在。如今，既然已经走到了要对作为现代性绽出之自我超越和未来可能的审美型快乐体制进行草绘的时候，那么，我们也就同时走到了要将既是技术型快乐体制自身遭致不满与逃离的原因，也是现代性绽出进程必将"出离"技术型快乐体制以探寻其未来绽出可能性的根源予以澄清的时候。有必要指出的是，恰如前文已经阐明的作为现代性绽出之历史实现的技术型快乐体制由以成其自身的基本构型，不仅是扬弃了伦理型快乐体制自身之历史绽出进程遗留下来的思想与制度框架，而且可谓复兴与改造了早在作为现代性绽出之"观念泵"的伦理型快乐体制中就已经有所萌芽，却在伦理型快乐体制自身绽出进程中遭到贬抑的伊壁鸠鲁学派乃至居勒尼学派的思想学说的"可能性种子"的结果那样，作为现代性绽出之自我超越的审美型快乐体制在成其基本构型和结构特征的过程中，也有可能现身为扬弃技术型快乐体制自身绽出进程遗留下的思想与制度框架，并重新"回到"伦理型快乐体制的"观念泵"寻找和复兴其中"可能性种子"的过程。

实际上，我们已经不止一次地提到，作为现代性绽出之自我超越的审美型快乐体制，在一定程度上体现了现代性绽出进程向伦理型快乐体制的自我克制、克己自主和存在美学等结构特征的复归趋势。因此，"回到"作为现代性绽出之"观念泵"的伦理型快乐体制中寻找并且复兴"可能性种子"，显然就是审美型快乐体制由以成其自身的基本构型和结构特征的途径之一，同时也是现代性绽出进程整体由以探索其"出离"技术型快乐体制之后的"去存在"可能性的方式之一。这就意味着在接下来对审美型快乐体制进行草绘时，我们除了需要注意其对伦理型快乐体制的结构特征的复兴之外，还需注意审美型快乐体制是否在作为现代性绽出之"观念泵"的伦理型快乐体制中找到并复兴了由以成其自身的其他"可能性种子"。然而，在探究审美型快乐体制如何复兴伦理型快乐体制的结构特征，是否"回到"并且复兴了伦理型快乐体制蕴含的其他"可能性种子"之前，还是让我们先将不仅是技术型快乐体制自身遭到厌倦、反思与逃离的原因，而且是现代性绽出进程必将"出离"技术型快乐体制以探寻其未来可能性的根源澄清，尤其是将这些原因和根源及其导致的结局对正在浮现中的审美型快乐体制成其自身之基本构型的启发意义，对于现代性绽出进程探寻其继技术型快乐体制之后的"去存在"的未来可能性的启发意义呈报出来。就已经在所谓"包装的快乐"之诸特征中有所显现的原因而言，在我们前文已经提到的所谓包装的快乐事物诸特征中，最直观地体现出将使技术型快乐体制遭到厌恶、反思甚至逃离的特征，无疑是由"大型公司企业生产制造的"，进行"品牌化营销的""包含、萃取、保存着感官快乐且往往强化了某种感官满足形式的工业商品"的特征。这些特征意味着在作为现代性绽出的历史实现的技术型快乐体制中，快乐变成了一种由大型公司企业生产制造并被市场逻辑支配的能买卖的商品。快乐成为工业产品并被商品化会使生理本能和感官欲望不仅变成一种生产力要素被纳入工业生产体系中，而且变成一种需求制造对象被纳入市场消费体系中，从而不可避免地造成快乐的满足不再只是对自然生理感官欲望的满足，而是对早就被大型公司企业的市场营销和广告引诱策略强化甚至制造的虚假欲望的满足。

坦率地讲，快乐的商品化或者说满足感官快乐所需的物品的商品化，原本是有助于快乐权利的民主化和快乐获得的大众化的有效手段，技术型快乐体制得以成为现代性绽出之历史实现阶段或实践形态，在很大程度上也正得益于这种有效手段对其由以成其自身的基本构型的形塑。但是，恰如马克思在描述资本主义的商品化阶段时指出的那样——"到了这样一个时期，人们一向认为不能出让的一切东西，这时都成了交换和买卖的对象，都能出让了……甚至像德行、爱情、信仰、知识和良心等最后也都成了买卖的对象……这是一个普遍贿赂、普遍买卖的时期，或者用政治经济学术语来说，是一切精神的或物质的东西都变成交换价值并到市场上寻找最符合其真正价值评价的时期"（马克思，1962：25）——随着快乐的商品化一同发生的，不只是上述那些"只传授不交换，只赠送不出卖，只取得不收买的东西"的商品化，更主要的还是人之最本己的生理本能和感官欲望的商品化，至少是被市场逻辑所操纵和利用。如果说借助于满足感官快乐所需物品的商品化使快乐权利与快乐获得逐渐实现了民主化和大众化，使"快乐权利刚开始时看起来还像一种战利品"的话，那么，随着商品化的深入和市场逻辑的无孔不入，"现如今快乐已经被市场征服了……快乐获得的大众化或民主化已经越来越不详地与新兴市场的征服步调一致。在那里，快乐被称为舒适，而幸福被称为占有……在某种意义上，宗教和道德禁忌与禁令曾经捍卫肉欲快乐免受商业剥削的风险。如今在爱与快乐中被禁止的东西可用这个词表达：'免费'（free of charge），只有那些不花钱的东西才会受质疑"（Guillebaud，1999：73）。由此，作为现代性绽出的历史实现形态的技术型快乐体制在使快乐权利民主化和快乐获得大众化的同时，不仅结出了"快乐已经不再作为一种权利或享受而是作为某种被制度化了的公民义务"（Baudrillard，1998：81）的现代性后果，而且也将自身实现成了一种快乐已经不再是个人自由选择的权利而是社会和市场要求履行的公民义务与社会伦理的历史实践形态。如此一来，嵌套在这种现代性绽出的实践形态中的现代人发出厌倦、反思和逃离技术型快乐体制的呼声也就不足为奇了。

从表面上看，在商品化和市场化的逻辑已然无孔不入，激情已然被利益驯服甚至生理本能和感官欲望都已经沦为任意操纵之对象的技术型快乐体制中，任何想要"出离"、逃离或超越的尝试似乎都只是痴人说梦。但有意思的是，技术型快乐体制由以成其自身所端赖的生理基础，至少是借快乐的商品化以成其自身所端赖的生理基础，似乎也正是技术型快乐体制完成自身并"出离自身"的关键所在，是现代性绽出进程得以"出离"作为历史实现的技术型快乐体制以探寻新的"去存在"可能性的关键所在。恰如前文已经指出的那样，技术型快乐体制的主要快乐形态是通过工业生产技术生产制造的商品刺激和满足的感官快乐，这种感官快乐形态以有着阈限的感官欲望为作用领域，以"感觉"为快乐或快感的兴奋点，作为现代性绽出之历史实现的技术型快乐体制一定意上正是基于这种快乐形态的生理基础和作用机制，通过快乐的商品化，更具体地说通过包含、萃取、保存着各种感官快乐的琳琅满目的产品的商品化实现快乐权利民主化和快乐获得大众化的同时，也结出了快乐已经不再是权利而是义务的现代性后果。虽然通过工业生产技术对可满足这种感官快乐的产品的规模化生产使快乐权利与快乐获得在很大程度上实现民主化和大众化，通过市场化和商品化操纵了生理本能和感官欲望，以"利益"驯服破坏性激情，无孔不入的商品化和市场化在对"我们身上的一切其他不可市场化的性情、欲望和潜能进行彻底的压制、因其无用而削弱甚至使其根本没有机会产生"的同时，"对于那些市场可以利用的性情、欲望和潜能进行迅速（往往也是永久地）开发利用，并且拼命压榨它们直至一无所有为止"（Berman，1988：96），似乎使作为现代性绽出的历史实现的技术型快乐体制坚不可摧甚至实现了真正的"历史的终结"。但就像这里所说的那些市场可以利用的性情、欲望和潜能终将会被压榨到一无所有，也正像上文指出的以感官欲望和感官感觉为生理基础的物质刺激与满足的感官快乐终究有其阈限那样，技术型快乐体制由以成其自身的生理乃至心理基础，同样也正是导致其终将完成并"出离自身"的阿喀琉斯之踵。

从上述这种既是技术型快乐体制由以成其自身也是导致其"出离"自身的原因中，现代性绽出进程"出离"作为其历史实现的技术型快乐体制之后如何去探寻其"去存在"的未来可能性的方向，也就是作为现代性绽出之自我超越的审美型快乐体制由以成其正在浮现的面貌的方向也就绽露出来了。既然人们厌倦和逃离技术型快乐体制的原因，与其说在于其对感官快乐的肯定和快乐权利与快乐获得的民主化和大众化，不如说在于造成并伴随着满足感官快乐之物品的商品化而来的无孔不入的商品化和市场化逻辑对于人类生理本能和感官欲望的操纵与利用，那么，恰如上文就已经提到的审美型快乐体制也将通过扬弃技术型快乐体制遗留下来的思想与制度框架以成其自身那样，在审美型快乐体制成其自身正在发生的和正在浮现中的基本构型时，需要扬弃、警醒与规避的或许就是这种将一切事物甚至生理本能和感官欲望都进行市场化和商品化的逻辑。在分析作为现代性绽出的历史实现形态的技术型快乐体制的这种基本构型，也就是快乐被升格到了等同于作为目的的幸福的地位从而使得追求幸福目的就等同于追求快乐时，我们将关注的焦点主要放在了对于幸福和快乐之间关系转变的思想脉络的追踪上，但实际上，技术型快乐体制由以成其自身的这种基本构型，从一开始就已经同经济、商业和市场领域紧密地联系在一起了。

从 18 世纪，甚至更早的 17 世纪以来，通过"重新将快乐的性质定义为可欲求的"以使"追求快乐"不仅具有正当性而且"受到祝福"和支持，似乎就是启蒙方案即现代性方案在有所筹划地使"被宽恕了的快乐"成为"在资本主义体系的理性自利的价值观中的一种文明化的享乐主义"（Porter，1996：18）。快乐与市场的这种关系，不仅可以在赫希曼对资本主义大获全胜之前"利益"如何驯服"激情"的追溯中可见一斑，也可以从历史学家们提出的"18 世纪对于快乐作为一种人类目标的新兴捍卫与商业社会的兴起紧密结合，与对于快乐之社会效益的捍卫紧密结合"（Cook，2009：457）等观点中探知一二。如果说"从亚当·斯密直到马克思，工厂和劳动力都被视为规定市场上销售的商品价格的关键所在"的话，那么，"从 19 世纪 70 年代以来资本主义的转轴中心已经改变了，消费者的内在'需求'（wants）才是创造价值的最重要的问题所在。工作只是一种与幸福相反的负效用形式，其存续只是为赚取更多金钱以花在令人快乐的体验上，主观感觉及其与市场的联系已经被提升为经济学的一个核心问题"（Davies，2015：45）。如果说 18 世纪的启蒙哲学家们还在其筹划的启蒙方案即现代性方案中，为了如何给快乐正名以使其能正当地进入市场而殚精竭虑的话，那么，在作为现代性绽出的历史实现的技术型快乐体制已然成其自身之时，人们面临的将是如何摆脱与改变"早就已经被无可救药地商品化和标价出售的快乐"（Guille-baud，1999：71）的问题。因此，作为应运这种问题而生的审美型快乐体制，在成其自身的基本构型时将会使快乐与市场利益保持必要的距离，以扬弃乃至超越使生理本能和感官欲望都沦为生产资料和市场动力，使人变成市场消费之傀儡的"快乐的机器人"的快乐的商品化和市场化逻辑似乎也就可想而知了。

（二）从政府到个人：快乐目的之实现主体的轮回

除了快乐的过度商品化和市场化之外，技术型快乐体制的基本构型中还有对审美型快乐体制之基本构型的形成起到塑造作用的其他要素或力量。从前文剖析技术型快乐体制的基本构型时就已经指出的实现幸福即快乐目的的实践主体从个人转向国家与政府，不仅意味着快乐或幸福的话题从伦理道德语境转向了政治经济语境，而且意味着塑造技术型快乐体制的科学技术，尤其工业生产技术获得了强大的支持性力量而来，我们不难看出，国家和政府成为实现幸福即快乐目的的实践主体，正是作为现代性绽出之历史实现形态的技术型快乐体制得以完成自身并"出离自身"的重要原因之一，而在技术型快乐体制中作为幸福即快乐目的之实践主体的国家和政府，也正是对审美型快乐体制成其自身的正在发生和浮现的基本构型起到塑造作用的另一种要素或力量。既然已经明确了国家和政府成为幸福目的之实践主体是对审美型快乐体制正在浮现中的基本构型，也就是对现代性绽出进程在"出离"作为历史实现形态的技术型快乐体制之后探寻其"去存在"可能性起重要作用的要素或力量，那么，在技术型快乐体制中作为幸福即快乐目的之实践主体的国家与政府是如何对审美型快乐体制，也就是现代性绽出进程探寻其"去存在"的未来可能性发挥作用的呢，又会对审美型快乐体制正在形成的基本构型发挥什么样的作用呢？与快乐的过度商品化和市场化对审美型快乐体制的基本构型产生作用的方式如出一辙，作为幸福即快乐目的之实践主体的国家与政府也是在相反方向上作用于审美型快乐体制之基本构型的形成的。换句话来说，反思与扬弃国家和政府作为幸福即快乐目的之实践主体及其导致的后果，将是审美型快乐体制在形成自身正在浮现的基本构型时，也就是现代性绽出进程在探询其"去存在"的未来可能性时的进路方向。

实际上，这种作用方式是贯穿于现代性绽出进程的不同快乐体制成其自身的过程中的。作为现代性绽出之历史实现形态的技术型快乐体制，就是通过扬弃作为现代性绽出之"观念泵"的伦理型快乐体制自身历史绽出进程遗留下来的思想与制度框架而成其自身的。作为现代性绽出之自我超越形态的审美型快乐体制，同样也是通过扬弃作为现代性绽出之历史实现的技术型快乐体制自身绽出进程遗留下来的思想与制度框架而成其自身的。在这里，我们似乎不仅发现了现代性自身进行自我生产再生产的方式，而且发现了现代性绽出进程中的不同快乐体制即历史阶段之间的关系模式。但是，这些其实早就已经在前文构建的现代性绽出理论中有所体现了，尤其是充分体现在作为现代性绽出进程之基本节律的"出离自身-回到自身"绽出运动中。既然技术型快乐体制之国家与政府成为幸福即快乐目的之实践主体的基本构型，对审美型快乐体制成其自身之正在浮现的基本构型，也就是对现代性绽出进程探寻其"去存在"的未来可能性产生作用的方式已经阐明，那么，接下来要做的，显然就是将国家与政府成其为幸福即快乐目的之实践主体对作为现代性绽出之自我超越的审美型快乐体制去塑造其正在浮现中的基本构型时，也就是对现代性绽出进程在去探寻其"出离"技术型快乐体制之后的"去存在"可能性时可能发挥的具体作用呈报出来。当然，在去揭示这种具体作用之前，我们还有必要先行澄清国家与政府成为幸福即快乐目的的实践主体何以会成为问题的原因。因为这不仅解释了现代性绽出进程为什么会"出离"技术型快乐体制以探寻新的"去存在"可能性，而且也在一定意义上标明了国家和政府这个要素或力量对审美型快乐体制正在浮现的基本构型产生的是什么具体作用。作为实现幸福即快乐目的之实践主体的国家与政府之所以会成为问题，首先与通常往往是因为作为实践主体的国家和政府未能践履或完成其被授予的保障与促进幸福即快乐目的的职责，未能兑现其在现代性方案中筹划和做出的关于幸福的政治承诺，那么，事实是否就像这里揭示的那样呢？

　　在前文剖析技术型快乐体制之国家与政府成为实现幸福即快乐目的之实践主体的基本构型时，我们就已经追溯并阐明了保障幸福可谓 17 世纪和 18 世纪的启蒙学者在其筹划的启蒙方案中给国家与政府设定的目标与责任。保障与增进其国民追求幸福之不可让渡权利，更是被当成国家与政府的责任实际地写入了作为宪法性纲领文件的美国《独立宣言》中。因此，在作为现代性绽出之历史实现的技术型快乐体制中，实现幸福即快乐目的的实践主体已经从个人转向国家与政府已经是确定无疑的了。现在的问题就在于，在技术型快乐体制中作为幸福即快乐目的之实践主体的国家与政府，是否践履或实现了其保障与增进国民幸福的职责与目标？在启蒙学者筹划的启蒙方案即现代性方案中向国民做出了促进幸福之政治承诺的国家与政府，是否向其为组建国家和政府以保障安全与幸福而让渡了"管制自身之权利"的国民兑现了幸福承诺。很显然，尽管在作为现代性绽出之历史实现阶段或历史实践形态的技术型快乐体制中，实现幸福即快乐目的的实践主体确实从个人转到了国家与政府，在启蒙哲学家们筹划的现代性方案中，国家与政府也向其国民做出了保障与促进幸福的政治承诺。但令人遗憾的是，"启蒙哲学家们关于国家及其政府促进公共幸福所做出的规定，绝大多数都沦为了未被完全付诸实践的理想愿景……与在中世纪原罪体验中的救赎愿景被'教牧权力'（pastoral power）的实施所利用一样，在现代幸福体验中的人类实存理想同样被（国家）权力的实施据为己用。在现实中，（公共）幸福的理念主要是被策略性地利用以促进国家的持存、扩张和幸福，而不是像启蒙哲学家们在理论上预想和筹划的那样"（Zevnik，2014：113）。如果说就像霍尔巴赫所谓的"很容易就能说服任何开明政府，它们的真正利益在于统治一群幸福的人；通过将政府的稳定性和安全建立在幸福的基础上将赢得国家；简言之，一个由聪明和有德性的公民构成的国家远比由一群为满足政府被迫去行骗的无知且堕落的奴隶构成的国家更强大"（d'Holbach，2008：3）揭示的那样，在启蒙哲学家们筹划的现代性方案中的国家和政府作为实现幸福目的的实践主体，并不只意味着国家和政府总是根据最大化国民幸福的目的行动，而且意味着服务于国家自身利益的话，那么，在作为现代性绽出之历史实现形态的技术型快乐体制的自身绽出进程中，国家和政府似乎却更多地服务于国家利益而非国民幸福。更糟糕的是，甚至还产生了与订立契约组建政府以保障和促进民众幸福的初衷背道而驰的状况，出现了为国家、政府或统治阶级的利益牺牲国民幸福的情形。

既然在技术型快乐体制中作为实现幸福即快乐目的之实践主体的国家与政府，在现代性之历史发生的现实进程中在很大程度上并未践履其最初被授予的保障与促进幸福即快乐目的的职责，并未兑现在启蒙哲学家们筹划的启蒙方案即现代性方案中做出的关于最大幸福的政治承诺，那么，在作为现代性绽出之历史实现的技术型快乐体制自身的历史绽出进程中，作为实现幸福目的之实践主体的国家与政府未能完成保障与促进国民幸福的目的，未能兑现启蒙哲学家们提出的现代性方案做出的幸福承诺的原因何在呢？实际上，这种原因不仅在上文的论述中已经有所绽露，而且也早在通过对边沁的"最大幸福原则"与圆形监狱原初构型、福柯的"全景敞视主义"和现代监控社会的探讨以提出快乐意志与现代性绽出的关系问题时有所显现。恰如前文已经阐述的那样，尽管在作为现代性绽出的历史实现的技术型快乐体制中，作为实现幸福即快乐目的之实践主体的国家与政府未能践履保障国民幸福的责任，未能兑现现代性筹划做出的幸福承诺的原因不一而足，但边沁在解释其源自"最大幸福原则"并且旨在实现"最大多数人的最大幸福"的圆形监狱的原初构型未被付诸实践时指出的所谓"邪恶利益"——"一切利益，不论它是什么种类的利益、快乐、痛苦等，就其是在一种阴险的方向上，是在一种与功利原则做出的规定相反的方向上运作而言都是邪恶的"（Bentham，1983：18），无疑是原因之一。与这种"邪恶利益"相类似甚至本质上就是同一的，福柯探究国家或政府的"统治术"（governmentality）时提到的所谓"国家理性"（reason of state）——"作为国家与其自身的一种关系，一种人口（国民）要素在其中被暗示但却不在场、被描画但却不被反映的国家的自我显现"（Foucault，2007：357）的政治理性，无疑也是原因所在。这种政治理性"既不涉及上帝智慧也不涉及君主的理性或策略，而只涉及国家、国家的本质和国家自身的理性"。作为一种"统治的艺术"，这种理性的目的甚至不在于"加强君主权力而只在于强化国家本身"（Foucault，2001：407），就更别说促进国民幸福了。

有必要指出的是，尽管"国家理性"概念在成其自身之初，因为人口概念的阙如而使其关注焦点原本就是"国家的幸福而非人口（国民）的幸福"，也绝非个人的幸福，但随着 17 世纪和 18 世纪中叶"人口的问题化"（the problematization of population）使国民幸福进入国家理性的视野成为可能，保障与促进国民幸福也由此成了国家与政府的目的并进入了国家与政府的政策议程。实际上，前文在阐明个人幸福与个人实践主体向社会幸福与国家政府实践主体的转变，在追溯国家与政府成为技术型快乐体制之实现幸福目的的实践主体的来龙去脉时，已经在一定意义上反映了这种转变的轨迹。尽管在 18 世纪仍不乏孔多塞这样的启蒙思想家"强烈批判时人努力比较不同政策引起的'幸福的量'的做法（就像内克尔推算生活在生存水平上的两千人的幸福总量，与衣食'无忧'的一千人的幸福总量的对比那样），并且主张幸福并非政府政策的合适目标，福利而非幸福才是政府的'公正的责任'。福利以不遭受痛苦、羞辱和压迫为主要特点，政府尽责的是这种福利而非幸福"（罗斯柴尔德，2013：236），但从 17 世纪尤其 18 世纪中叶国民幸福或公共幸福进入国家理性的视域以来，在多数启蒙学者筹划的启蒙方案即现代性方案中，恰如前文已经提到的那样，保障与促进幸福确实被当成了国家及其政府的目的和职责所在，国家与政府的确成了幸福目的的实践主体甚至向其国民做出了最大幸福的政治承诺。实际上，最重要的似乎并非到底福利还是幸福才是国家与政府的合适政策目的与职责所在的问题，而是尽管国家及其政府成了作为现代性绽出之历史实现的技术型快乐体制实现幸福或福利目的的实践主体，但"国家理性"与生俱来的"必须幸福或繁荣的不是国民，最终必须富有的不是国民，只是国家自身必须幸福、繁荣和富有"（Foucault，2007：375）的根深蒂固的自成一格性，使得国家与政府在现实运作中更多地服务于国家自身的利益而非国民幸福或福利目的，甚至产生了为实现国家、政府或统治阶级利益而牺牲国民幸福或福利的问题。

　　由此而来，既然国家与政府未能兑现现代性方案做出的国民幸福承诺的主要原因，也就是现代性绽出进程"出离"作为其历史实现的技术型快乐体制以探寻新的"去存在"可能性的主要原因，在于所谓的"邪恶利益"或"国家理性"以统治阶级，更确切地说是国家自身的持存、繁荣、幸福或强大等置换了国民个人的幸福目的，而就像上文已经阐明的那样，技术型快乐体制的基本构型产生作用的方式是在相反的方向上形塑审美型快乐体制的基本构型，那么，在技术型快乐体制中作为幸福即快乐目的之实践主体的国家和政府及其导致的现代性后果对作为现代性绽出之自我超越的审美型快乐体制的正在浮现的基本构型，也就是对现代性绽出进程探寻其"出离"技术型快乐体制之后的"去存在"可能性的具体作用就显而易见了。具体来说，就是审美型快乐体制在形成自身的基本构型时将反思国家及其政府替代个人成为幸福即快乐目的之实践主体的转变，警惕国家与政府以承诺国民最大幸福之名行拓殖自身利益之实，解蔽国家与政府出于当权者的"邪恶利益"和"国家理性"之故生产再生产的幸福意识形态，进而极有可能形成的是一种以个体替代国家与政府成为实现快乐目的之实践主体的基本构型，而这种转变反映出来的恰恰正是快乐目的之实现主体从技术型快乐体制中的国家与政府向伦理型快乐体制中的个体的轮回复归的趋势特征。当然，在审美型快乐体制中的这种个体更多的是一种审美的主体，而不再是在伦理型快乐体制中作为德性伦理的主体的个体。

（三）快乐治理的个人中心主义的复归

与上述两种既是技术型快乐体制由以成其自身的机杼，也是使得技术型快乐体制完成自身且出离自身的原因，对于现代性绽出进程探寻其"出离"作为历史实现形态的技术型快乐体制之后的"去存在"可能性产生的作用，也就是对作为现代性绽出之自我超越的审美型快乐体制成其自身之正在形成的基本构型起到的塑造作用一致，我们在前文已经提及的审美型快乐体制"回到"并复兴作为现代性绽出"观念泵"的伦理型快乐体制的"克己自主"或"存在美学"等结构特征，在很大程度上与技术型快乐体制的上述基本构型及其导致的现代性后果对审美型快乐体制之正在形成中的基本构型所起到的塑造作用是相同的。更具体地说，就是扬弃技术型快乐体制自身绽出进程导致的结果与"回到"并复兴伦理型快乐体制"观念泵"中蕴含的"可能性种子"这两种方式，对作为现代性绽出进程的自我超越形态的审美型快乐体制的基本构型的形成发挥着相辅相成的形塑作用。正是技术型快乐体制的两种基本构型及其导致的结果在相反的方向上对审美型快乐体制的基本构型的形成起着形塑作用，才使审美型快乐体制的正在浮现的基本构型有可能形成并具有克己自主、自我技术和存在美学等的结构特征，从而造成且显露出了审美型快乐体制"回到"并复兴伦理型快乐体制的上述结构特征以成其自身之基本构型的走向。因为不论是技术型快乐体制的第一种基本构型导致的"利益驯服激情"的过度商品化与过度市场化结果，还是第二种基本构型导致的"权力驯服激情"的过度社会化与过度政治化后果，似乎都将使作为现代性绽出之自我超越的审美型快乐体制向着作为现代性绽出的"观念泵"的伦理型快乐体制的上述结构特征的方向上成其自身的基本构型和结构特征。

如果在审美型快乐体制成其自身的过程中呈现出的"回到"或复归伦理型快乐体制的趋势确系这种原因所致，那么，我们将不难预见现代性绽出进程在"出离"作为其历史实现的技术型快乐体制之后的"去存在"的新快乐体制的基本面貌，那就是审美型快乐体制之正在形成的基本构型将具有克己自主、自我技术、自我实践和存在美学等结构特征。更重要的是，如果说审美型快乐体制呈现向伦理型快乐体制之结构特征复归的趋势，确实是技术型快乐体制成其自身的基本构型及其结果在相反方向上起作用的机制使然，那么，我们将有可能借此而对现代性绽出进程中的不同快乐体制之间的更迭交替机制，也就是对现代性绽出进程之"出离自身-回到自身"的基本节律的内在机制形成更深入理解。因为尽管我们不仅在审美型快乐体制已经有所绽露的某些特征中发现了其向伦理型快乐体制之结构特征复归的趋势，更是从技术型快乐体制已经成型且绽露出来的基本构型中，发现了技术型快乐体制得以成其自身可谓复兴和改造了作为"观念泵"的伦理型快乐体制中的伊壁鸠鲁学派的思想学说的产物，从而在一定意义上验证了现代性绽出理论对现代性绽出进程"出离自身-回到自身"的基本节律标绘的正当性，但对现代性绽出进程中的不同快乐体制之间更迭交替机制的这些发现与验证，主要是通过观察已经绽露和外显的基本构型与结构特征得出的经验规律，而现代性绽出"出离自身-回到自身"的基本节律的内在机制如何构成现代性绽出进程的不同快乐体制更迭交替的作用机制却还晦暗莫名。因此，如果上文所述的技术型快乐体制自身绽出进程遗留的思想与制度框架在相反方向上起作用的机制，是审美型快乐体制在成其自身基本构型时呈现出向伦理型快乐体制的结构特征复归的原因所在得到确证的话，不仅现代性绽出理论标绘的现代性绽出"出离自身-回到自身"的基本节律的内在机制，而且现代性绽出进程中的不同快乐体制得以更迭交替的作用机制都将绽露自身，那么，这种因果关系至少是逻辑因果机制是否可证，如何去证，又如何得证呢？

实际上，这种机制是否可以被确证和如何去确证在上文的论述中都已经有所呈报了。更具体地说，就是不仅要去考察审美型快乐体制的正在形成的基本构型是否具有克己自主、自我技术、自我实践和存在美学等结构特征，而且要去考察审美型快乐体制正在浮现中的基本构型是否有悖至少是否有别于技术型快乐体制的基本构型，最重要的是检验上述两方面形塑的审美型快乐体制的基本构型与结构特征是否一致或至少相似。因为恰如上文所说的那样，如果在审美型快乐体制成其自身的基本构型时呈现的复归伦理型快乐体制的结构特征的趋势确系技术型快乐体制的基本构型及其结果在反方向上起作用所致的话，那么，审美型快乐体制正在浮现的基本构型就会呈现出有悖或至少有别于技术型快乐体制的结构特征，而技术型快乐体制又恰是以有悖或至少有别于伦理型快乐体制自身绽出进程遗留的思想制度框架的方式成其自身的。因此，审美型快乐体制在有悖或至少有别于技术型快乐体制的基本构型和结构特征的方向上形成的基本构型和结构特征，显然将会呈现出与伦理型快乐体制的基本构型一致或至少是相似的结构特征。前文已经阐明作为现代性绽出之自我超越的审美型快乐体制既是对作为现代性绽出之历史实现的技术型快乐体制的超越，也是现代性绽出进程对在"出离"技术型快乐体制之后的"去存在"可能性的探索，而且阐明了技术型快乐体制由以成其自身的两种基本构型将会在相反方向上作用于正在浮现中的审美型快乐体制，从而使其形成有悖或至少有别于技术型快乐体制的基本构型和结构特征。因此，检验现代性绽出理论标绘的现代性绽出进程"出离自身－回到自身"的基本节律的内在机制借以绽露自身的那种因果关系的关键，就落在了去考察正在形成的审美型快乐体制的结构特征是否与伦理型快乐体制的结构特征相似，去验证正在浮现的审美型快乐体制是否与技术型快乐体制在相反方向上对其起作用而促成的基本构型和结构特征一致或相似上，而这种考察与验证的关键又落在呈报出审美型快乐体制的基本构型与结构特征上，那么，作为现代性绽出之自我超越的审美型快乐体制的基本构型与结构特征是什么呢？

　　尽管前文在对审美型快乐体制在现代性绽出进程中的角色进行定位时，我们指出的作为现代性绽出之自我超越的审美型快乐体制是一种正在浮现中的尚未成型的快乐体制，是现代性绽出正在进行的对"出离"作为其历史实现的技术型快乐体制之后的"去存在"可能性的探索，审美型快乐体制的基本构型和结构特征从根本上说都还是尚未成型的，就更别说是已经绽露其自身了，似乎使得上述那种考察所需的将审美型快乐体制的基本构型和结构特征呈报出来变成了不可能之事。但有必要指出的是，我们在指出审美型快乐体制的基本构型和结构特征都还只是正在形成和正在浮现的同时，也已经指出从作为现代性绽出之历史实现的技术型快乐体制完成且"出离自身"的绽出进程中已经显露出了某些会影响并塑造审美型快乐体制的未来面貌的趋向与迹象，更是已经通过对两种既是技术型快乐体制由以成其自身的机杼，也是促使技术型快乐体制完成且出离自身的原因的剖析，而在一定意义上把审美型快乐体制的正在浮现中的基本构型和结构特征勾勒出来了。因此，将审美型快乐体制的基本构型与结构特征呈报出来，以验证并揭示现代性绽出进程的不同快乐体制之更迭交替的内在机制并非不可能之事。实际上，从与审美型快乐体制在起始时间上相呼应的所谓后工业社会、后现代社会或后现代时期，更确切地说就是从强调去中心性、非整体性、多样性、独异性或异质性等思想观念的所谓后现代主义思潮中，我们也不难发现，审美型快乐体制正在形成和浮现的基本构型与结构特征的蛛丝马迹。我们知道，"后现代主义的矛头往往直接指向启蒙方案或现代性方案，几乎凡是启蒙运动所标举者皆一一加以怀疑和否定，后现代主义的思想习性就是怀疑经典的真理观、理性观、客观性，怀疑和否定普遍进步或解放的启蒙思维"（金耀基，1998：94）。从 20 世纪 70 年代在法国的一群思想家那里兴起，到 20 世纪 80 年代风行于美国，再到现如今在世界范围内盛行，这种波及哲学、艺术、审美意识、文学批评、社会批判、电影文化产业乃至建筑设计风格等领域的后现代主义思潮，可以说不仅已经深刻影响人类的精神思想世界，而且也实在地塑造着人类生活其中的社会世界乃至物理世界。

作为现代性绽出之自我超越的正在形成中的审美型快乐体制，在历史时间的边界上大致相当于一个各种领域都已经被后现代主义思潮影响与塑造的时期，而"后现代主义的社会思想对 18 世纪启蒙运动的现代主义者传递给我们的一切道德与社会进步的集体希望，一切个人自由与公共幸福（快乐）的集体希望都极尽嘲讽。在后现代主义者看来，这些集体希望都已经被证明破产，最好的也只是徒劳无益的空想，最坏的则成了支配和畸形奴役的引擎。后现代主义者主张揭穿现代文化的'宏大叙事'（grand narratives），尤其是要识破'有关作为解放的英雄的人道主义的宏大叙事'"（Berman，1988：9-10）。既然如此，我们也就不难想见，同样可谓深受这种后现代主义思潮影响与塑造的审美型快乐体制，在成其自身正在浮现的基本构型时，将会呈现出反思与警醒启蒙思想家们描绘、筹划与许诺的道德与社会进步、个人自由与公共幸福（快乐）

的集体希望的趋势。这种反思与警醒的趋势指向的主要对象，当然并不是道德与社会进步或个人自由与公共幸福，即便是也并非这些对象本身而是它们的启蒙方案形态。换言之，就是指向启蒙方案即现代性方案就这些理念或目标做出的"集体希望"与"集体承诺"，而能做出这种集体希望与集体承诺并足以蛊惑人心的实践主体往往并不是任何个人主体，而是国家、政府或党派等行动主体。如此一来，后现代主义思潮促使审美型快乐体制在成其正在形成的基本构型时去反思与警醒国家、政府或党派等主体的行动的这种形塑作用，也就与上文已经阐明的作为技术型快乐体制的幸福目的之实践主体的国家与政府的基本构型及其所致结果，促使正在形成的审美型快乐体制去反思国家与政府替代个人成为幸福目的之实践主体的转变勾连起来了。

　　就审美型快乐体制已经显露的某种基本构型及其结构特征是否类似作为现代性绽出之"观念泵"的伦理型快乐体制的克己自主、自我技术和存在美学等结构特征来说，我们不仅可以从上述这些对集体希望与集体承诺、国家与政府成为实现幸福即快乐目的之实践或行动主体的反思与警醒中得到肯定性结论，而且也不难从 20 世纪中后期以来的社会生活与社会文化现象中发现伦理型快乐体制之基本构型及其结构特征的复兴迹象。如果说 20 世纪 60 年代法国兴起的"五月风暴"激荡全球之时，人们虽表达愤怒、反叛与抗争但至少还对国家与政府有所期待的话，那么，到 20 世纪 70 年代拉什（Christopher Lasch）在剖析"一个盼无可盼时代中的美国生活"的时候，"一种'自我专注'（self-absorption）已经定义着当时社会的道德氛围。对自然的征服和对新领域的探索已然让位给寻求自我实现，自恋已经变成美国文化的诸核心主题之一"（Lasch，1979：25）。面对着"一种不断升级的军备竞赛，渐增的犯罪和恐怖主义，环境恶化和长期经济衰退的前景，人们已经（自行地）开始准备应对更糟糕的情形，有时是通过建立小型避难所和贮存必需品，更多的时候是对（国家与政府）许下的稳定、安全和全新的世界的长期承诺采取一种情感性撤退。自二战以来，世界的终结作为一种假想的可能性已经若隐若现，但在过去的二十年里危险的感觉已经陡然增加，不只是因为社会和经济情境已然在客观上变得更不稳定，而且是因为对一种补救性政治、一种自我改革的政治系统的期望已经急剧下降"（Lasch，1985：

16）。尽管作为文化主题的自恋和"个人分解风险所激起的既非'帝国霸权'（imperial）意义的自我，也不是'自恋'（narcissistic）意义的自我，而只是被围困的自我"（Lasch，1985：16），但这种不再相信启蒙方案筹划的集体性愿景，从国家与政府对美好的未来做出的长期承诺中情感性撤退，转而走向自我关切、自我专注、关切心灵生存等层面的趋势走向，更确切地说是时代特征已经绽露出来了。换言之，从20世纪中后期以来即审美型快乐体制在成其自身的正在浮现的基本构型时，作为现代性绽出之"观念泵"的伦理型快乐体制的诸如自我照料、克己自主、自我实践和存在美学等内求诸己的结构特征，已然在作为现代性绽出之自我超越的审美型快乐体制的正在浮现的基本构型中若隐若现。由此可见，审美型快乐体制确实以某种方式复归或"回到"了伦理型快乐体制并复兴了它的某些结构特征，而这种复归与复兴使得审美型快乐体制的正在浮现的基本构型具有的结构特征，与技术型快乐体制的基本构型及其所致后果在相反方向上对审美型快乐体制产生塑造作用而使其正在形成的基本构型可能具有的结构特征在很大程度上是一致或至少是相似的。

　　由此而来，我们也就不仅阐明了审美型快乐体制在成其自身的基本构型时呈现出复归并复兴伦理型快乐体制的结构特征的趋势，可谓技术型快乐体制的基本构型及其所致结果在相反方向上对审美型快乐体制即现代性绽出进程探寻其"去存在"的未来可能性起到的塑造作用使然，而且阐明了现代性绽出进程"出离自身-回到自身"的基本节律的作用方式可谓现代性绽出进程的不同快乐体制更迭交替的内在机制所在。不惟如此，在探究现代性绽出进程的基本节律的内在作用机制的过程中，我们不仅把审美型快乐体制由以成其自身的某些已经绽露出来的基本构型及其结构特征呈报了出来，更重要的是找到了将会在审美型快乐体制成其自身的基本构型与结构特征时起到塑造作用的趋势与机制，也就是找到了将对现代性绽出进程在"出离"技术型快乐体制之后的"去存在"的可能性方向有所影响的趋势与机制，从而使得作为现代性绽出之自我超越的审美型快乐体制的基本构型和结构特征部分显露了出来，至少从将会对审美型快乐体制成其自身时起塑造作用的特定趋势和机制来看，这种正在浮现的基本构型及其结构特征将会成为何种面貌已经在一定意义上绽露了出来。技术型快乐体制借助工业化生产和市场化营销在很大程度上使快乐商品化和快乐获得实现大众化的基本构型及其所致结果，在相反方向上对审美型快乐体制的正在浮现的基本构型起到的塑造作用，将会促使审美型快乐体制在成其自身时让快乐与市场利益保持安全距离，扬弃与警醒将一切事物甚至生理本能和感官欲望都市场化和商品化的逻辑，从而逃离使人沦为市场消费傀儡的"快乐机器人"的现代性境况。技术型快乐体制的国家和政府作为实现幸福即快乐目的之实践主体的基本构型及其所致结果，在相反方向上对审美型快乐体制正在形成中的基本构型起到的塑造作用，将会促使审美型快乐体制在成其自身时反思国家与政府替代个人成为实现幸福目的之实践主体的转变，警惕国家与政府以承诺国民幸福之名行实现其自身利益之实，解蔽国家与政府出于自身的"邪恶利益"和"国家理性"之故而生产再生产的幸福意识形态。

有必要指出的是，审美型快乐体制将在上述趋向的塑造作用下成其自身正在浮现中的基本构型及其结构特征，在一定意义上已经不再只是我们从现代性绽出进程的"出离自身－回到自身"的基本节律的内在机制，也就是现代性绽出进程的不同快乐体制更迭交替的作用机制出发做出的理论推断了。因为从在其历史时间边界上与审美型快乐体制相契的所谓后现代社会或后现代时期已然显露出的现实社会特征中，我们已经不难发现技术型快乐体制由以成其自身的基本构型及其所致结果，在相反方向上对审美型快乐体制正在形成的基本构型起塑造作用而使其具有的结构特征的切实证据。不论是审美快乐将成为审美型快乐体制的主要快乐形态，后现代主义社会思想对启蒙方案即现代性方案筹划与承诺的一切道德和社会的进步、个人自由和公共幸福（快乐）的集体希望极尽嘲讽之能事，还是20世纪后半叶以来一种"自我专注"的自恋文化主导的时代道德氛围使人们从国家与政府就稳定、安全和全新的世界做出的长期承诺中情感性撤退，都可谓现代性绽出进程"出离"作为其历史实现形态的技术型快乐体制之后探寻新的"去存在"可能性，也就是作为现代性绽出进程的自我超越的审美型快乐体制正在浮现的基本构型及其结构特征的切实证据与实在迹象，这些证据与迹象在一定意义上也正是我们如此命名和定位审美型快乐体制的原因。不惟如此，不论是从现代性绽出进程的基本节律的内在作用机制而来的理论推断，还是从20世纪中后期以来已经显露出的社会现实生活和时代精神气质的证据与迹象，似乎都在表明而且也已经在很大程度上确证了审美型快乐体制的正在浮现中的基本构型及其结构特征"回到"并且复兴了伦理型快乐体制的结构特征。如此一来，我们似乎也就在很大程度上再次确证了现代性绽出理论标绘的现代性绽出进程的基本节律的恰当性，也就是再次确证了现代性正是以"出离自身－回到自身"的绽出运动方式进行自身的生产再生产的，是以"出离"特定的快乐体制进而再"回到"其"观念泵"中寻找新的"可能性种子"以再次形成特定快乐体制的形态现身的，而这一切似乎都归结于作为一种"求快乐的意愿"的个体自然倾向和集体情感潮流的快乐意志本身。

总的来说，审美型快乐体制的基本构型和结构特征虽正处在浮现的过程中但已经有所绽露了。这些已经显露的基本构型和结构特征似乎有别甚至对立于技术型快乐体制，从而难免给人以通常所谓的现代社会、现代时期或现代性已然终结的观感和猜测。然而，恰如前文为诸种快乐体制界定历史时间边界与命名时就已经阐明的诸种快乐体制之间的关系那样，尽管所谓的后现代思潮往往被视为以批判、摧毁和否定现代社会与现代性为目标，对诸如不确定性、去中心化、非整体性、解构、断裂和非连续性等的强调被当成其鲜明的思想特征，但与其说后现代思潮是盘桓在现代性上空的幽灵，倒不如说现代性是深植在后现代思潮根基深处的烙印。与其说后现代社会是迥异于现代社会的全新的社会形态，倒不说是现代性以"出离"自身的方式"回到"自身的绽出运动的特定阶段，从根本上说就是快乐意志的不同历史现身形态而已。因为在我们看来，任何事物的对立面或反面往往同样属于这种事物本身，如果说所谓的后现代性的确是通过上述的那些特征和目的而成其自身的话，那么，后现代性只不过是现代性之自我反思或自我超越的阶段性形态罢了。因此，与其说所谓的后现代社会是迥异于现代性的社会形态，倒不如说是有别于作为现代性绽出之历史实践形态的技术型快乐体制的现代性的新阶段，是被人们当成从通常所谓的现代性的"铁笼"中挣脱与解放的希望之光而已。有必要指出的是，虽然通常所谓的后现代社会即在历史时间边界上同审美型快乐体制相应的社会历史时期并非已经完全出离现代性，而只是现代性绽出进程的特定历史阶段罢了，但恰如我们在将审美型快乐体制的角色定位为现代性绽出的自我超越形态时揭示的那样，这个历史时期的确反映了人们对通常所谓的现代社会的反思，是现代性绽出进程在"出离"作为其历史实践形态的技术型快乐体制之后对"去存在"的未来可能性的探索，至于这种探索将会绽出什么样的现代性后果，审美型快乐体制是否真的能够成其正在浮现乃至已经绽露出来的面貌就只能拭目以待了。

第七章　结语

通过考察不同快乐体制的基本构型和结构特征，我们也就大体上完成了对快乐意志与现代性绽出之关系问题的研究。在我们为探究快乐意志与现代性绽出的关系问题尝试建构的现代性绽出理论视域中，现代性绽出进程从根本上被归结为作为一种"求快乐的意愿"的个人自然倾向和集体情感潮流的快乐意志的历史性绽出。快乐意志落入时间的"演历"将会形成不同的现身形态，这些快乐意志的不同历史现身形态就是关乎各种快乐幸福话语、情感感受结构和情感表达规则等的快乐体制。从现代性绽出进程被我们归结为快乐意志的历史性绽出来看，这些快乐体制也就不仅是快乐意志之历史性绽出的不同现身形态，而且是现代性绽出的不同历史形态，甚至可谓现代性绽出进程的不同历史阶段。这些快乐体制的更迭交替也就不仅构成了快乐意志的历史性绽出进程本身，而且也构成了源出于快乐意志的现代性绽出进程本身。在现代性绽出理论中，作为快乐意志之历史性绽出的现身形态的快乐体制主要包括伦理型快乐体制、技术型快乐体制和审美型快乐体制。由此，这些快乐体制以"出离自身-回到自身"为基本节律的更迭交替，也就不仅反映的是快乐意志的历史性绽出进程，而且反映的是现代性绽出进程。既然现代性绽出进程已经走到了作为自我超越形态的审美型快乐体制，我们也已经阐明了这种快乐体制的可能性基础及其尚在成型中的基本构型和结构特征，那么，我们关于快乐意志与现代性绽出之关系问题的探究也就走到了尾声，走到了对快乐意志与现代性绽出进程之间到底是什么关系做出必要总结的时候。实际上，通过前文的探究，快乐意志与现代性绽出之间的关系已经充分绽露了出来。但是，我们显然还有必要更进一步集中阐明快乐意志与现代性绽出的辩证关系，尤其是有必要对现代性绽出理论在以往的相关思想谱系或理论话语传统中的定位做出进一步考察。

一　快乐意志与现代性绽出的辩证关系

从当代社会盛行的有关幸福和快乐的种种情状入手，本书首先通过将福柯所谓作为现代监控社会之理论模型的"全景敞视主义监狱"，回溯到边沁旨在实现"最大多数人的最大幸福"的"圆形监狱原初构型"，再将圆形监狱的原初构型源自的"最大幸福原则"，还本到边沁秉持的人皆生而"趋乐避苦"的基本哲学人类学假设，继而一方面将旨在实现"最大幸福原则"的圆形监狱的原初构型未曾想却在现代性的发生发展中演变成了现代监控社会的实践形态的历史过程界定为"现代性绽出进程"（the ecstatic/Ekstasis process of modernity），另一方面将作为"最大幸福原则"之哲学人类学基础的"趋乐避苦"的自然倾向和集体情感潮流界定为一种"求快乐的意愿"的"快乐意志"（will to pleasure）的内在机制，由此提出了"快乐意志与现代性绽出的关系问题"。其次，通过对"绽出"（Ekstase/ecstasy）概念进行语义学和语用学探析，一方面从绽出概念的词源含义意指的一种有着"出离自身-回到自身"的绽出节律的"去存在"（Zu-sein/Ex-istenz）生存活动而来，将现代性绽出进程理解为一种"去存在"的生存活动或过程，并将"出离自身-回到自身"的绽出节律标绘为现代性绽出进程的基本节律，另一方面把绽出概念的通俗语义意指的出于任何强烈情感而陷入诸如狂喜、迷狂、入迷、出神和忘形等情感或精神状态中的强烈情感聚焦于快乐，并将快乐情感论证与标定为现代性绽出进程的基本情调，从而初步创建了一种分别标定与标绘了现代性绽出进程的基本情调与基本节律的"现代性绽出理论"（an ecstatic/Ekstasis theory of modernity），由此找到了借以理解与诠释快乐意志与现代性绽出进程之关系问题的研究理路。

继尝试建构的现代性绽出理论标定与标绘的现代性绽出进程的基本情调和基本节律而来，为了更好地探究有着不同历史现身形态的快乐意志与有其不同历史阶段的现代性绽出进程之间的关系问题，我们一方面以作为现代性绽出之基本情调的快乐情感开启的现身情态为共时性截面，将快乐意志在现代性绽出进程的特定历史阶段中的特定现身样式，也就是一套由幸福快乐话语、情感感受结构与表达规则等组成的话语实践体系界定为"快乐体制"（regime of pleasure）；另一方面则以作为一种"去存在"的生存活动的现代性绽出进程的"出离自身-回到自身"的基本节律为历时性线索，不仅从情感史的视角、时间的起源与社会生活节律的关系、社会存在方式与时间性绽出的关系出发，论证了以"出离自身-回到自身"的基本节律作为现代性绽出进程的历时性历史断代线索的正当根据，而且结合以往的历史分期模式的历史时间边界划分并命名了现代性绽出进程历经的三种快乐体制——"伦理型快乐体制"（the ethical regime of pleasure）、"技术型快乐体制"（the technical regime of pleasure）与"审美型快乐体制"（the aesthetical regime of pleasure）。由此而来，我们就不仅进一步构建与夯实了作为研究理路的现代性绽出理论，而且搭建起了由共时性截面与历时性线索组成的经纬网络构成的研究框架，从而为具体剖析现代性绽出进程的不同快乐体制的基本构型，详细考察快乐意志与现代性绽出进程的关系问题奠定了更坚实的理论基础。最后，从已经创建的研究理路和搭建的研究框架而来，一方面对显现为一种快乐体制谱系的现代性绽出进程中的不同快乐体制进行了结构分析，不仅考察了不同快乐体制的角色定位与主要快乐形态的嬗变，而且比较分析了不同快乐体制的基本构型和结构特征的异同，从而具体地探究与解答了快乐意志与现代性绽出进程之间关系的问题；另一方面在具体分析和比较不同快乐体制的基本构型、运作逻辑与结构特征的同时，我们也在一定意义上从现代性绽出进程的社会历史事实出发检视了现代性绽出理论的解释力，从而也就逐步地完成了对于快乐意志与现代性绽出之关系问题的历史探究。

从研究问题的提出到研究理路的创建和研究框架的搭建，再到具体澄清和解释快乐意志与现代性绽出的关系问题，并在这个过程中检验了现代性绽出理论的解释力，本书最终得出了这样一些研究结论：就快乐意志与现代性绽出进程的一般关系而言，可以说现代性绽出进程是一种在世界中历史地展开其自身"去存在"可能性的生存活动，这种"去存在"的生存活动源出于以"趋乐避苦"为其内在机制的"快乐意志"。而可谓现代性绽出进程之源泉的快乐意志，作为"求快乐的意愿"，在微观层面上是个人的一种生理本能与自然倾向，在宏观层面上则是社会的一股激越涌动的集体情感潮流。就像涂尔干在解释社会自杀率时提出的所谓"社会潮流"那样，快乐意志在现代性绽出进程中首先与通常是在宏观层面上的集体情感潮流。作为一股激越涌动的集体情感潮流，快乐意志有其自身的情感活动韵律，而这种快乐意志的情感活动韵律正是源于快乐意志的现代性绽出的"出离自身－回到自身"的基本节律的根基所在。作为现代性绽出进程的基本情调的快乐情感，虽不失个人情感的活动机理，但在现代性绽出进程中已经"突生"成了有其自成一格的情感活动韵律的集体情感，而作为集体情感的快乐的自成一格的活动韵律主要就是快乐意志的情感活动韵律本身，就是现代性绽出进程"出离自身－回到自身"的基本节律本身。快乐意志每每落入时间的"演历"，都会运演一种由它在不同历史阶段的不同历史现身样式构成的历史进程。从根本上说，我们所谓现代性绽出进程只是快乐意志落入时间绽露与实现自身的一种历史进程，现代性绽出进程历经的伦理型快乐体制、技术型快乐体制与审美型快乐体制只是快乐意志的三种历史现身样式而已。尽管快乐意志每次落入时间的"演历"都旨在实现自身，但能否实现自身并不单纯取决于快乐意志本身，而是受制于社会历史情境，不仅它由以实现自身的方式与要素充满了偶然性与可能性，而且不同历史阶段的现身样式及其在这个历程中的角色定位也悬而未决。因此，才会产生现代性绽出进程中有其不同角色定位、基本构型与结构特征的三种快乐体制，才会出现旨在实现"最大多数人的最大幸福"的圆形监狱原初方案却在现代性绽出进程中被实现为现代监控社会乃至集权统治的实践形态，而在这种监控社会式的现代性境况中各种快乐话语和幸福意识形态非但没有销声匿迹反倒层出不穷的吊诡状况。

　　就现身为一种快乐体制谱系的现代性绽出进程本身来说，在快乐意志落入时间运演成现代性绽出进程的这个历程中，其在不同历史阶段中的现身形态呈现为伦理型快乐体制、技术型快乐体制和审美型快乐体制，整个历史进程则显现为一种由伦理型快乐体制、技术型快乐体制与审美型快乐体制的更迭交替构成的快乐体制谱系。在从伦理型快乐体制，经技术型快乐体制再到审美型快乐体制的嬗变过程中，现代性绽出进程的重要维度发生了一系列转变：主要快乐形态呈现出了从"伦理快乐"、"感官快乐"到"审美快乐"的嬗变，快乐或快感的主要兴奋点经历了从沉思、感觉到情感的转变，快乐意志"趋乐避苦"的内在机制经历了从趋善避恶到趋利避害再到趋利就害的转变，快乐与幸福目的的关系则经历了从快乐从属于幸福到快乐与幸福相等同，追求幸福就等同于追求快乐的转变，实现快乐或幸福目的的实践主体历经了从个人主体到国家与政府再到个人的更迭，获得快乐的主要方式则显现出了从个人德性修养到工业化生产与市场化营销再到个人审美趣味的变化，如此等等。上述的转变和变化充分地体现了现代性绽出进程"出离自身－回到自身"的基本节律，甚至可以说这些转变乃至不同快乐体制的更替就是这种基本节律的内在机制的作用使然。

事实似乎也是这样的，现代性绽出进程"出离自身－回到自身"的基本节律就是不同快乐体制之间发生更迭交替的内在机制所在。这种机制的作用方式，主要是前一种快乐体制由以成其自身的基本构型及其所致结果，在相反方向上塑造着下一种快乐体制由以成其自身的基本构型及其结构特征的形成趋向。我们在前文对技术型快乐体制获得生发基础的方式、由以成其自身的基本构型及其结构特征进行探究与总结的时候，就已经指出技术型快乐体制是以扬弃伦理型快乐体制自身之历史绽出进程遗留下来的社会思想与社会制度框架的方式开启自身历史绽出进程的，在伦理型快乐体制自身的历史实践过程中遭到贬抑的伊壁鸠鲁学派的思想学说在技术型快乐体制成其自身时以不同方式得到了复兴。当然，这种复兴只是改造式复兴而不是忠实复兴了以清水和粗面包为乐的伊壁鸠鲁式生活方式，反倒是更多复兴了其反对者口中骄奢淫逸的伊壁鸠鲁。约翰·穆勒曾经教导人们"做痛苦的人胜过做快乐的猪，做痛苦的苏格拉底胜过做快乐的傻子"（Mill，2003：188），但在技术型快乐体制完成自身同时出离自身时，人们似乎已经为了快乐而无所不为了。在审美型快乐体制由以成其自身的基本构型和结构特征的方式上，现代性绽出进程"出离自身－回到自身"的基本节律的这种作用机制就体现得更加充分了。我们甚至可以说，审美型快乐体制就是在技术型快乐体制之"利益驯服激情"和"权力驯服激情"等基本构型及其所致的快乐的过度商品化、过度组织化与过度统一化等的相反方向上成其自身之基本构型及其结构特征的。有必要指出的是，促使不同快乐体制之间发生更迭交替的现代性绽出进程的"出离自身-回到自身"的基本节律的内在作用机制的动力源泉，归根结底地说在于作为一股激越涌动的集体情感潮流的快乐意志的情感活动韵律，也就是作为现代性绽出进程的基本情调的快乐情感的自成一格的活动韵律，这种机制的作用方式在对不同快乐体制的具体描述中就呈现得更充分了。

　　在现代性绽出进程中，伦理型快乐体制的角色定位是包含着现代性绽出进程的各种"可能性种子"的"观念泵"。伦理型快乐体制的主要快乐形态是"伦理快乐"，它的基本构型主要是各种基本的快乐观念范式，也就是快乐即实现活动本身或实现活动的实现带来的满足，快乐即匮乏的补足，快乐即身体无痛与心神安宁，快乐即灵魂的过度冲动、非理性或不自然的运动。伦理型快乐体制的结构特征可以被说成一套有着明确目的论旨归的价值评价与伦理规范体系，不同学派都致力于提供一种关于几乎都被其视为人生目的的幸福和如何实现这种好生活目的的说明乃至方案。因此，不同的哲学学派都有它们关于快乐的含义定义、价值评价、伦理规范，甚至是对不同快乐种类的价值排序的不同意见，快乐在其中有着多样化的伦理价值定位。与作为有着明确目的论旨归的伦理规范和价值评价体系一脉相承，伦理型快乐体制的另一种重要的结构特征就是从关于快乐的伦理属性、价值判断与评价而来的对快乐进行克己自主的选择、控制和治理。当然，伦理型快乐体制的最根本的结构特征，或许还在于以"个体"作为基本分析单位或思想逻辑的起始点。作为一套有着明确的幸福目的论旨归的快乐话语实践体系，伦理型快乐体制的出发点和落脚点都在个人身上。需要指出的是，不论是作为伦理型快乐体制的基本构型的各种基本的快乐观念范式，还是作为伦理型快乐体制之结构特征的像克己自主、自我技术和自我实践等快乐治理的策略，都会在继其而来的另一种快乐体制中有所重现。作为现代性绽出之历史实践形态的技术型快乐体制，可以说就在伦理型快乐体制孕育的各种基本快乐观念范式中找到并有所改造地复兴了伊壁鸠鲁学派的"幸福即快乐"等思想观念，而审美型快乐体制则可以说在许多方面都"回到"并复兴了伦理型快乐体制的结构特征。

　　继伦理型快乐体制而来的技术型快乐体制被定位为现代性绽出的历

史实现阶段或历史实践形态，技术型快乐体制的主要快乐形态是"感官快乐"，它的基本构型与运作逻辑主要在于快乐的伦理或社会价值被升格到了等同于幸福目的的位置上，这使得追求感官快乐成为有其正当性的目的。国家与政府替代个人成为实现幸福即快乐目的的实践主体，使得追求快乐不再只是一种个人的自我实践而是一项关乎政府筹划与政治承诺的集体性事业，正因此技术型快乐体制才在真正意义上成为筹划并做出了最大幸福承诺的现代性方案，成为生产再生产幸福意识形态的历史时期。大工业生产技术规模化制造和市场化营销大量满足感官快乐所需的商品，在使得快乐权利民主化与快乐获得大众化的同时也导致了快乐的商品化，从而造成了快乐的满足不再只是对自然的生理感官欲望的本真满足，而是对于早就被大型公司企业的市场营销和广告引诱策略强化甚至制造的社会性欲望的满足。技术型快乐体制的上述基本构型之间存在着一种相辅相成的彼此促进与相互强化关系，这种关系不仅是技术型快乐体制得以成其自身的关键所在，而且似乎也在一定意义上成为其完成并"出离"自身的症结所在。追求感官快乐成为有正当性的目的，为技术型快乐体制成其自身提供的是可以用物质予以满足的具体目标。国家与政府成为实现幸福即快乐目的的实践主体，给作为实现快乐目的的工具手段的大工业生产技术的发展提供了强大的支持性力量。而作为工具手段的大工业生产技术的发展，反过来促进了国家与政府的力量和感官快乐的强化，从而构成了技术型快乐体制由以成其自身的动力系统。然而，由于身体性或肉体性的感官快乐是有其阈限的，国家与政府虽筹划并做出了国民幸福的承诺，但所谓的"国家理性"和"邪恶利益"往往使其以国民幸福之名行实现自身利益之实，因此，这种动力系统绝非永动机而是使技术型快乐体制在成其自身的同时也"出离"了自身，现代性绽出进程也由此超越作为实现形态的技术型快乐体制去探寻"去存在"的未来可能性。

作为现代性绽出之自我超越形态的审美型快乐体制，不仅是现代性绽出进程对于作为它的历史实现形态的技术型快乐体制的超越，而且是对"出离"技术型快乐体制之后的"去存在"的未来可能性的探索。从这种角色定位而来，审美型快乐体制的基本构型与结构特征在很大程度上可以说是由技术型快乐体制的基本构型和运作逻辑及其所致结果在相反方向上起的塑造作用使然。技术型快乐体制以物质享受与声色犬马满足的感官快乐为主要快乐形态及其结果，使审美型快乐体制以不以物质欲望的满足为基础的"审美快乐"为主要快乐形态。技术型快乐体制借助于工业化生产和市场化营销在很大程度上使快乐商品化与快乐获得大众化的基本构型及其结果，促使审美型快乐体制在成其自身时让快乐的获得和满足与市场逻辑保持必要的安全距离，扬弃与警惕将一切事物甚至连生理本能和感官欲望都进行商品化与市场化的逻辑，以逃离使人沦为市场消费之傀儡的"快乐机器人"的现代性境况。技术型快乐体制之国家与政府作为实现快乐即幸福目的之实践主体的基本构型及其结果，促使审美型快乐体制在成其自身之时反思国家与政府替代个人成为幸福目的之实践主体的转变，警惕国家与政府以承诺国民最大幸福之名行实现自身邪恶利益之实，解蔽国家与政府出于"邪恶利益"和"国家理性"考虑生产再生产的幸福意识形态。实际上，从20世纪中后期以来显露的社会现实生活和时代精神气质的证据与迹象，已经在很大程度上表明技术型快乐体制由以成其自身的基本构型及其所致结果切实地形塑了审美型快乐体制的基本构型和结构特征。更有意思的是，审美型快乐体制正在浮现的基本构型和结构特征在很大程度上体现了"回到"并复兴伦理型快乐体制之基本构型和结构特征的趋向。如此一来，从审美型快乐体制成其自身基本构型与结构特征的趋势走向和已经有所绽露出来的特征来看，不只是现代性绽出进程"出离自身-回到自身"的基本节律的内在机制的作用方式得到了更进一步的呈现，而且伦理型快乐体制被定位为孕育着现代性绽出进程的诸"可能性种子"的"观念泵"的角色定位也得到了再次确证，现代性绽出理论的解释力也在一定意义上由此得到了充分检验。

　　关于从伦理型快乐体制到审美型快乐体制的更迭交替中，现代性绽出进程的三种快乐体制在一系列关键维度上展现出来的重要转变，我们或许可以通过表1更直观地呈现出来。

表1 现代性绽出进程中的三种快乐体制之重要维度的转变

维度	伦理型快乐体制	技术型快乐体制	审美型快乐体制
快乐意志的内在机制（"趋乐避苦"）	趋善避恶	趋利避害	趋利就害
主要快乐形态	伦理快乐	感官快乐	审美快乐
快乐或快感的主要兴奋点	灵魂沉思	身体感官感觉	心灵情感
快乐与幸福的关系	快乐从属于幸福	快乐等同于幸福	快乐交融于幸福
实现快乐目的的实践主体	个人	国家与政府	个人
快乐获得的主要途径	个人德性修养	工业生产与市场营销	个人审美趣味

由此而来，不只是作为快乐意志落入时间运演而成之历程的现代性绽出进程的历史轨迹呈现了出来，而且现代性绽出进程之"出离自身-回到自身"的基本节律，也就是快乐意志的情感活动韵律和作为基本情调的快乐情感的活动韵律也在这种历史轨迹中充分地体现了出来。作为一种由伦理型快乐体制、技术型快乐体制和审美型快乐体制的更迭组成的快乐体制谱系，现代性绽出进程从伦理型快乐体制的"观念泵"开始其自身之"去存在"的生命历程，经过了技术型快乐体制的历史实现之后，又在作为其自我超越的审美型快乐体制中一定意义上"回到"了伦理型快乐体制的"观念泵"中寻找其由以"去存在"的未来可能性。作为源于并体现快乐意志与快乐情调之情感活动韵律的现代性绽出进程的"出离自身-回到自身"的基本节律，既体现在这种快乐体制谱系中的每一种快乐体制的更迭交替的现代性绽出进程整体上，也在每一种快乐体制自身的绽出进程中有所呈现。这种"出离自身-回到自身"的基本节律中的"自身"，既指的是现代性绽出进程本身，也指的是作为基本情调的快乐情感，但归根结底指的是快乐意志本身。因为恰如上文已经指出的那样，现代性绽出进程在本质上就是快乐意志的时间性"演历"，就是快乐意志的历史性绽出进程。作为现代性绽出进程的基本情调的快乐情感，原本就是作为一股激越涌动的集体情感潮流的快乐意志本身。因此，不论是作为现代性绽出之基本情调的快乐情感，还是作为现代性绽出之基本节律的"出离自身-回到自身"的绽出运动节律，甚至现代性绽出进程本身似乎都可以还原到快乐意志本身，从而使现代性绽出理

论中的快乐意志似乎变成了一种类似于黑格尔之"绝对精神"、尼采之"永恒轮回的同一性"或弗洛伊德之"本我"那样的理念。然而，有必要指出的是，在现代性绽出理论中的"快乐意志"虽然同这些观念不无相似之处，但也不乏与它们有着特定乃至根本的差异。由此，为了澄清这种异同，更重要的是为了审视现代性绽出理论的意义，我们也就走到了对现代性绽出理论进行反思的关头。

二　理论话语传统中的现代性绽出理论

基于现代性绽出理论的核心内容与基本特征，我们对现代性绽出理论的反思大致可以在这样三种思想谱系或理论传统中展开。首先，是在情感史话语传统中的现代性绽出理论的角色问题，因为我们的研究显然可以归入情感史的范畴。在 1882 年"写给勤勉者的话"中，尼采指出，"迄今为止，所有那些赋予了人类的存在以色彩的东西依然无史可查：你能在哪里找到一部关于爱、贪婪、嫉妒、良知、虔敬和残酷的历史呢？甚至一部比较法律史或比较刑罚史，至今也仍是完全阙如的"（Nie-tzsche，2001：34）。与在尼采那里，像爱、贪婪和嫉妒等情感不仅是赋予了人类存在色彩的东西，而且属于"所有那些迄今仍被人类视为'他们的存在条件'的东西"（Nietzsche，2001：34）一样，作为特定情感类型的快乐在现代性绽出理论中同样被视为对人类存在至关重要的东西。快乐意志不仅被当成现代性绽出进程由以蓬勃生发的源泉，作为现代性绽出进程之基本节律的"出离自身-回到自身"的绽出运动在很大程度上也是快乐情感的律动本身，而且作为现代性绽出进程的诸种"去存在"的历史形态的快乐体制，也正是借快乐情感的基本情调呈报出自身的基本构型的。如果说尼采在"论道德的谱系"中关于惩罚的探讨和福柯 20 世纪 70 年代中叶对规训与惩罚的研究，已经补足了尼采所说的比较法律史或比较刑罚史的空白的话，那么，我们关于快乐意志与现代性绽出进程之关系问题的探索，则不仅有助于填补、充实和丰富在尼采那时还尚阙如而后来已经有所突破的情感史研究，而且还为理解和诠释现代性的发生史提供了一种从情感的角度入手，更确切地说就是从快乐意志的历史性绽出入手的叙事进路。

　　除了要指出情感史研究阙如的事实之外，尼采之所以提出上述问题更是为了呼吁"一种更生动的、更具前瞻性和情感性的历史形塑方式"，一种"将'人类存在的诸种条件'视为关键的哲学出发点，而非固定和亘古不变的条件"的历史研究路径（Sullivan，2013：93），而我们关于快乐意志与现代性绽出之关系问题的研究，正是这样一项从快乐意志来考察现代性绽出进程的探索。在现代性绽出理论看来，现代性绽出进程是一种从作为集体情感潮流的"快乐意志"的激越涌动中蓬勃生发而来的在世界中历史地展开自身"去存在"可能性的生存活动，归根结底地说是快乐意志落入时间而绽露与现身为不同快乐体制的更迭交替的"时间性演历"。在一定意义上，我们完成的不仅是尝试书写一部快乐情感的历史，也是一个从快乐意志的历史性绽出入手观瞻现代性之历史发生的故事。尼采以指出情感史的阙如的方式呼吁"一种更生动的、更具前瞻性和情感性的历史形塑方式"的意图，实际上与在1874年的《不合时宜的沉思》中对"历史学对生命之用处与害处"的探讨一脉相承。尼采开篇就通过援引歌德的话——"无论如何，我厌恶一切只是命令我但却不能扩增或直接振奋我的行动的东西"——直言不讳地表明他对历史学乃至历史感之可能价值的态度。在尼采看来，"我们当然需要历史学，但我们需要历史学的原因与那些在知识花园中的游手好闲者的理由并不一样……我们需要历史学，是为助益生命与行动的缘由，而不是出于安乐地弃绝生命与行动的原因，就更别说是为了去粉饰追逐私利之生命和卑鄙怯懦之行动的目的了。我们只是在历史学对生命有所助益的这种意义上才想要去躬身耕耘于历史学"（Nietzsche，1997：59）。尼采借此旗帜鲜明地表达了他对历史学之意义的评价准则，这种独树一帜的准则显然内嵌着目的论的韵味，尼采略带戏谑地将他的思考称为"不合时宜的沉思"的原因之一或许也就在于此。然而，要想深切地领会"尼采如是说"的真正意味，进而评判尼采的沉思是否真的不合时宜，唯有考察当时的欧洲思想界，尤其是历史学界发生了什么才有可能。

　　尼采不乏自嘲地称他的沉思"不合时宜"的原因，是他试图逆潮流地"将他所处时代引以为傲的历史学教育视为对那个时代有害的东西，是内在于那个时代的一种缺陷和不足"。那么，当时的欧洲思想界尤其历史学界发生了什么，以至于尼采认为"我们所有人都正在罹患一种急性

的历史学热病，至少应该认识到我们正在遭受这种热病之苦"（Nie-
tzsche，1997：60）呢？尼采所指的"历史学热病"（fever of history），按
最直观的理解，首先指的是"一种在 19 世纪末的德国乃至整个欧洲文化
中产生的历史学研究和历史学教育的过度……在 19 世纪大量兴起的历史
学研究被形象地描述为一种对于'历史学大陆的大发现'，一种堪比发
现新世界的大发现"（Sinclair，2004：1）。但是，更根本的是指"1848
年以来的哲学，尤其是形而上学式微以及自然科学在地位和影响力上的
提升带来的历史学也应该成为一种实证科学的观念所导致的越来越将历
史因果关系与机械因果关系相等同，将历史学逻辑类同自然科学逻辑的
状况"（Gillespie，1984：16）。在尼采看来，正是"通过科学，通过历
史学应成为一门科学的要求……历史学与生命的星团已经被真正改
变……现在，支配与控制关于过去的知识的已经不再是生命的诸种需求：
所有界桩都已经被摧毁，一切曾经存在的东西都向人类涌迫而来……科
学讨厌意味着知识之死的遗忘，寻求废除一切视域局限，寻求将人类投
入一种关于所有'生成'（becoming）之知识的无限浩瀚的光之汪洋中"
（Nietzsche，1997：77，120）。因此，历史学也应成为实证科学的时代要
求势必会使历史学分有科学那种永无止境开疆扩土的性情习气，从而导
致历史学研究和教育的过度，即患上历史学热病。

　　由于"过去乃我们是谁和我们何为的秘密意义所在，我们不会也不
能'将其抛诸脑后'置之不理"，所以，作为关于过去的知识或学科的
历史学可能具有的用处自不必多言，作为一门实证科学的历史学如今更
是被人们视为探究那种秘密意义的不二法门。但是，在尼采那里，所谓
"过去'赋予我们意义'并不只是就过去形塑了我们之所是，因而作为
一种原因（某种外在决定性）解释我们之所是与所为的（科学的和常识
的）意义上讲的，而毋宁说是在过去在我们自身中有一种'在场'，构
成着我们现今之所是，决定着我们现今之所为的更健硕的意义上讲的"
（Richardson，2008：91）。从他借以理解过去即历史，理解历史与我们当
前的生命存在之间关系的独特视角而来，尼采对作为过去发生之事的历
史有着独特的定位，因此，对 19 世纪的德国乃至欧洲文化罹患上的将历
史学科学化的热病做出所谓的"不合时宜的沉思"，在一定意义上也就
是必然的了。在尼采看来，就作为过去发生之事的历史而言，"我们需要

历史，因为过去如潮水般不断在我们之内涌动；我们自己本身并不是别的什么，而正是我们时刻都在体验的这种持续涌动本身"（Nietszche，1996：268）。作为过去发生之事的历史，并不只是我们的由来之处，更是活生生地构成着我们当前之所是，实实在在地作用于我们如今之所为。福柯所谓的"当前的历史"在很大程度上就是在此意义上讲的，正如尼采所指的"比较刑罚史"的阙如可谓《规训与惩罚》的问题源一样，他的"当前的历史"的思想滥觞，可以说也在于尼采对历史与我们当前之生命存在关系的独特理解。作为过去发生之事的历史对当前生命存在，乃至对人之有别于禽兽而成其为人的重要性是毋庸置疑的，但并不意味着我们必须无度地纠缠于所有过去之事。因为"使幸福成为幸福的总是相同的东西"，那就是"遗忘的能力"即"非历史地感受的能力"。要是"谁不能安居于当下瞬间并忘却过去，那么……他将永远不会知道幸福到底是什么——更糟糕的是，他将不会做出任何使他人快乐的事情"（Nietzsche，1997：62）。要是犹如"伫立在门口的门卫"那样作为"心灵之秩序、平静和安宁的管护者"的"积极遗忘的功能"失去了作用，那么，"将不可能有幸福、快乐、希望、自豪和当前存在可言"（Nietzsche，2009：42）。

　　既然在尼采看来，"失眠、反刍、历史感都有一个对有生命者是有害的且最终致命的度，不论这种有生命者是一个人，一个民族，还是一种文化……对于一个人、一个民族和一种文化的健康而言，非历史的东西和历史的东西都是同等必要的"（Nietzsche，1997：62，63），那么，作为关于过去发生之事的知识或学科的历史学是否也应该为一个人、一个民族和一种文化的生命健康与"去存在"生存活动能力之故而遵循必要的度呢？对坚信"生命需要历史学服务……（但）一种过度的历史学却有害于活生生的人"，并且要求"为了生命的目的而学会更好地运用历史学"（Nietzsche，1997：67，66）的尼采来说，答案无疑是肯定的。然而，对那些认为历史学也应该成为实证科学，并且致力于科学化历史学的"知识花园中的游手好闲者"来讲，答案或许就不是那么确定甚至是否定的了。有必要指出的是，这种不确定甚或否定的答案未必是他们自主选择和自由控制的，更主要的或许倒是因所谓的科学或实证科学秉持的"应有真理，哪怕生命沦亡"（fiat veritas，pereat vita）的座右铭使然。

这种可谓"真理意志"（will to truth）的科学秉性，在海德格尔和福柯对科学的反思中同样无处不在。无论如何，那些"知识花园中的游手好闲者"往往是"一群只旁观生活的纯粹思考者，一群对他们来说知识的累积就是他们的目标，只要有知识，他们就满足的知识热望症患者"（Nietzsche，1997：78，77）。因此，既然实证科学化的历史学是为纯粹知识而非为生命与行动服务的，那么，也就无须为个人、民族和文化的生命健康与"去存在"的生存活动能力遵循必要的度了。即便要遵循什么度的话，那么，这个度也是由所谓的真理而非生命需要来认定的。既然知识的积累就是这种实证科学化的历史学的目标之所在，那么，在他们看来，"对历史知识的追求本身就是善的"。然而，正是这种"为自身之故的对历史知识的不断追求"（Sinclair，2004：2）导致了过度，因为"历史知识总是从它永不枯竭的源泉持续不断地流淌而来，陌生且无关的力量总是按它的方式涌迫而来，记忆已经洞开所有大门但敞开得还不够宽敞"（Nietzsche，1997：78）。

除了致使生命与行动因过度的历史知识、历史学研究和历史学教育的"不能承受之重"而凋零枯萎之外，历史学也应该成为一门科学，一门以自然科学为典范的实证科学，这种时代要求还导致了生命健康和"去存在"生存活动遭受其他恶果。在他对"科学的目的"做出的论述中，尼采就曾经指出"科学可能会因其在剥夺人的欢乐并使他们变得更冷漠、更刻板和更禁欲的力量上更闻名于世。但迄今为止，科学可能尚未被发现它就是伟大的痛苦制造者！——于是，其相反的力量很可能已经在同时被发现了：（那就是）科学使得新的欢乐星空熠熠生辉的无穷能力"（Nietzsche，2001：38）。在19世纪的德国乃至整个欧洲文化中兴起的将历史学科学化的热潮，或许就是尚未发现"科学乃伟大的痛苦制造者"却已经发现并笃信"科学能照亮欢乐新世界"的强大能力使然。然而，在尼采看来，"当今的科学完全对它自身没有信念，就更别说对超越自身的理想有任何信念了——只要科学还伪装成由激情、爱、热情和痛苦构成，那就不会使它成为禁欲主义理想的对立面，反倒会使它成为禁欲主义理想的最新颖的和最卓越的形式……在科学尚不是禁欲主义理想之最新近的现身形式的地方，科学则现身为对诸理想之阙如的焦虑、遭受着一种伟大之爱的阙如的痛苦，是对一种无意识的适度满足处境的不满……（但实际上）当今科学乃是各种不幸、不信任、噬人的蠕虫、自我蔑视和歹心的隐匿之所"（Nietzsche，2009：123，124）。对尼采来说，当今科学不仅"是禁欲主义理想的构成部分之一，并且以它自己的方式服务于禁欲理想"，而且是"现代虚无主义思想的构成部分……（因为）试图去否定差异的科学是一项更普遍的事业的构成部分，这项事业否弃生命、贬抑生存并且向生存允诺了一种在世界陷入无差异事物之地时的死亡"（Deleuze，1992：45）。不论是禁欲主义理想还是虚无主义思想，在尼采看来，都不是生命、生活和生存的本质所在，反倒是植根于欧洲文化中的有害于生命健康，有碍于"去存在"生存活动能力的"腠理之疾"乃至"骨髓之病"。

既然科学，更确切地说是19世纪的实证科学和自然科学，对尼采而言不仅是禁欲理想之最新颖和最卓越的形式而且是虚无主义的构成部分，那么，以科学为典范对自身进行科学化改造的历史学，势必也会成为禁欲理想和虚无主义思想的中坚力量。问题在于，科学，更具体说是实证科学化的历史学，是如何以其自身方式服务于并且成为禁欲主义理想和虚无主义的呢？尼采指出，"现代的历史学著述……它声称是一面镜子。它戒绝一切目的论，不再想'证明'任何东西。它摒弃承担判官角色和从此角色中获得良好品味——它肯定的就如同否定的一样微乎其微。它建立事实，'描述'事实。这一切在很大程度上是禁欲主义的，而更大程度上也是虚无主义的"（Nietzsche，2009：130）。显而易见，现代历史学，也就是旨在成为一门科学的历史学，是因其作为一面客观性、反应性和被动性"镜子"的定位，因其专注于对所谓"史实"的建立和描述，戒绝一切目的论，弃绝对过去发生之事的判断和证明，归根结底地说是忽视甚至放弃对"价值问题"的探究，而埋下成为禁欲主义和虚无主义的种子的。实际上，科学的历史学之所以会如此，正是因为它树为典范的实证科学或自然科学的特质。19世纪理解的"科学和科学的历史学关注的是事实而非价值，这种观念的历史学最终会在对科学与道德的新康德主义式分离中找到哲学家园，从而使科学的历史学得以借科学之名来忽视价值问题。这种价值无涉的历史科学或社会科学只是通过逃避一切责任，借价值是以某种外在于具体历史情境的普遍却不可确定的方式产生的而声称'解决'了价值问题"（Gillespie，1984：16）。科学和科学的历史学借以"解决"价值问题的这种非历史且普遍而不可确定的方式，无外乎就是改头换面的上帝创造世界和生产价值的方式。然而，对已经借"疯人"之口宣布"上帝已死"并主张"任何诉诸神圣者或绝对者的方案最终都是站不住脚"（Gillespie，1984：120）的尼采来说，这种外在于历史情境的普遍却不可确定的价值生产方式与其说是解决了价值问题，倒不如说是回避甚至放弃了对生命与生存活动能力都至关重要的价值问题的探基，从而终究不可避免地使人类陷入此岸世界的虚无主义处境中。

在尼采看来，"科学本身决不创造价值"，反倒是"与禁欲理想建立在相同的基础上：生命的某种贫瘠化是它们的共同前提——情感变得冷漠，生命节奏迟缓下来，辩证法取代直觉，一本正经印刻在表情和行止上……力量的盈溢，生命的确定性，未来的确定性都烟消云散了"（Nie-tzsche，2009：130）。因此，以科学为典范并自我标榜为"镜子"的历史学，势必同科学一样"倾向于根据反应性力量理解诸现象并从此立场出发解释那些现象"。在其诠释生命的话语体系中，"被动的、反应性的和消极的概念无处不占据支配地位"。对尼采而言，"科学处理数量的方法总是倾向于平均化，倾向于补偿数量的不均"，这种在"逻辑的同一"、"数学的均等"和"生理的均衡"三种层次上运作的"寻求着平衡的科学狂热，科学特有的功利主义和平均主义"（Deleuze，1992：45，73）将会被以其为榜样的科学化的历史学承袭，从而有害于多样而独特的"去存在"生存活动形式和丰富多彩的生命存在形式。毫无疑问，这种科学文化和科学的历史学，在尼采眼里，"不可避免地是一种反应性存在的体现"，也就是"一种为背离生命本质而组织起来的文化的重要表现……如果虚无主义也是像从力量与软弱角度来讲的悲观主义，从匮乏与丰富角度来讲的艺术那样被讨论的复杂议题，那么，这种科学文化（这种科学历史学）就是虚无主义文化"（Babich，1994：137）。诚然，以自然科学为榜样的这种科学历史学，尽管会因其"把科学的方法论应用到历史研究而极大地扩增历史学的领域和解释力"，但它却是"以牺牲对于确定人类行止的诸种标准做出任何主张为代价做到这一点的"（Gillespie，1984：16）。科学的历史学值得引以为傲的这种优势，在尼采看来，恰恰是它同禁欲主义理想和虚无主义文化沆瀣一气的地方。因为这种"关注的是事实而非价值"的科学历史学的强大带来的正是尼采所指出的造成生命与行动凋敝的历史知识的过度,它放弃为确定人类行止的标准提供任何判断的做法,也将导致生命与行动陷入虚无主义泥淖而不得所归。

从尼采指陈"情感史"的阙如而呼吁的一种更生动的历史形塑和理解方式而来,通过追踪尼采对历史学也应该成为一门像自然科学那样的实证科学的时代要求进行的反思,剖析尼采对其所处时代罹患的一种历史学热病对生命与行动之利弊做出的诊断,我们不难发现,尼采呼吁的"一种更生动的、更具前瞻性和情感性的历史形塑方式"的根本性特征,就在于与抱持"应有真理,哪怕生命沦亡"格言的只关注所谓"事实"而非"价值",并致力于成为客观反映所谓"史实"之镜的科学取向的历史学不同,尼采认为我们应该为有益于生命健康和行动活力而从事历史学,"历史学应成为一种关于(生命之)活力与颓败,高峰与堕落,毒药与解毒的鉴别性知识。它的任务是成为一门治病科学"(Foucault,1998:382),应该为了一个人、一个民族和一种文化的生命健康和行动活力遵循必要的度,而不能使生命和行动因过度的历史知识和历史教育凋零颓废。尽管这种历史观公开表露它为了一个人、一个民族和一种文化的生命健康的立场,却并不意味着必然会任意地篡改或裁剪过去发生的事情。虽然所谓科学研究要求遵循"价值中立"的原则,但社会实践却是一种内嵌着"为何之故"的"去存在"生存活动,社会历史进程甚至可以说是一种内嵌着"为快乐/幸福之故"的时间性演历。因此,关于社会历史进程的科学探索应能使社会实践中的目的诉求显现自身,严格遵守价值中立原则的科学探索更应该能使社会历史进程中的诉求与动机充分体现,而情感往往就被认为是这种"动机和大多数人类行动的基础"(Kemper,1978:39),甚至就是"人类基本的动机系统"(Denzin,1984:23),是人类社会实践活动的"为何之故"的生发之地。不惟如此,以亚里士多德的话来说,"情感不仅在人类动机系统中作为行动的动力因,而且作为行动的终极因甚至是最根本的终极因",而快乐在作为动机的各种特定的情感类型中正是"首要的情感"之一。"人们欲求某种活动在根本上是由于那种活动带来了快乐,是快乐决定了一个人选择和做出的事情,快乐几乎就像'扫描'各种可能目的并确定哪些目的最恰当的那些关键东西"（May，2010：55）。由此看来，我们从在现当代社会层出不穷且在历史上经久不衰的各种快乐话语和幸福意识形态入手，通过考察作为快乐意志之历史性绽出的现身形态的三种快乐体制的更迭交替以理解和解释现代性及其历史发生过程的研究，不仅可以说是尼采呼吁的那种情感史的话语传统中的一种有益的理论尝试，而且还在一定意义上对那种情感史研究进路做出了推进。

其次，是现代性绽出理论在情感社会学研究谱系中的定位。情感是古老的人类现象，人的在世存在首先与通常就是一种"现身情态"。正是"在情感/情绪中，此在（人）被带到它作为'此'的存在面前来……此在总已经作为那样一个存在者，以情感/情绪的方式展开了"（海德格尔，2012：157）。尽管人类自其在世界中存在以来就与情感打着交道，但他们却似乎从未确证过情感本身。对人类而言，情感或许就如时间那样，"如若没有人问我，我明白它是什么；要是有人问我，我想向他解说，却反倒茫然不得而知了"（Augustine，1991：275）。情感到底是什么，至今仍然是一个说不清道不明的问题。人类至今仍难以明确界定情感是什么，但这似乎并未阻止他们对情感的探索，不曾阻碍他们对情感的据用。有意思的是，人类虽然明知厘清情感困难重重但始终坚持不懈地上下求索，这除了因为在人类的心灵生活中没有哪个方面比情感对社会存在的意义和品质更为重要之外，这种执着求索的精神似乎也正是源自情感的驱动。换言之，始终与情感打着交道的人之在世存在本身，与其说是一种出自特定目的而对情感进行着理性计算的存在样式，不如说原本就是一种源自情感并循着情感之理的指引历史性绽出的存在形态。情感，不仅渗透于人之在世存在的几乎所有实践领域之中，从原始部落基本的宗教生活形式到现代社会日常的个人生活交往，与情感打交道是个体、群体乃至社会的维系都须臾不可离弃的。人类对情感的体验和探索也可谓源远流长，从古代文明发祥地的轴心思想家那里到现代世界各地的学者们卷帙浩繁的著述中，我们都不难发现有关情感的哲学沉思和理智思考，甚至也不难找到自成体系的情感理论。

尽管"情感的重要性，无论是对于个体存在还是对于人类社会而言，大概都没有人会怀疑……但是，情感现象是否得到了充分的研究呢？似乎并没有"（成伯清，2013：42，43）。如果说在现代学科分化之前，情感还同其他重要的观念范畴一道是探讨任何与人类相关的主题都不可或缺的构成部分的话，那么，自从学科分化和深化以来，情感则似乎变成了某种单一学科的专属性研究对象，仿佛只有这门学科才天然具备研究情感的正当性，拥有洞悉情感本质的独特学科技艺一样。而在更多其他学科那里，情感则似乎沦为了无关紧要的剩余范畴，仿佛情感于其研究对象毫无影响或其研究对象于情感毫无作用一般。毋庸置疑，在人类社会生活的实在层面上，情感绝不是如上所述的这般光景，反倒是无处不在地时刻渗透于人类生活的不同实践活动中。如此看来，不论是被尊奉为专属对象的情形，还是沦为了剩余范畴的状况，现代学科分工的认识论剃刀裁剪出来的情感研究图景，似乎都不契合情感在社会生活中的现象实情。如果说日趋完善的学科分工，如其宣称的那样，是以逐渐接近真理作为根本性目标和科学性尺度的话，那么，就对情感现象的研究来看，现代学科分工虽看似在认识论剃刀划分的各自研究领域内欣欣向荣，但实则却是一种流沙上的喧嚣，是与其宣称的目标和科学性南辕北辙的，至少是与情感在社会生活中的实情相去甚远的。归根结底，关于情感现象的研究在学科分化过程中的这种遭遇与其说是学科分工对情感现象进行的一场地盘瓜分活动的结果，倒不如说在根本上是人的意象已然在认识论剃刀肢解下变得支离破碎的体现。但吊诡的是，似乎也唯有在人的意象本身被庖丁解牛式的条分缕析之后，作为属人现象的情感才有可能被所谓的科学认识捕捉进而成为实证科学的研究对象。

与在现代学科分化进程中的遭遇相比，关于情感的研究在作为学科分化产物的社会学中的际遇虽免不了与总体命运一致的共通性，但也不乏其独特性。从"情感论题并未缺席"的古典社会学，到"社会学的中心从欧洲移向美国，学科化和专业化趋势日益增强使情感论题沦为社会学的'剩余范畴'"，再到1975年前后发生的系列事件标志情感话题在社会学中的处境发生转机，到1986年美国社会学学会"情感社会学分部"的建立在一定意义上标志情感社会学的合法地位确立（成伯清，2013：43~44），情感研究在社会学中的遭遇可谓一波三折。更具体地说，情感在经典社会学中没有缺席而是以独特方式存在于社会学话语中。孔德、斯宾塞、韦伯、涂尔干和齐美尔等经典社会学家分别以各自的方式应对情感论题，并揭示出了情感在人类生活、科学研究中的地位和意义。在他们看似风格各异的情感解读中，我们仍然能够看见那个时代留给他们的颇为一致的烙印：他们几乎都坚持科学高于生活本身，科学知识有别于常识，这在一定意义上导致了经典社会学家对情感的思考无法实现与社会生活中人们体验到的活生生的情感相融合，从而只能停留在抽象水平上。换言之，尽管他们意识到了情感论题的重要性，却未能真正着手研究具体的情感问题。当然，这与社会学在初创期可资利用的工具手段的局限也不无关系。在整个西方思想史上，情感与理性的关系问题一直是一个颇有争议的命题。至少自笛卡尔以降就将情感放在与理性对立的位置上，仿佛社会的发展就是越来越理性化，就是不断地规训和驯服情感的过程。实际上，也正是笛卡尔在生命晚期撰写了《灵魂的激情》并视情感为"动物精神"，笛卡尔对情感的探索大概也就是要以理性来征服这个难以驯服的领域。当然，笛卡尔的这种情感观遭到一些哲学家的强烈批判，就像前文已经提到的休谟就认为，"理性是且应当是情感的奴隶。除服务和服从情感决不能妄称还有其他作用"（Hume，2009：635-636）。到 20 世纪，萨特（1987：785）更是从本体论的层面宣称，"人是一种无用的激情"。尽管如此，但在总体和主流上说，情感不只是处在理性的对立面，而且几乎总是处在下风。经典社会学家们探讨情感时，也几乎总是以理性与情感的二元对立态度为出发点，进而以各自不同的角度回应理性与情感的关系命题。

经过学科化洗礼之后的社会学，在很大程度上祛除了经典论述对社会和人类生活中不明确、模糊不清的层面的关注。这时的社会学视野中呈现的世界是一个清晰化的世界，社会学家在其中大有可为，通过一系列的精准操作来对世界进行理解、掌握变得完全可能。与此相应，凡是不能被专业化、体系化、程式化、技术化、清晰化、精确化或可直接经验的对象，要么会被否认存在价值，要么会被有意加以悬置，要么会被划给其他学科。在帕森斯庞大而严密的逻辑一致的理论体系中呈现出来的世界的形象，用涂尔干的话来说是一个"普照光明"的世界形象。在这个世界中，理性可以宰制一切。在这一观点中，包含着社会学家对其研究的领域的一个重要隐喻："通常都假定他们的空间一如天空，仿佛一个巨大的运动场，规则而连续，可以干净利索地予以测量，并且受制于精确的法则。"（成伯清，2004：27）社会学家就是这些精确法则的掌握者，可以通过理性逻辑来有条理且高效率地把握这个世界，社会学家作为掌控社会科学知识的专家的形象被确立了起来。在这个明晰且条理井然的领域，在理论上也呈现出了对某些理论加以排斥的阶段（Ritzer，2001：145-153）。从这个时期开始，模糊的、难以精准化的情感就被这个领域彻底边缘化而落在了社会学视野之外。由于不能与学科化的时代精神合拍，情感也就被放逐出社会学领域。在经典社会学家视野中的情感就这样被让渡给了心理学、生物学，成了心理学和生物学等专业学科的专属研究对象。但有必要指出的是，虽然正是社会学的学科化导致情感在社会学主流领域长期缺席，但也正是实现了美国式的推崇专业化、体系化、程式化、技术化、清晰化、准确化和可直接经验观察的学科化改造的社会学促成了情感在不久的将来能以社会学的方法得到研究，从而以新的面目重新回到社会学的研究领域。

到 20 世纪 60 年代前后，随着所谓的社会学危机或社会学理论危机而发生了各种各样的转向。情感转向就是其中之一，而情感社会学在一定意义上也由此得以产生。在历经了排斥、隔离和悬置之后，情感这个"弃儿"又重回社会学的怀抱。1986 年美国社会学会"情感社会学分部"的建立，标志着情感研究确立了自身的合法性并随即引发了大量探索。1998 年特纳（J. Turner）在《社会学理论的结构》最新版本中专门增设了"情感理论"一章，这意味着主流学者对情感社会学理论价值的认可。2002 年度美国社会学会主席马塞（D. Massey）以"人类社会简史：情感在社会生活中的起源与作用"为题发表就职演说，更是表明社会学主流学者对情感主题的态度转变。2005 年特纳和斯戴兹合著《情感社会学》总结了情感社会学近 30 年的进展（Turner & Stets，2005），2006 年二人联袂主编的《情感社会学手册》不仅荟萃了前一本书介绍的主要理论流派的论述，更是扩大了视野（Turner & Stets，2006）。这一系列事件无疑清晰地表明情感研究乃至情感社会学已经在社会学中稳稳地占有一席之地，但深入考察带着美国式社会学烙印的情感社会学研究，我们不难发现，大多数情感社会学研究几乎都带着鲜明的学科专业化特征。换言之，情感社会学家眼中的情感已经不再是经典作家笔下笼统而抽象的激情、爱恨或情仇，而是高度分化的带有强烈时空特色、群体意识的具体而微的情感乃至情绪，这种情感社会学进路对情感的研究往往呈现出的是程式化、技术化、清晰化、准确化和精细化等风格特色。毫无疑问，这样的研究进路将有助于更细致地甚或准确地把握情感的微观机理，但似乎也在一定意义上造成了对情感关乎的更宏大议题的忽视，遗失了经典社会学家将情感置于宏大的社会历史议题进行考察的理论想象力。从这种意义来看，我们尝试建构的现代性绽出理论可以说是对作为学科分支的情感社会学的有益拓展，是重新拾起在一定意义上已经被美国式的情感社会学遗失了经典社会学想象力的有益尝试。

　　最后，是现代性绽出理论在有关现代性的理论话语传统中的位置。我们尝试建构的现代性绽出理论，简单地说是一种从快乐意志或快乐情感出发考察现代性发生史的理论尝试。在现代性绽出理论看来，作为一种个人自然倾向和一股激越涌动的集体情感潮流的"求快乐的意愿"的快乐意志，不仅始终贯穿于现代性的绽出进程，而且深刻地塑造了现代性由以成其自身的根本特征，甚至就是现代性的本质和现代性绽出进程由以生发的根本所在。在现代性绽出理论中，通常作为个人层次上的快乐情感在很大程度上已经"突生"成了作为激越涌动的集体情感潮流的快乐意志和有其自成一格活动机理的集体情感的快乐。实际上，作为"求快乐的意愿"的快乐意志的内在机制的"趋乐避苦"，不论在个人还是社会层面都是存在的，强调在现代性绽出理论中的快乐意志和快乐情感首先与通常是一种集体情感潮流是为了强调集体情感潮流的"社会力量"特质。现代性绽出理论将作为有其自成一格的情感活动机理的集体情感的快乐标定为现代性绽出的基本情调，将"出离自身－回到自身"的"去存在"生存活动节律标绘为现代性绽出的基本节律，并以这种基本情调意味着的现身情态或处身情态为共时性截面，以这种基本节律意味着的一种"去存在"的生存活动历程作为历时性线索，从而为追踪和剖析现代性之历史发生过程的不同阶段及其基本构型和结构特征提供了一种经纬框架。这里的不同历史阶段或历史形态是由特定的幸福快乐话语、情感感受结构和表达规则等组成的快乐话语实践体系，也就是作为快乐意志之历史性绽出的不同历史现身形态的快乐体制。由此，现代性绽出理论也就成为一种既保全了共时性的结构分析也顾及了历时性的历史维度，既涉及个人微观层面也考虑到社会宏观层面的理论解释框架。对共时性与历时性、微观层次与宏观层次的勾连或顾全一直都可谓社会学的理论难题，而我们建构的这种现代性绽出理论显然可以说是在纾解这个难题上做出的有益尝试。

在现代性绽出理论中，快乐意志始终贯穿于现代性绽出进程，现代性的历史发生过程被归结于快乐意志的历史性绽出本身，作为集体情感的快乐也被标定成有着不同历史阶段的现代性绽出进程整体的基本情调。但有必要指出的是，不论是快乐意志本身还是作为基本情调的快乐情感本身，与上文已经提及的诸如"绝对精神"、"永恒轮回的同一性"或"本我"等虽然不无相似之处但也不乏差别。实际上，我们早在前文就已经对这些方面有所论述了。与黑格尔所谓的落在时间中演化成世界历史的绝对精神终究会实现且回到自身不同，快乐意志的自由只在于落入时间中但是否能实现自身却并不完全取决于本身，正因此才有了技术型快乐体制中的幸福承诺与食言的问题，有了现代性绽出进程"出离"技术型快乐体制以探寻其"去存在"的未来可能性的问题。快乐意志就像尼采所述的"相同者或同一性的永恒轮回"那样，但"永恒"的只是"快乐意志"的"轮回"而非"轮回"的"快乐意志"。快乐意志这次落入时间运演成了现代性绽出进程，但下次落入时间的是否还是这种快乐意志，即使仍是这种快乐意志但是否还会运演成为现代性绽出进程，如此等等都是悬而未决的。虽然快乐情感作为现代性绽出进程整体的基本情调，但在现代性绽出进程的不同快乐体制中的主要快乐形态都有所变化。从现代性绽出理论标绘的"出离自身-回到自身"的基本节律来看，现代性绽出进程并不是一种单向度的线性过程而是一种曲折反复的过程，这就意味着现代性绽出进程并非通常所谓的文明化历程或不断直线进步的进程。由此，也就体现了现代性绽出理论并不是一种简单的目的论的理论视野。尽管从现代性绽出进程现身为的不同快乐体制的更迭交替中，现代性绽出理论发现了不同快乐体制发生更迭的内在机制在于前一种快乐体制的基本构型及其所致结果，在相反方向上塑造着下一种快乐体制的基本构型和结构特征，从而在一定意义上能预见到或更确切地说是推断出现代性绽出进程之"去存在"的未来可能性方向，但在现代性绽出理论中并没有像军事社会必将被工业社会替代，实证阶段必将取代形而上学阶段那样的断言，在现代性绽出理论中的社会历史进程是充满可能性的。

　　尽管现代性绽出理论是一种从快乐情感，更确切地说是从快乐意志的历史性绽出来审视现代性发生史的理论尝试，但现代性绽出理论顾名思义也是一种关于现代性的理论，而关于现代性的理论在社会学中数不胜数。但是，与现代性绽出理论的旨趣最切近的则莫过于韦伯的理性化或合理化理论。如果说韦伯的理性化理论是在与现代性绽出理论有所对立意义上相切近的话，那么，呈现在与韦伯的《新教伦理与资本主义精神》颇有些针尖对麦芒意味的桑巴特的《奢侈与资本主义》和坎贝尔的《浪漫主义伦理与现代消费主义精神》中的现代性理论，则是在与现代性绽出理论有所亲和的意义上相切近的。奢侈与现代性绽出理论强调的作为"求快乐的意愿"的快乐意志，与作为基本情调的快乐情感中蕴含的快乐享受和快乐体制的关系显而易见。不论是消费主义精神还是浪漫主义精神都在前文考察技术型快乐体制时已经有所论及，浪漫主义对感官快乐的正名也在使感官快乐具备正当性的过程中起到了推动作用，因此，在与现代性绽出理论有所亲和意义上同其相切近的现代性理论已无需赘言。值得一提的是，同这些理论相比，现代性绽出理论对现代性的历史发生故事做出了更长时间段的历史考察。在以往有关现代性的各种理论中，最有必要探究的是韦伯的理性化/合理化理论与现代性绽出理论的关系问题，以及在韦伯、桑巴特与坎贝尔之间表面上看起来针锋相对的现代性理论之间是否存在彼此调和的共同基础的问题，而对理性化/合理化理论与现代性绽出理论之关系的考察，在一定意义上就可谓寻找他们得以调和之可能性基础的尝试。

　　对韦伯的理性化/合理化理论，尤其是在《新教伦理与资本主义精神》中关乎现代性的理性化/合理化理论，我们似乎可以做出一种简单的三段式逻辑反推。现代性的历史发生过程可谓一个理性化过程，这种理性化过程端赖于资本主义理性精神的养成，而资本主义理性精神的养成与新教的入世禁欲主义伦理相关，现代资本主义或现代性的兴起在一定意义上是新教伦理之"未曾意料的后果"或"未曾筹划的实现"。如果说这样的逻辑推论不仅是人们对韦伯关乎现代性的理性化/合理化理论的惯常理解，而且也是韦伯关于现代性的考察的真实意见的话，那么，我们似乎可以说桑巴特、坎贝尔与韦伯之间的争议焦点，主要就在于他们各自的社会学归因解释的终极因的差别，也就是新教的入世禁欲主义伦理、奢侈（消费主义）与浪漫主义伦理的差别上，而奢侈（消费主义）与浪漫主义伦理在现代性绽出理论中就相当于感官快乐享受，因此，现在问题的关键似乎就落在了新教入世禁欲主义与感官快乐享受之间的差别上了。很显然，从表面上看来，这两者往往是不相干的甚至是相互对立的。如果我们就此打住不再深究的话，那么，桑巴特、韦伯和坎贝尔的现代性理论之间的差别似乎就只能用齐美尔的"从存在表层的每一个点，不论这个点是如何接近于社会存在的表面，人们都可以将一根探针放置到心灵深处，如此一来，社会生活的所有那些最平淡无奇的外在性，最终都能与那些攸关意义和生活方式的根本性决定联系起来"（Simmel，1997：177）这种睿智观点予以解答了。但是，这样一种貌似解决了问题的做法，实际上只不过是回避了问题的机巧而已。

因为禁欲主义、奢侈（消费主义）乃至浪漫主义之间显然是有所差别的，从明显不同的原因却得到了相同或至少类似的结果无疑是不合乎逻辑的。即便能够以历史的偶然性或其他说法来化解，但那也只能是实然如此或迫不得已时才可以诉诸的便宜解释。因此，要想对问题做出真正的解答，就必须找到能调解它们的真正基础。问题的胶着之处，往往也是答案的诞生之地。实际上，如果对新教入世禁欲主义伦理的探究再进一步，深入新教的宗教神学哲学体系中，那种能将入世禁欲主义伦理、奢侈（消费主义）和浪漫主义伦理真正调和起来的基础就呼之欲出了。简单来说，在新教的宗教神学哲学世界观乃至教义体系中，在此岸世界经商逐利积累财富的同时，却要求过一种禁欲主义生活的合理性基础，或许就在于那个彼岸世界的永恒幸福快乐的承诺。奉行入世禁欲主义伦理的新教徒们并不乏"求快乐的意愿"，只不过他们将这种意愿的满足寄托在彼岸世界，而奢侈与浪漫主义伦理将这种意愿的满足放在了此岸世界的及时行乐而已。这也正是新教入世禁欲主义伦理、奢侈与浪漫主义伦理在此问题上的差异所在，而"求快乐的意愿"或许正是它们得以彼此调和的共同基础所在。由此，我们就不仅在一定意义上找到了将与现代性绽出理论最相切近的以往的现代性理论调和的共同基础，而且现代性绽出理论与这些理论的差别之处也绽露了出来。因为作为它们得以调和的共同基础的"求快乐的意愿"，正是现代性绽出理论借以理解和解释现代性绽出进程的快乐意志，而现代性绽出理论之所以能找到这种基础并以其来考察现代性的历史发生，只是因为现代性绽出理论将社会学解释的归因链向更深的根基延伸了而已。

总而言之，既然已经谈到现代性绽出理论在社会学解释的归因链，也就是早在前文就已经提到的社会学解释限度问题上比其他的现代性理论更进一步，从而找到了它们虽在表面上针锋相对但实质上却不乏共同的基础，那么，现代性绽出理论在社会学理论传统中的意义也就绽露出来了。然而，需要指出的是，现代性绽出理论从快乐意志来观照现代性，在一定意义上也不过是以快乐情感的探针切入现代性心灵深处的一种尝试而已。虽然这种尝试讲述了一个快乐意志或快乐情感始终贯穿于现代性的历史发生过程，并且与现代性本身及其基本面貌深刻地交织在一起的故事，但并不否定以其他的探针从不同的部位也同样能探及现代性心灵并讲出有关现代性之历史发生的不同故事。换言之，不同的现代性理论之间或许还有着理论解释力的大小强弱之别，但关于现代性的不同故事版本之间或许就没有什么实质差异可言了。因为恰如我们早在前文就已经指出的那样，就像后现代性要求我们以更开放的眼光看待它那样，现代性本身也要求我们以更多样和更开放的视野来审视。现代性或许本就是多样和多维的，现代性的心灵似乎也是多变的而非同一的，现代性或许并没有什么恒久不变的本质或本源，而是在不同时期以不同面貌绽露出来。从不同视角或维度讲述的现代性叙事，都有可能揭示出现代性的不同面貌甚至把握到现代性的脉动，而我们完成的正是这样一种从快乐意志的历史性绽出入手，讲述另一种现代性之历史发生故事的理论尝试。

参考文献

鲍曼，2002，《后现代伦理学》，张成岗译，南京：江苏人民出版社。

鲍曼，2005，《自由》，杨光、蒋焕新译，长春：吉林人民出版社。

边沁，2012，《道德与立法原理导论》，时殷弘译，北京：商务印书馆。

柏拉图，2002，《柏拉图全集》（第一卷），王晓朝译，北京：人民出版社。

柏拉图，2003a，《柏拉图全集》（第二卷），王晓朝译，北京：人民出版社。

柏拉图，2003b，《柏拉图全集》（第三卷），王晓朝译，北京：人民出版社。

成伯清，2004，《隐喻与社会想像》，载张立升主编《社会学家茶座》（总第七辑），济南：山东人民出版社。

成伯清，2006，《走出现代性：当代西方社会学理论的重新定向》，北京：社会科学文献出版社。

成伯清，2009，《没有激情的时代？——读赫希曼的〈激情与利益〉》，《社会学研究》第 4 期。

成伯清，2012，《布尔迪厄的用途》，载《情感、叙事与修辞：社会理论的探索》，北京：中国社会科学出版社。

成伯清，2013，《情感的社会学意义》，《山东社会科学》第 3 期。

狄德罗主编，1992，《丹尼·狄德罗的〈百科全书〉》（选译），梁从诫译，沈阳：辽宁人民出版社。

高文新、程波，2010，《路德的宗教改革与西方现代性观念的起源》，《辽宁大学学报》（哲学社会科学版）第 2 期。

海德格尔，1996，《哲学的终结和思的任务》，载《海德格尔选集》，孙周兴选编，上海：上海三联书店。

海德格尔，2001，《路标》，孙周兴译，北京：商务印书馆。

海德格尔，2004，《尼采》（上卷），孙周兴译，北京：商务印书馆。

海德格尔，2012，《存在与时间》，陈嘉映、王庆节译，北京：生活·读
　　书·新知三联书店。

海德格尔，2012a，《哲学论稿：从本有而来》，孙周兴译，北京：商务印
　　书馆。

黑格尔，1983，《哲学史讲演录》（第二卷），贺麟、王太庆译，北京：
　　商务印书馆。

黑格尔，1983a，《哲学史讲演录》（第三卷），贺麟、王太庆译，北京：
　　商务印书馆。

黑格尔，1996，《美学》（第一卷），朱光潜译，北京：商务印书馆。

胡塞尔，2001，《欧洲科学的危机与超越论的现象学》，王炳文译，北
　　京：商务印书馆。

吉登斯，1998，《现代性与自我认同：现代晚期的自我与社会》，赵旭
　　东、方文译，北京：生活·读书·新知三联书店。

金耀基，1998，《现代性论辩与中国社会学之定位》，《北京大学学报》
　　（哲学社会科学版）第 6 期。

康德，1985，《判断力的批判：审美判断力的批判》（上卷），宗白华译，
　　北京：商务印书馆。

康德，1990，《答复这个问题："什么是启蒙运动？"》，载《历史理性批
　　判文集》，何兆武译，北京：商务印书馆。

康德，2003，《实践理性批判》，邓晓芒译，杨祖陶校，北京：人民出
　　版社。

库比特，2005，《后现代神秘主义》，王志成、郑斌译，北京：中国人民
　　大学出版社。

拉尔修，2010，《名哲言行录》，徐开来、溥林译，桂林：广西师范大学
　　出版社。

罗斯柴尔德，2013，《经济情操论：亚当·斯密、孔多塞与启蒙运动》，
　　赵劲松、别曼译，北京：社会科学文献出版社。

罗素，1993，《世界箴言宝库·罗素箴言集》，景明编，延吉市：东北朝
　　鲜民族教育出版社。

马克思、恩格斯，1960，《马克思恩格斯全集》（第三卷），北京：人民
　　出版社。

马克思，1962，《哲学的贫困》，北京：人民出版社。

麦马翁，2011，《幸福的历史》，施忠连、徐志跃译，上海：上海三联书店。

齐美尔，2001，《时尚的哲学》，费勇译，北京：文化艺术出版社。

萨特，1987，《存在与虚无》，陈宣良等译，北京：生活·读书·新知三联书店。

文德尔班，1997，《哲学史教程（下卷）：特别关于哲学问题和哲学概念的形成和发展》，罗达仁译，北京：商务印书馆。

西季威克，1993，《伦理学方法》，廖申白译，北京：中国社会科学出版社。

亚里士多德，1991，《修辞学》，罗念生译，北京：生活·读书·新知三联书店。

亚里士多德，1991a，《亚里士多德全集》（第二卷），苗力田主编，徐开来译，北京：中国人民大学出版社。

亚里士多德，1995，《形而上学》，吴寿彭译，北京：商务印书馆。

亚里士多德，1996，《诗学》，陈中梅译，北京：商务印书馆。

亚里士多德，2003，《尼各马可伦理学》，廖申白译注，北京：商务印书馆。

Acton, Lord. 1967. *Essays in the Liberal Interpretation of History*. Chicago: Chicago University Press.

Ahmed, Sara. 2010. *The Promise of Happiness*. Durham and London: Duke University Press.

Alford, C. Fred. 2000. "What Would It Matter if Everything Foucault Said about Prison Were Wrong? ' Discipline and Punish' after Twenty Years. "*Theory and Society* 29(1): 125–146.

Allen, C. Don. 1944. "The Rehabilitation of Epicurus and His Theory of Pleasure in the Early Renaissance. "*Studies in Philology* 41(1): 1–15.

Amenta, Edwin. 1987. "Compromising Possessions: Orwell's Political, Analytical, and Literary Purposes in Nineteen Eighty-Four. "*Politics & Society* 15(2): 157–188.

Annas, Julia. 1992. "Ancient Ethics and Modern Morality. "*Philosophical Per-*

spectives 6: 119–136.

Annas, Julia. 1995. *The Morality of Happiness.* New York: Oxford University Press.

Applebaum, Wilbur. 2005. *The Scientific Revolution and the Foundations of Modern Science.* London: Greenwood Press.

Arendt, Hannah. 1972. *Crises of the Republic: Lying in Politics, Civil Disobedience, On Violence, Thoughts on Politics and Revolution.* New York: Harcourt Brace & Company.

Armstrong, David. 2011. "Epicurean Virtues, Epicurean Friendship: Cicero versus the Herulaneum Papyri. "in *Epicurus and the Epicurean Tradition*, edited by Jeffrey Fish and Kirk R. Sander. New York: Cambridge University Press: 105–129.

Babich, E. Babette. 1994. *Nietzsche's Philosophy of Science: Reflecting Science on the Ground of Art and Life.* New York: State University of New York Press.

Bacon, Francis. 2003. *The New Organon*, edited by Lisa Jardine & Michael Silverthorne. New York: Cambridge University Press.

Bahmueller, F. Charles. 1981. *The National Charity Company: Jeremy Bentham's Silent Revolution.* Los Angeles: University of California Press.

Bambach, R. Charles. 1995. "Heidegger, Dilthey and the Crisis of Historicism: History and Metaphysics. " in *Heidegger, Dilthey and the Neo-Kantians.* New York: Cornell University Press.

Bates, David. 2005. "Crisis between the Wars: Derrida and the Origins of Undecidability. "*Representations* 90: 1–27.

Baudrillard, Jean. 1998. *The Consumer Society: Myths and Structures.* London: Sage Publication Ltd.

Bauman, Zygmunt. 2008. *The Art of Life.* Cambridge: Polity Press.

Baumgardt, David. 1966. *Bentham and the Ethics of Today: With Bentham Manuscripts Hitherto Unpublished.* Octagon Books.

Bedau, A. Hugo. 2000. " Anarchical Fallacies: Bentham's Attack on Human Rights. "*Human Rights Quarterly* 22(1): 261–279.

Bejczy, P. István. 2008. *Virtue Ethics in the Middle Ages: Commentaries on*

Aristotle's Nicomachean Ethics, 1200–1500. Leiden & Boston: Brill.

Bell, Daniel. 1999. *The Coming of Post-Industrial Society: A Venture in Social Forecasting*. New York: Basic Books.

Bentham, Jeremy. 1843a. *The Works of Jeremy Bentham, Volume* 1 (published under the superintendence of his executor John Bowring). Ediburgh: William Tait.

Bentham, Jeremy. 1843b. *The Works of Jeremy Bentham, Volume* 4 (published under the superintendence of his executor John Bowring). Ediburgh: William Tait.

Bentham, Jeremy. 1843c. *The Works of Jeremy Bentham, Volume* 8 (published under the superintendence of his executor John Bowring). Ediburgh: William Tait.

Bentham, Jeremy. 1843d. *The Works of Jeremy Bentham, Volume* 10 (published under the superintendence of his executor John Bowring). Edinburgh: William Tait.

Bentham, Jeremy. 1969. "A Fragment on Government." in *A Bentham Reader*, edited by P. M. Mack. New York: Pagasus.

Bentham, Jeremy. 1983. *Deontology together with A Table of the Springs of Action and Article on Utilitarianism*, edited by Amnon Goldworth. Oxford: Clarendon Press.

Bentham, Jeremy. 1987. "Anarchical Fallacies: Being and Examination of the Declarations of Rights Issued during the French Revolution." in *Nonsense upon Stilts: Bentham, Burke and Marx on the Rights of Man*, edited by Jeremy Waldron. London and New York: Methuen & CO. Ltd.

Bentham, Jeremy. 1995. *Jeremy Bentham: The Panopticon Writings*, edited and introduced by Miran Božovic. New York: Verso.

Bentham, Jeremy. 2002. *Rights, Representation and Reform: Nonsense upon Stilts and other Writings on the French Revolution*, edited by P. Schofield, C. Pease-Watkin, and C. Blamires. Oxford: Clarendon Press.

Bentham, Jeremy. 2005. "Institute of Political Economy." in *Jeremy Bentham's Economic Writings, Volume III*, critical edition based on his printed works and unprinted manuscripts by W. Stark. London and New York: Routledge.

Berg, Maxine. 2007. *Luxury and Pleasure in Eighteenth-Century Britain*. New York: Oxford University Press.

Bergson, Henri. 2001. *Time and Free Will: An Essay on the Immediate Date of Consciousness*, authorized translation by F. L. Pogson. New York: Dover Publications, Inc.

Berman, Marshall. 1988. *All that is Solid Melts into Air: The Experience of Modernity*. New York: Penguin Books.

Blackburn, Simon. 1998. *Ruling Passions: A Theory of Practical Reasoning*. New York: Oxford University Press.

Blamires, Cyprian. 2008. *The French Revolution and the Creation of Bentham*. Hampshire and New York: Palgrave Macmillan.

Blits, H. Jan. 1989. "Hobbesian Fear. "*Political Theory* 17(3): 417−431.

Bloom, Harold (ed.). 2007. *Bloom's Modern Critical Interpretations:* 1984, *Updated Edition*. New York: Infobase Publishing.

Blumenberg, Hans. 1985. *The Legitimacy of the Modern Age*, translated by Robert M. Wallace. Massachusetts: Massachusetts Institute of Technology.

Braudel, Fernand. 1984. *Civilization and Capitalism, 15th − 18th Century (Volume III): The Perspective of the World*, translated by San Reynold. London: Harper Collins Publishers Ltd.

Broadie, Sarah. 1993. *Ethics with Aristotle*. New York: Oxford University Press.

Broadie, Sarah & Rowe, Christopher. 2002. *Aristotle: Nicomachean Ethics*. New York: Oxford University Press.

Brune, Francois. 1985. *Le Bonheur Conforme*. Paris: Callimard.

Brunon-Ernst, Anne. 2007. "Foucault Revisited. "*Journal of Bentham Studies* 9: 1−14.

Brunon-Ernst, Anne. 2014. "The Felicific Calculus: Jeremy Bentham's Definition of Happiness. "Cited from: https://www. academia. edu/5820060/Jeremy_Benthams_Definition_of_Happiness.

Bunnin, Nicholas & Yu, JiYuan. 2004. *The Blackwell Dictionary of Western Philosophy*. Oxford: Blackwell Publishing Ltd.

Burns, H. James. 1966. "Bentham and the French Revolution." *Transactions of the Royal Historical Society* 16: 95–114.

Campbell, Colin. 1987. *The Romantic Ethic and the Spirit of Modern Consumerism.* Oxford: Basil Blackwell.

Campbell, Colin. 1992. "The Desirs for the New: Its Nature and Social Location-as Presented in Theories of Fashion and Modern Consumerism." in Danid Miller(ed.), 2001. Comsumption: Critical Concepts in the Solial Sciences, 4 Vols. London: Routledge: 246–261.

Campbell, Duncan & Connor, Steve. 1986. *On the Record: Surveillance, Computers, and Privacy-The Inside Story.* London: Michael Joseph.

Cannon, B. Walter. 1927. "The James-Lange Theory of Emotions: A Critical Examination and An Alternative Theory." *The American Journal of Psychology* 39(1/4): 106–124.

Carone, R. Gabriela. 2002. "Pleasure, Virtue, Externals and Happiness in Plato's *Laws.*" *History of Philosophy Quarterly* 19(4): 327–344.

Chrisp, Peter. 2005. *The Victorian Age: A History of Fashion and Costume.* Hong Kong: Bailey Publishing Associates Ltd.

Christian, David. 2008. *This Fleeting World: A Short History of Humanity.* Great Barrington, MA: Berkshire Publishing Group LLC.

Cicero, Tullius Marcus. 2004. *On Moral Ends.* New York: Cambridge University Press.

Cicero, Tullius Marcus. 1877. "Whether Virtue Alone Be Sufficient for a Happy Life." In *Cicero's Tusculan Disputations: Also Treatises on the Nature of the Gods, and on the Commonwealth*, translated by C. D Youge. New York: Harper & Brothers Publisher.

Cohen, Daniel. 2009. *Three Lectures on Post-Industrial Society*, translated by William McCuaig. Massachusetts: Massachusetts Institute of Technology.

Cohen, David & Saller, Richard. 1994. "Foucault on Sexuality in Greco-Roman Antiquity." in *Foucault and the Writing of History*, edited by Jan Goldstein. Oxford: Wiley-Blackwell: 31–59.

Collins, Randall. 2004. *Interaction Ritual Chains.* Princeton and Oxford: Princeton University Press.

Collins, Steven. 1985. "Categories, Concepts or Predicaments: Remarks on Mauss's Use of Philosophical Terminology. "in *The Category of the Person: Anthropology, Philosophy and History*, edited by Michael Carrithers, Steven Collins and Steven Lukes. New York: Cambridge University Press.

Cook, Alexander. 2009. "The Politics of Pleasure Talk in 18th-Century Europe. "*Sexualities* 12: 451–466.

Copleston, Frederick. 1993. *A History of Philosophy: Late Medieval and Renaissance Philosophy*. New York: Image Books.

Cross, S. Gary & Proctor, N. Robert. 2014. *Packaged Pleasures: How Technology and Marketing Revolutionized Desire*. Chicago & London: The University of Chicago Press.

Davies, William. 2015. *The Happiness Industry: How the Government and Big Business Sold Us Well-Being*. New York: Verso Books.

de la Fuente, Eduardo. 2000. "Sociology and Aesthetics. "*European Journal of Social Theory* 3: 235–247.

de la Fuente, Eduardo. 2008. "The Art of Social Forms and the Social Forms of Art: The Sociology-Aesthetics Nexus in Georg Simmel's Thought. "*Sociological Theory* 26: 344–362.

Dean, Mitchell. 1994. *Critical and Effective Histories: Foucault's Methods and Historical Sociology*. London and New York: Routledge.

Deleuze, Gilles. 1992. *Nietzsche and Philosophy*, translated by Hugh Tomlinson. London & New York: Continuum.

Denzin, K. Norman. 1984. *On Understanding Emotion*. San Francisco: Jossey-Bass Publishers.

Derrida, Jacques. 1988. *Limited Inc*, translated by Samuel Weber. Evanston: Northwestern University Press.

DeWitt, W. Norman. 1964. *Epicurus and His Philosophy*. Minneapolis: University of Minnesota Press.

d'Holbach, Paul-Henri Dietrich. 2008. *Christianity Unveiled: Being an Examination of the Principles and Effects of the Christian Religion*, translation by

W. M. Johnson, from http://gen. lib. rus. ec/search. php? req = Christiani-ty+Unveiled&open.

Diener, Ed & Biswas-Diener, Robert. 2008. *Happiness: Unlocking the Mysterious of Psychological Wealth*. Oxford: Blackwell Publishing.

Dinwiddy, R. John. 1975. "Bentham's Transition to Political Radicalism, 1809 – 1810. "*Journal of the History of Ideas* 35: 683 – 700.

Dostal, J. Robert. 1993. "Time and Phenomenology in Husserl and Heidegger. "in *The Cambridge Companion to Heidegger*, edited by Charles B. Guignon. New York: Cambridge University Press.

Dover, J. K. 1974. *Greek Popular Morality: In the Time of Plato and Aristotle*. Cambridge: Basil Blachwell.

Dreyfus, L. Hubert & Paul, Rabinow. 1983. *Michel Foucault: Beyond Structural-ism and Hermeneutics*. Chicago: The University of Chicago Press.

Durkheim, Emile & Mauss, Marcel. 2009. *Primitive Classification*, translated and edited by Rodney Needham. Taylor & Francis e-Library.

Durkheim, Emile. 1982. *The Rules of Sociological Method*, edited with an intro-duction by Steven Lukes, translated by W. D. Halls. New York: The Free Press.

Durkheim, Emile. 1983. *Pragmatism and Sociology*, translated by J. C. White-house. New York: Cambridge University Press.

Durkheim, Emile. 1995. *The Elementary Forms of Religious Life*, translated and with an introduction by Karen E. Fields. New York: The Free Press.

Durkheim, Emile. 2002. *Suicide: A Study in Sociology*, translated by John A. Spaulding and George Simpson. London and New York: Routledge Clas-sics.

Durkheim, Emile. 2009. "Individual and Collective Representations. "in *Sociolo-gy and Philosophy*, translated by D. F. Pocock, with an Introduction by J. G. Peristiany. New York: Taylor & Francis e-Library.

Durkheim, Emile. 2009a. *Sociology and Philosophy*, translated by D. F. Pocock, with an introduction by J. G. Peristiany. New York: Taylor & Francis e-Li-brary.

Dxion, Thomas. 2003. *From Passions to Emotions: The Creation of a Secular Psychological Category*. New York: Cambridge University Press.

Elster, Jon. 1999. *Alchemies of the Mind: Rationality and the Emotions*. New York: Cambridge University Press.

Ennis, H. Philip. 1967. "Ecstasy and Everyday Life. " *Journal for the Scientific Study of Religion* 6(1): 40–48.

Evans, Marry. 2006. *A Short History of Society: The Making of the Modern World*. London and New York: Open University Press.

Featherstone, Mike. 1991. *Consumer Culture and Postmodernism*. London: Sage.

Feenberg, Andrew. 2010. *Between Reason and Experience: Essays in Technology and Modernity*. Massachusetts: Massachusetts Institute of Technology.

Feldman, Fred. 2004. *Pleasure and the Good Life: Concerning the Nature, Varieties and Plausibility of Hedonism*. New York: Oxford University Press.

Fisher, A. Gene & Chon, Kyum Koo. 1989, "Durkheim and the Social Construction of Emotions. " *Social Psychology Quarterly* 52(1): 1–9.

Flaherty, David. 1989. *Protecting Privacy in Surveillance Societies: The Federal Republic of Germany, Sweden, France, Canada, and the United States*. Chapel Hill: The University of North Carolina Press.

Flanagan, Kieran & Jupp, C. Peter. 2001. *Virtue, Ethics and Sociology: Issues of Modernity and Religion*. Basingstoke: Palgrave Macmillan.

Fletcher, Emily. 2014. "Plato on Pure Pleasure and the Best Life. " *Phronesis* 59: 113–142.

Foster, B. Michael. 1934. "The Christian Doctrine of Creation and the Rise of Modern Natural Science. " *Mind* 43(172): 446–468.

Foucault, Michel. 1980. "The Eye of Power. " In *Power/Knowledge: Selected Interviews and Other Writings, 1972 – 1977*, edited by Colin Gordon. New York: Pantheon Books.

Foucault, Michel. 1984. "What is Enlightenment?"in *The Foucault Reader*, edited by Paul Rabinow. New York: Pantheon Bookd.

Foucault, Michel. 1988. *Politics, Philosophy and Culture: Interviews and Other Writings, 1977–1984*, translated by Alan Sheridan and Others, edited with an introduction by Lawrence D. Kritzman. New York: Routledge.

Foucault, Michel. 1990. *The Use of Pleasure*, translated by Robert Hurley. New York: Vintage Books.

Foucault, Michel. 1991. "Questions of Method." in *The Foucault Effect: Studies in Governmentality: With Two Lectures by and an Interview with Michel Foucault*, edited by Graham Burchell, Collin Gordon, and Peter Miller. Chicago: The University of Chicago Press.

Foucault, Michel. 1994. *Dits et Écrits: 1954–1988*. Paris: Groupe Gallimard.

Foucault, Michel. 1995. *Discipline & Punish: The Birth of the Prison*, translated by Alan Sheridan. New York: Vintage Books.

Foucault, Michel, 1997. *Ethics: Subjective and Truth*, translated by Robert Hurley and others. New York: The New Press.

Foucault, Michel. 1998. "Nietzsche, Genealogy and History." in *Aesthetics, Method, and Epistemology*, edited by James D. Faubion. New York: The New Press: 369–391.

Foucault, Michel. 2001. *Essential Works of Foucault, 1954–1984 Volume* 3: *Power*, edited by James D. Faubion, translated by Robert Hurley, Colin Gordon, and Paul Rabinow. New York: The New Press.

Foucault, Michel. 2002. *The Order of Things: An Archaeology of the Human Sciences*. London and Now York: Routledge Classic.

Foucault, Michel. 2007. *Security, Territory and Population: Lectures at the College de France, 1977–1978*, edited by Michel Senellart and translated by Graham Burchell. Hants: Palgrave Macmillan.

Foucault, Michel. 2008. *The Birth of Bio-politics: Lectures at the Collège de France, 1978–1979*, edited by Michel Senellart and translated by Graham Burchell. Hampshire and New York: Palgrave Macmillan.

Freddoso, J. Alfred. 2006. "Ockham on Reason and Faith." in *The Cambridge Companion to Ockham*, edited by Paul V. Spade. New York: Cambridge University Press.

Frede, Dorothea. 1992. "Disintegration and Restoration: Pleasure and Pain in Plato's *Philebus*." in *The Cambridge Companion to Plato*, edited by Richard Kraut. New York: Cambridge University Press: 425-264.

Frede, Dorothea. 1993. "The Question of Being: Heidegger's Project." in *The Cambridge Companion to Heidegger*, edited by Charles B. Guignon. New York: Cambridge University Press.

Frede, Dorothea. 2006. "Pleasure and Pain in Aristotle's Ethics." in *The Blackwell Guide to Aristotle's Nicomachean Ethics*, edited by Richard Kraut. Oxford: Blackwell Publishing Ltd: 255-276.

Freud, Sigmund. 1961. *Civilization and Its Discontents*, newly translated from the German and edited by James Strachey. New York: W. W. Norton & Company. Inc.

Friesen, J. Glenn. 2011. "Enstasy, Ecstasy and Religious Self-Reflection: A history of Dooyeweerd's Ideas of Pre-Theoretical Experience." http://www. members. shaw. ca/aevum/Enstasy. html.

Fuller, Timothy. 1984. "Review of the Tradition of Political Hedonism from Hobbes to J. S. Mill." *Journal of the History of Philosophy* 22 (4): 499-501.

Gadamer, Hans-Georg. 1980. "Idea and Reality in Plato's *Timaeus*." *Dialogue and Dialectic: Eight Hermeneutical Studies on Plato*, translated by P. Christopher Smith, pp. 156-194. New York and London: Yale University Press.

Galbraith, Kenneth. 1998. *The Affluent Society*. New York: Houghton Mifflin Company.

Gandy, Oscar. 1993. *The Panoptic Sort*. Boulder, CO: Westview Press.

Garrard, Graeme. 2006. *Counter-Enlightenments: From the Eighteenth Century to the Present*. London and New York: Routledge.

Gass, Michael. 2000. "Eudaimonism and Theology in Stoic Accounts of Virtue." *Journal of the History of Ideas* 61(1): 19-37.

Gaukroger, Stephen. 2006. *The Emergence of a Scientific Culture: Science and the Shaping of Modernity, 1210-1685*. New York: Oxford University Press.

Gaukroger, Stephen. 2010. *The Collapse of Mechanism and the Rise of Sensibility: Science and the Shaping of Modernity, 1680-1760*. New York: Oxford University Press.

Gerhard, Dietrich. 1956. "Periodization in European History." *The American Historical Review* 61(4): 900-913.

Giddens, Anthony. 2001 (1976). *Introduction to The Protestant Ethic and the Spirit of Capitalism*, translated by Talcott Parsons, with an introduction by Anthony Giddens. London and New York: Routledge Classic.

Gillespie, A. Michael. 1984. *Hegel, Heidegger and the Ground of History*. Chicago & London: The University of Chicago Press.

Gillespie, A. Michael. 2008. *The Theological Origins of Modernity*. Chicogo & London: The University of Chicogo Press.

Goldworth, Amnon. 1969. "The Meaning of Bentham's Greatest Happiness Principle." *Journal of the History of Philosophy* 7(3): 315-321.

Goold, J. Benjamin. 2003. "Public Area Surveillance and Police Work: The Impact of CCTV on Police Behavior and Autonomy." *Surveillance & Society* 1 (2): 191-203.

Gordon, Colin. 1980. "Afterword." in Foucault, *Power/Knowledge: Selected Interviews and Other Writings, 1972-1977*, edited by Colin Gordon, translated by Colin Gordon, Leo Marshall, John Mepham, and Kate Soper. New York: Pantheon Books.

Gordon, John-Stewart. 2025. "Modern Morality and Ancient Ethics." in *the Internet Encyclopedia of Philosophy*, ISSN 2161-0002, http://www. iep. utm. edu/, 2025/4/18.

Gosselin, Mia. 1990. *Nominalism and Contemporary Nominalism: Ontological and Epistemological Implications of the Work of W. V. O. Quine and of N. Goodman*. London: Kluwer Academic Publishers.

Grant, Alexander. 1857. *The Ethics of Aristotle*. London: John W. Parker and Son, West Strand.

Green, A. William. 1992. "Periodization in European and World History." *Journal of World History* 3(1): 13-53.

Greenspan, S. Patricia. 1980. "A Case of Mixed Feelings: Ambivalence and the Logic of Emotion." in *Explaining Emotions*, edited by Rorty O. Amelie. Berkeley and Los Angeles: University of California Press.

Grinin, E. Leonid. 2007. "Production Revolutions and Periodization of History: A Comparative and Theoretic-mathematical Approach. "*Social Evolution & History* 6(2): 75-120.

Gronow, Jukka. 1997. *The Sociology of Taste*. London and New York: Routledge.

Guidi, EL Marco. 2004, "' My Own Utopian' . The Economics of Bentham's Panopticon. "*The European Journal of the History of Economic Thought* 11 (3): 405-431.

Guillebaud, Jean-Claude. 1999. *The Tyranny of Pleasure*, translated by Keith Torjoc. New York: Algora Publishing.

Guthrie, W. K. C. 1978. *A History of Greek Philosophy Volume 5: The Later Plato and the Academy*. New York: Cambridge University Press.

Guy, M. Josephine. 1998. *The Victorian Age: An Anthology of Sources and Documents*. London: Routledge.

Habermas, Jürgen. 1997. "Modernity: An Unfinished Project. "in *Habermas and the Unfinished Project of Modernity: Critical Essays on The Philosophical Discourse of Modernity*, edited by Maurizio Passerin D'Entreves, Seyla Benhabib, pp. 38-55. Massachusetts: Massachusetts Institute of Technology.

Haggerty, D. Kevin & Ericson, V. Richard. 2000. "The Surveillant Assemblage. " *British Journal of Sociology* 51(4): 605-622.

Hammer, Espen. 2011. *Philosophy and Temporality from Kant to Critical Theory*. New York: Cambridge University Press.

Harris, V. William. 2004. *Restraining Rage: The Ideology of Anger Control in Classical Antiquity*. Massachusetts: Harvard University Press.

Harrison, Ross. 1983. *Bentham*. London: Routledge & Kegan Paul.

Hart, J. Randle & McKinnon, Andrew. 2010. " Sociological Epistemology: Durkheim's Paradox and Dorothy E. Smith's Actuality. "*Sociology* 44(6): 1038-1054.

Hedley, Douglas & Hutton, Sarah. 2008. *Platonism at the Origins of Modernity: Studies on Platonism and Early Modern Philosophy*. Netherlands: Springer.

Hegel, G. W. F. 1988. *Introduction to The Philosophy of History with Selections from The Philosophy of Right*, translated and with introduction by Leo

Rauch. Indianapolis and Cambridge: Hackett Publishing Company.

Heidegger, Martin. 1972. *On Time and Being*, translated by Joan Stambaugh. New York: Harper & Row.

Heidegger, Martin. 1982. *The Basic Problems of Phenomenology*, translated, introduction and lexicon by Albert Hofstadter. Bloomongton & Indianapolis: Indiana University Press.

Heidegger, Martin. 1992. *The Concept of Time*, translated by William McNeill. New Jersey: Wiley-Blackwell.

Heidegger, Martin. 1997. *Kant and the Problem of Metaphysics*, translated by Richard Taft. Bloomington and Indianapolis: Indiana University Press.

Heidegger, Martin. 2009. *History of the Concept of Time*, translated by Theodore Kisiel. Bloomington: Indiana University Press.

Heller, A. Mark. 1980. "The Use & Abuse of Hobbes: The State of Nature in International Relations. "*Polity* 13(1): 21−32.

Henry, Devin. 2002. "Aristotle on Pleasures and the Worst Form of Akrasia. " *Ethical Theory and Moral Practice* 5: 255−270.

Himmelfarb, Gertrude. 1968. "The Haunted House of Jeremy Bentham. "In *Victorian Minds*. London: Weidenfeld and Nicolson.

Hirschman, Albert. 1997. *The Passions and the Interests: Political Arguments for Capitalism before Its Triumph*. New Jersey: Princeton University Press.

Hobbes, Thomas. 1983. *De Cive: The English Version Entitled, in the First Edition, Philosophical Rudiments Concerning Government and Society*, a critical edition by Howard Warrender. New York: Oxford University Press.

Hobbes, Thomas. 1998. *Leviathan*, edited with an introduction and notes by J. C. A. Gaskin. New York: Oxford University Press.

Hollander, C. Stanley, Rassuli, M. Kathleen Jones, D. G. & Dix, L. F. 2005. "Periodization in Marketing History. "*Journal of Macro-marketing* 25: 32−41.

Horkheimer, Max & Adorno, W. Theodor. 2002. *Dialectic of Enlightenment: Philosophical Fragments*, edited by Gunzelin S. Noerr, translated by Edmund Jephcott. California: Stanford University Press.

Hoy, C. David. 2009. *The Time of Our Life: A Critical History of Temporality*.

Massachusetts: The MIT Press.

Hume, David. 2009. *A Treatise of Human Nature: Being an Attempt to Introduce the Experimental Method of Reasoning into Moral Subjects*. Auckland: The Floating Press.

Hursthouse, Rosalind. 1999. "Virtue Ethics and Human Nature. "*Hume Studies* 25: 67–82.

Hursthouse, Rosalind. 2000. *On Virtue Ethics*. New York: Oxford University Press.

Husserl, Edmund. 1991. *On the Phenomenology of the Consciousness of Internal Time (1893–1917)*, translated by John Barnett Brough. Boston: Kluwer Academic Publishers.

Hutcheson, Francis. 2004. *An Inquiry into the Original of Our Ideas of Beauty and Virtue in Two Treatises*, edited and with an introduction by Wolfgang Leidhold. Indianapolis: Liberty Fund.

Ingram, David. 2005. "Foucault and Habermas. "in *The Cambridge Companion to Foucault,* edited by Gary Gutting. New York: Cambridge University Press: 240–284.

Inwood, Brad. 1999. *Ethics and Human Action in Early Stoicism*. New York: Oxford University Press.

Inwood, Brad. 2003. *The Cambridge Companion to The Stoics*. New York: Cambridge University Press.

Inwood, Michael. 1999a. *A Heidegger Dictionary*. Massachusetts: Blackwell Publishers Inc.

Irvine, B. William. 2009. *A Guide to the Good Life: The Ancient Art of Stoic Joy*. New York: Oxford University Press: .

Irwin, Terence. 1995. *Plato's Ethics*. New York: Oxford University Press.

Israel, I. Jonathan. 2001. *Radical Enlightenment: Philosophy and the Making of Modernity, 1650–1750*. New York: Oxford University Press.

James, William. 1884. "What is an Emotion?"*Mind* 9(34): 188–205.

James, William. 2002. *Varieties of Religious Experience: A Study in Human Nature*, with a foreword by Micky James and new introductions by Eugene

Taylor and Jeremy Carrette. London and New York: Routledge.

Jaspers, Karl. 1965. *The Origin and Goal of History*, translated by Michael Bullock. New Haven and London: Yale University Press.

Jouanna, Jacques. 2012. *Greek Medicine from Hippocrates to Galen: Selected Papers*, translated by Neil Allies, edited with a preface by Philip Van der Eijk. Leiden & Boston: Koninklijke Brill NV.

Kant, Immanuel. 1964. *The Critique of Judgement*, translated by James Creed Meredith. Oxford: Clarendon Press.

Kant, Immanuel. 1998. *Critique of Pure Reason*, translated and edited by Paul Guyer and Allen W. Wood. New York: Cambridge University Press.

Kelly, Jack. 1973. "Virtue and Pleasure. "*Mind* 82(327): 401−408.

Kemper, D. Theodore. 1978. "Toward a Sociology of Emotions: Some Problems and Some Solutions. "*The American Sociologist* 13(1): 30−41.

Kenny, Anthony. 1992. *Aristotle on the Perfect Life*. New York: Oxford University Press.

King, Matthew. 2009. *Heidegger and Happiness: Dwelling on Fitting and Being*. New York: Continuum International Publishing Group.

Klosko, George. 1987. "Socrates on Goods and Happiness. "*History of Philosophy Quarterly* 4(3): 251−264.

Kosik, Karel. 1976. *Dialectics of the Concrete: A Study on Problems of Man and World*. Boston: D. Reidel Publishing Company.

Kroll, W. F. Richard. 1984. "The Question of Locke's Relation to Gassendi. " *Journal of the History of Ideas* 45(3): 339−359.

Kumar, Krishan. 2005. *From Post-Industrial to Post-Modern Society: New Theories of the Contemporary World*. Oxford: Blackwell Publishing Ltd.

Laertius, Diogenes. 1925. *Lives of Eminent Philosophers Volume II , Books 6 − 10*, translated by R. D. Hicks. London: William Heinemann.

Lasch, Christopher. 1979. *The Culture of Narcissism: American Life in an Age of Diminishing Expectations*. New York: W. W. Norton & Company.

Lasch, Christopher. 1985. *The Minimal Self: Psychic Survival in Troubled Times*. New York: W. W. Norton & Company Ltd.

Latour, Bruno. 1993. *We Have Never Been Modern*, translated by Catherine Porter. Cambridge & Massachusetts: Harvard University Press.

Leff, Gordon. 1956. "The Fourteenth Century and the Decline of Scholasticism. " *Past and Present* 9: 30−41.

Lindsay, James. 1920. "The Logic and Metaphysics of Occam. " *The Monist* 30 (4): 521−547.

Locke, John. 1999. *An Essay Concerning Human Understanding*. Pennsylvania: The Pennsylvania State University Press.

LoLordo, Antonia. 2007. *Pierre Gassendi and the Birth of Early Modern Philosophy*. New York: Cambridge University Press.

Long, Anthony & Sedley, David. 1987. *The Hellenistic Philosophers: Translations of the Principal Sources with Philosophical Commentary, Volume* 1. New York: Cambridge University Press.

Long, Anthony. 2006. *From Epicurus to Epictetus: Studies in Hellenistic and Rome Philosophy*. New York: Oxford University Press.

Lovejoy, Arthur. 1961. *The Reason, The Understanding and Time*. Baltimore: Johns Hopkins Press.

Löwith, Karl. 1957. *Meaning in History: The Theological Implications of the Philosophy of History*. Chicago & London: The University of Chicago Press.

Lyon, David. 1994. *The Electronic Eye: The Rise of Surveillance Society*. Minneapolis: University of Minnesota Press.

Lyon, David. 2007. "Surveillance, Power and Everyday Life. " In *The Oxford Handbook of Information and Communication Technologies*, edited by Robin Mansell. New York: Oxford University Press.

Lyotard, Jean-François. 1988. *The Differend: Phrases in Dispute*, Theory and History of Literature, Vol. 46, translated by Georges Van Den Abbeele. Minneapolis: University of Minnesota Press.

Mannheim, Karl. 1992. *Essays on the Sociology of Culture*. London: Routledge & Kegan Paul.

Marcovitz, Hal. 2014. *The Declaration of Independence*. San Diego: Reference Point Press.

Martin, W. Mike. 2012. *Happiness and the Good Life*. New York: Oxford University Press.

Marx, Karl & Engels, Frederick. 1992. *Manifesto of the Communist Party*, translated by David McLellan. New York: Oxford University Press.

Marx, Karl. 1992. *Capital: A Critique of Political Economy, Volume One*, introduced by Ernest Mandel, translated by Ben Fowkes. New York: Penguin Books.

Matt, J. Susan. 2011. "Current Emotion Research in History: Or, Doing History from the Inside Out. "*Emotion Review* 3(1): 117-124.

May, Hope. 2010. *Aristotle's Ethics: Moral Development and Human Nature*. London and New York: Continuum International Publishing Group.

McCabe, Herbert. 2005. *The Good Life: Ethics and the Pursuit of Happiness*, edited and introduction by Brian Davies. London: Continuum.

McMahon, M. Darrin. 2004. "From the Happiness of Virtue to the Virtue of Happiness: 400 B. C. –A. D. 1780. "*Daedalus* 133(2): 5-17.

McNeill, H. William. 1999. *A World History* (fourth edition). New York: Oxford University Press.

Merchant, Carolyn. 2008. "The Violence of Impediments: Francis Bacon and the Origins of Experimentation. "*Isis* 99(4): 731-760.

Mill, S. John. 1978. *Essays on Philosophy and the Classics, Volume 11*, edited by J. M. Robson, CWM. Toronto: University of Toronto Press.

Mill, S. John. 2003. *Utilitarianism and On Liberty Including Mill's "Essay on Bentham" and Selections from the Writings of Jeremy Bentham and John Austin*, edited with introduction by Mary Warnock. Oxford: Blackwell Publishing.

Miller, E. James. 1993. *The Passion of Michel Foucault*. New York: Simon and Schuster.

Mitchell, C. Wesley. 1918. "Bentham's Felicific Calculus. "*Political Science Quarterly* 33(2): 161-183.

Mizukoshi, Ayumi. 2001. *Keats, Hunt, and the Aesthetics of Pleasure*. New York: Palgrave Publishers.

Mumford, Lewis. 1934. *Techniques and Civilization*. London: Routledge & Kegan Paul Ltd.

Nehamas, Alexander. 1998. *The Art of Living: Socratic Reflections from Plato to Foucault*. Berkeley: University of California Press.

Nettle, Daniel. 2005. *Happiness: The Science beyond Your Smile*. New York: Oxford University Press.

Nielsen, A. Donald. 1999. *Three Faces of God: Society, Religion and the Categories of Totality in the Philosophy of Emile Durkheim*. Albany: State University of New York Press.

Nietzsche, Friedrich. 1996. *Human, All too Human*, translated by R. J. Hollingdale, with an introduction by Richard Schacht. Cambridge and New York: Cambridge University Press.

Nietzsche, Friedrich. 1997. *Untimely Meditations*, translated by R. J. Hollingdale, edited by Daniel Breazeale. New York: Cambridge University Press.

Nietzsche, Friedrich. 1998. *Twilight of the Idols or How to Philosophize with a Hammer*. New York: Oxford University Press.

Nietzsche, Friedrich. 2001. *The Gay Science: With a Prelude in German Rhymes and An Appendix of Songs*, translated by Josefine Nauckhoff, edited by Bernard Williams. Cambridge: Cambridge University Press.

Nietzsche, Friedrich. 2009. *On the Genealogy of Morals: A Polemical Tract*, translated by Ian Johnston. Arlington, Virginia: Richer Resources Publications.

O' Farrell, Clare. 2012. "Foreword." in *Beyond Foucault: New Perspectives on Bentham's Panopticon*, edited by Anne Brunon-Ernst. Farnham and Burlington: Ashgate Publishing Group.

Oberman, A. Heiko. 1960. "Some Notes on the Theology of Nominalism: With Attention to Its Relation to the Renaissance." *The Harvard Theological Review* 53(1): 47–76.

Ockham, of William. 1983. *Predestination, God's Foreknowledge and Future Contingents*, translated with Introduction, Notes and Appendices by Marilyn McCord Adams and Norman Kretzmann. Indianapolis: Hachett Publishing

Company, Inc.

Okrent, B. Mark. 2002. "The Truth of Being and the History of Philosophy. "in *Heidegger Reexamined: Truth, Realism and the History of Being*, edited by Hubert Dreyfus and Mark Wrathall, pp. 161–176. New York and London: Routledge.

Olaveson, Tim. 2001. "Collective Effervescence and Communitas: Processual Models of Ritual and Society in Emile Durkheim and Victor Turner. "*Dialectical Anthropology* 26: 89–124.

Orwell, Georgel. 1968. "Letter to Francis A. Henson (extract). "in *The Collected Essays, Journalism and Letters of George Orwell (Volume IV): In Front of Your Nose 1945 – 1950*, edited by Sonia Orwell and Ian Angus. London: Martin Seeker & Warburg Limited.

Osborne, Thomas. 1997. "The Aesthetic Problematic. "*Economy and society* 26: 126–146.

Outman, L. James & Outman, M. Elisabeth. 2003. *Industrial Revolution: Primary Sources*. Farmington: The Gale Group, Inc.

Owen, G. E. L. 1971–1972. "Aristotelian Pleasures. "*Proceedings of the Aristotelian Society, New Series* 72: 135–152.

Ozment, Steven. 1980. *The Age of Reform 1250–1550: An Intellectual and Religious History of Late Medieval and Reformation Europe*. New Haven and London: Yale University Press.

Parsons, Talcott. 1949. *The Structure of Social Action: A Study in Social Theory with Special Reference to A Group of Recent European Writers*. New York: The Free Press.

Pease-Watkin, Catherine. 2003. "Bentham's Panopticon and Dumont's *Panoptique*. "*Journal of Bentham Studies* 6: 1–8.

Penelhum, Terence. 1957. "The Logic of Pleasure. "*Philosophy and Phenomenology Research* 17(4): 488–503.

Perry, B. Ralph. 1950. *General Theory of Value: Its Meaning and Basic Principles Construed in Terms of Interest*. Cambridge: Harvard University Press.

Pickering, W. S. F. 1984. *Durkheim's Sociology of Religion: Themes and*

Theories. London: Routledge and Kegan Paul.

Porter, Roy. 1996. "Enlightenment and Pleasure."in *Pleasure in the Eighteenth Century*, edited by R. Porter and M. Mulvey Roberts, pp. 1 – 18. Basingstoke: Macmillan.

Rawls, W. Anne. 1996. "Durkheim's Epistemology: The Neglected Argument." *American Journal of Sociology* 102(2): 430–482.

Rawls, W. Anne. 1997. "Durkheim's Epistemology: The Initial Critique, 1915 – 1924."*The Sociological Quarterly* 38(1): 111–145.

Rawls, W. Anne. 2004. *Epistemology and Practice: Durkheim's The Elementary Forms of Religious Life*. New York: Cambridge University Press.

Reddy, M. William. 2004. *The Navigation of Feeling: A Framework for the History of Emotion*. New York: Cambridge University Press.

Richardson, John. 2008. "Nietzsche's Problem of the Past."in *Nietzsche on Time and History*, edited by Manuel Dries, pp. 87 – 111. Berlin and New York: Walter de Gruyter.

Riel, Van Gerd. 2000. *Pleasure and the Good Life: Plato, Aristotle and the Neo-Platonists*. The Netherlands: Koninklike Brill.

Ritzer, George. 2001. *Exploitation in Social Theory: From Metatheorizing to Rationalization*. London: SAGE.

Robertson, Donald. 2013. *Stoicism and the Art of Happiness: Ancient Tips for Modern Challenges: Teach Yourself*. London: Hodder & Stoughton Ltd.

Rosemary, Hennessy. 2018. *Profit and Pleasure: Sexual Identities in Late Capitalism*. New York and London: Routledge.

Rosen, Frederick. 2003. *Classical Utilitarianism from Hume to Mill*. London: Routledge.

Rosenbaum, E. Stephen. 1996. "Epicurean Moral Theory."*History of Philosophy Quarterly* 13(4): 389–410.

Russell, C. Daniel. 2005. *Plato on Pleasure and the Good Life*. New York: Oxford University Press.

Saint Augustine. 1991. *Confessions*, translated with an introduction and notes by Henry Chadwick. New York: Oxford University Press.

Samuels, J. Warren. 1972. "The Scope of Economics Historically Considered. " *Land Economics* 48(3): 248-268.

Sanders, R. Kirk. 2011. "Philodemus and the Fear of Premature Death. "in *Epicurus and the Epicurean Tradition*, edited by Jeffrey Fish and Kirk R. Sander, pp. 211-235. New York: Cambridge University Press.

Sawyer, R. Keith. 2005. *Social Emergence: Societies as Complex System*. New York: Cambridge University Press.

Scheler, Max. 1994. *Ressentiment*. Milwaukee Wisconsin: Marquette University Press.

Schmaus, Warren. 2004. *Rethinking Durkheim and His Tradition*. New York: Cambridge University Press.

Schofield, Philip. 2004. "Jeremy Bentham, the French Revolution and Political Radicalism. "*History of European Ideas* 30: 381-401.

Schofield, Philip. 2006. *Utility and Democracy: The Political Thought of Jeremy Bentham*. New York: Oxford University Press.

Schofield, Philip. 2009. *Bentham: A Guide for the Perplexed*. New York: Continuum International Publishing Group.

Schofield, Philip. 2011. "Jeremy Bentham and the British Intellectual Response to the French Revolution. "*Journal of Bentham Studies* 13: 1-27.

Schultz, Bart & Varouxakis, Georgios (eds.). 2005. *Utilitarianism and Empire*. Kentucky: Lexington Books.

Sembera, Richard. 2007. *Rephrasing Heidegger: A Companion to Being and Time*. Ottawa: University of Ottawa Press.

Semple, Janet. 1992. "Foucault and Bentham: A Defense of Panopticism. "*Utilitas* 4(1): 105-120.

Semple, Janet. 1993. *Bentham's Prison: A Study of the Panopticon Penitentiary*. Oxford: Clarendon Press.

Seneca, L. Annaeus. 2014. *Hardship and Happiness*, translated by Elaine Fantham, Harry M. Hine, James Ker and Gareth D. Williams. Chicago and London: The University of Chicago Press.

Shackleton, Robert. 1972. "The Greatest Happiness of the Greatest Number: The

History of Bentham's Phrase. "*Studies on Voltaire and the Eighteenth Century* 90: 1461-1482.

Sherman, Nancy. 1989. *The Fabric of Character: Aristotle's Theory of Virtue*. New York: Oxford University Press.

Sherman, Nancy. 1997. *Making a Necessity of Virtue: Aristotle and Kant on Virtue*. New York: Oxford University Press.

Sherover, M. Charles. 1971. *Heidegger, Kant and Time*, with an Introduction by William Barrett. Bloomington: Indiana University Press.

Shilling, Chris & Mellor, A. Philip. 1998. "Durkheim, Morality and Modernity: Collective Effervescence, Homo Duplex and the Sources of Moral Action. " *The British Journal of Sociology* 49(2).

Simmel, Georg. 1997. "The Metropolis and Mental Life. "in *Simmel On Culture: Selected Writings*(published in association with *Theory, Culture & Society*), edited by David Frisby and Mike Featherstone. London: Sage Publications.

Simmel, Georg. 1990. *The Philosophy of Money*, edited by David Frisby, translated by Tom Bottomore and David Frisby. London: Routledge & Kegan Paul.

Sinclair, Mark. 2004. "Nietzsche and the Problem of History. "*Richmond Journal of Philosophy* (8): 1-6.

Smith, Adam. 1984. *The Theory of Moral Sentiments*, edited by D. D. Raphael & A. L. Macfie. Indianapolis: Liberty Fund, Inc.

Smith, Philip. 2008. *Punishment and Culture*. Chicago: The University of Chicago Press.

Smuts, Aaron. 2011. "The Feels Good Theory of Pleasure. "*Philosophical Studies*, 155: 241-256.

Somart, Werner. 1967. *Luxury and Capitalism*. Ann Arbor: Universiey of Michigan Press.

Spencer, Herbert. 1873. *The Study of Sociology*. London: Henry S. King & Co.

Splawn, Clay. 2002. "Updating Epicurus's Concept of Katastematic Pleasure. " *The Journal of Value Inquiry* 36: 474-482.

Steinberger, J. Peter. 2008. "Hobbes, Rousseau and the Modern Conception of the State. "*The Journal of Politics* 70(3): 595-611.

Stephens, O. William. 2007. *Stoic Ethics: Epictetus and Happiness as Freedom*. New York: Continuum International Publishing Group.

Strachey, James. 1961. "Editor's Introduction. " in Sigmund Freud, *Civilization and Its Discontents*, newly translated from the German and edited by James Strachey. New York: W. W. Norton & Company. Inc.

Strauss, Leo. 1953. *Natural Right and History*. Chicago: University of Chicago Press.

Striker, Gisela. 1987. "Greek Ethics and Moral Theory. " The Tanner Lectures on Human Values, Delivered at Stanford University May 14 and 19, pp. 183–202. https: //stage. tannerlectures. umc. utah. edu/lectures/greek-ethics-and-moral-theory/.

Striker, Gisela. 1993. "Epicurean Hedonism. " in *Passions and Perceptions: Studies in Hellenistic Philosophy of Mind*, edited by Jacques Brunschwig and Martha C. Nussbaum. New York: Cambridge University Press.

Sullivan, Erin. 2013. "The History of the Emotions: Past, Present and Future. " *Cultural History* 2(1): 93–102.

Swanton, Christine. 2003. *Virtue Ethics: A Pluralistic View*. New York: Oxford University Press.

Taylor, Charles. 2004. *Modern Social Imaginaries*. Durham and London: Duke University Press.

Thorsteinsson, M. Runar. 2010. *Roman Christianity and Roman Stoicism: A Comparative Study of Ancient Morality*. New York: Oxford University Press.

Tieleman, Teun. 2003. *Chrysippus' On Affections: Reconstruction and Interpretation*. Leiden: Brill Academic Publishers.

Tiryakian, A. Edward. 1978. "Durkheim and Husserl: A Comparison of the Spirit of Positivism and the Spirit of Phenomenology. " in *Phenomenology and the Social Sciences: A Dialogue*, edited by J. Bien, pp. 20–43. Boston: Martinus Nijhoff.

Turner, Jonathan & Stets, Jan E. (eds). 2006. *Handbook of the Sociology of Emotions*. Springer Science Business Media, LLC.

Turner, Jonathan & Stets, Jan E. 2005. *The Sociology of Emotion*. Cambridge:

Cambridge University Press.

Tusseau, Guillaume. 2012. "From the Penitentiary to Political Panoptic Paradigm. "in *Beyond Foucault: New Perspectives on Bentham's Panopticon*, edited by Anne Brunon-Ernst, Farnham, and Burlington: Ashgate Publishing Group.

Udehn, Lars. 2001. *Methodological Individualism: Background, History and Meaning*. London and New York: Routledge.

Vaneigem, Raoul. 1979. Le Livre des Plaisirs. Éditions Labor.

Vaughan, Frederick. 1982. *The Tradition of Political Hedonism from Hobbes to J. S. Mill*. New York: Fordham University Press.

Veenhoven, Ruut. 2010. "Greater Happiness for a Greater Number: Is that Possible and Desirable?" *The Journal of Happiness Study* 11: 605−629.

Wagner, Peter. 1993. *A Sociology of Modernity: Liberty and Discipline*. London and New York: Routledge Classic.

Waldron, Jeremy. 1987. *Nonsense upon Stilts: Bentham, Burke and Marx on the Rights of Man*, edited with introductory and concluding essays by Jeremy Waldron. London and New York: Methuen & CO. Ltd.

Walker, Kim. 1997. "Toward a Critical Ontology: Nursing and the Problem of the Modern Subject. " in *Foucault: The Legacy*, edited by Clare O' Farrell. Kelvin Grove: Queensland University of Technology.

Wallace, M. Robert. 1985. "Translator's Introduction. "in *The Legitimacy of the Modern Age*, translated by Robert M. Wallace. Massachusetts: Massachusetts Institute of Technology.

Wallerstein, Immanuel. 1974. *The Modern World-System: Capitalist Agriculture and the Origins of the European World-Economy in the Sixteenth Century*. New York: Academic Press.

Weber, Max. 1946. *From Max Weber: Essays in Sociology*, translated, edited and with an introduction by H. H. Gerth and C. Wright Mills. New York: Oxford University Press.

Weber, Max. 1978. *Economy and Society: An Outline of Interpretive Sociology*, edited by Guenther Roth and Claus Wittich. Berkeley and Los Angeles: University of California Press.

Weber, Max. 2001. *The Protestant Ethic and the Spirit of Capitalism*, translated by Talcott Parsons, with an introduction by Anthony Giddens. London and New York: Routledge Classic.

Welsch, Wolfgang. 1996. "Aestheticization Processes: Phenomena, Distinctions and Prospects."translated by Andrew Inkpin. *Theory, Culture & Society* 13 (1): 1-24.

Weyher, L. Frank. 2012. "Emotion, Rationality, and Everyday Life in the Sociology of Emile Durkheim."*Sociological Spectrum* 32(4): 364-383.

Whitehead, N. Alfred. 1979. *Process and Reality: An Essay in Cosmology*. New York: The Free Press.

Williams, Bernard. 2011. *Ethics and the Limits of Philosophy*. London and New York: Routledge Classics.

Wilson, Catherine. 2008. *Epicureanism at the Origins of Modernity*. New York: Oxford University Press.

Wittkau-Horgby, Annette. 2005. "Droysen and Nietzsche: Two Different Answers to the Discovery of Historicity."in *The Discovery of Historicity in German Idealism and Historism*, edited by Peter Koslowski, pp. 59-77. New York: Springer Berlin Heidelberg.

Wolfsdorf, David. 2013. *Pleasure in Ancient Greek Philosophy*. New York: Cambridge University Press.

Wood, D. Murakami & Webster, C. W. R. 2009. "Living in Surveillance Societies: The Normalisation of Surveillance in Europe and the Threat of Britain's Bad Example. " *Journal of Contemporary European Research* 5 (2): 259-273.

Zevnik, Luka. 2014. *Critical Perspectives in Happiness Research: The Birth of Modern Happiness*. New York: Springer.